BIBLIOTHÈQUE DE L'ENSEIGNEMENT AGRICOLE

PUBLIÉE SOUS LA DIRECTION DE

M. A. MÜNTZ

Professeur à l'Institut National Agronomique

LE MATÉRIEL AGRICOLE MODERNE

TOME I

INSTRUMENTS D'EXTÉRIEUR DE FERME

PAR

ALF. TRESCA

Ingénieur des Arts et Manufactures
Professeur à l'École centrale des Arts et Manufactures
et à l'Institut national agronomique

PARIS
LIBRAIRIE DE FIRMIN-DIDOT ET Cie
IMPRIMEURS DE L'INSTITUT, RUE JACOB, 56

1893

BIBLIOTHÈQUE DE L'ENSEIGNEMENT AGRICOLE

PRINCIPAUX RÉDACTEURS

MM.

BARON, professeur à l'École vétérinaire d'Alfort.

BERTHAULT, professeur à l'École d'Agriculture de Grignon.

BOITEL (O. ✻), inspecteur général de l'Enseignement agricole, professeur à l'Institut Agronomique, membre de la Société Nationale d'Agriculture.

CORNEVIN (✻), professeur à l'École vétérinaire de Lyon.

DEMONTZEY (O. ✻), administrateur des Forêts, correspondant de l'Académie des Sciences.

GAROLA, directeur de la station agronomique et professeur d'agriculture d'Eure-et-Loir.

GAUWAIN (✻), sous-gouverneur du Crédit Foncier de France, professeur à l'Institut Agronomique.

AIMÉ GIRARD (O. ✻), professeur au Conservatoire des Arts-et-Métiers et à l'Institut Agronomique, membre de la Société Nationale d'Agriculture.

A.-CH. GIRARD, chef des Travaux chimiques à l'Institut Agronomique.

GRANDEAU (O. ✻), doyen honoraire de la Faculté des Sciences de Nancy, inspecteur général des Stations Agronomiques.

LAVALARD (O. ✻), administrateur de la Compagnie Générale des Omnibus, professeur à l'Institut Agronomique, membre de la Société Nationale d'Agriculture.

LECOUTEUX (O. ✻), professeur au Conservatoire des Arts-et-Métiers et à l'Institut Agronomique, membre de la Société Nationale d'Agriculture.

LEZÉ, professeur à l'École d'Agriculture de Grignon.

MUNTZ (O. ✻), professeur à l'Institut Agronomique, membre de la Société Nationale d'Agriculture.

PRILLIEUX (O. ✻), inspecteur général de l'Enseignement agricole, professeur à l'Institut Agronomique, membre de la Société Nationale d'Agriculture.

RISLER (C. ✻), directeur de l'Institut Agronomique, membre de la Société Nationale d'Agriculture.

RONNA (C. ✻), ingénieur, membre du Conseil supérieur de l'Agriculture.

TISSERAND (G. O. ✻), conseiller d'État, directeur au Ministère de l'Agriculture, membre de la Société Nationale d'Agriculture.

SCHLŒSING (O. ✻), membre de l'Académie des Sciences et de la Société Nationale d'Agriculture, directeur de l'École d'application des Manufactures Nationales, professeur au Conservatoire des Arts-et-Métiers et à l'Institut Agronomique.

SCHRIBAUX, professeur et directeur de la Station d'essais de semences à l'Institut Agronomique.

TRASBOT (O. ✻), directeur de l'École vétérinaire d'Alfort, membre de l'Académie de Médecine et de la Société Nationale d'agriculture.

TRESCA (✻), professeur à l'Institut Agronomique et à l'École Centrale, membre de la Société Nationale d'Agriculture.

VIALA, professeur à l'Institut agronomique, directeur de la Station des Recherches viticoles.

LE

MATÉRIEL AGRICOLE

MODERNE

TYPOGRAPHIE FIRMIN-DIDOT ET Cie. — MESNIL (EURE).

BIBLIOTHÈQUE DE L'ENSEIGNEMENT AGRICOLE

PUBLIÉE SOUS LA DIRECTION DE

M. A. MÜNTZ

Professeur à l'Institut National Agronomique

LE MATÉRIEL AGRICOLE MODERNE

TOME I

INSTRUMENTS D'EXTÉRIEUR DE FERME

PAR

ALF. TRESCA

Ingénieur des Arts et Manufactures
Professeur à l'École centrale des Arts et Manufactures
et à l'Institut national agronomique

PARIS

LIBRAIRIE DE FIRMIN-DIDOT ET Cie

IMPRIMEURS DE L'INSTITUT, RUE JACOB, 56

1893

LE

MATÉRIEL AGRICOLE MODERNE

INTRODUCTION

La rareté de la main-d'œuvre en France, pour les différents travaux agricoles, causée par l'affluence toujours de plus en plus grande de la population rurale vers les grands centres, a fait rechercher, depuis longtemps déjà, des instruments à l'aide desquels les différentes opérations agricoles pourraient s'effectuer rapidement, avec une main-d'œuvre beaucoup moindre.

Le problème à résoudre était pour ainsi dire double.

Un premier but à réaliser était de pouvoir effectuer rapidement les différents travaux en choisissant l'époque la plus avantageuse, au point de vue des conditions climatériques ou de l'état des récoltes.

Le second était de n'employer à ces travaux que le personnel ordinaire de la ferme, sans être obligé d'avoir recours à des ouvriers nomades, quelquefois un peu indisciplinés, et qui faisaient sentir lourdement au propriétaire la nécessité d'une rétribution souvent excessive. Les grandes exploitations de l'Angleterre et l'extension très rapide de l'agriculture en Amérique ont été pour beaucoup dans les perfectionnements rapides des moyens proposés.

Le labourage à vapeur est venu remplacer, dans les grandes exploitations anglaises, le labour par animaux de trait.

Les faucheuses et moissonneuses mécaniques sont venues se substituer aux opérations purement manuelles du fauchage et du moissonnage à bras, et la machine à battre est venue remplacer, presque partout, le battage au fléau et le dépiquage par piétinement, ou le roulage, dont on voit encore maintenant quelques rares exemples.

Il est vrai de dire que ce sont les machines anglaises et américaines qui, introduites en France, ont permis d'habituer nos cultivateurs à l'emploi des machines agricoles, même très compliquées.

Les fabricants français, maintenant en très grand nombre, ont construit ces appareils, en les perfectionnant, et l'on peut dire que la France est dotée actuellement d'un matériel important composé de machines très variées, comme forme et comme emploi, et qui ont produit une véritable révolution pacifique dans la pratique courante agricole. On peut cependant regretter que ce matériel soit souvent encore bien négligé dans son entretien.

Ces machines sont souvent abandonnées sous des hangars, quelquefois en plein air, sans qu'on ait pris la précaution de les nettoyer avant leur remisage, et l'on se montre étonné ensuite que ces mêmes outils ne rendent pas, l'année suivante, les mêmes services que précédemment, tandis qu'il aurait été très facile, et peu coûteux, de les remettre en parfait état de fonctionnement, après la campagne, pour les retrouver, quelques mois après, tout prêts à un nouvel usage.

Ce n'est qu'à cette condition que l'agriculture pourra obtenir de ces engins tous les services qu'ils sont appelés à rendre, et nous ne saurions trop appeler l'attention du monde agricole sur ce point de vue de la conservation et de l'entretien d'un matériel, parfois fort coûteux, et qu'il est nécessaire d'entretenir, à l'égal de tout matériel industriel.

Nous nous sommes proposé de passer en revue les différentes machines composant maintenant ce matériel agricole moderne en exposant, pour chacun des groupes, les résultats des essais auxquels ils ont donné lieu.

Cet examen ne peut se faire, d'une manière rationnelle, qu'en suivant l'ordre naturel des opérations sur le terrain, ou dans la ferme.

C'est ainsi que nous nous occuperons successivement, en ce qui concerne le matériel extérieur de ferme,

Des opérations de labour;

Des soins à donner à la terre pour en préparer convenablement la surface;

Des travaux d'ensemencement;

Des soins à donner aux plantes depuis le moment de la germination de la graine, jusqu'à la récolte;

Enfin des appareils de récolte, en divisant ce chapitre en plusieurs subdivisions relatives à la récolte des fourrages verts et à la préparation du foin, à celle des céréales, et enfin à la récolte des racines.

L'examen des procédés de transport servira d'intermédiaire entre les travaux d'extérieur et d'intérieur de ferme, et nous commencerons l'étude de ceux-ci par celle des moteurs employés en agriculture.

Puis viendront les procédés de battage des céréales et

des plantes fourragères. La description des quelques outils servant à l'égrenage;

Les appareils servant au nettoyage et au triage des grains;

Les instruments servant à la préparation de la nourriture des animaux; coupe-racines, hache-paille, hache-maïs, broyeurs d'ajonc;

Les compresseurs, concasseurs et moulins agricoles;

Enfin les instruments de pesage.

PREMIÈRE PARTIE

MATÉRIEL D'EXTÉRIEUR DE FERME

CHAPITRE I.

PRÉPARATION DU SOL.

Labourage. — Depuis les temps les plus reculés, l'homme a dû, pour subvenir à ses besoins, préparer la terre en vue de lui faire produire sa nourriture. Cette préparation, qui se faisait d'abord superficiellement, à l'aide d'instruments très primitifs, avait pour but d'ameublir la surface du sol, sous une très faible profondeur, afin d'y déposer ensuite les grains devant, par leur germination, préparer la récolte suivante.

Les procédés de culture intensive, la culture de racines pivotantes, comme la betterave par exemple, les opérations de déboisement et de défrichement, ont nécessité l'ameublissement du sol et son retournement sur une profondeur plus grande. Le sous-sol, lui-même, a dû être préparé également. De là, la création d'instruments puissants, dont les anciens ne pouvaient avoir l'idée, et qui sont devenus indispensables pour les besoins de la culture moderne.

La difficulté de trouver des laboureurs habiles, en nombre suffisant, la nécessité dans laquelle on peut se trouver de labourer, à de grandes profondeurs, et rapidement, de grandes surfaces, ont fait étudier tout un matériel de grande puissance, dans lequel l'action de la vapeur s'est substituée à celle des animaux de trait.

Fig. 1 et 2.

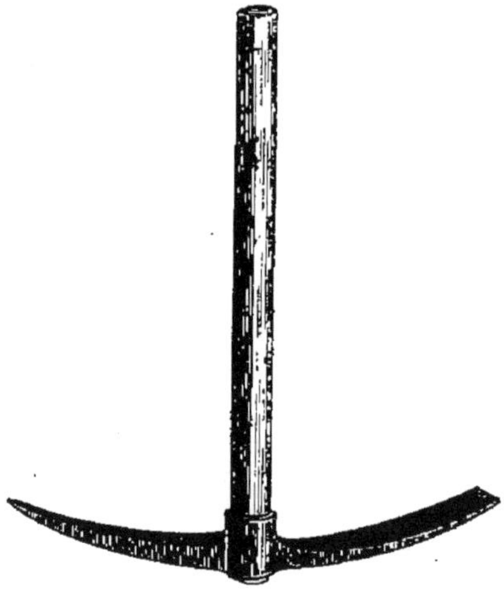

Fig. 3.

Le labourage à vapeur, peu répandu en France, pour les raisons que nous aurons le soin d'indiquer, s'est propagé dans d'autres pays, en Angleterre, par exemple, et le matériel nécessaire, notablement différent de celui employé ordinairement, devra faire l'objet d'un chapitre spécial.

Les différentes opérations de jardinage et de la culture maraîchère exigent, ainsi que la grande culture, cette préparation préalable du sol; mais cette préparation, en raison du peu d'étendue des surfaces, en raison aussi de la diversité des cultures, doit s'obtenir par procédés exclusivement manuels.

C'est en effet en se servant d'un outil spécial appelé bêche, fig. 1 et 2, en s'aidant quelquefois de la pioche, fig. 3, que l'on arrive à préparer ces petites surfaces.

Le problème qu'il s'agit de résoudre est d'aérer la terre, de l'ameublir, et, en même temps, de faire disparaître, au moins en partie, les plantes parasites qui recouvrent

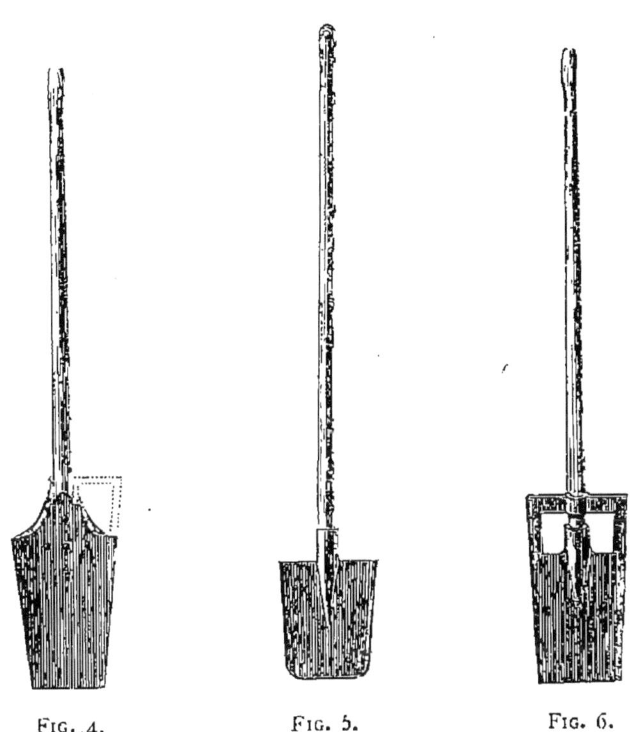

Fig. 4. Fig. 5. Fig. 6.

rapidement sa surface lorsque, après la culture proprement dite, la terre est laissée dans le même état.

L'outil que l'on emploie, la bêche, présente l'une des formes représentées, fig. 4, 5 et 6, et l'on s'en sert en l'enfonçant verticalement dans le sol, à l'aide de la pression du pied, jusqu'à la profondeur fixée, puis, en inclinant légèrement le manche de l'outil, on détache un prisme de terre de la largeur de la bêche, d'une certaine épaisseur, pouvant varier à volonté, et ayant une hauteur égale à l'enfoncement de l'outil dans le sol.

Ce prisme est alors soulevé par l'outil, manœuvré à bras, puis retourné et rejeté sur le prisme voisin; quelquefois même, par un ou plusieurs coups de bèche, le jardinier brise la motte et aide ainsi à l'émiettement de la terre.

Sous l'action de l'air qui circule librement entre les interstices laissés entre les différents prismes placés les uns à côté des autres, la terre se dessèche, les plantes parasites s'étiolent, puis meurent, et le sol a subi ainsi une première façon le rendant propre à la culture suivante.

Les figures 7 et 8 montrent comment l'opération du bêchage doit être conduite pour arriver le plus rapidement possible à la préparation du sol.

On commence par pratiquer, à l'extrémité de la parcelle, une tranchée A ayant, comme largeur, environ trois fois l'épaisseur du prisme que l'ouvrier peut déplacer par coup d'outil, et la terre provenant de cette tranchée est déposée sur le sol à l'autre extrémité B de la parcelle à préparer.

Le jardinier enfonce son fer de bêche à la profondeur voulue, puis, par une pression latérale au manche de l'outil, oblige le sol à se briser suivant deux directions perpendiculaires à la lame tranchante, en même temps que le prisme ainsi formé se détache du fond. L'ouvrier n'a plus qu'à soulever la bêche portant le prisme *a* ainsi détaché, en le retournant et en venant le déposer en *b*, contre le bord opposé de la tranchée.

Il opèrera ainsi par parties égales tout le long de la tranchée A, puis, par un second découpage, enlèvera par parties également une seconde bande, puis une troisième, et ainsi de suite, jusqu'à ce qu'il soit arrivé à l'extrémité opposée de la parcelle.

La terre enlevée de la tranchée A, au commencement

du travail, et déposée en B, servira à combler la tranchée restante, après le dépôt des différents prismes détachés sur les mottes précédemment déplacées, et l'opération du bêchage de la parcelle sera ainsi terminée.

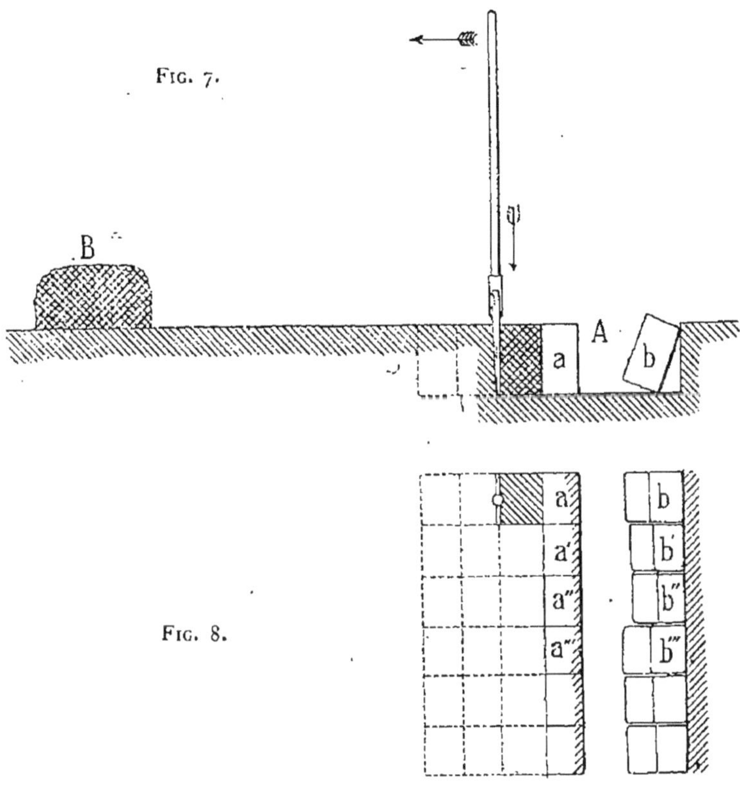

Fig. 7.

Fig. 8.

Pour peu que l'étendue du terrain soit un peu grande cette opération du bêchage devient impratiquable. L'action des animaux de trait doit être substituée à celle de l'homme qui ne conserve plus, pour ainsi dire, que la direction de l'opération, sans avoir à supporter tout le poids de l'opération même.

Charrue. — La charrue est l'appareil qui, traîné par les animaux, et dirigé par l'homme, doit permettre la préparation du sol sur une certaine étendue. L'opération que l'on a en vue est la même que celle qui vient d'être décrite; mais, au lieu d'une action discontinue de l'homme, découpant et remuant de petits prismes de terre, isolés les uns des autres, l'opération du labourage est continue.

Fig. 9.

Fig. 10.

Fig. 11.

Le problème consiste à découper dans le sol un premier prisme horizontal ayant la longueur du champ, de le retourner, au fur et à mesure de son découpage, puis, par une opération semblable à la première, de découper un prisme de même section que le précédent et de le rejeter en le retournant sur le prisme voisin, et ainsi de suite, en agissant, à chaque opération, sur toute la longueur du champ à préparer.

Les figures 9, 10 et 11 montrent trois séries de prismes retournés et s'appuyant les uns sur les autres, l'inclinaison de leurs faces, par rapport au sol, variant suivant le rapport des deux dimensions de leur section, largeur et profondeur du labour.

Ces différentes opérations, découpage et retournement, s'exécutent à la fois, et à l'aide d'un même appareil portant plusieurs outils ayant chacun à jouer un rôle particulier.

1° Le coûtre, sorte de couteau situé dans un plan vertical, sert au découpage de la face verticale du prisme.

2° Le soc, situé dans un plan horizontal, découpe le sol horizontalement.

3° Le versoir, formé par une surface gauche matérialisée, oblige le prisme à tourner successivement autour de deux de ses arêtes, et à venir se déverser sur le prisme précédent. Ce retournement s'effectuant sans brisures, pour les terres argileuses, ou avec un certain émiettement, pour des terres plus friables.

Ces trois outils principaux, que l'on retrouve dans toute charrue, le coûtre, le soc et le versoir, conservent toujours leurs mêmes positions respectives, par suite de leur assemblage avec une pièce de forme spéciale que l'on désigne sous le nom d'age.

Cet age est terminé à l'arrière par deux bras nommés mancherons, qui permettent à l'ouvrier de conduire la charrue, et à l'avant par un organe présentant des formes bien diverses et qui permet de donner à la ligne de traction la direction voulue pour que le labour s'effectue dans de bonnes conditions. Cet organe est le régulateur.

Ainsi constitué, l'appareil de labour prend le nom de charrue araire ou simplement d'araire. Les appareils les plus anciens rentrent tous dans cette catégorie.

Souvent l'on rencontre des appareils dans lesquels le versoir n'existe pas, les deux autres outils, le coûtre et le soc sont alors réunis sous la forme d'un pieu incliné, par rapport à l'age, ou d'une véritable pointe de pioche qui vient remuer le sol en le grattant seulement à la surface.

Nous avons représenté, fig. 12, une araire primitive, dérivant évidemment du pic, également primitif, représenté fig. 13. La pointe A de ces deux outils vient agir sur le sol, en traînant l'appareil au moyen d'un attelage fixé en un point de l'age, en ce qui concerne l'araire, fig. 12, ou, par choc, en saisissant le manche du pic primitif, fig. 13, et en enfonçant la pointe A dans la terre que l'on veut préparer.

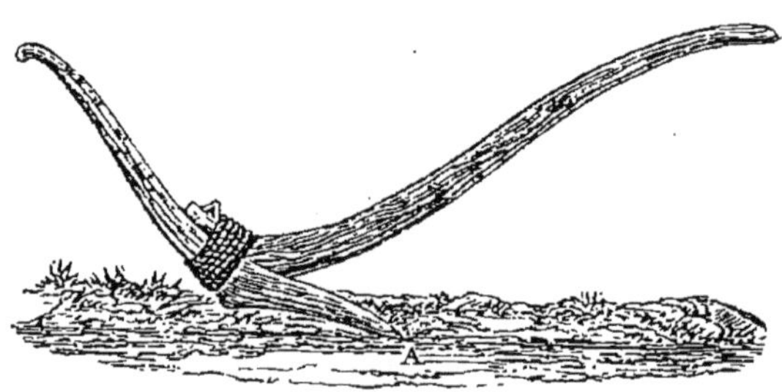

FIG. 12.

La charrue araire s'est perfectionnée lentement, et nous croyons devoir reproduire ci-contre quelques-uns des types employés à différentes époques et dont on re-

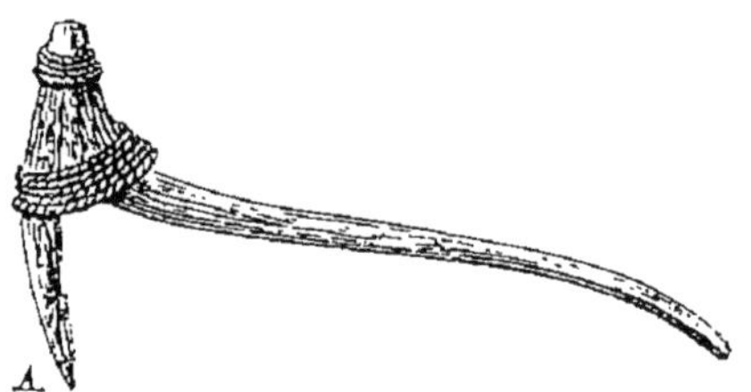

FIG. 13.

trouverait encore des exemples dans différentes contrées.

L'araire antique de Sicile, fig. 14, et l'araire étrusque, fig. 15, ressemblent beaucoup à l'araire primitive de la figure 12.

L'araire indienne dite Chatrakal est déjà un appareil plus perfectionné, et de grandes dimensions, si l'on en juge par les trois cotes principales de la figure 16.

L'araire chinoise représentée, figure 17, est plus com-

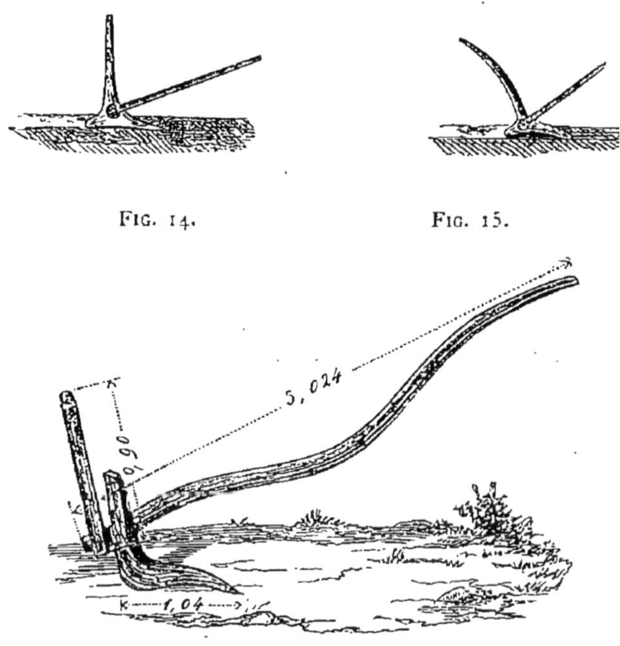

Fig. 14. Fig. 15.

Fig. 16.

plète encore, en ce sens que le versoir y est réalisé, en même temps que le soc, en métal.

Fig. 17.

La figure 18 représente une araire ancienne du midi de la France et d'origine romaine.

Fig. 18.

Enfin, la figure 19 donne la forme d'une araire de Rome d'une construction plus récente, mais encore bien rudimentaire.

Fig. 19.

Comme point de comparaison avec ces types divers, par trop primitifs, nous donnons, fig. 20, une vue perspective de l'araire de Dombasle.

En deux points de l'age se trouvent fixées des pièces verticales, nommées avant-corps et étançon, venant se relier à une sorte de traîneau, appelé sep, et qui glisse au fond de la raie lors du déplacement de la charrue.

En avant de ce sep se trouve le soc, et, en avant encore de ce couteau horizontal, se trouve le coutre, fixé à l'age au moyen d'un étrier avec vis de pression, qui constitue la coutrière.

Fig. 20.

Le versoir se raccorde avec le soc, développe la surface gauche qui le constitue d'un même côté de l'age, qui est relié à l'arrière à l'étançon, de manière à former avec les autres pièces un tout rigide constituant la charrue araire de construction plus moderne et plus complète que toutes les précédentes.

La charrue araire Armelin, représentée fig. 21, ne diffère de cette première disposition que par la présence d'une barre de grande longueur dont l'extrémité forme la pointe du soc.

Cette disposition est surtout nécessaire lorsque la charrue travaille dans un sol caillouteux; à mesure que cette pointe s'émousse, s'use, on la repousse de manière à constituer toujours une partie saillante venant pénétrer dans le sol, et qui, suivie par le soc, vient découper le terrain horizontalement.

Fig. 21.

Lorsqu'un appareil de ce genre est confié à un laboureur expérimenté, lorsque le terrain ne présente pas de grandes inégalités dans sa compacité, le régulateur étant bien réglé, en donnant à la ligne de traction l'inclinaison voulue, l'araire restera dans le sol de manière à le découper toujours à la même profondeur, en même temps que la largeur de la bande découpée restera constante, pendant tout le parcours de l'appareil de labour, et l'ouvrier peut presque abandonner l'instrument à lui-même, n'intervenant, par une action sur les mancherons, que pour modifier, dans une certaine mesure, la direction de la résultante des différents efforts résistants.

Si au contraire, l'appareil de labour n'est pas bien réglé, quant à son mode d'attelage, le soc tend à sortir du sol ou à s'y enfoncer, la charrue tend à se déplacer latéralement, et c'est au moyen d'efforts souvent considérables, exercés sur les mancherons, que le laboureur peut arriver à un bon résultat, quant au labour produit, mais en développant une certaine quantité d'énergie musculaire dont la dépense constitue pour l'ouvrier une fatigue supplémentaire très notable qui vient s'ajouter à celle de la marche continue pendant des journées entières.

Pour toutes ces raisons, la charrue araire est de moins en moins employée, et on lui préfère, dans les contrées où les bons laboureurs sont rares, soit la charrue à support, soit la charrue à avant-train.

Le but de ces deux dispositions est de créer, en avant de l'age, un support supplémentaire venant glisser ou rouler sur le sol, et empêchant, par exemple, la charrue de piquer en s'enfonçant d'une manière progressive dans le sol, jusqu'à ce que le laboureur s'aperçoive de ce défaut, et cherche à le corriger en agissant sur les mancherons.

Dans certains appareils à age en bois, le support se compose simplement d'un sabot de forme courbe à sa partie inférieure et fixé à l'extrémité d'une pièce verticale s'attachant à l'age.

Quelquefois ce sabot est remplacé par un galet venant reposer sur le sol et dont la distance à l'age peut varier suivant les conditions de réglage de l'appareil.

Enfin ce galet peut être remplacé par un ensemble, formé de deux roues de diamètres inégaux relié à l'age, comme cela est représenté fig. 22, 23, 24, 25 et 26.

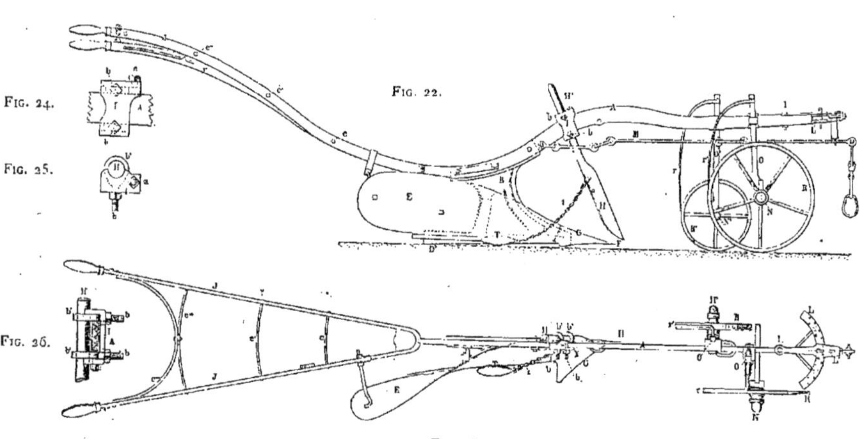

Fig. 22.

Fig. 23.

Fig. 24.

Fig. 25.

Fig. 26.

La charrue Howard, représentée fig. 22, en élévation, et fig. 23, en plan, est constituée des mêmes éléments que les appareils précédents.

Le coutre, désigné par la lettre H;

Le soc, par la lettre G;

Le versoir venant s'y raccorder et désigné par la lettre E;

L'avant-corps et l'étançon ne forment qu'une seule et même pièce représentée par la lettre B, et fixée à l'age A.

Les mancherons J et J' terminent l'age et le régulateur, L L', est placé à l'autre extrémité de cette même pièce.

Les deux roues de support, l'une de grand diamètre R, s'appuye au fond de la raie précédemment ouverte, l'autre, de diamètre plus faible, R', roule sur le sol encore chaumé, des racloirs *r* et *r'* permettent de conserver les jantes de ces deux roues dans un état de propreté suffisant.

Les essieux N et N' de ces deux roues sont recourbés à angle droit, et les tiges verticales O et O', sont fixées sur l'age au moyen d'étriers et de vis de pression.

Le régulateur est formé d'une pièce horizontale pouvant tourner autour d'un point fixe *l* de l'age; sur cette pièce se fixe une tige verticale L' terminée par un anneau dans lequel est engagée librement la tige de traction M.

En un point de la lame du coutre s'attache une chaîne supplémentaire *t* dont l'autre extrémité vient traîner sur le sol, en se terminant par une masse pesante de forme ovoïde T. Cette masse a pour effet d'obliger le fumier déposé sur le sol de venir en contact avec la surface du versoir et d'être enfoui, en même temps que le prisme de terre est soumis à l'action de ce versoir et est retourné par cet outil.

Les figures 24, 25 et 26 sont toutes les trois relatives au mode de fixation du coutre sur l'age, nous reviendrons un peu plus loin sur cette disposition. Il est à remarquer que la roue R est d'un grand diamètre, ce qui oblige de modifier la courbure de l'age vers l'avant, en le relevant, de manière à éviter l'encombrement qui pourrait se produire au-dessous de la charrue si l'age n'était pas ainsi relevé.

Cette disposition en col de cygne est quelquefois beau-

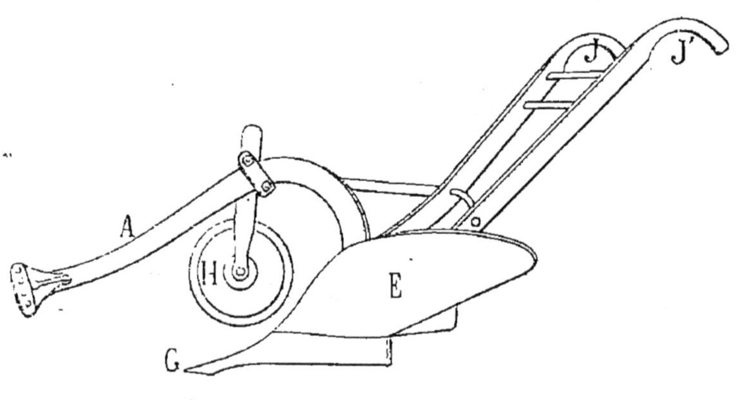

Fig. 27.

coup plus accentuée, et se retrouve dans un assez grand nombre d'appareils de ce genre.

Une charrue américaine, de M. Deere, dont le dessin se trouve ci-dessus, fig. 27, montre cette forme en col de cygne très accentuée. Dans cet appareil, le coutre rectiligne est remplacé par un coutre circulaire H, sorte de disque pouvant tourner librement autour d'un axe horizontal.

Dans la charrue à avant-train, l'appareil peut être employé soit comme araire, en supprimant l'avant-train, soit comme charrue à avant-train, en conservant celui-ci.

Une cheville ouvrière verticale permet à l'avant-train de tourner facilement par rapport à l'age de la charrue, et la manœuvre de la charrue dans les tournants, aux deux extrémités du champ, est facilitée par l'emploi de cet avant-train mobile.

Nous aurons, dans un chapitre spécial, à comparer ces différents appareils tant au point de vue du travail mécanique dépensé pour les faire fonctionner qu'à celui de leur facilité de conduite plus ou moins grande; mais avant de continuer à donner, avec des détails suffisants, la description des principaux types de charrues en usage, il est nécessaire d'examiner séparément les dispositions que doivent présenter les trois outils principaux composant toute charrue, le coutre, le soc et le versoir.

Coutre. — Le coutre, chargé de trancher verticalement le sol, est formé, le plus ordinairement, par un couteau à tranchant rectiligne, quelquefois cet outil est remplacé par un disque circulaire, tournant librement sur un axe horizontal.

L'expérience montre que le tranchant rectiligne doit faire avec la verticale un angle de 30°, la pointe du coutre étant dirigée en avant, vers le régulateur.

Si en effet l'inclinaison était plus faible par rapport à la verticale, ou si, à la limite, le tranchant était vertical, un obstacle, cailloux ou branche, serait entraîné par le mouvement général de la charrue et resterait toujours à la même profondeur par rapport à la surface du sol.

En lui donnant, au contraire, une certaine inclinaison, vers l'avant, les différents obstacles que cet outil peut rencontrer seront obligés de rouler ou de glisser sur ce plan incliné, arriveront rapidement à la surface, et s'écarteront d'eux-mêmes du chemin parcouru, en ligne droite, par le coutre. La figure 28 montre l'effet qui se produit lorsque le coutre rencontre une pierre ou une racine.

L'inclinaison du coutre à l'arrière ne remplirait plus le même but et aurait pour effet de tendre à soulever la charrue, au détriment de la condition d'un labourage à profondeur constante.

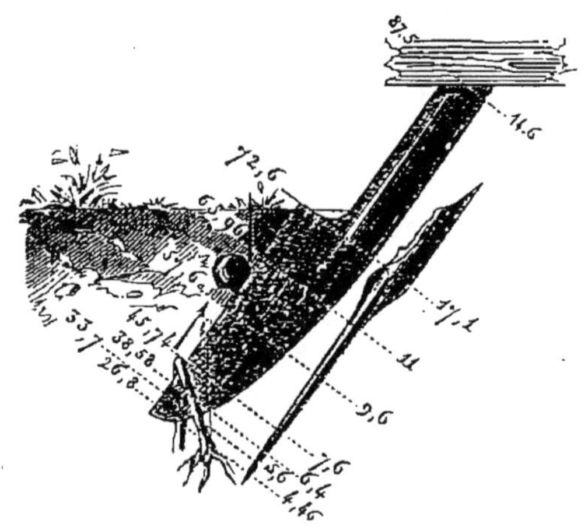

Fig. 28.

Le tranchant du coutre doit satisfaire en outre à une autre condition :

Si l'on considère une section horizontale quelconque du coutre, les deux côtés du triangle qui, par leur rencontre, forment un point du tranchant, sont soumis à l'action d'une force horizontale provenant de la résistance au déplacement de la bande de terre découpée d'une part, et de la résistance de la muraille de l'autre.

Si l'angle formé par ces deux côtés est divisé en deux parties égales, par une ligne partant du sommet de l'angle et parallèle à la direction du mouvement, si de plus l'on suppose, en premier lieu, que ces deux forces soient égales, leur résultante passera par cette parallèle à la direction suivie par la charrue, et cette force, résultante des deux autres, n'agira pas pour faire dévier la charrue. C'est ce que montre la figure 29 ci-dessous.

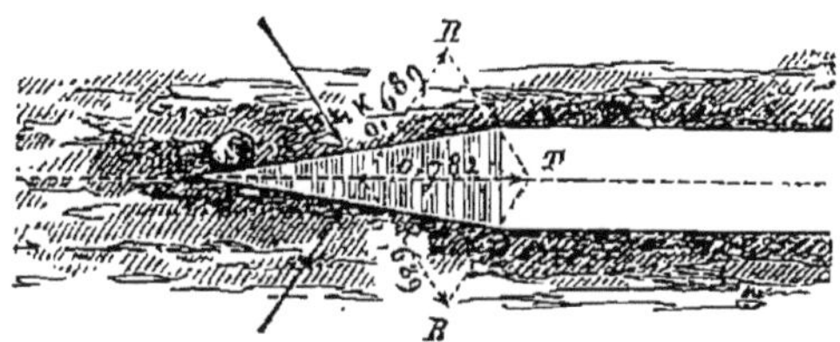

FIG. 29.

Si l'on suppose toujours cette position symétrique des deux faces du tranchant, mais que les deux forces soient inégales, celle provenant la résistance au déplacement de la muraille étant notablement de valeur plus

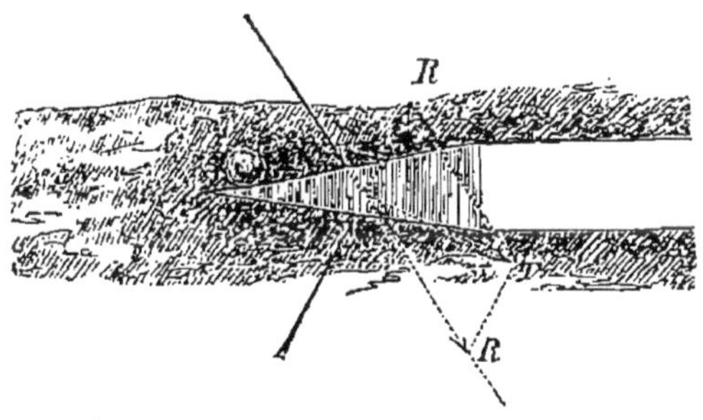

FIG. 30.

grande que l'autre, la résultante OT agira pour faire sortir la charrue de la raie, si l'on ne s'y oppose par d'autres moyens. La figure 30 indique ce fait.

Enfin, comme cela est indiqué sur la figure 31, la position de l'angle du tranchant peut être dissymétrique par rapport à la parallèle à la direction du mouvement.

La composition des deux forces donnera une résultante qui aura pour effet de repousser la charrue vers la raie. Cet effet atteindrait son *maximum* si l'une des faces du tranchant venait s'appuyer sur la muraille, mais alors la tendance qu'aurait la charrue à s'appuyer sur le massif de terre encore intact serait trop considérable, et il en résulterait un effort par trop grand pour amener le déplacement horizontal de la charrue.

En un mot, le coutre agit comme une sorte de coin, assez aigu, qui oblige les lèvres de la tranchée verticale

Fig. 31.

à s'écarter, en exigeant, pour ce déplacement, un effort variable suivant la position que ce tranchant occupe par rapport à la direction du mouvement.

L'expérience montre que c'est la disposition de la figure 31 qui est la plus favorable.

Pour augmenter la stabilité de la charrue pendant le travail, on incline souvent l'axe du coutre de quelques degrés par rapport à la verticale, et cette condition, ajoutée aux deux autres précédemment indiquées, oblige de donner une certaine mobilité à cet outil, soit pour en faire varier l'inclinaison en avant, soit pour régler la position des faces du tranchant par rapport à la direction du mouvement, soit enfin pour faire pointer le coutre, en lui donnant une inclinaison de quelques degrés par rapport à la verticale.

La construction de la coutrière servant à maintenir le coutre sur l'age de la charrue doit permettre de réaliser, au moins pour la plus grande partie, ces trois conditions.

Si l'on se reporte aux figures 24, 25 et 26 de la page 18, représentant le mode d'assemblage du coutre avec l'âge, dans la charrue de Howard, on voit d'abord que la tige de l'outil est cylindrique ce qui permet de le faire tourner sur lui-même avant que le serrage soit terminé.

Une sorte d'étrier I est assemblé avec l'age au moyen d'une vis *a*, cet étrier venant se plaquer sur une des parois verticales de l'age se termine dans ses deux portions horizontales par des parties demi-cylindriques sur lesquelles vient s'appuyer la tige H' également cylindrique du coutre H.

Deux boulons *b*, à tête *b'* en forme d'anneau, passent à travers l'étrier I, et viennent s'y serrer au moyen de leurs écrous.

Enfin l'age porte, sur la paroi latérale sur laquelle vient s'appuyer la tige du coutre, une nervure venant s'imprimer sur la tige du coutre lorsqu'on effectue le serrage complet.

Les figures 32 et 33 montrent la coutrière de la maison Howard avec l'addition d'une clavette J K qui, en s'appuyant sur l'age, oblige la coutrière à tourner autour de son centre.

Dans la disposition représentée, page 26, fig. 34 et 35, la tige du coutre est encore fixée sur l'age au moyen de deux boulons à tête en forme d'anneau B, C, et d'une cale que l'on vient placer entre le coutre et la face verticale de l'age.

Pour faire varier l'inclinaison de l'axe du coutre, l'appareil est complété par l'addition d'une pièce A dans laquelle passent les tiges cylindriques des boulons B, C, et qui se termine par un point d'articulation d'une tige D filetée sur une partie de sa longueur et sur laquelle viennent se monter deux écrous F et G. Entre ces deux

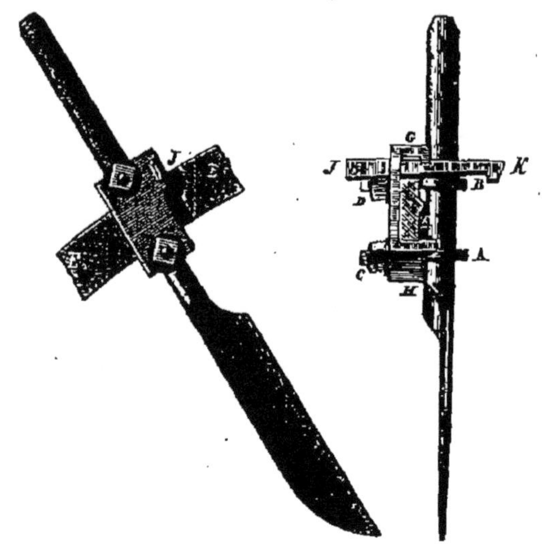

Fig. 32. Fig. 33.

écrous, la tige D passe librement dans une pièce E à ouverture cylindrique fixée en un point de l'age.

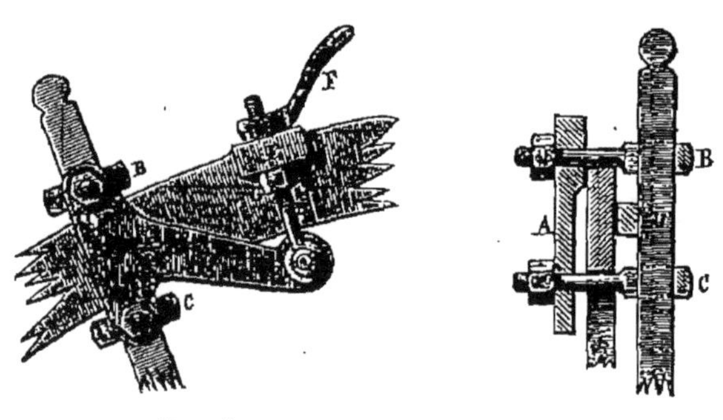

Fig. 34. Fig. 35.

En desserrant légèrement les écrous des deux boulons B, C, et en agissant sur les écrous F et G de la tige D, on pourra modifier l'inclinaison du tranchant par rapport à la verticale.

La maison Ransomes adopte une disposition différente, représentée fig. 36.

Un coin circulaire B C peut tourner librement autour d'un axe horizontal formé par un boulon à tête, en forme d'anneau, D. Contre ce coin circulaire vient se

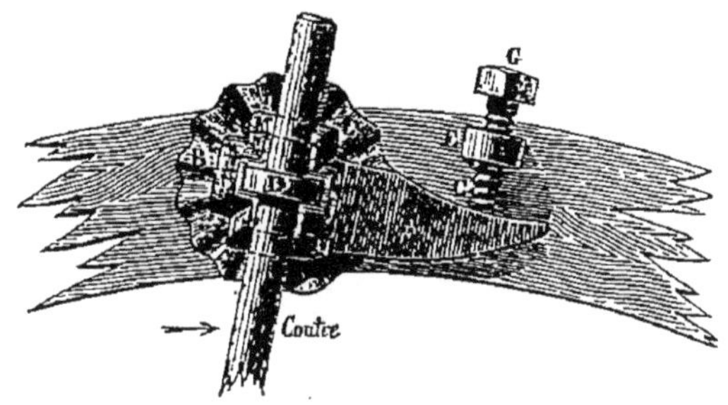

Fig. 36.

placer une autre pièce MM, A, pouvant tourner également autour de D sous l'action d'une vis G tournant dans un écrou E situé en un point de l'age.

Le boulon D traverse l'age et vient appliquer fortement la tige cylindrique du coutre sur la pièce MM présentant deux parties demi-cylindriques sur lesquelles vient reposer cette tige, puis la pièce MM elle-même sur le coin circulaire B C.

Le serrage peut être aussi complet que possible, et cet appareil remplit parfaitement les trois conditions indiquées.

La même maison Ransomes applique aussi à ses charrues une autre coutrière, représentée fig. 37 et 38, pour l'ensemble, et fig. 39, 40 et 41 pour les détails d'assemblage.

L'age de la charrue est formé de deux lames parallèles, entre lesquelles vient se loger le coutre.

A l'aide d'organes rappelant, par leurs formes, l'appareil précédent, la pièce D fixée à la coutrière tourne autour d'un axe horizontal, et par suite l'angle du tranchant de l'outil par rapport à la verticale passant par sa pointe

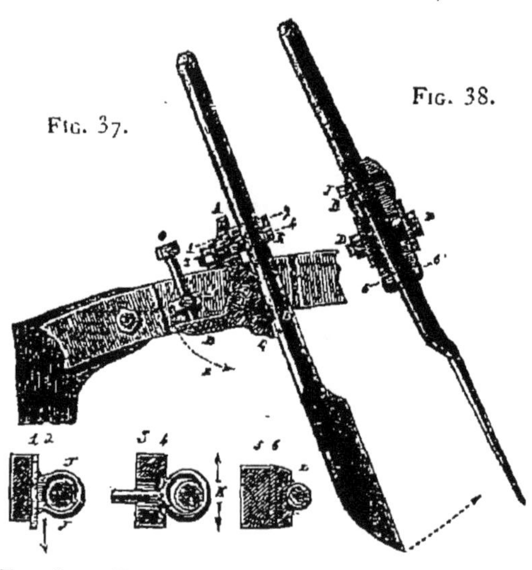

Fig. 37. Fig. 38.

Fig. 39. Fig. 40. Fig. 41.

peut varier à volonté. La rotation du manche cylindrique du coutre, dans ses supports, permet de modifier la position de l'angle du tranchant par rapport à la muraille. Enfin le pointage latéral est obtenu, comme l'indique la fig. 38, par le déplacement le long de la tige du coutre d'un anneau J glissant dans une rainure préparée dans la coutrière.

La fig. 39 montre cet anneau J entourant la tige cylindrique.

La fig. 40 indique le moyen de serrage du coutre sur la coutrière et par suite sur l'age.

Enfin la fig. 41 montre de quelle manière le manche du coutre vient s'appuyer sur la coutrière à sa partie inférieure.

Cette disposition remplit donc aussi les trois conditions indiquées, mais si, avec son aide, on peut obtenir ce résultat, ce n'est qu'au prix d'une complication un peu grande.

Nous pourrions multiplier ces exemples, mais ils nous paraissent suffisants pour indiquer les difficultés du problème à résoudre ainsi que les complications d'organes employés jusqu'à maintenant pour le réaliser d'une manière complète.

Soc. — Le second outil, le soc, est constitué par un couteau situé dans un plan horizontal dont la forme peut varier comme l'indiquent les fig. 42, 43 et 44.

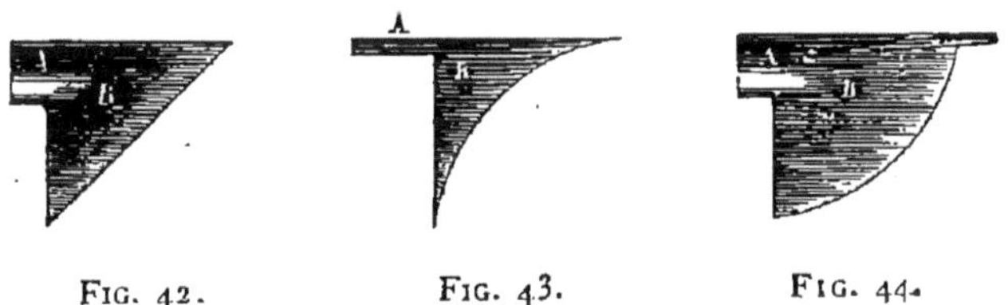

FIG. 42. FIG. 43. FIG. 44.

Que ce tranchant soit rectiligne, concave ou convexe, il est toujours fortement incliné par rapport à la ligne du mouvement.

La fig. 44 représente un soc à tranchant convexe additionné d'une pointe nécessaire pour protéger le soc dans les terrains caillouteux. On préfère employer une pointe formée par l'extrémité d'une barre mobile comme cela est représenté fig. 21, page 16. Quelquefois le soc est terminé par une courbe mi-partie concave, mi-partie convexe, fig. 45; mais toutes ces dispositions, qui ont été proposées et même appliquées, reviennent à la première, fig. 42, à tranchant rectiligne, lorsqu'après un certain temps, l'usure a ramené ces différents tranchants courbes sous la forme droite. C'est donc cette forme qui est adoptée maintenant d'une manière presque universelle.

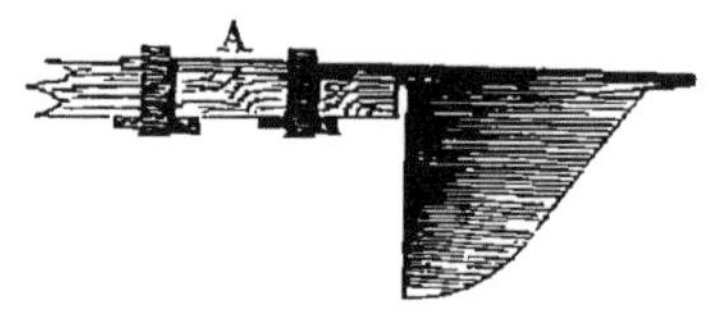

Fig. 45.

Versoir. — *Théorie du versoir.* — *Sa réalisation pratique.* — Le prisme ayant été découpé verticalement et horizontalement, il s'agit de le renverser une première fois, en le faisant tourner de 90 degrés autour de l'une

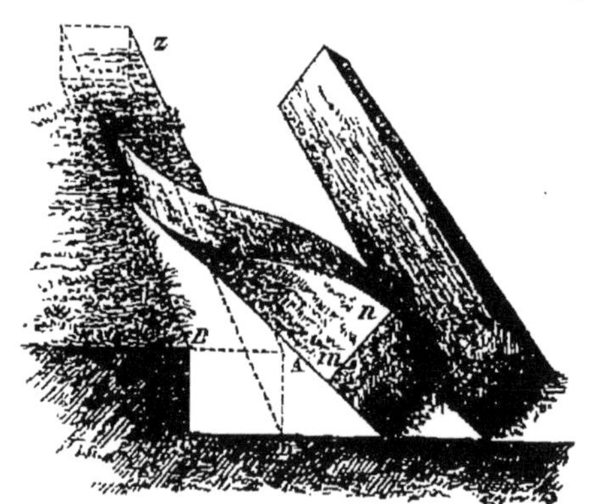

Fig. 46.

de ses arêtes, puis de continuer son renversement, en le faisant tourner autour de l'autre arête faisant partie de la même face verticale primitive.

Le prisme de terre subit une certaine torsion en même

temps qu'un déplacement horizontal, et la fig. 46 montre le résultat de l'opération complète, dans laquelle la face inférieure *mn* est devenue la face supérieure et, à l'inverse, la face supérieure A B est devenue la face inférieure, en étant ainsi retournée.

Ce renversement, opéré mécaniquement, peut s'arrêter dès que le centre de gravité d'une section quelconque du prisme a dépassé la verticale passant par le second centre de rotation. Le poids du prisme agit dès lors pour continuer l'action de renversement jusqu'à ce que le prisme ainsi retourné vienne s'appuyer sur la

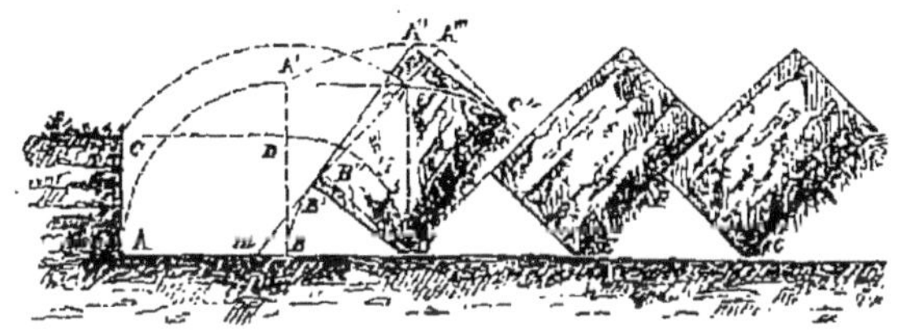

Fig. 47.

terre déjà déplacée, par l'opération précédant immédiatement celle dont nous venons de rappeler les différentes phases.

La fig. 47 indique, avec plus de détails, ce mode de retournement du prisme.

Une première rotation s'effectue autour de l'arête horizontale projetée en B, et le prisme, dont la section droite est ABCD, occupera la position A'BC'D' perpendiculaire à la première, les faces AB et CD d'horizontales qu'elles étaient devenant A'B et C'D' verticales, et les faces verticales A C, D B devenant A'C', B D' horizontales.

Une seconde rotation s'effectue ensuite autour de l'arête projetée en D', et la section droite du prisme occupe les positions successives A'BD'C', A''B'D'C'', A'''B''D'C''', jusqu'à ce que le prisme ainsi déplacé et retourné vienne se coucher sur le prisme voisin.

Dans cette seconde rotation, les différents points B, A', C' décrivent des arcs de cercle ayant tous pour centre le point D'.

Le troisième outil, le versoir, chargé de cette opération du retournement du prisme de terre est constitué par une surface gauche du genre des surfaces réglées; mais, avant de nous occuper de ses modes de génération, il

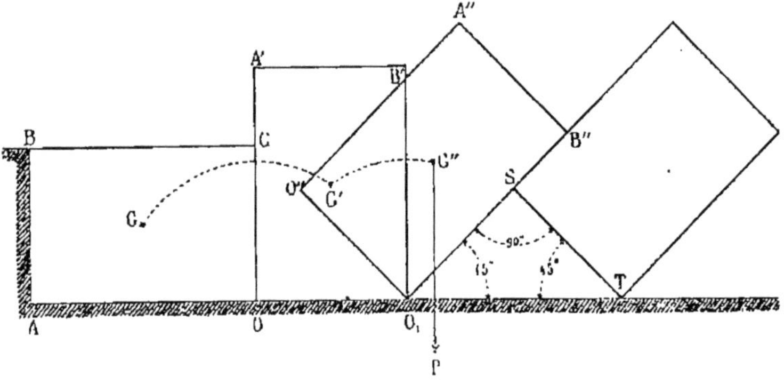

Fig. 48.

est nécessaire de donner quelques indications sur le rapport que l'on observe ordinairement entre les deux dimensions de labour, largeur et profondeur, constituant les deux dimensions de la section droite du prisme, largeur et hauteur.

Si l'on ne considère que la condition relative à la meilleure aération de la terre retournée, la surface libre entre deux prismes consécutifs aura atteint sa valeur maximum lorsque le triangle O_1ST, sera un triangle rectangle isocèle; les deux angles à la base étant égaux à 45°, fig. 48.

O_1T peut donc être considérée comme la diagonale d'un carré dont ST et O_1S seraient deux côtés.

On a donc la relation :

$$O_1T = ST\sqrt{2} = ST \times 1.4142$$

Or, d'après les modes de rotation précédemment indiqués, O_1T est égal à la largeur l du labour, ST est égal à la hauteur h.

On a donc la relation :

$$l = h \times 1.4142$$

d'où $\frac{l}{h} = 1.4142$ ou sensiblement $\frac{3}{2} = 1.5.$

A côté de cette première condition s'en trouvent d'autres qu'il faut examiner successivement.

Plus on augmente, pour une même surface labourée, le nombre des tranchées verticales, plus on augmente le travail mécanique nécessaire pour labourer cette surface, cette condition conduirait à exagérer beaucoup la largeur l par rapport à la hauteur h; mais, si l'on examine les positions successives G, G′, G″, du centre de gravité de la section droite du prisme, ce centre de gravité monte, s'abaisse, pour se relever encore, pendant les deux rotations successives. Le travail mécanique dépensé pour élever ou abaisser ainsi ce centre de gravité est complètement perdu au point de vue de l'effet utile. Il y a donc lieu de le réduire à son minimum, or il est facile de voir, sur la fig. 48, que plus la largeur augmente par rapport à la hauteur, plus cet effet de montée et de descente devient considérable.

Ces différentes conditions, en partie contradictoires, ne peuvent donc pas être réalisées à la fois, et pratiquement on prend :

Pour les labours ordinaires en terres de moyenne consistance,

$$l = \frac{3}{2} \text{ de } h \qquad \text{ou} \qquad l = 1.5\ h.$$

Pour les terres très tenaces et non engasonnées

$$l = 1.33\ h.$$

Pour les terres fortement engasonnées constituant ainsi un terrain un peu élastique

$$l = 1.5 \text{ à } 1.66 \text{ de } h.$$

Enfin pour le défrichement des vieilles prairies on peut aller jusqu'à

$$l = 2\,h.$$

Revenons maintenant aux différents modes de génération de la surface gauche d'un versoir.

Ces modes de génération peuvent être rangés dans deux types différents.

Jefferson d'un côté, l'abbé Lambruschini et Ridolphi de l'autre ont posé les principes suivant lesquels un versoir rationel doit être établi.

Jefferson employait une surface gauche réglée en forme de paraboloïde hyperbolique.

L'abbé Lambruschini et Ridolphi conseillèrent d'adopter une surface gauche, également réglée, en forme d'hélicoïde.

Nous allons, en nous aidant des tracés géométriques fig. 49 à 56, indiquer les modes de génération de ces surfaces en constituant quatre formes de versoir dérivées de ces deux types.

1° *Tracé Jefferson*, fig. 49 et 50. — Jefferson, qui,

dans le cours de sa carrière, a eu le grand honneur d'être élu président de la république des États-Unis du Nord de l'Amérique, a conseillé de produire la génération du versoir sous la forme d'un paraboloïde hyperbolique.

Soit, fig. 49, un prisme de terre A B C O, détaché par le soc et le coutre, et devant être retourné par l'action du versoir.

Suivant le tracé donné par cet illustre inventeur, une droite directrice restant toujours dans un plan vertical venait s'appuyer sur deux autres, une horizontale, disposée au fond du sillon produit par la charrue, et une autre inclinée par rapport au plan horizontal, et ayant les directions A A' D et $A_{,,}$ A', D', si l'on se reporte aux tracés fig. 49 et 50, en projection verticale et en projection horizontale.

Si l'on suppose un mouvement uniforme donné à la charrue ou, ce qui revient au même, si l'on admet que la ligne génératrice, s'appuyant sur les deux directrices, reste dans un plan vertical, en se déplaçant d'un mouvement uniforme, cette ligne occupera les différentes positions O *a*, O *b*, O *c*, O *d*, etc. jusqu'à la position O *j* verticale.

La base A O du rectangle sera ainsi soulevée, si l'on suppose le versoir en mouvement, de manière à occuper successivement les mêmes positions O *a*, O *b*, O *c*, O *d*, etc., et l'on obtiendra ainsi un déplacement du rectangle tout entier, dont les différents côtés finiront par occuper des positions et directions perpendiculaires aux directions primitives. Si l'on continue, au delà de la verticale, à engendrer la surface de la même façon, la droite génératrice, s'appuyant sur les deux autres considérées comme directrices, prendra successivement les positions O *k*, O *l*, O *m*, etc., et le rectangle A B C O tournera autour de O_1 en étant poussé par le sommet O jusqu'à son complet déversement.

Comme il est nécessaire que le rectangle s'appuie, dans ses diverses positions, par une base ayant pour longueur le plus grand côté de cette surface, il est nécessaire de limiter la surface gauche par un contour de forme courbe dont les deux projections sont A e_1 h_1 A' l' p' D' et A_1 e'_1 h'_1 A'_1 l'_1 p'_1 D''. L'inspection du tracé ci-contre montre que le prisme de terre ne sera déplacé dans de bonnes conditions que jusqu'à ce qu'il occupera une position perpendiculaire à la première; mais, au delà, le déversement ne se produit qu'en agissant sur une seule arête du prisme au lieu d'une face complète, ce qui peut présenter de grands inconvénients, si l'on suppose une terre facilement friable, pour laquelle l'arête soumise à une forte pression, s'écraserait inévitablement.

Bella, qui s'est occupé de cette question, a proposé, pour éviter cet effet, de composer le versoir de deux surfaces complètement séparées.

Une première agissant, comme précédemment, sur le côté A O de la section rectangulaire.

Une seconde agissant sur le petit côté du même rectangle, lorsqu'il est arrivé dans une position perpendiculaire à la première, et continuant le retournement.

Les figures 51 et 52 donnent le tracé géométrique correspondant à cette disposition à deux versoirs, faisant suite l'un à l'autre.

La pratique n'a pas sanctionné ce procédé, intéressant seulement au point théorique, par suite de la difficulté de fixer à l'age ce second versoir à l'aide d'étançon de grande hauteur.

Dans cette disposition, comme dans la précédente, les surfaces gauches doivent être limitées suivant les trois

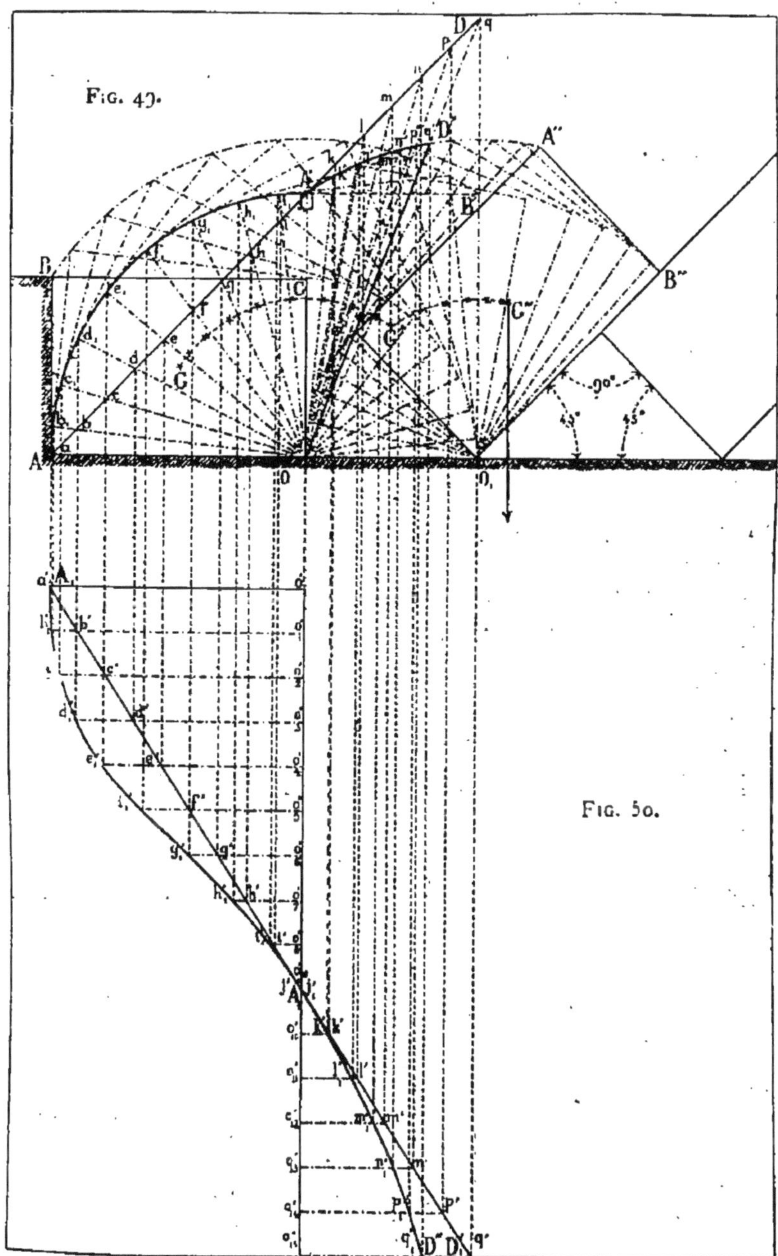

Fig. 49.

Fig. 50.

courbes A e_1 h_1 A′ et, O_1 k_1 l_1 m en élévation, et A_1 e'_1 h'_1 D″ et D″ k'_1 l'_1 m'_1 en plan.

2° *Tracé hélicoïdal.* L'abbé Lambruschini et Ridolphi ont préconisé le tracé hélicoïdal qui permet certainement une rotation plus régulière du prisme de terre, en ne l'abandonnant pas dans son mouvement de rotation autour de ses deux arêtes successives.

Les tracés représentés fig. 53, 54, 55 et 56 permettent de se rendre compte du mode de génération de cette surface.

On peut remarquer de suite que, dans le premier retournement, pour des déplacements égaux du versoir, et par suite de tout l'appareil de labour, les arcs décrits par les différentes positions de A, *a*, *b*, *c*, *d*, *e*, etc., sont aussi égaux, la rotation est ainsi régulière autour de O; mais si, à partir de la verticale passant par ce point, on voulait continuer la génération de la même surface, on rencontrerait des inconvénients de même nature que ceux qui viennent d'être signalés en parlant du versoir de Jefferson.

Deux solutions se présentent :

Ou bien l'on emploiera la solution proposée par Bella en constituant une nouvelle surface hélicoïdale complètement séparée de la première permettant une rotation régulière de prisme autour de son arête projetée en O_1, et en agissant sur ce prisme par sa petite base O O_1, ou bien l'on ajoutera à la première surface gauche une autre du même genre, faisant suite à la première, et venant s'y raccorder pour former, pour toute l'étendue du versoir, une surface continue.

Les figures 53 et 54 sont relatives aux tracés de deux versoirs du genre hélicoïde, formant deux outils séparés, dont le premier vient soulever le prisme par le côté de valeur *l* de sa section droite, et dont le second vient re-

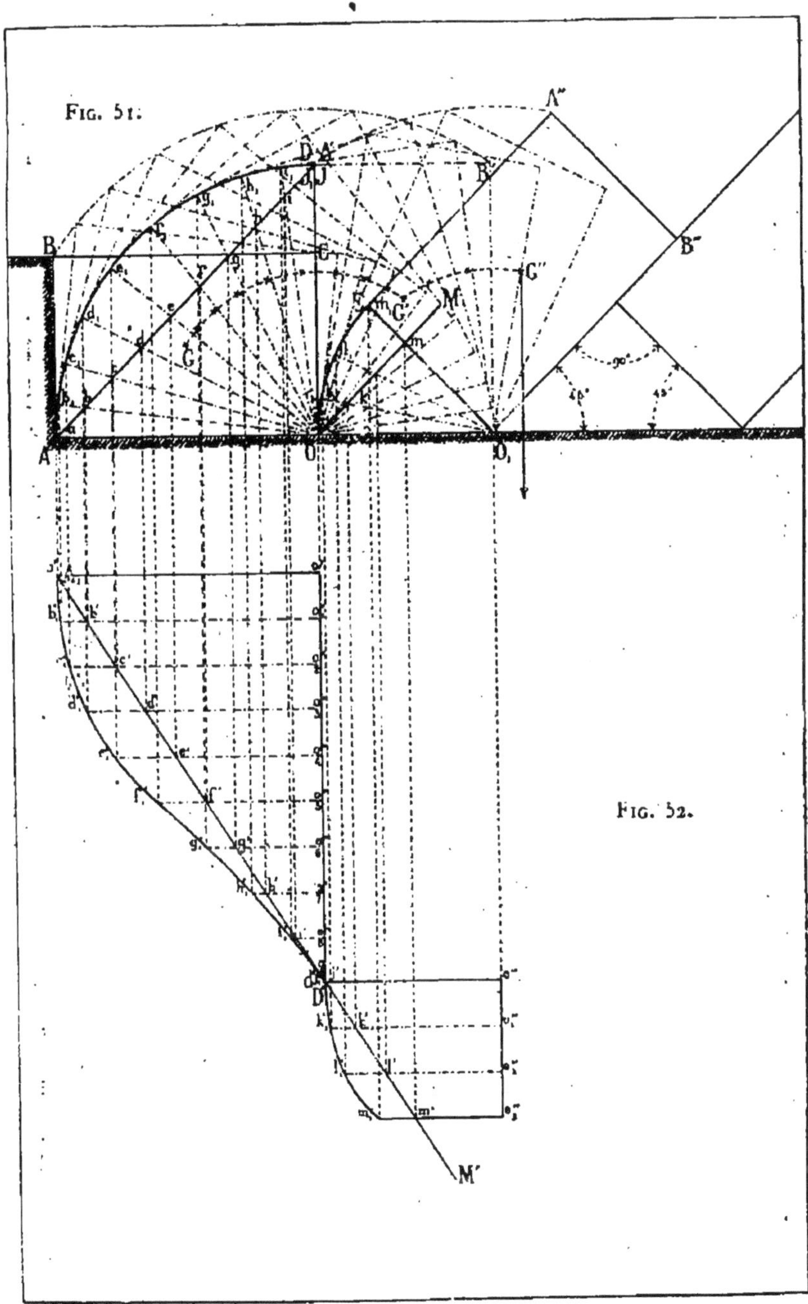
Fig. 51.
Fig. 52.

prendre ce prisme, en le soulevant par l'une de ses petites faces de largeur *h*.

Ces deux surfaces gauches hélicoïdales sont engendrées, toutes deux, de la même manière, en supposant qu'une droite d'abord horizontale, d'une longueur *l* ou *h*, tourne d'angles égaux pour des déplacements de même valeur de son point de contact avec une droite horizontale projetée en O verticalement et en $O'O'_1$, en projection horizontale, ou encore, et ce qui revient exactement au même, par une droite génératrice toujours maintenue dans un plan vertical et venant s'appuyer sur l'axe O ou $O'O'_1$ d'un cylindre à axe horizontal, de rayon égal à *l* ou *h*, sur la surface duquel on tracerait une courbe en hélice, servant de seconde directrice à la droite génératrice, pendant son déplacement.

Par suite de la difficulté que présente pratiquement l'assemblage du second versoir avec l'age, cette troisième solution du même problème ne peut être considérée que comme théorique, et il est nécessaire de produire, sous la forme hélicoïdale, un versoir continu prenant le prisme découpé à son point de départ et l'amenant, sans le quitter, dans sa position définitive.

Les figures 55 et 56 sont relatives à ce mode de génération du versoir hélicoïde, tel qu'on le réalise pratiquement.

La première partie de la surface est engendrée, comme précédemment, par une droite génératrice restant toujours dans un plan vertical et reposant sur deux directrices, l'une droite horizontale, et pouvant être considérée comme l'axe d'un premier cylindre, de rayon *l*, et dont l'autre serait formé par une courbe en hélice tracée sur la surface latérale de ce cylindre.

La seconde partie peut être considérée comme formée par une série de droites toujours situées dans des plans

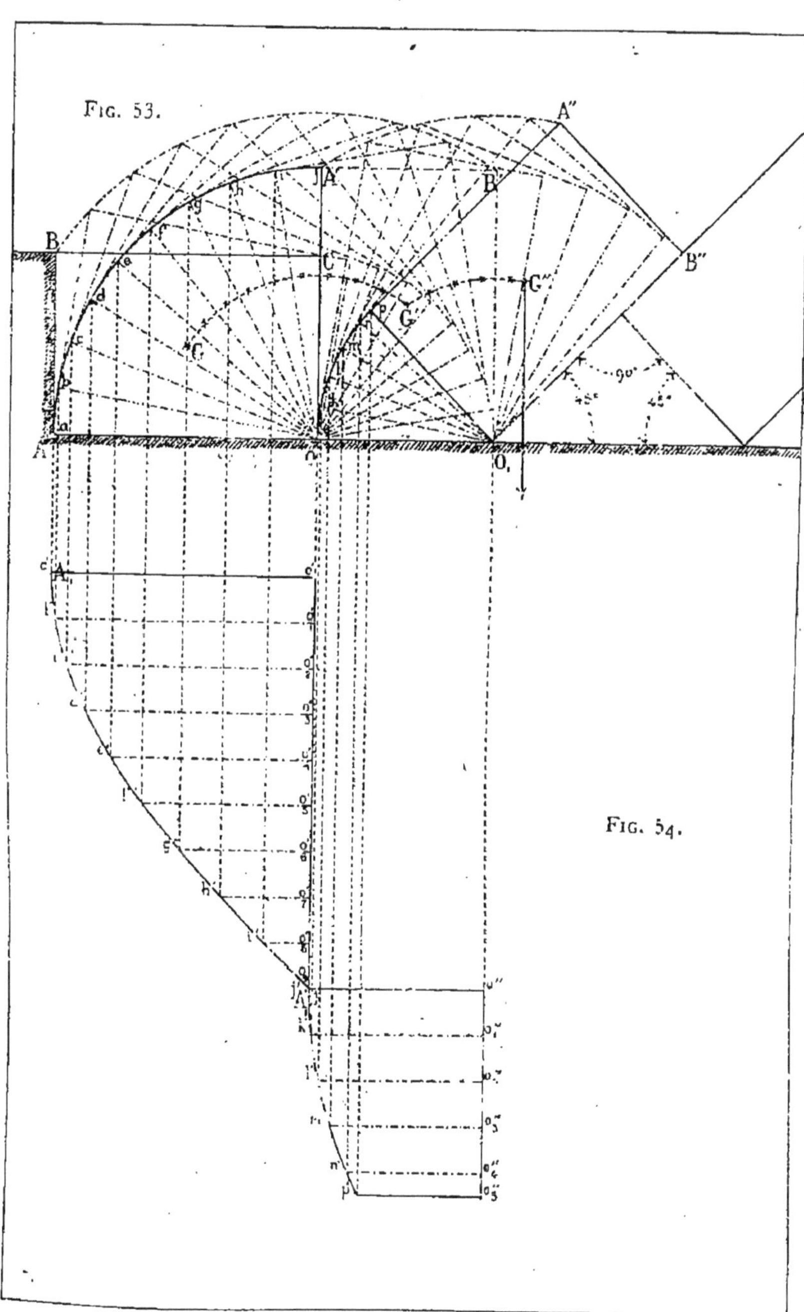

Fig. 53.

Fig. 54.

verticaux et tangentes aux points k, l, m, n, p, d'un autre cylindre ayant pour axe O_1 et pour rayon h.

L'examen de la figure 55 indique que ces droites, de même longueur, viendront toujours rencontrer un des grands côtés du rectangle représentant la section droite du prisme, dans ses différentes positions du second retournement, et que, si l'on suppose réunies ces deux surfaces hélicoïdales, ayant un même élément rectiligne et vertical commun, on formera une surface gauche continue repoussant, pendant le mouvement de translation du versoir, toujours la même face du prisme, en ne l'abandonnant pas dans cette double rotation avant son complet retournement. Ces deux rotations successives s'effectuant d'un mouvement uniforme, pour un déplacement rectiligne et uniforme du versoir dans le terrain.

Cette double surface gauche hélicoïdale peut encore être considérée comme formée d'une première surface hélicoïdale sans noyau venant se raccorder à une autre du même genre mais, celle-ci à noyau creux.

Nous avons représenté à part, mais à plus petite échelle, par les huit figures suivantes, les versoirs théoriques ainsi engendrés, afin de pouvoir les comparer plus facilement.

Les figures 57, 58, sont relatives au versoir paraboloïde hyperbolique de Jefferson.

Les figures 59 et 60 représentent le double versoir en forme de paraboloïde hyperbolique, proposé par Bella.

Les figures 61 et 62 montrent, en élévation et en plan, la forme du versoir double hélicoïde.

Enfin les figures 63 et 64 indiquent la forme du versoir hélicoïde, composé de deux surfaces gauches, se raccordant entre elles, et formant un versoir continu.

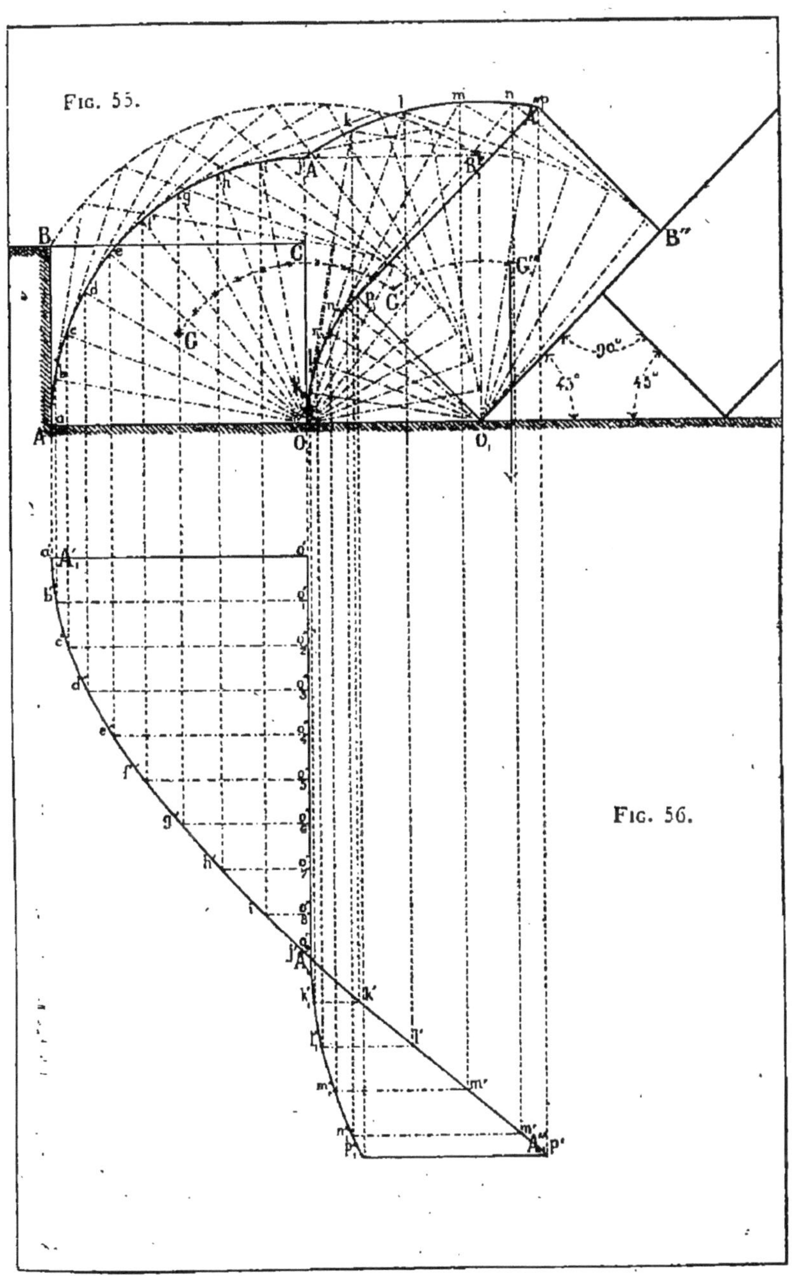

FIG. 55.

FIG. 56.

Dans tout ce qui précède il n'a pas été question de la longueur du versoir. Dans les différents tracés indiqués, les différentes positions de la ligne génératrice, représentées sur les épures, ont été prises également

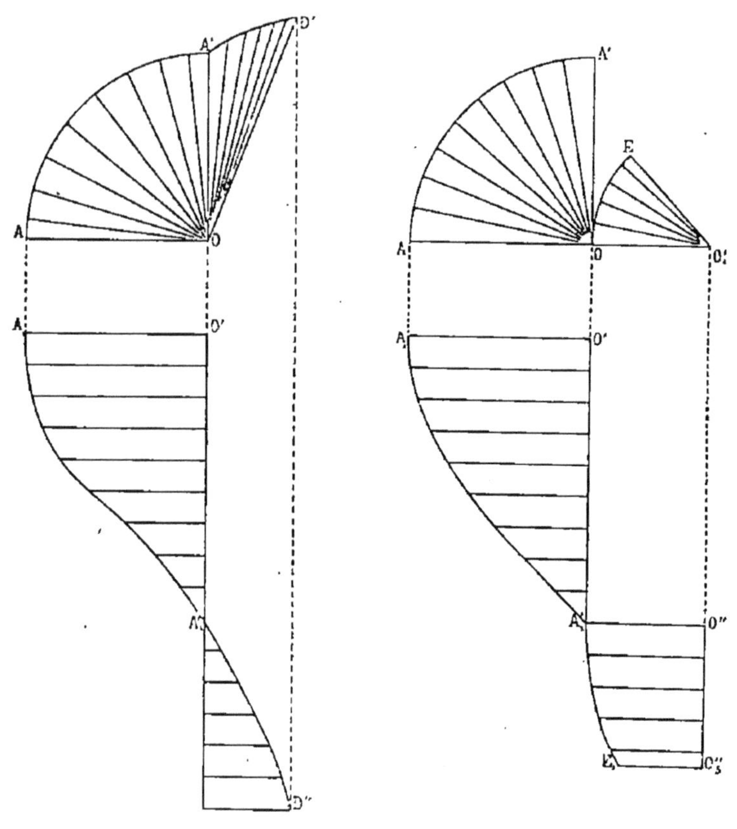

Fig. 57 et 58.

Fig. 59 et 60.

espacées, sans que l'on ait fait aucune hypothèse sur la distance horizontale les séparant.

La longueur du versoir, égale à la somme de ces distances partielles varie, dans une certaine mesure, suivant la nature de la terre à travailler et dépend aussi du rapport que l'on adopte entre la largeur et la profondeur du labour.

La longueur de la partie antérieure du versoir, c'est-à-dire la distance qui existe entre les positions horizontale et verticale de la ligne génératrice, ne dépend uniquement que de la nature de la terre, c'est-à-dire de son coefficient de frottement par rapport à la surface métallique du versoir.

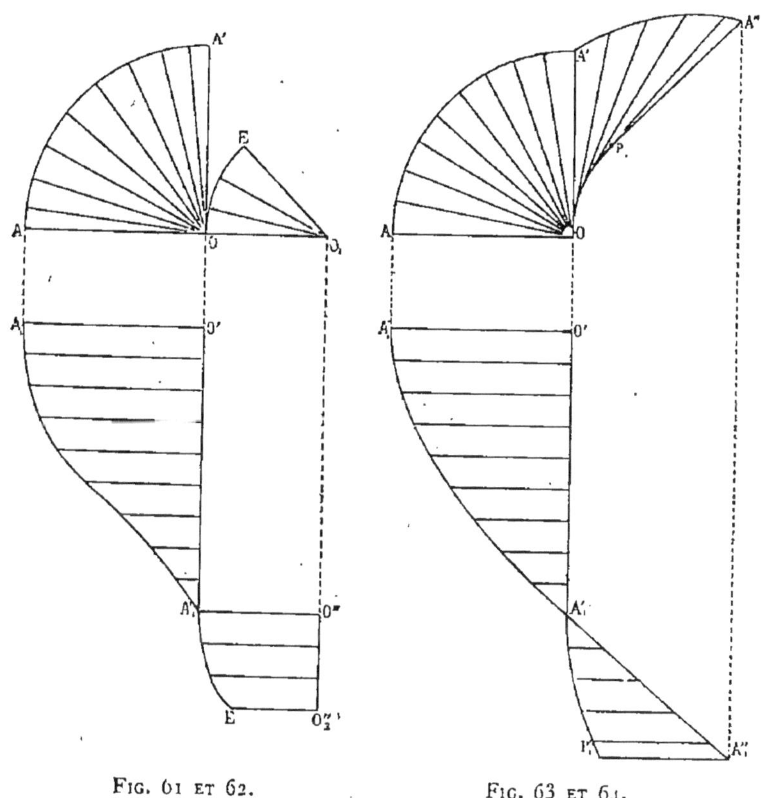

Fig. 61 et 62. Fig. 63 et 64.

La longueur de la partie postérieure, au contraire,

dépend de ce même coefficient de frottement, et aussi du rapport existant entre les deux dimensions de la section droite du prisme de terre, puisque, suivant la valeur de ce rapport, la seconde rotation du prisme, pendant son retournement, présente une plus ou moins grande amplitude.

En moyenne générale, on peut prendre pour longueur totale du versoir 2,666 fois la largeur du labour, en ajoutant encore à cette valeur celle résultant du raccordement nécessaire du soc avec le versoir.

Ridolphi, en expérimentant sur des terres de Toscane, a trouvé pour angle de frottement 26° 34′, correspondant à un coefficient de frottement de 0,500 ; Dombasle indique 31° 23′ pour une surface de fer, et 32° 13′ pour une surface glissante en bois ; les tangentes trigonométriques de ces angles donnent les valeurs du coefficient de frottement, soit pour le fer, 0,610, et pour le bois, 0,630. Si l'on compare ces derniers chiffres à ceux obtenus par de Gasparin, on trouve des valeurs presque égales à ces dernières. Dans les expériences qu'il cite, dans son cours d'agriculture, tome 3, p. 139, le coefficient moyen pour le frottement d'un versoir en fer poli sur une terre labourée, dans un état de tassement moyen, est égal à 0,611 correspondant à un angle de 31°26′, et le coefficient moyen pour le frottement d'un versoir en bois dans la même terre est égal à 0,637, l'angle de frottement, correspondant à ce coefficient, étant de 32° 30′.

Dans tout ce qui précède, nous avons toujours considéré que le soc était formé par une simple ligne horizontale, de direction perpendiculaire au mouvement de l'appareil, tandis, qu'en réalité, il est fortement incliné par rapport à cette direction. Nous avons exposé, de plus, que le versoir devait avoir exactement la largeur de la bande de terre que l'on veut déplacer, tandis qu'il est d'usage de ne lui donner qu'une partie de cette largeur.

Enfin nous avons toujours supposé que le coutre venait jusqu'au fond de la raie et que le soc avait exactement la largeur du labour.

Ces différentes conditions ne sont pas exactement réalisées dans la pratique, et il nous reste maintenant à nous occuper de ces modifications, toutes pratiques, qui n'infirment d'ailleurs en rien les principes posés précédemment.

Raccordement du versoir avec le tranchant du soc. Le tranchant du soc étant fortement incliné par rapport à la ligne du mouvement de la charrue, sa forme en projection horizontale étant celle d'un triangle rectangle dont les deux côtés de l'angle droit sont ordinairement dans le rapport de $\frac{2}{3}$ à 1, il est de toute nécessité de modifier la surface du versoir vers le soc de manière à conduire les différents éléments du prisme de terre de telle sorte que la rotation s'effectue, dès le début du mouvement, d'une façon régulière.

Largeur du versoir par rapport à la largeur du soc. Il y a souvent intérêt à diminuer, dans une certaine mesure, la surface du versoir, en augmentant ainsi la pression de la terre sur le versoir, et en obligeant ce dernier à rester complètement nettoyé pendant toute l'opération du labourage quelle qu'en soit la durée. En opérant autrement la terre se dédouble, pour ainsi dire, et une couche de très faible épaisseur reste adhérente à la surface du versoir, de façon que le frottement ne s'effectue plus entre la surface métallique et la terre, mais entre deux surfaces terreuses occasionnant une résistance beaucoup trop considérable.

Cette diminution de largeur ne peut être obtenue, sans inconvénient, que si le terrain est argileux ou argilo-calcaire. Dans ces terres collantes, la largeur du versoir peut être réduite aux deux tiers, et même à la moitié, de la largeur du labour, sans pour cela que le prisme ne vienne à se briser dans l'opération du retournement.

En tenant compte des deux conditions qui viennent d'être énumérées, l'ensemble du soc et du versoir, qui en est la suite, peut être représenté comme l'indiquent les figures 65 et 66, sur lesquelles nous avons tenu à indiquer, en lignes ponctuées, la forme du versoir théorique hélicoïdal, afin de la comparer à celle du versoir pratique qui peut en être déduit.

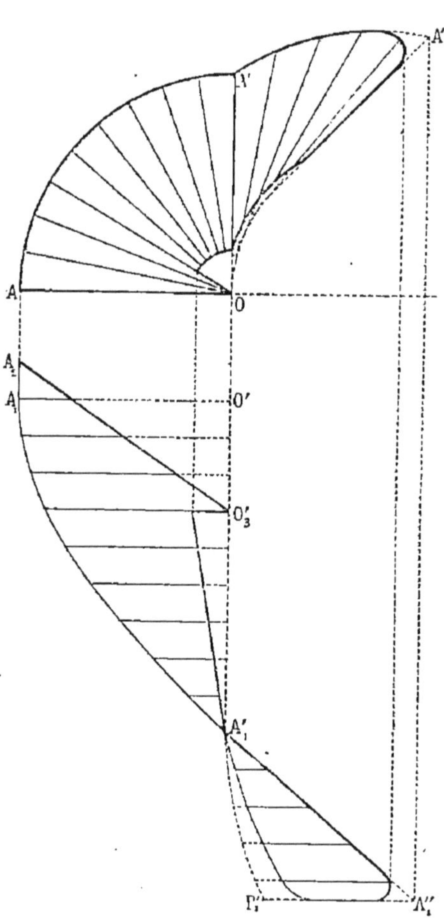

Fig. 65 et 66.

Profondeur à laquelle s'arrête l'extrémité inférieure du coûtre par rapport à la hauteur du labour. — Quelquefois la terre est découpée seulement partiellement dans le sens de la hauteur, et c'est le versoir qui vient briser la terre non découpée au moment où le prisme commence son premier retournement. Cette hauteur non découpée est toujours faible par rapport à la profondeur du labour.

Largeur du soc. — Dans certaines constructions d'appareils de labour, le soc n'occupe qu'une partie de la terre découpée et retournée à chaque opération.

Dans les charrues anglaises et surtout écossaises, la largeur du soc n'atteint que les trois quarts, et quelquefois la moitié de la largeur du labour.

Cette différence de dimensions a pour effet de laisser, pendant le premier retournement, le prisme de terre adhérent au sol sur lequel il tourne, en brisant successivement les différents éléments de cette sorte de charnière, qui évite le rejet de tout le prisme, d'une certaine quantité, au lieu d'effectuer son retournement méthodique. Si on exagère cette différence, autant qu'il vient d'être indiqué, le versoir doit dépenser, par cet effet de déchirure, un travail plus considérable que celui qui serait nécessaire pour faire avancer le soc dans le terrain, et de plus le fond de la raie présente des crêtes en égal nombre que celui des labours successifs; si l'on veut profiter de cette circonstance qui aide au retournement, sur place, du prisme de terre, il faut limiter cette différence à 3 ou 4 centimètres au maximum; quelques personnes préconisent l'emploi de socs de largeur plus grande que le labour à produire, mais cette condition n'est pas rationnelle, et n'est basée sur aucune raison plausible.

Donc, pour résumer ce qui vient d'être dit sur la forme des trois outils principaux entrant dans la composition de toute charrue, nous dirons :

Que le coutre devra être formé d'un tranchant rectiligne, incliné vers l'avant, et que c'est tout exceptionnellement qu'on l'a remplacé par un tranchant circulaire mobile.

Que le soc doit être également formé d'un tranchant rectiligne horizontal, incliné sur la ligne du mouvement, raccordé avec le versoir, comme l'indiquent les figures 65 et 66.

Qu'enfin le versoir est ordinairement formé par une surface hélicoïdale engendrée par une génératrice droite s'appuyant sur une droite et sur une hélice, en restant toujours dans des plans parallèles les uns aux autres.

L'on a cherché à remplacer la génératrice droite par une courbe, engendrant, en se déplaçant, une surface gauche convexe ou concave. La surface concave ne présente aucun avantage par rapport à la surface hélicoïdale ordinaire, elle a pour effet de courber les bandes de terre transversalement, ce qui peut faciliter, dans une certaine mesure, le retournement.

La surface convexe a été proposée pour diminuer l'adhérence des terres tenaces sur le versoir, mais la courbure transversale du versoir a pour effet de compromettre le bon renversement du prisme.

Enfin, dans quelques constructions de versoir, on a remplacé ces surfaces gauches par des surfaces cylindriques agissant sur la terre de manière à produire sa division en même temps que le retournement. Mais c'est demander beaucoup à la charrue que de produire ces différents effets simultanément, et il est bien préférable, au point de vue de la dépense en travail mécanique, de réserver cette division et cet ameublissement du sol, en se servant d'appareils spéciaux exigeant moins de travail mécanique pour le même effet produit.

Régulateurs. — Parmi les organes annexes de toute charrue, le régulateur est celui qui joue le plus grand rôle dans la bonne conduite de l'appareil, et nous allons indiquer quelques-unes des dispositions les plus employées. On peut dire que chaque constructeur emploie un ou plusieurs types distincts de ces régulateurs; leur nombre est donc considérable et nous ne parlerons que des principaux.

Avant de décrire ces différents genres de régulateurs, il est tout d'abord nécessaire d'indiquer le rôle qu'ils jouent dans la conduite des appareils de labour.

Les différents organes composant une charrue, le coutre, le soc, le versoir et le sep éprouvent une certaine résistance, de la part du terrain, quelle qu'en soit la nature, à se mouvoir pour produire les effets précédemment indiqués. D'autre part, les animaux de trait exercent sur la charrue un certain effort qui doit être suffisant pour vaincre les différentes résistances au mouvement.

Si l'on compose ces différentes résistances, on obtient une force de direction et d'intensité données, variant, pour une même charrue, avec la profondeur du labour et avec la nature de la terre travaillée.

Pour que, sous l'action des animaux de trait, la marche en ligne droite de la charrue soit assurée, il faut que la résultante des différentes forces résistantes soit exactement égale et opposée à la force agissante développée par l'attelage.

Il faut donc pouvoir modifier, pour chaque labour à produire, l'inclinaison de la ligne de traction, afin de lui donner exactement la direction de la résultante des forces résistantes. Si le régulateur était mal disposé, ou si plutôt le laboureur ne savait pas s'en servir, en un mot si l'action n'était pas exactement opposée à la résistance, ces deux forces pourraient se composer, à leur tour, pour donner une résultante de direction oblique par rapport à la ligne du mouvement, qui aurait pour effet de relever la pointe du soc ou de le faire piquer dans le terrain, ou encore de déplacer tout l'appareil latéralement.

Le laboureur peut bien agir sur les mancherons pour déplacer la résultante des forces résistantes, en en ajoutant une, résultant de son action sur les mancherons ; mais il s'épuiserait ainsi en efforts souvent excessifs pour ramener l'appareil dans la ligne à suivre, et pour le faire travailler à la profondeur voulue.

Un bon laboureur, ayant une longue pratique de ces instruments, les réglera, au moment du départ, sans avoir besoin de modifier ensuite la position du point d'application de l'attelage, et ce n'est que très exceptionnellement qu'il devra agir avec force, sur les mancherons, pour ramener la charrue dans la direction primitive.

Cette action momentanée sur les mancherons ne sera en effet utile que si la terre n'est pas d'une dureté égale dans les différentes parties du champ, et aussi lorsque les parties travaillantes de la charrue viendront à rencontrer des obstacles qu'elles ne peuvent écarter. Plus la terre est propre et épierrée, moins les mancherons présentent d'utilité, et nous indiquerons plus loin quelques types d'appareils où les mancherons sont réduits à de très faibles dimensions, ou même supprimés complètement.

Les mancherons présentent en effet l'inconvénient qu'ils peuvent servir de point d'appui à l'homme pendant sa marche derrière la charrue, et cette force, égale à une partie du poids de l'ouvrier, vient produire une pression plus considérable encore sur le sep de la charrue, et augmente, dans une certaine mesure, la résistance au glissement de l'appareil dans le sol.

Revenons maintenant à la description des régulateurs les plus employés, en indiquant tout d'abord qu'ils doivent tous être disposés pour modifier la position d'un point de la ligne de traction en deux sens perpendiculaires, l'un horizontal, l'autre vertical.

Quelques-uns des premiers, que nous allons décrire, ne permettent cependant que l'un de ces déplacements.

La figure 67 donne une des dispositions que l'on peut employer pour le règlement en largeur.

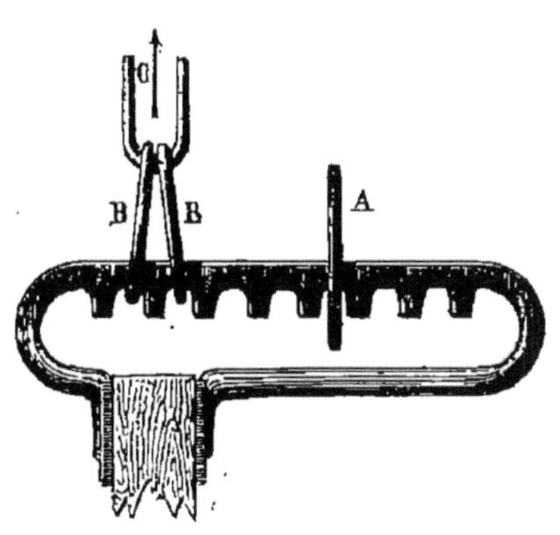

Fig. 67.

L'age est terminé par une barre à crans non symétriques par rapport à l'age et s'étendant beaucoup plus du côté de versoir. L'anneau long de la chaîne de traction vient s'engager dans une des encoches que l'on choisit pour réaliser à peu près la condition théorique indiquée plus haut.

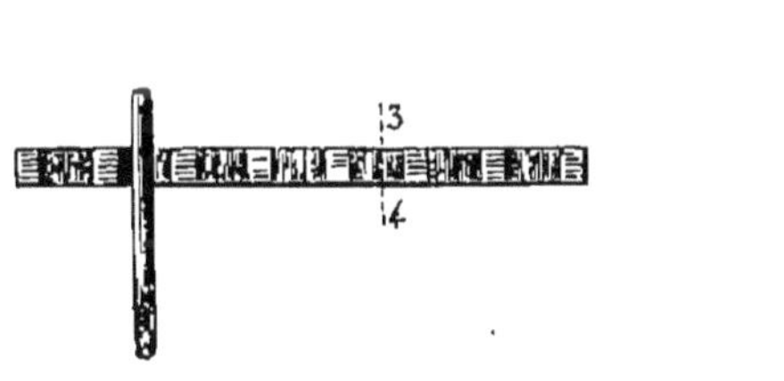

Fig. 68.

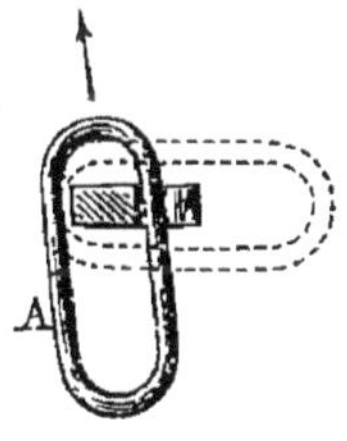

Fig. 69.

Quelquefois, deux anneaux allongés B, réunis par un anneau C, remplacent l'anneau unique A.

La figure 68 montre la forme des encoches, la crémaillère étant vue de face, et la figure 69 donne la position de l'anneau A, dans la position de repos, indiquée en lignes pleines, ou dans la position de réglage, en lignes ponctuées.

Les crans de l'appareil précédent peuvent être rem-

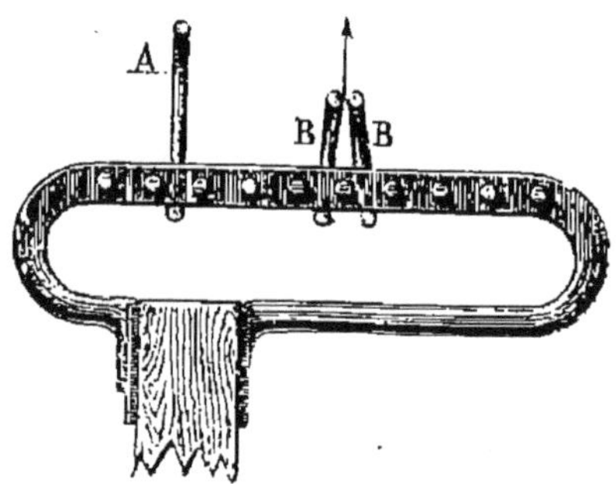

Fig. 70.

placés par des chevilles, comme l'indique la figure 70. Un anneau allongé A, ou deux anneaux conjugués B peuvent servir de point d'attache de la chaîne de traction à l'age, par l'intermédiaire du régulateur.

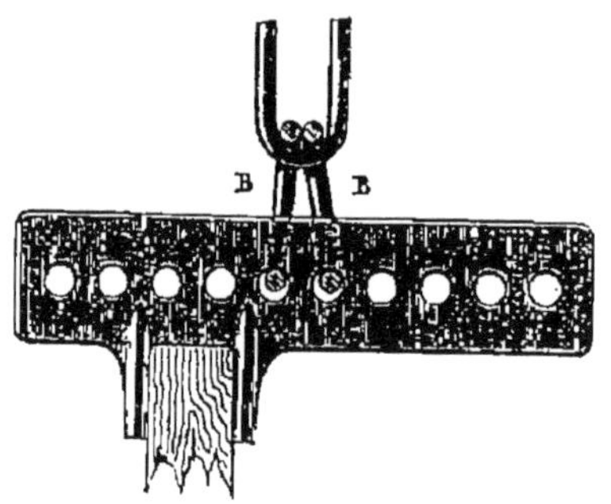

Fig. 71.

On peut encore employer une barre à trous également distancés, et disposés sur un ou plusieurs rangs.

Comme l'indique la figure 71, un double crochet B pénètre dans deux trous voisins et permet de fixer le point d'application de l'attelage en un point pouvant varier par rapport à l'age de la charrue.

Ces trois dispositions présentent le même inconvénient, en ce qui concerne la perfection du réglage, la chaîne peut occuper neuf positions différentes, mais ne peut pas prendre facilement une position intermédiaire, entre deux crans ou chevilles successifs.

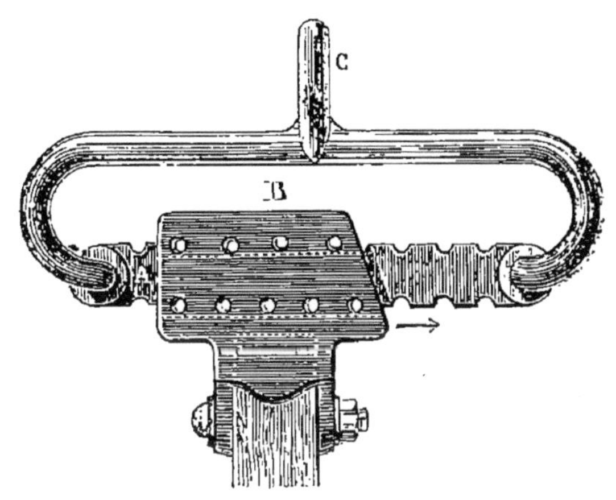

FIG. 72.

Le régulateur différentiel de Grandvoinnet, représenté figure 72, permet un réglage beaucoup plus précis.

Dans cet appareil, l'age est terminé par une pièce métallique B, dans laquelle peut coulisser une barre horizontale A portant sur deux faces opposées des crans demi circulaires distants les uns des autres de 35 millimètres, par exemple. Cette barre A est assemblée à une tige cylindrique recourbée et portant, en C, le crochet d'attelage.

Sur deux lignes parallèles, la pièce B est percée verticalement d'une série de trous cylindriques dont la distance, 35 millimètres pour l'une des rangées, est différente de celle de l'autre rang qui est de 40 millimètres, par exemple. Une cheville, réunie à l'age par une chaîne, peut passer, à la fois, dans un des trous de la pièce B et dans une des encoches demi circulaires de la pièce A, qui peut ainsi occuper des positions très diverses par rapport à l'age, et qui peut, par suite, servir à donner au crochet d'attelage un grand nombre de positions différentes les unes des autres.

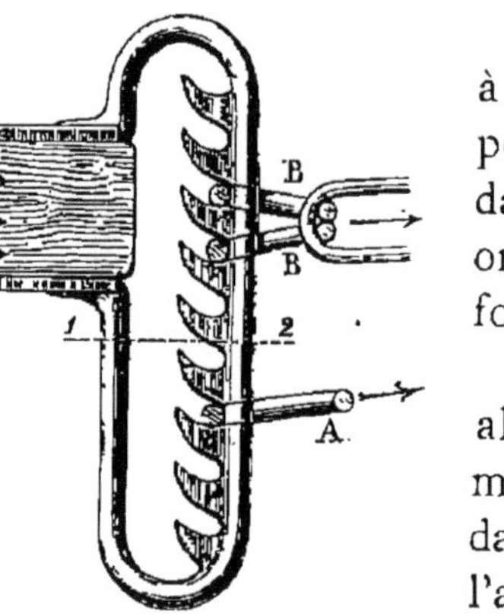

Fig. 73.

Si le régulateur doit servir à modifier la position du point d'attache de la chaîne dans le sens de la hauteur, on peut le disposer suivant la forme de la figure 73.

La crémaillère est formée alors de dents à crochets permettant d'assurer la position, dans le sens de la hauteur, de l'anneau simple A, ou des deux anneaux réunis B.

Si l'on veut combiner ces deux mouvements rectangulaires, en permettant en même temps des déplacements aussi faibles que l'on veut, on peut adopter la disposition fig. 74, que l'on rencontre dans les araires écossais.

L'age est fileté verticalement, près de son extrémité. Une vis B s'engage dans cet écrou, en élevant ou abaissant une sorte d'étrier D entre les branches verticales duquel peut tourner une vis C, s'engageant dans un écrou faisant corps avec le crochet E. En agissant sur la vis B ou sur la vis C, à l'aide de manivelles disposées à leurs extrémités, on peut obtenir ainsi, pour le crochet E, une série de positions différentes et aussi voisines que l'on voudra les unes des autres.

Quelquefois l'un des mouvements rectilignes est remplacé par un mouvement circulaire, et les figures 75 et 76, page 58, indiquent une première disposition de ce genre.

Dans ce régulateur, la barre à crans verticale, au lieu d'être à demeure sur l'age, n'y est assemblée qu'au moyen d'un boulon d'articulation *c*.

L'age lui-même, ou une pièce rapportée à son extrémité, est contourné en forme d'arc de cercle A, ayant pour centre l'axe du boulon *c*.

Une cheville D, attachée à l'âge par une petite chaîne, peut traverser, à la fois, les branches horizontales de la barre à crans B et la pièce A, dans l'un des trous préparés dans cette pièce.

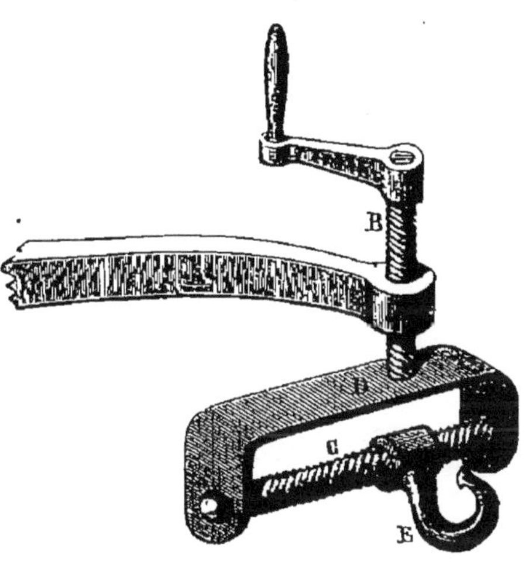

Fig. 74.

Suivant la position angulaire de B par rapport à l'age, suivant le cran choisi pour l'attache de la chaîne de traction, celle-ci occupera, par rapport à la charrue, différentes positions, suivant la profondeur du labour, la hauteur des animaux de trait, etc.

Enfin, il nous suffira de citer, en dernier lieu, la disposition du régulateur de la charrue Howard, représentée figures 22 et 23, page 18.

Dans cet instrument, le régulateur est formé, comme dans la disposition précédente, d'un arc métallique L, fixé à l'age et percé de trous en quinconce, sur deux circonférences concentriques, d'une pièce L′ entourant l'arc métallique, tournant autour de I, et portant une tige rectangulaire pendante de longueur variable terminée par un anneau.

Une goupille verticale passe à travers un trou allongé préparé dans la pièce L′ et, en même temps, dans un des trous ménagés dans l'arc L.

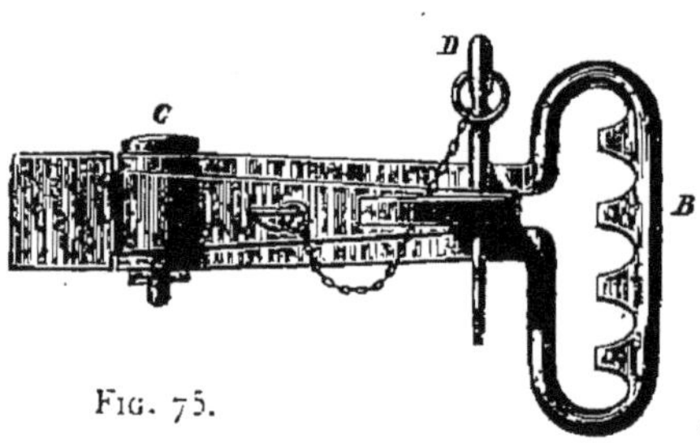

Fig. 75.

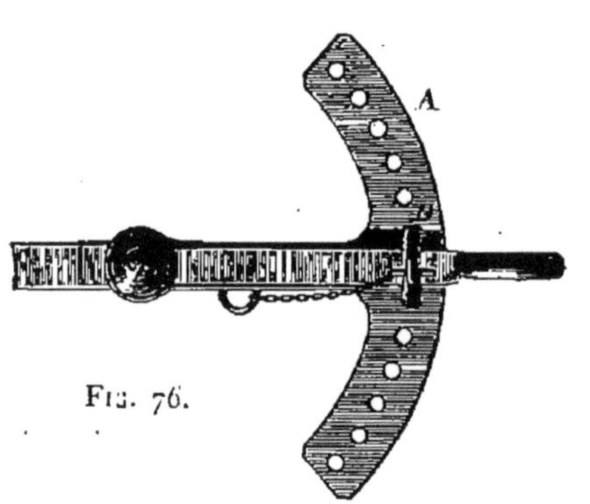

Fig. 76.

Enfin la tige de traction M passe dans l'anneau terminant la tige verticale et peut ainsi se déplacer, en s'inclinant plus ou moins par rapport à la direction du mouvement, pour obtenir les conditions que doit réaliser tout bon régulateur de charrue.

Après avoir décrit, avec quelques détails, les différents organes constitutifs d'une charrue, il est nécessaire d'indiquer, par quelques nouveaux exemples, leur groupement dans les types actuellement en usage.

La charrue simple de Howard, donnée en élévation et en plan, page 18, convient parfaitement pour des terrains fortement argileux pour lesquels on a l'habitude d'employer des versoirs de grande longueur.

La figure ci-contre, fig. 77, représente, en vue perspective, une autre charrue Howard, dans laquelle l'age porte, en avant du coutre, une rasette ou pelloir qui a pour but de peler le sol herbu, au moment du labourage. Une rainure, préparée dans la tige de ce pelloir, permet d'y passer un boulon horizontal traversant l'age, et de fixer ainsi cet outil supplémentaire à différentes hauteurs par rapport au sep de la charrue, suivant la profondeur du labour.

Fig. 77.

Dans la charrue Hornsby représentée fig. 78, page 60, le versoir est plus long encore. Le coutre et la rasette sont assemblés avec l'age au moyen d'étriers à boulons.

Enfin, dans la charrue Ransomes, fig. 79, page 60, le coutre peut être réglé de position au moyen du procédé que nous avons déjà décrit, l'age est divisé sur une partie de sa longueur en deux branches parallèles, et c'est dans l'intervalle ainsi formé que vient se loger la tige du coutre et ses moyens de réglage.

Le fer, la fonte et l'acier entrent, de plus en plus, dans la construction des charrues dont un grand nombre de types sont entièrement composés de pièces métalliques.

Cependant, pour en diminuer le poids, pour permettre leur réparation dans des contrées où les industries mécaniques ne sont pas encore très développées, on continue à construire des instruments de labour bois et métal.

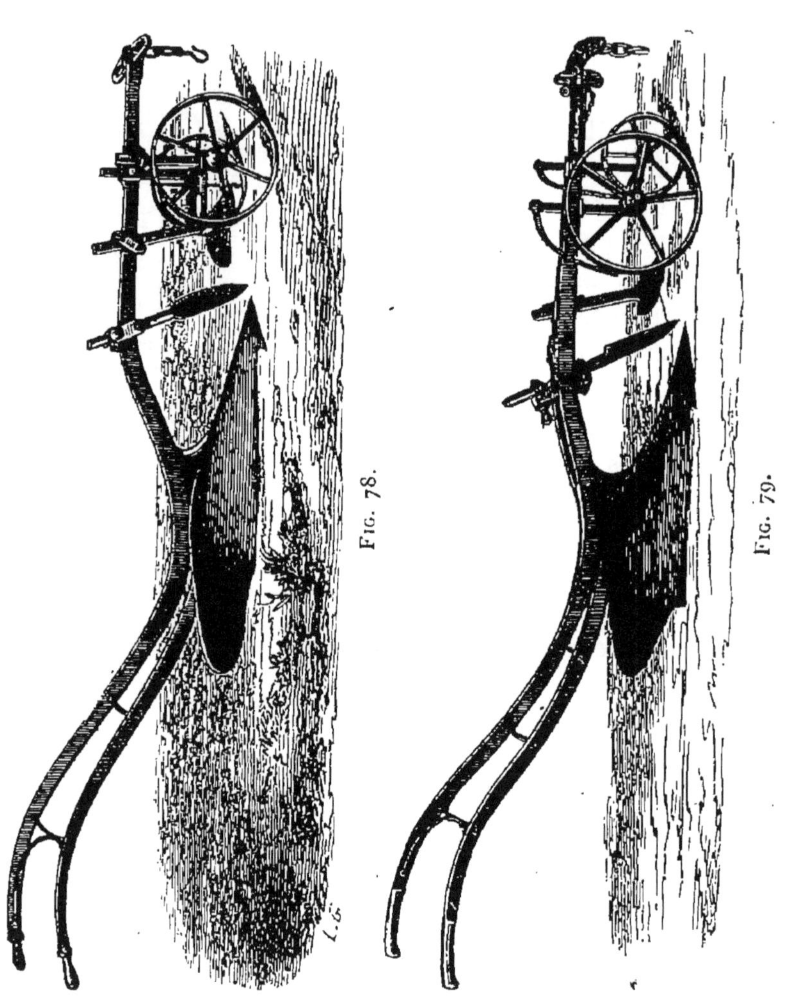

Fig. 78.

Fig. 79.

Parmi ceux-ci nous citerons la charrue araire de Dombasle, telle que la construit maintenant la maison Meixmoron de Dombasle, de Nancy, et représentée fig. 80.

L'age et les mancherons sont en bois. Un régulateur à crans est disposé en avant de l'age.

Le coutre est fixé par un étrier entourant l'age et

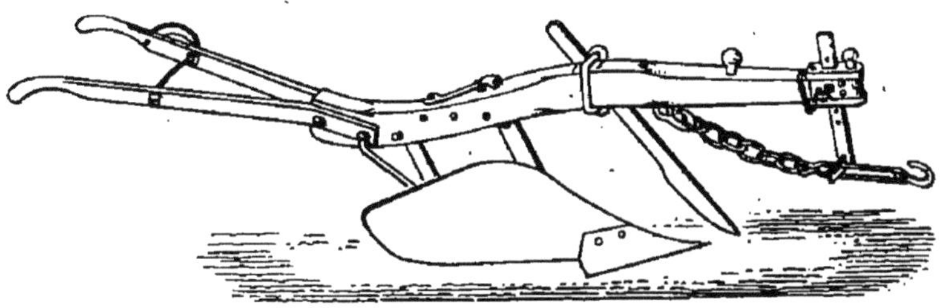

Fig. 80.

cette pièce. Enfin, le soc et le versoir sont assemblés avec l'age, par l'intermédiaire d'étançon et d'avant-corps en fer forgé.

Un charrue à avant-train, du même constructeur, est

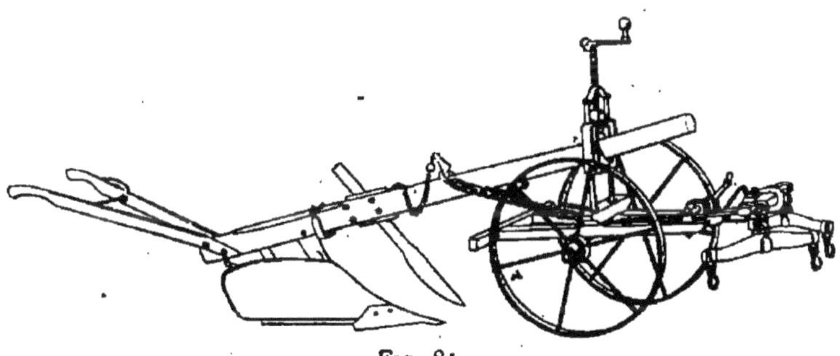

Fig. 81.

représentée fig. 81. L'avant-train, représenté à part, fig. 82, page 62, porte le régulateur de traction formé d'une vis horizontale déplaçant le crochet d'attelage et le régulateur de profondeur composé d'une vis verticale terminée à sa partie inférieure par un collier guidé dans une sorte d'arcade, et dans lequel s'engage l'extrémité de l'age de section circulaire.

La charrue est reliée à l'avant-train par une chaine se repliant sur elle-même, de manière que ses deux extrémités soient attachées à l'avant-train, et venant entourer une sorte de crampon en fer engagé verticalement dans l'age de la charrue.

Les appareils que nous venons de décrire doivent pouvoir servir pour la préparation du sol, au sujet de laquelle trois genres différents de labours sont usités.

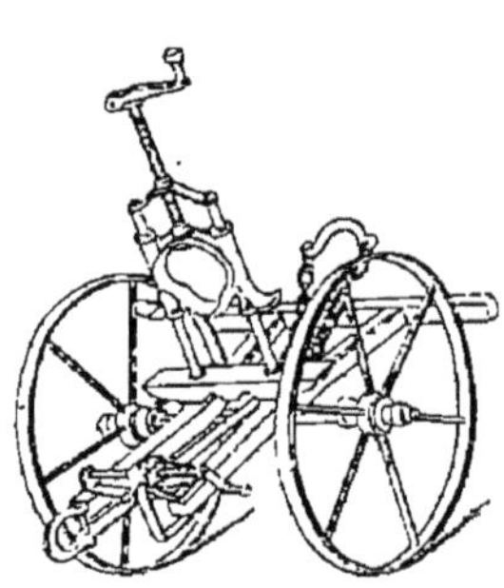

Fig. 82.

Ils sont désignés, dans la pratique agricole, sous les noms de :

Labours en billons,
Labours en planches,
Labours à plat.

Les premiers, d'un usage très répandu il y a longtemps déjà, répondaient à des conditions qui ne se rencontrent plus aussi fréquemment maintenant. l'assainissement du sol par des drainages bien disposés, la préparation du sous-sol, à l'aide d'instruments spéciaux, n'exigent plus aussi souvent la disposition de la surface en billons, c'est-à-dire en planches fortement arrondies de petites largeurs, séparées par des dérayures qui, dans le principe, avaient pour but de permettre l'écoulement facile des eaux glissant sur la surface des billons et venant se réunir dans ces rigoles, en grand nombre, séparant les planches de très faible largeur.

On donne, en effet, à ces billons une largeur variant de $1^{m},00$ à $1^{m},50$, et chacun d'eux est constitué par trois ou cinq bandes de terre renversées les unes sur les autres.

Ces labours en billons sont encore très usités dans

les pays à sol humide et peu profond, en Bretagne, par exemple.

Les labours en planches sont obtenus en divisant le terrain en portions ayant de 5 mètres à 25 mètres de largeur, chacune de ces planches étant séparée de la sui-

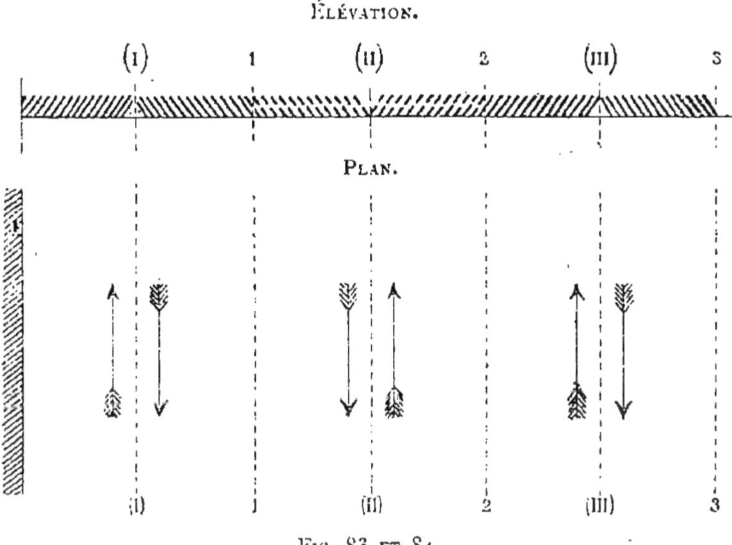

Fig. 83 et 84.

vante par une sorte de rigole appelée dérayure.

Le labour peut s'exécuter comme il suit :

Après avoir divisé le terrain en bandes, ayant comme largeur la moitié de la largeur de chaque planche, on trace une première raie en I, fig. 83 et 84, et, en revenant avec la même charrue, on verse ainsi la terre à droite et à gauche de l'axe I non remué que l'on appelle une enrayure; puis, après avoir préparé ainsi deux demi planches, on passe, avec la même charrue, à la division III, considérée comme une nouvelle enrayure, et on laboure tout l'espace compris entre 2 et 3, en formant deux nouvelles demi planches, puis, sans arrêter le travail, on découpe, à partir des divisions 1 et 2, de nouveaux prismes que l'on rejette sur les bandes déjà retournées, de manière que tout l'espace restant soit complètement préparé, et ainsi de suite. Le sol sera ainsi partagé par des dérayures telles que II, par exemple.

Dans un second labour, les divisions seront différentes, et l'on s'arrangera pour que les divisions I, III, V, constituent les dérayures, et les divisions II, IV, etc., les enrayures nouvelles.

Il est nécessaire de remarquer ici que le parcours, dans les fourrières, varie depuis une largeur de labour jusqu'à la largeur de la planche, c'est-à-dire au maximum 25 mètres; le temps perdu, pendant ces parcours à vide, est donc très faible, par rapport au temps utile, surtout lorsque l'on augmente, dans une certaine mesure, la longueur du champ, ou, ce qui revient au même, la longueur des sillons, sans interruption du labour.

Dans les contrées à culture intensive, lorsque l'épaisseur du sol cultivable est suffisante, et lorsque surtout les portions humides sont convenablement drainées, on préfère, à ces deux premiers genres de labour, la préparation à plat de la surface du sol. Le labour à plat s'exécute en retournant les différentes bandes de terre les unes à côté des autres, et dans le même sens, dans toute l'étendue du champ à préparer, comme l'indique la figure ci-dessous, fig. 85.

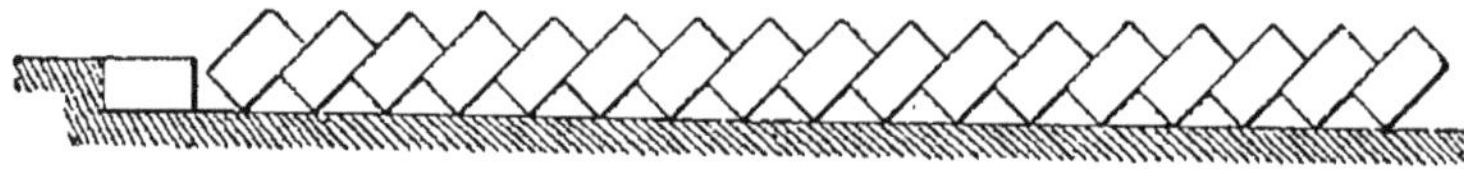

Fig. 85.

Ce labour à plat rend beaucoup plus facile l'emploi des différents instruments de récolte, faucheuse, moissonneuse, etc., mais exige, pour son exécution, des instruments différents de ceux employés dans les opérations précédentes. Nous avons vu qu'en effet, dans le labour en billons, et dans celui en planches, on utilisait le retour de la charrue ordinaire, versant la terre toujours dans le même sens par rapport à la ligne du mouvement, en n'ayant qu'à effectuer un déplacement de quelques mètres au maximum dans la fourrière réservée à chaque extrémité du champ.

Si l'on adoptait ces mêmes appareils pour la culture à plat, il faudrait faire revenir l'instrument à vide jusqu'au point de départ, en faisant glisser la charrue sur le sol chaumé pour recommencer un nouveau sillon parallèle au premier.

Ce travail serait réellement impraticable, et l'on est conduit à adopter toute une série d'instruments connus sous le nom de charrues à retournement.

Charrues à retournement. — Ces charrues à retournement sont constituées, dans la majeure partie des cas, de deux charrues complètes se substituant l'une à l'autre, lorsque l'on veut travailler la terre dans la marche d'aller et dans celle de retour.

Quelquefois cependant, l'on peut produire le même effet avec une seule charrue dont on déplace le versoir, cette catégorie d'appareils est désignée le plus communément sour le nom de charrues tourne-oreille.

Dans les anciens appareils de cette catégorie le versoir était amovible. Il pouvait se démonter facilement, se placer d'un côté ou de l'autre de l'age pour verser la terre soit à gauche, soit à droite, suivant la direction du mouvement.

L'ancienne charrue picarde, construite toute en bois, y compris le versoir, rentre dans cette catégorie. Le versoir est simplement accroché à l'étançon par une pièce métallique recourbée, et son autre extrémité est éloignée de l'age par une tige de faible dimension partant du versoir et venant s'accrocher à l'age.

Un levier permet, en le plaçant dans deux positions différentes, de faire pointer le coutre sur la muraille lorsque la charrue s'éloigne du point de départ ou s'en rapproche.

Le *ruchaldo*, ou charrue de Bohême, rentre encore dans cette catégorie des charrues tourne-oreille.

Comme le représente la fig. 86, l'age, les mancherons et le sep sont en bois. Les parties travaillantes sont formées simplement par une feuille de tôle recourbée dont la partie inférieure constitue le soc. Le versoir est formé

Fig. 86.

par la tôle elle-même, et le coutre n'existe pas dans cet appareil encore très primitif.

La tôle peut tourner librement autour d'un axe vertical, et peut être maintenue dans deux positions différentes, symétriques par rapport à l'age, au moyen de verrous manœuvrés par des leviers A, A.

Le laboureur n'a qu'à relever le levier de droite,

abaisser le levier de gauche, ou réciproquement, pour fixer le versoir dans une position ou l'autre.

L'appareil peut donc être disposé pour verser la terre, soit à droite, soit à gauche, et peut servir pour les labours à plat, à la condition de ne l'employer qu'en terrains sablonneux n'offrant que peu de résistance au déplacement, et lorsque la terre peut être désagrégée en même temps que retournée.

La maison Ransomes a construit un autre appareil dans lequel un seul coutre, un soc, et deux versoirs sont disposés sur le même age. A l'aide d'un arbre incliné, manœuvré par manivelle à l'arrière de la charrue, on retourne le soc après chaque labour, et ce même arbre, par une transmission par engrenages, fait déplacer les deux versoirs, l'un prenant, par rapport aux autres outils, sa position ordinaire, et l'autre s'effaçant en même temps, pour venir se loger sous l'age de la charrue.

On obtient ainsi, par ces deux mouvements simultanés, la constitution de deux charrues se substituant l'une à l'autre, et permettant le déversement de la terre soit à droite, soit à gauche, de la ligne du mouvement, et par suite la préparation du sol, par un labour à plat, sans perte de temps causée par un retour à vide de l'appareil de labour.

Quelquefois encore, on constitue un appareil de ce genre par la rotation des outils principaux autour d'un axe horizontal se confondant avec le sep de la charrue.

Le coutre est alors formé d'une pièce verticale venue de forge ou de fonte avec le soc et le versoir.

En soulevant l'age de la charrue à chaque fourrière, le coutre, le soc et le versoir occupent de nouvelles positions par rapport à l'age, et l'instrument peut dès lors être disposé pour verser soit à droite, soit à gauche, comme les appareils précédemment décrits.

Ces instruments de labour, tous très ingénieux, imaginés à diverses époques, ont été considérés avec raison comme trop compliqués, et par suite abandonnés successivement, pour laisser la place aux véritables charrues à retournement, composées de deux charrues complètes situées symétriquement par rapport à un axe vertical ou horizontal.

Dans le premier groupe se trouvent les différents instruments à bascule dont nous n'indiquerons que les deux types principaux. La charrue dite *dos à dos*, re-

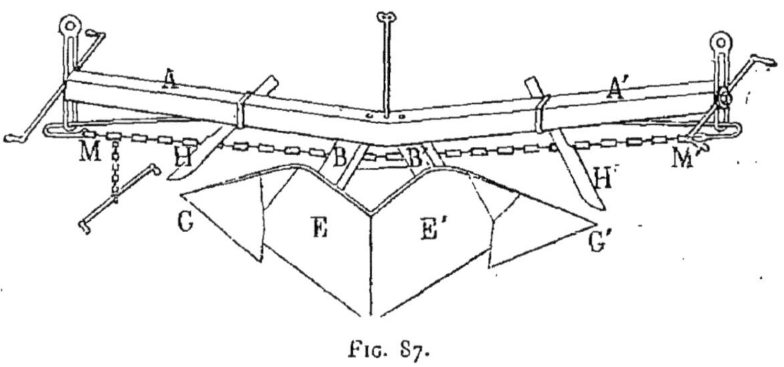

FIG. 87.

présentée figure 87, dans laquelle deux ages A, A', faisant suite l'un à l'autre, et formant entre eux un angle obtus très ouvert, reçoivent les points d'attache des outils ordinaires de tout instrument de labour H, G, E, H', G', E'. Les deux versoirs E, E' se raccordent l'un avec l'autre, et l'extrémité inférieure de ce raccordement sert de centre de rotation à l'appareil tout entier.

L'attelage s'attache, au moyen d'un régulateur ordinaire, à l'une ou l'autre extrémité de l'age commun, et l'appareil, sous l'action même des chevaux, se place, de lui-même, dans la position voulue pour que le labour puisse s'exécuter en versant la terre soit à droite, soit à gauche de la direction du mouvement. La charrue ne subit plus une rotation sur elle-même au bout du champ. Elle est amenée simplement dans la fourrière, les animaux de trait sont dételés, pour être attachés à l'autre extrémité de l'instrument.

La charrue à bascule, dite *tête à tête,* est celle adoptée, d'une manière courante, dans le labourage à vapeur. Nous en donnerons la description, lorsque nous nous occuperons un peu plus loin de ces opérations spéciales. Il suffit d'indiquer maintenant que le basculement est obtenu par le simple poids du conducteur monté sur la machine, et qui, à chaque extrémité du champ, descend de la charrue pour se placer sur un autre siège symétriquement placé par rapport à l'axe de rotation.

Comme le montrent les figures 104 et 105, page 99, la charrue est à plusieurs socs et du genre des charrues à support.

Enfin on pourrait encore constituer une charrue double à age unique pouvant tourner autour d'un axe vertical et permettant ainsi à l'attelage de venir se placer en avant de l'une des charrues composant l'appareil double.

On peut dire que ces charrues à bascule sont maintenant presque exclusivement réservées aux grands labourages, au moyen de charrues polysocs, et que la véritable charrue à retournement moderne est constituée par deux appareils complets tournant autour d'un axe horizontal.

Elles sont désignées le plus ordinairement sous le nom de *charrues brabant doubles,* et on doit les classer en deux groupes : les charrues brabant doubles à age fixe et les charrues brabant doubles à age tournant.

Ces appareils étant, pour ainsi dire, les seuls usités actuellement pour le labour à plat, il est nécessaire d'entrer dans quelques détails sur leur constitution.

Charrues brabant doubles à age tournant. — Ces appareils, de beaucoup les plus employés, sont constitués, comme l'indiquent les fig. 88 et 89, p. 72 et 73, de deux charrues complètes montées sur un même age A métallique et de section rectangulaire décroissante vers le point d'application de l'attelage. Une partie de cet age est cylindrique et peut tourner librement dans un manchon A′ faisant partie du support de la charrue. Vers l'arrière, l'age A se biffurque pour former les étançons servant à réunir les socs et versoirs à l'age.

En H, G, E et D se trouvent le coutre, le soc, le versoir et le sep de l'une des charrues; en H′, G′, E′ et D′ les mêmes organes de l'autre charrue solidaire de la première.

Deux roues R de même diamètre et un essieu N servent de support à la charrue. Ces deux roues peuvent s'approcher ou s'éloigner de l'axe de l'appareil, en enlevant ou en rajoutant un nombre variable de bagues entourant l'essieu commun à ces deux roues R. En K et K′ se trouvent les sellettes sur lesquelles vient se fixer un verrou V appuyé par un ressort *r*. Une tringle T, manœuvrée par le laboureur, au moyen d'un levier courbe O O′, ramène le verrou V en arrière en permettant à tout l'appareil de tourner sur lui-même.

La charrue inférieure devient alors la charrue supérieure et réciproquement. Le verrou V abandonné à lui-même vient s'engager dans l'encoche de la sellette correspondant à la nouvelle position de l'ensemble des pièces.

Quant aux organes de réglage, le régulateur de traction est composé d'une tête tournant autour d'un axe vertical, et pouvant occuper différentes positions par la manœuvre d'une vis V′ et d'un cadre triangulaire dans lequel vient se placer, dans deux positions symétriques, le crochet d'attelage M.

Un régulateur de profondeur à vis verticale V permet d'abaisser ou de relever l'age, et par suite toute la charrue. Cette vis est soutenue au moyen d'un grand étrier prenant son point d'appui sur l'axe des roues porteuses.

Un mancheron M de faible longueur est fixé à l'extrémité de l'ensemble des deux versoirs E E'.

L'autre mancheron J tourne autour d'une cheville horizontale fixée à l'age pour occuper la même position par rapport au sol après chaque retournement.

C'est à ce mancheron J que se trouve fixé le levier courbe actionnant la tige T.

L'appareil est complété par une rasette double E, E', fixée, par l'intermédiaire d'une tige *b*, à l'age A, au moyen d'étriers, lorsqu'on veut découper le sol près de sa surface, pour assurer l'enfouissement des herbes et du fumier répandu à la surface du terrain à préparer.

Quelquefois les mancherons sont complètement supprimés, les régulateurs de traction et de profondeur devant suffire pour le règlage préalable de la charrue et pour assurer son entrure régulière dans le sol, s'il a été convenablement nettoyé par les opérations précédentes.

Il suffit, à l'arrivée de l'instrument dans l'une des fourrières, de dégager le verrou V, de manière à rendre libre l'age A de tourner sur lui-même, pendant que tout l'appareil tourne à l'aide de l'attelage, pour se trouver en face de la raie nouvelle que l'on veut ouvrir, le verrou V vient, de lui-même, s'engager dans une des encoches de la sellette, lorsque le retournement est complet, et la charrue peut alors fonctionner à nouveau, l'age étant redevenu fixe dans cette nouvelle position qu'on lui a donnée.

Les dispositions de détail de ces appareils varient avec les constructeurs, et nous donnons page 75, une

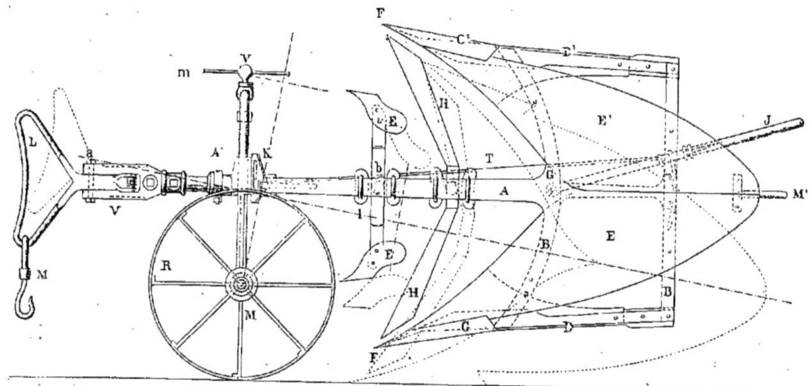

Fig. 88.

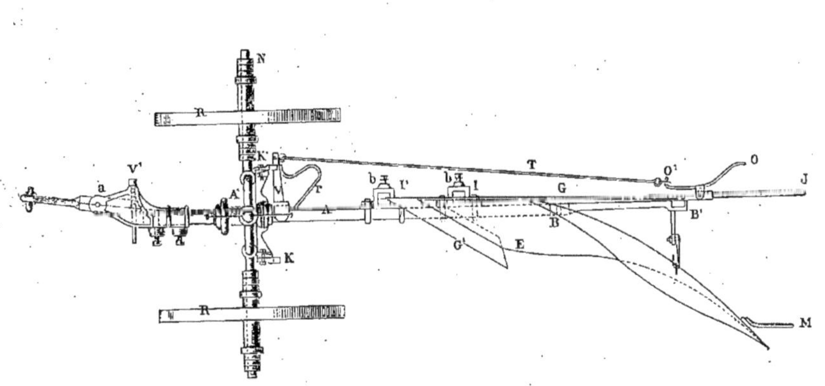

Fig. 89.

vue de l'une des charrues brabant double à age tournant de M. Bajac, de Liancourt.

Cette charrue brabant double, dite à tête refoulante, représentée fig. 90, est composée des mêmes outils que l'appareil précédent : deux coutres, fixés à l'age par un même étrier, deux socs et deux versoirs fixés à deux seps réunis à l'age par des étançons venus de forge avec lui.

Deux pelloirs ou rasettes sont disposés en avant et fixés en un même point de l'age qui est soutenu à une distance variable du sol par un grand étrier vertical venant reposer sur l'essieu de roues porteuses d'égal diamètre.

Un manchon en fonte entoure la partie cylindrique de l'age et se trouve terminé, à l'avant, par la tête refoulante constituant le régulateur spécial de l'appareil.

Le régulateur proprement dit se compose d'une barre à section rectangulaire entourée par un collier de même forme terminant la barre de traction venant entourer d'autre part un anneau fixé à la partie postérieure de l'age. La chaîne d'attelage vient se fixer en un point d'un grand anneau de forme triangulaire, et y est maintenue, dans la position qu'on veut lui donner, au moyen de chevilles. Cette barre tourne librement autour d'un axe faisant partie d'une tête en fonte reliée par des boulons au manchon cylindrique entourant l'age sur une partie de sa longueur.

Un ressort, fixé à cette tête, appuie constamment sur la partie supérieure de la barre constituant le régulateur proprement dit et est déformé plus ou moins suivant la traction exercée par les chevaux sur la chaîne d'attelage. Lors du retournement de la charrue, la barre de traction ne change pas de position, par suite de la présence de l'anneau fixé à l'age et se déplaçant avec lui, l'étrier ter-

FIG. 90.

minant cette barre venant agir sur cet anneau, en un point symétriquement placé par rapport au premier.

La sellette fixée au mancheron porte, comme dans l'exemple précédent, deux clichets ou oreillons rapportés, dans l'un desquels vient s'engager le verrou porté sur l'age et manœuvré à l'aide de tringles par l'ouvrier laboureur.

Enfin, une vis placée dans l'axe du grand étrier vertical agit sur un écrou fixé à deux branches verticales également, et assemblées avec le manchon cylindrique, de manière à élever ou abaisser ce dernier, suivant l'entrure que l'on veut donner à l'instrument de labour. Il constitue ainsi le régulateur de profondeur que l'on retrouve toujours dans les appareils de ce genre.

Les brabants doubles à age fixe ne diffèrent de ceux-ci qu'en ce que les différents outils sont attachés sur un manchon d'assez grande longueur entourant l'age fixe de forme cylindrique et pouvant tourner de 180° par rapport à celui-ci, pour pouvoir mettre en contact avec le sol l'un ou l'autre des appareils de labour.

Un verrou d'arrêt et deux encoches fixes permettent d'assurer la fixité de l'instrument dans ses deux positions diamétralement opposées.

Charrues polysocs. — Tous les instruments précédents exigent un attelage proportionné à l'effet à produire, et, en outre, un conducteur expérimenté, chargé de rectifier les écarts de profondeur ou de largeur résultant soit d'une dureté véritable du sol, soit d'un réglage incomplet de l'appareil de labour, et en même temps, de diriger les chevaux en ligne droite pendant le labour, et de faire tourner l'attelage dans chaque fourrière.

On a cherché à économiser les frais de main-d'œuvre en chargeant un même laboureur de conduire plusieurs charrues traînées par un même attelage composé évidemment d'un nombre de bêtes de trait égal, ou à peu près, à la somme de celui nécessaire pour déplacer chacune des charrues prises isolément dans le même terrain.

En disposant même les chevaux sur une seule file on obtient le piétinage des chevaux dans une seule raie sur deux ou trois, et de ce fait la traction exigée d'un appareil à socs multiples est un peu inférieure à la somme des efforts nécessaires pour traîner chacun des éléments pris isolément.

Ces différents avantages font adopter des instruments à deux socs ou charrues bisocs et même des charrues polysocs, dans lesquelles le nombre des socs est quelquefois porté à quatre, six, et même davantage.

Les charrues bisocs, dont nous donnons quatre exemples, sont composées de deux charrues complètes disposées parallèlement l'une à l'autre ou d'une série d'outils fixés sur un même age dont la forme peut varier suivant les constructeurs.

Fig. 91.

Dans la charrue bisoc de Howard, représentée, fig. 91, ce sont deux charrues complètes qui sont ainsi jumelées.

Les mancherons de l'une d'elles sont seulement supprimés, un seul ouvrier devant conduire l'instrument double.

Les deux ages sont réunis, en avant, par l'axe percé de trous du régulateur, et, à l'arrière, par une entretoise horizontale obligeant les deux instruments à rester toujours à la même distance l'un de l'autre.

La barre de traction vient agir sur l'ensemble des deux charrues au moyen d'une autre entretoise horizontale.

L'une des roues de support est fixée à l'un des ages, l'autre est attachée au deuxième age plus court que le premier. Enfin l'age de plus grande longueur est terminé, à l'arrière, par les mancherons ordinaires.

Dans le bisoc de M. Meixmoron de Dombasle, fig. 92, l'un des mancherons termine l'age le plus long et l'autre est fixé à l'age de l'autre charrue.

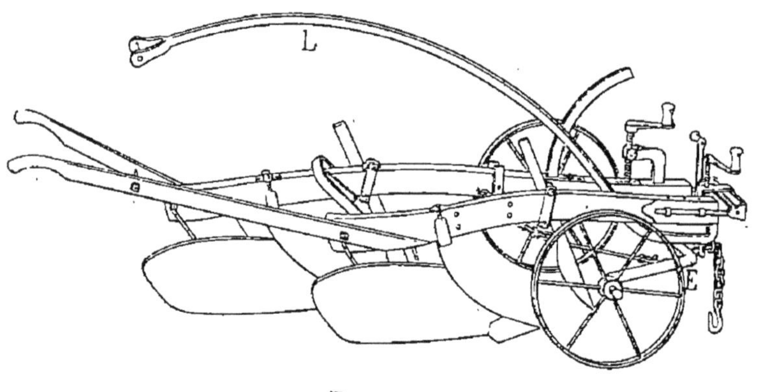

Fig. 92.

Ces deux ages sont réunis par un arc métallique situé à l'arrière et par la barre horizontale d'un régulateur à vis.

Une des particularités de cet appareil est le levier de déterrage que nous retrouverons dans les charrues polysocs, et qui a pour effet de permettre le relevage facile des parties travaillantes de la charrue au niveau du sol, lorsque, dans les fourrières, on veut retourner l'appareil pour effectuer, en revenant, un labour parallèle au premier.

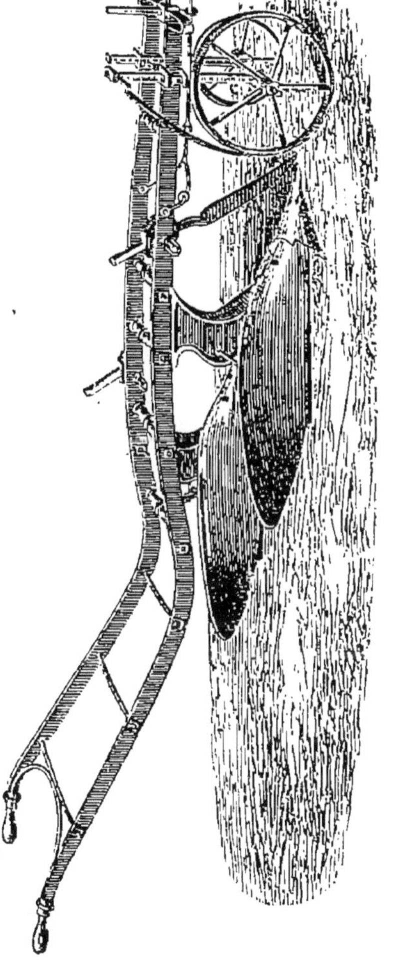

Fig. 93.

Il se compose d'un grand levier L, fixé au milieu de la partie horizontale d'un essieu doublement coudé portant à ses deux extrémités les roues porteuses.

En plaçant ce levier dans deux positions différentes, et en faisant tourner la partie horizontale de l'essieu E, dans des coussinets fixés en dessous des ages, on élève ou l'on abaisse les deux roues, et par suite on passe de la position de transport à celle du travail ou réciproquement, par la seule action de l'homme à l'extrémité de ce levier.

Dans la charrue bisoc de la maison Ransomes et Sims, fig. 93, les deux ages métalliques sont prolongés à l'arrière de manière à former les deux mancherons, de nombreuses entretoises les réunissent de distance en distance, et les pièces du régulateur les terminent à l'avant.

Sur chaque age se trouvent fixées les pièces constitutives de chaque charrue, ainsi que les tiges verticales aux extrémités desquelles se trouvent disposés les essieux des roues porteuses.

Enfin dans le bisoc de Grignon, fig. 94, l'age est contourné latéralement de manière que l'on puisse fixer sur la même pièce les outils de deux charrues, en réservant, entre les pointes des deux socs, une distance hori-

FIG. 94.

zontale égale à la largeur de chacun des deux labours produits simultanément.

Lorsque l'on dispose de nombreux attelages, lorsqu'on veut opérer rapidement un premier labour superficiel, sans employer un trop nombreux personnel, les charrues polysocs s'imposent et sont toutes basées sur le même principe.

Un cadre métallique, en forme de triangle rectangle, est porté par un galet, à l'avant, et par un essieu à deux roues, vers l'arrière de l'appareil. Le grand côté de l'angle droit est disposé parallèlement aux raies que l'on veut ouvrir. En un point du petit côté se trouve l'attache de l'attelage. Enfin de différents points de l'hypoténuse descendent des tiges verticales portant, à leurs extrémités inférieures, les socs et versoirs d'une série de charrues. Les coutres de chacune d'elles sont fixés en des points de cette même hypoténuse. Un levier de déterrage manœuvré par le laboureur permet de relever ou d'abaisser les roues porteuses, de manière à modifier l'entrure des socs des différentes charrues montées sur le même bâti.

La figure 95, page 82, donne la disposition de la charrue polysoc de Ransomes, telle qu'elle résulte du brevet pris en 1870.

Dans cet instrument, trois charrues complètes sont fixées sur le même cadre triangulaire, porté par une roue à l'avant et par deux autres roues porteuses disposées aux extrémités d'un essieu doublement coudé.

Un levier de grande longueur est calé sur la partie horizontale de cet essieu coudé, maintenu, en dessous du cadre, par des paliers.

Un arc percé de trous permet, à l'aide d'une cheville en fer, de disposer le levier dans une position déterminée correspondant à une position déterminée aussi de la partie inférieure des roues porteuses par rapport au plan passant par les seps. L'entrure se trouve ainsi parfaitement réglée, jusqu'au moment où, en agissant rapidement sur le levier, en l'abaissant, on oblige le cadre à se relever, et par suite, on obtient le déterrage de la charrue, opération que l'on doit répéter à chaque extrémité du champ en travail. La roue d'avant peut aussi changer de position par rapport au cadre, en faisant glisser la tige inclinée, portant l'essieu de cette roue, dans un étrier fixé au cadre; mais ce réglage ne doit s'effectuer que lorsqu'on veut modifier la profondeur du labour.

L'appareil, représenté figure 95, peut labourer une lar-

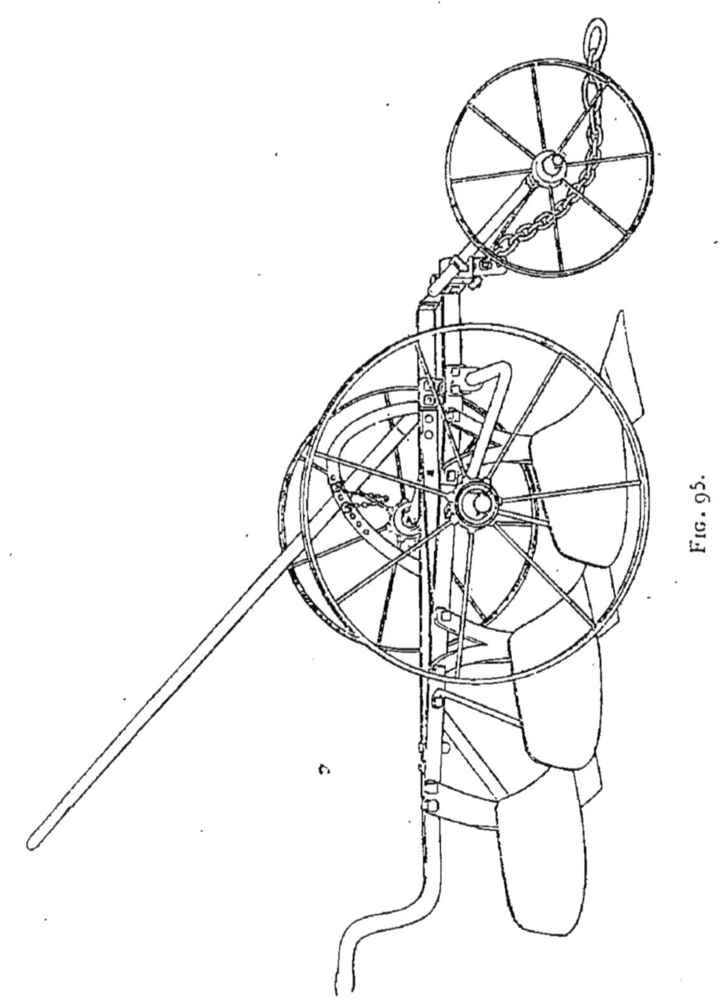

Fig. 95.

geur de terrain de trois fois 0m,25, ou 0m,75, à une profondeur de 0m,18, en employant deux hommes et un attelage variant d'importance avec la nature du sol, mais que l'on peut estimer, en moyenne, à trois ou quatre paires de bœufs.

En arrière du cadre se trouve bien un autre levier recourbé, de faible longueur, ayant pour objet de permettre, par une action momentanée du laboureur, de modifier les conditions du fonctionnement de la charrue ; mais, dans cet appareil, et dans d'autres encore plus puissants, l'action de l'homme est beaucoup trop faible pour qu'elle soit réellement efficace, et l'on supprime, généralement, les mancherons ou leviers, en réglant, une fois pour toutes, l'appareil par rapport au sol, et en n'agissant qu'à l'aide du grand levier, lorsqu'il est nécessaire de déplacer toute la charrue dans une direction verticale.

Une charrue déchaumeuse-enfouisseuse, de construction plus récente, de M. Bajac, est constituée à peu près de la même manière, fig. 96, page 84 ; le levier à chevilles est ici remplacé par une barre à crans, le galet placé à l'avant est d'un réglage plus commode, au moyen d'une vis verticale mise en mouvement par une double manette.

Une sorte de régulateur vertical permet de modifier la position de la barre de traction, enfin le cadre triangulaire est armé, à son intérieur, de manière à éviter toute déformation.

Nous devons encore mentionner, dans ce chapitre, la belle charrue polysoc de Fowler, usitée dans le labourage à vapeur, et que nous retrouverons un peu plus loin, lorsque nous aurons à nous occuper des procédés de labourage par des moyens exclusivement mécaniques.

Emploi des animaux de trait, limite de leur emploi. — Le cheval et le bœuf sont employés pour produire l'effort horizontal nécessaire pour dé-

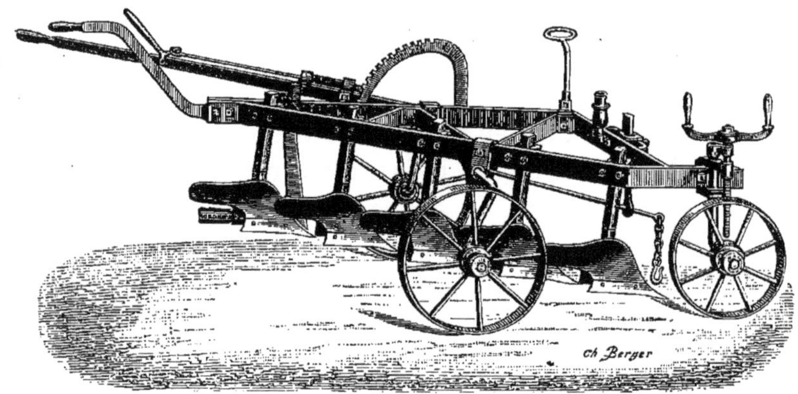

Fig. 96.

placer un instrument de culture ou de récolte, ou un engin de transport.

Leur nombre varie en raison de l'effort total, plus ou moins considérable, que l'on doit produire; mais, à mesure que ce nombre devient plus grand, chacun des éléments de l'attelage produit moins, sa surveillance est plus difficile, et l'on est conduit à substituer, aux attelages animés, des moyens mécaniques beaucoup plus puissants. Lorsque l'on emploie les chevaux, l'attelage se compose, en dehors du harnachement du cheval, dont nous n'avons pas à nous occuper ici, d'un brancard ou

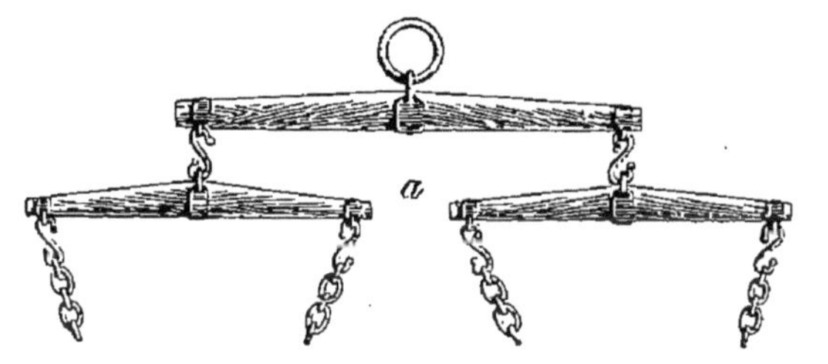

Fig. 97.

d'une flèche, suivant que l'on dispose les chevaux en file ou de front.

Dans les appareils de labour ces brancards ou flèches n'existent pas, et l'attelage des chevaux s'effectue par l'intermédiaire de palonniers simples ou multiples.

La figure 97 représente le palonnier double le plus employé, composé de deux palonniers simples fixés aux extrémités d'une barre horizontale attachée, en son milieu, au crochet d'attelage. Quelquefois tout cet ensemble est fixé à une nouvelle barre horizontale à branches inégales (fig. 98), page 86.

A la plus petite branche, se trouve fixé le palonnier double et, à l'autre branche, de longueur deux fois plus grande, un palonnier simple, de telle façon que la résultante des différents efforts passe par l'anneau d'attelage.

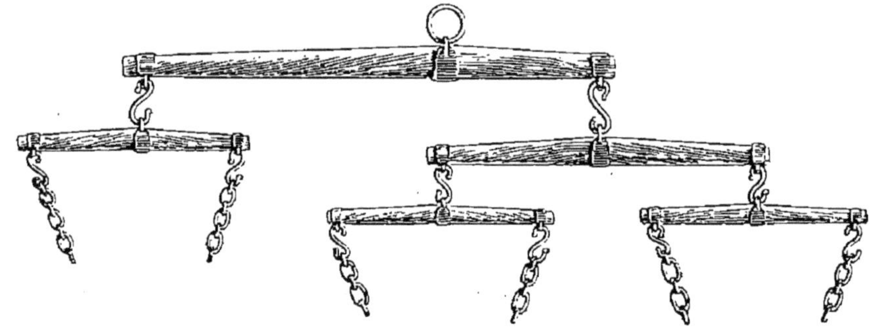

Fig. 98.

Enfin, en adoptant trois palonniers simples sur une même barre, on peut constituer la disposition, figure 99.

Fig. 99.

Pour atteler le bœuf on se sert soit du joug, soit du collier. S'il s'agit d'un animal isolé, un demi-joug est attaché au front du bœuf, et aux deux extrémités de cette pièce, on attache les traits venant se fixer au palonnier ordinaire. Ce mode d'attelage est représenté figure 100.

Le plus souvent on se sert d'un joug en attelant les bœufs par paire, et c'est encore en poussant de la tête

Fig. 100.

que l'attelage peut agir en un point de la flèche d'une voiture pour la mettre en mouvement, avec une vitesse plus faible qu'en employant les chevaux, mais en développant un effort considérable. La figure 101 indique ce mode d'attelage.

Il est à remarquer que cette dernière disposition a l'inconvénient de ne pas laisser à chaque bête de trait assez d'indépendance, et que ces animaux, ainsi associés, sont gênés dans leurs mouvements, et ne donnent pas, comme effet total, une valeur égale à la somme des efforts qu'ils développeraient s'ils agissaient isolément. Quelquefois, on substitue au joug le collier qui rend les animaux plus indépendants les uns des autres, mais cette indépendance est tout aussi assurée par l'emploi du joug simple, ou demi-joug, qui constitue le harnais le mieux approprié à la conformation du bœuf.

Quant au nombre de ces animaux que l'on peut atteler ensemble sur un même appareil, il ne peut pas dépasser certaines limites, et l'on cite, comme tout à fait exceptionnel, un attelage de 24 paires de bœufs employé pour certains travaux de défoncement, ou encore de 12 chevaux, en une seule ligne, présentant de grandes difficultés de conduite, lorsque ces attelages encombrants arrivent aux extrémités du champ, et qu'il faut les retourner pour préparer un nouveau labour à côté du premier.

Ces nombres constituent d'extrêmes limites, et lorsqu'on serait conduit à les dépasser, en raison des efforts à exercer, l'action indirecte des chevaux doit être substituée à l'action directe, lorsqu'on veut encore avoir recours aux animaux de trait, ou bien encore la traction mécanique doit remplacer ces attelages par trop compliqués.

Sans vouloir recourir à la vapeur pour obtenir l'énergie de traction dont on a quelquefois besoin, on

Fig. 101.

se sert de treuils à manège, en se contentant d'une vitesse très réduite de l'appareil de labour. C'est à cette condition, en effet, que l'on peut développer, sur le crochet d'attelage, un effort beaucoup plus considérable que celui développé par l'ensemble des animaux de trait agissant sur les flèches d'un manège à plusieurs flèches ou tournants.

Après avoir adopté des manèges et treuils de position fixe, et des poulies de renvoi pour le câble attaché à la charrue, on se sert maintenant, le plus ordinairement, d'appareils mobiles se déplaçant dans la fourrière, à mesure que le labourage du champ se complète.

Nous donnons, à titre d'exemples, deux dispositions de ces treuils à manèges.

Dans une première disposition, représentée figure 102, le treuil se compose d'un tambour vertical à larges rebords, permettant l'enroulement d'un câble en acier de faible diamètre.

Ce tambour est logé entre deux arcades de directions perpendiculaires faisant partie du bâti mobile de l'appareil.

Une base en fonte est soutenue, à une certaine distance du sol, par les roues porteuses, de faible diamètre, venant rouler sur les platebandes de deux fers à simple T renversés, reposant eux-mêmes sur des longrines en bois fixées provisoirement au sol, par de forts crampons en fer.

L'axe du treuil traverse les arcades et se termine par le tourteau porte-flèches d'un manège.

Un cliquet fixé à l'une des branches de l'arcade et un plateau denté en forme de dents de rochet, fondu avec le tambour du treuil, empêchent tout déroulement du câble qui pourrait être occasionné par le recul des chevaux.

Les rails, en forme de simple T renversé, sont dirigés perpendiculairement aux sillons que l'on veut obtenir, et le treuil ne peut pas être arraché de ses supports quel que soit l'effort exercé sur le câble, et résultant de la ré-

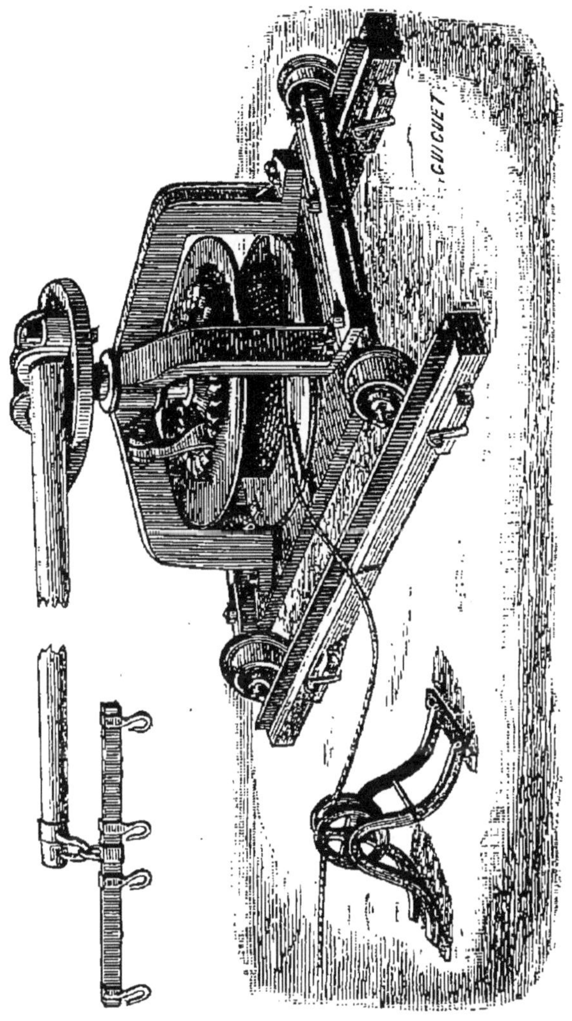

Fig. 102.

sistance du terrain opposée au déplacement de la charrue.

On peut ne déplacer l'appareil que toutes les cinq ou six raies seulement, en employant un porte-câble, permettant une certaine inclinaison du câble vers le treuil, sans pour cela nuire à la rectitude du mouvement de la charrue.

Des expériences dynamométriques, faites, en 1887, par M. Chabaneix, de l'école d'agriculture de Montpellier, ont démontré que le rendement du treuil en travail mécaniques était d'environ 89 %.

11 % seulement du travail développé par les chevaux sont absorbés par cet appareil intermédiaire, la charrue ne recevant, pour sa mise en mouvement, que les 89 centièmes du travail développé par les animaux de trait.

Les flèches du manège pouvant avoir 5 mètres de longueur, le tambour du treuil ayant ordinairement un rayon moyen de $0^m,40$, l'effort exercé sur le crochet d'attelage de la charrue est égal à l'effort exercé par les chevaux attelés au manège, multiplié par

$$\frac{5,00}{0,40} \times 0,89 = 11,125$$

et, en admettant que l'effort développé par les chevaux, obligés de suivre une piste circulaire, soit un peu inférieur à celui qu'ils peuvent développer en cheminant en ligne droite, on peut dire que l'emploi de ce manège à treuil permet de décupler l'effort exercé, mais évidemment en déplaçant la charrue avec une vitesse environ onze fois plus faible.

On peut donc, avec un faible attelage, un, deux, ou quatre chevaux, au maximum, produire, avec une charrue puissante, un véritable défoncement qui aurait été jugé impraticable par l'emploi d'animaux de trait attelés directement à l'instrument de labour.

Le seul inconvénient de ce treuil, en dehors de la lenteur de l'opération, est que sa manœuvre est intermittente. Le déroulement du câble doit succéder à son enroulement, et la charrue doit être ramenée, sans effectuer aucun travail, vers son premier point de départ.

Le treuil à manège, ainsi constitué, date de 1876 (1), et commence à se répandre dans les régions viticoles, dans lesquelles on a reconnu la nécessité de procéder à des défoncements profonds, au lieu de se contenter de labours superficiels, et peut rendre ainsi de grands services, sans occasionner une trop grande dépense pour l'acquisition de ce matériel spécial et, dans tous les cas, inférieure aux frais occasionnés par l'acquisition de nombreux attelages nécessaires momentanément, et qu'il faut revendre ensuite, en supportant toujours une perte assez considérable.

MM. Debains et Tristchler ont étudié un appareil plus complet, mis en mouvement toujours par des chevaux, et représenté, en plan, fig. 103, page 94.

Deux treuils T′ T′ à axe horizontal, servent au déroulement ou à l'enroulement d'un câble CC′ entourant une poulie P, fixée sur un chariot-ancre A, situé à l'autre extrémité du champ. Une charrue pour labours profonds D est attachée en un point du brin C du câble.

Une transmission par engrenages coniques permet à l'axe M du manège à deux tournants F de mettre en mouvement l'un des treuils T, T′.

Si c'est le treuil T qui est embrayé, la charrue D se déplacera de droite à gauche, dans le sens de la flèche (1), et préparera ainsi le sol en ouvrant une raie.

Si l'on déplace le chariot B du manège, en même temps que le chariot-ancre A, la charrue sera dans la position correspondante à une nouvelle raie à ouvrir parallèlement à la première.

Le treuil T est alors débrayé, le treuil T′ embrayé, et

(1) Quelques tentatives beaucoup plus anciennes n'avaient eu aucune suite, et c'est réellement à partir de 1876 que la question a été étudiée sérieusement par M. Grué, puis, par M. de Beauquesne, en 1887.

le brin C′ du cable étant attiré vers le treuil, le brin C se déplacera en sens inverse, indiqué par la flèche (2), en entraînant la charrue dans la direction de droite à gauche.

Le déplacement du chariot B s'obtient mécanique-

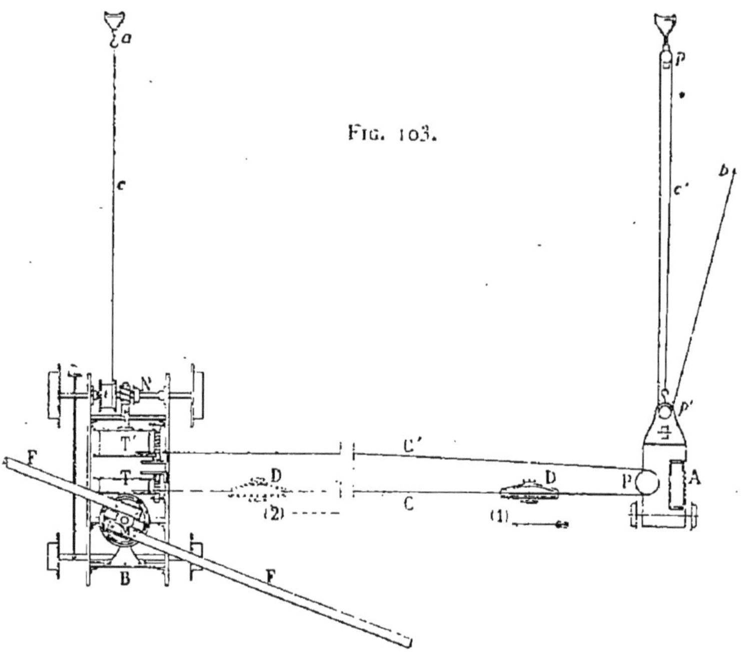

Fig. 103.

ment au moyen d'une transmission N, et d'un petit tambour *t* servant à l'enroulement d'un câble supplémentaire *c* attaché à un point fixe *a*.

Le mouvement correspondant de A peut s'obtenir, à la main, par un homme agissant en *b* à l'aide d'une corde moufflée dont une des poulies *p′* est fixée au chariot, et l'autre *p* attachée également en un point fixe du champ.

Labourage à vapeur. — L'extrême division de la propriété en France n'a permis, qu'à de rares exceptions près, l'emploi de moyens exclusivement mécaniques pour la préparation du sol.

Le labourage à vapeur a, au contraire, rendu de grands services dans les pays où le morcellement des propriétés rurales est beaucoup moindre, et c'est en Angleterre surtout qu'il a été appliqué, sur une grande échelle. Sans parler des essais primitifs, deux systèmes sont en présence, et nous les désignerons sous les noms de leurs inventeurs et propagateurs.

Système Fowler, d'une part.

Système Howard, de l'autre.

Le premier système, applicable surtout à des cultures de grande étendue, peut lui-même se diviser en deux genres.

Appareil à une machine, appareil à deux machines.

Dans ces différents appareils, l'instrument de labour est toujours le même, ou à peu près. Il est du genre des charrues à retournement, en adoptant le principe à bascule. Seulement, comme il s'agit d'aller vite, il faut que l'appareil puisse labourer, à la fois, une assez grande largeur de terrain. De là l'obligation d'avoir recours aux charrues polysocs, et les instruments de labours, mis en mouvement par procédés mécaniques, sont toujours à socs multiples.

Quatre, six et même huit charrues distinctes sont disposées sur le même cadre, remplaçant l'age d'une charrue monosoc, et chacune d'elles se compose des mêmes éléments principaux, soc, coutre et versoir.

A ce premier système se trouve assemblé un second en tout semblable, de manière que, par un simple basculement, on puisse déterrer la moitié de l'appareil pour faire agir l'autre partie sur le sol, et produire un labourage, par un mouvement de va-et-vient de la charrue, sur toute la longueur de champ à préparer.

Si l'on voulait employer, pour manœuvrer une telle charrue, les moyens ordinaires, chevaux ou bœufs de labour, le nombre de ces animaux de trait serait tel que leur action ne serait pas très efficace. Un seul exemple peut le prouver facilement :

Si nous nous reportons aux expériences de labourage faites chez M. Decauville, à Petit-Bourg, à l'occasion de l'exposition universelle de Paris de 1878, l'un de ces essais a porté sur l'emploi d'une charrue polysocs double, dans laquelle six socs travaillaient à la fois.

La largeur de chacun d'eux était de $0^m,29$, de sorte que la largeur labourée était de

$$6 \times 0,29 = 1^m,74;$$

La profondeur de labour était assez faible, $0^m,17$, la section droite du prisme total découpé, par chaque parcours de l'appareil, était par suite de

$$1.74 \times 0,17 = 0^{m^2},30.$$

La vitesse de marche de $1^m,42$, et la vitesse moyenne (en tenant compte des arrêts), de $0^m,95$ seulement.

La surface labourée, par jour, était égale à

$$0,95 \times 1.74 \times 36\ 000 = 59\ 508,^{m^2}.$$

Soit environ 6 hectares par journée de 10 heures.

Le volume remué et retourné, par 1″, était de

$$0,30 \times 1,42 = 0^{m^3},426.$$

Il est facile d'en déduire le travail mécanique correspondant, en s'adressant à une expérience dynamométrique pour connaître le travail nécessaire pour remuer un mètre cube de terre, dans les conditions du labourage à vapeur.

Une expérience, faite à la même époque, à Petit-

Bourg, a permis de constater que 4 500 kilogrammètres étaient dépensés par mètre cube de terre remuée.

En adoptant ce chiffre, qui est applicable, comme l'on sait, pour la même nature de terre, quelle que soit la vitesse de transport de l'appareil de labour, on voit que le travail exigé par la manœuvre de cette grande charrue à six socs peut être estimé à

$$0,426 \times 4500 = 1917 \text{ kilogrammètres,}$$

travail que l'on ne pourrait développer qu'en composant un attelage de 35 à 40 chevaux de trait, en admettant qu'ils puissent être conduits de manière à développer, en même temps, leur effet normal, ce qui est matériellement impossible à obtenir.

Si l'on remplace cet attelage hypothétique par l'action d'un moteur à vapeur, on voit que la puissance de ce moteur devrait être de

$$\frac{1917}{75} = \overset{\text{ch. v.}}{25.26}.$$

Il faut donc, lorsque l'on veut labourer rapidement de grandes étendues de terrain, avoir recours à de fortes machines à vapeur, comme le démontre le calcul ci-dessus.

L'appareil de labour est représenté, figures 104 et 105, page 99, et se compose d'un cadre trapézoïdal A A′ A″, pouvant osciller autour de l'axe de deux roues porteuses R R′ n'ayant pas le même diamètre, la plus grande R roulant dans la raie ouverte par une opération précédente, la seconde R′ roulant sur le sol.

En dessous de ce cadre se trouve le point d'attache du câble mis en mouvement par le ou les moteurs.

En dessus se trouvent, en S et S', deux sièges occupés successivement par l'ouvrier laboureur qui, par son déplacement, permet le basculement de la charrue, à chaque fin de course de l'appareil.

Sur les faces verticales des pièces A, A, se trouvent fixés les étançons permettant de supporter le soc G et le versoir E de chacune des charrues. Un étrier se trouve placé en avant de chacun d'eux et permet de maintenir les coûtres H, en avant des socs. Cet assemblage rappelle celui adopté, pour le même objet, dans la charrue de Howard que nous avons déjà décrite.

Le laboureur, lorsqu'il est assis sur son siège, et lorsqu'il a fait basculer l'appareil par son poids, a à sa disposition un volant O' terminant un arbre incliné O, lequel, par un joint de cardan, se relie à un arbre horizontal de faible longueur portant une partie filetée V.

Un arc denté X engrène avec la vis V, et permet d'incliner l'essieu lorsqu'il est disposé perpendiculairement à la direction du câble de traction.

Une transmission par bielle Z et manivelles Y, formant une sorte de parallélogramme articulé, permet aux deux roues de prendre la même inclinaison, par rapport à l'ensemble de l'appareil, de manière à pouvoir modifier, au besoin, la marche de la charrue, et la dévier de sa direction rectiligne, lorsque l'on approche de l'une des extrémités de son parcours.

Des vis verticales W complètent l'appareil, et permettent de régler, à volonté, l'entrure de la charrue dans le sol.

L'arrière de l'age porte, en R'', un galet venant reposer sur le sol, et empêchant ainsi que les socs d'arrière pénètrent plus profondément dans le sol que ceux placés plus près de l'axe.

Le nombre des socs peut être, comme nous l'avons dit

FIG. 104

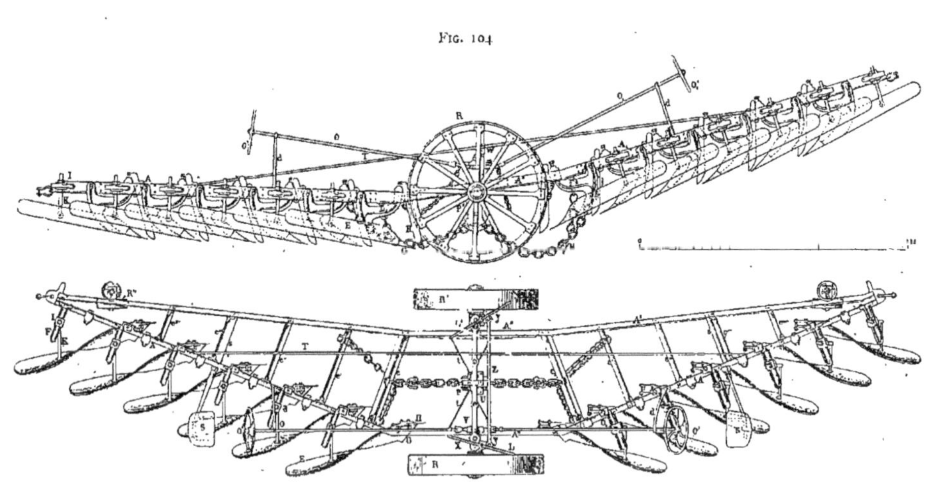

FIG. 105.

déjà, assez considérable; mais, pratiquement, il est nécessaire de limiter ce nombre, par suite des difficultés que l'on rencontre pour régler, à la fois, un grand nombre de socs à la même profondeur.

Les charrues doubles à quatre socs de chaque côté de l'axe commun sont d'un usage assez commode et doivent être préférées à celles dans lesquelles le nombre des appareils distincts est plus considérable.

Tout en pouvant augmenter, dans une certaine mesure, la largeur de chacun d'eux, leur plus petit nombre a certainement pour inconvénient de réduire la largeur la-

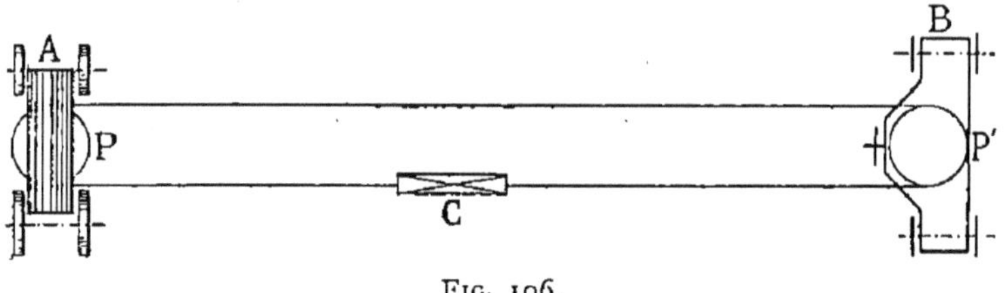

Fig. 106.

bourée, à chaque parcours, et, par suite, la surface totale préparée en une journée de travail, mais le labour est mieux fait et cet avantage rachète l'inconvénient résultant de la plus petite lenteur de l'opération.

Appareil Fowler à une machine et chariot ancre. (fig. 106).

Une locomotive routière A, disposée spécialement pour labourage à vapeur, peut se déplacer sur une des rives du champ à labourer.

Un chariot ancre B est disposé sur la rive opposée.

Enfin un câble sans fin entoure deux poulies à axe vertical, l'une P fixée en dessous de la locomotive routière A, l'autre P' au chariot-ancre B.

En un point de l'un des brins du câble se trouve fixée la charrue à bascule de Fowler C.

En supposant que la poulie P, située en dessous de la locomotive, puisse tourner successivement, dans les deux sens, le câble horizontal entraînera la charrue C vers la locomotive, ou vers le chariot-ancre, et produira le mouvement de va-et-vient de l'appareil de labour.

A fin de course, la locomotive routière se déplace d'une certaine quantité, il en est de même du chariot-ancre, et la charrue est dès lors disposée pour tracer un certain nombre de sillons situés à côté de ceux déjà produits dans l'opération précédente.

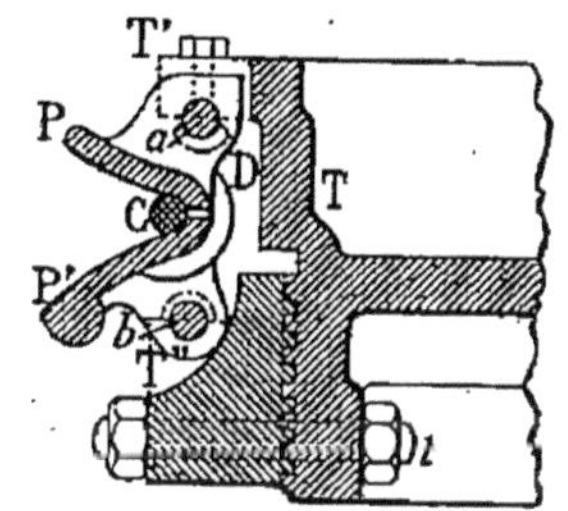

Fig. 107.

Sans nous occuper, pour l'instant, de la constitution de ces deux appareils, locomotive et chariot, il suffit d'indiquer que la poulie motrice est formée, comme le représente la coupe de la jante (fig. 107), d'une série de mâchoires enserrant le câble d'autant plus fortement que la traction augmente d'intensité, et cette série de mâchoires, formant la couronne complète de la poulie, assure une adhérence suffisante du câble sur la poulie pour que le mouvement de rotation de celle-ci, dans un sens ou dans l'autre, assure le déplacement rectiligne du câble dans toute sa longueur, et par suite celui de l'instrument de labour.

A la partie supérieure du tambour T sont venues de fonte une série de pièces T' portant les axes *a*; en T'' se trouvent fixés, au moyen de boulons *t*, une série de supports des axes *b*.

Sur *a* et *b* peuvent tourner librement les mâchoires P, P', venant enserrer le câble C. Par suite de la traction exercée sur le câble, la partie de celui-ci enroulée sur le tambour tend à se rapprocher du centre, et, par suite, les deux mâchoires P et P′, en tournant librement autour de *a* et *b*, exercent, sur la surface du câble, une pression quelquefois considérable.

Lorsque cette pression diminue, la mâchoire P′ tend à tomber, en vertu de son poids, et un doigt D, venu de fonte avec elle, oblige la mâchoire P à s'ouvrir de la même quantité, en amenant ainsi le desserrage de cette sorte de pince produisant une réunion momentanée du câble et du tambour.

Appareil Fowler à deux machines. — Pour des exploitations agricoles de grande étendue, le système

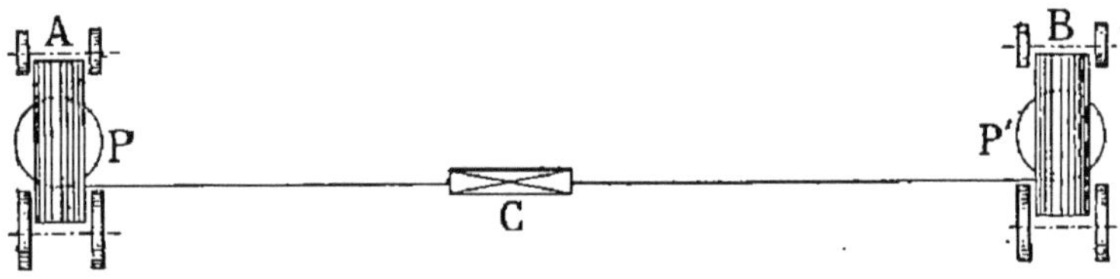

Fig. 108.

précédent a été remplacé par un autre plus complet, d'un prix plus élevé, dans lequel on emploie simultanément deux locomotives routières et un câble les réunissant.

Comme on le voit (figure 108), on dispose sur les deux rives du champ deux locomotives A, B, de mêmes dimensions, portant, en P et en P′, des tambours sur chacun desquels peut s'enrouler une longueur de câble égale à la distance qui sépare les deux machines.

Un premier câble, fixé en un point de la circonférence du tambour P, vient s'attacher à la charrue à bascule C, un autre câble, faisant suite au premier, part du tambour P′ de l'autre machine et vient s'accrocher, à la même charrue C.

En faisant tourner mécaniquement le tambour P, dans le sens de l'enroulement du câble, la charrue avancera vers la machine A, et l'autre câble se déroulera, en même temps, du tambour P'. Lorsque la charrue C sera arrivée près de la machine A, le mouvement de rotation de P sera suspendu, par l'arrêt du moteur A, ou mieux par le débrayage de la transmission donnant le mouvement au tambour. En même temps, et par suite d'un signal, le mécanicien de la machine B fera tourner le tambour P', le câble s'y enroulera, en même temps qu'une même longueur de câble se déroulera de P, jusqu'à ce que la charrue, après avoir franchi toute la distance qui sépare les deux moteurs, soit arrivée près du moteur B.

Par ce mouvement de va-et-vient complété par un déplacement en ligne droite des deux locomotives, de la même quantité, le labour pourra s'effectuer dans toute l'étendue du champ, quelles que soient ses dimensions.

On voit que, dans cet appareil de labourage à vapeur, les tambours P, P' doivent être disposés de telle manière que le câble tout entier puisse s'enrouler, par couches successives, d'une manière parfaitement régulière, et une disposition très ingénieuse, qui sera décrite, lorsque nous nous occuperons des dispositions de ces machines locomotives routières, permet de réaliser cet enroulement régulier d'une longueur de câble qui peut atteindre 700 à 800 mètres.

Dans ces deux dispositions, ce sont des machines spéciales, locomotives routières ou chariot-ancre, qui constituent les organes les plus importants de ces appareils.

D'autres constructeurs ou ingénieurs, Howard d'abord, Debains ensuite, ont cherché à résoudre le problème du labourage à vapeur en se servant, comme moteur, de la locomobile à vapeur que l'on trouve maintenant dans toute ferme de quelque importance, et en le groupant avec un treuil qui, dans certains cas, est complètement séparé du moteur, et n'y est réuni que par une transmission rigide, ou par une transmission flexible, telle qu'une courroie, par exemple.

Labourage à vapeur système Howard avec câble en tourant le champ. — S'il s'agit d'un champ de forme rectangulaire (fig. 109), on disposera de préférence la locomobile A, et les deux treuils T, à l'un des angles du terrain à labourer que l'on entourera par un câble partant de l'un des treuils, passant sur l'une des deux

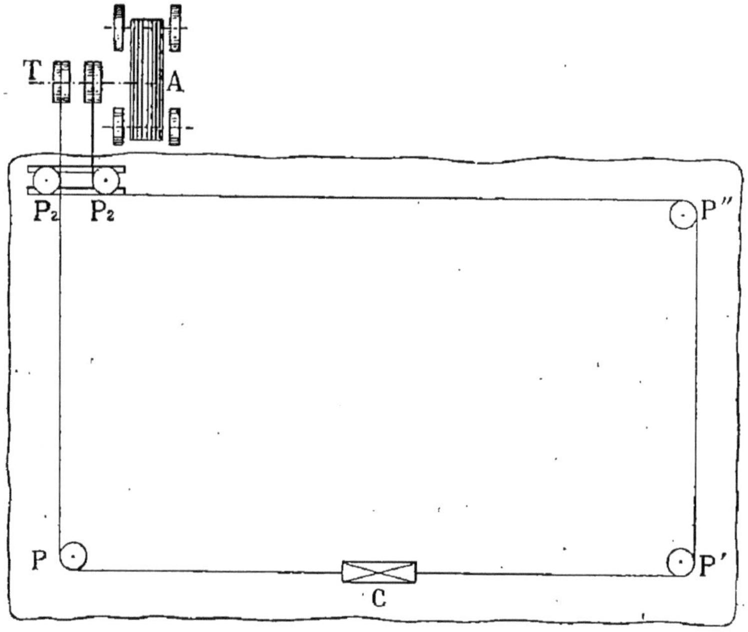

Fig. 109.

poulies horizontales P_2 pour venir s'attacher à la charrue C, après avoir entouré partiellement la poulie P.

Un autre câble, faisant suite au premier, s'attache à l'autre extrémité de la même charrue C passe sur les poulies P', P'' et P_2 pour venir s'enrouler sur l'autre treuil.

Ces deux treuils, montés sur le même axe horizontal, sont commandés alternativement par le moteur locomobile A. Lorsque l'un est embrayé, l'autre devient fou,

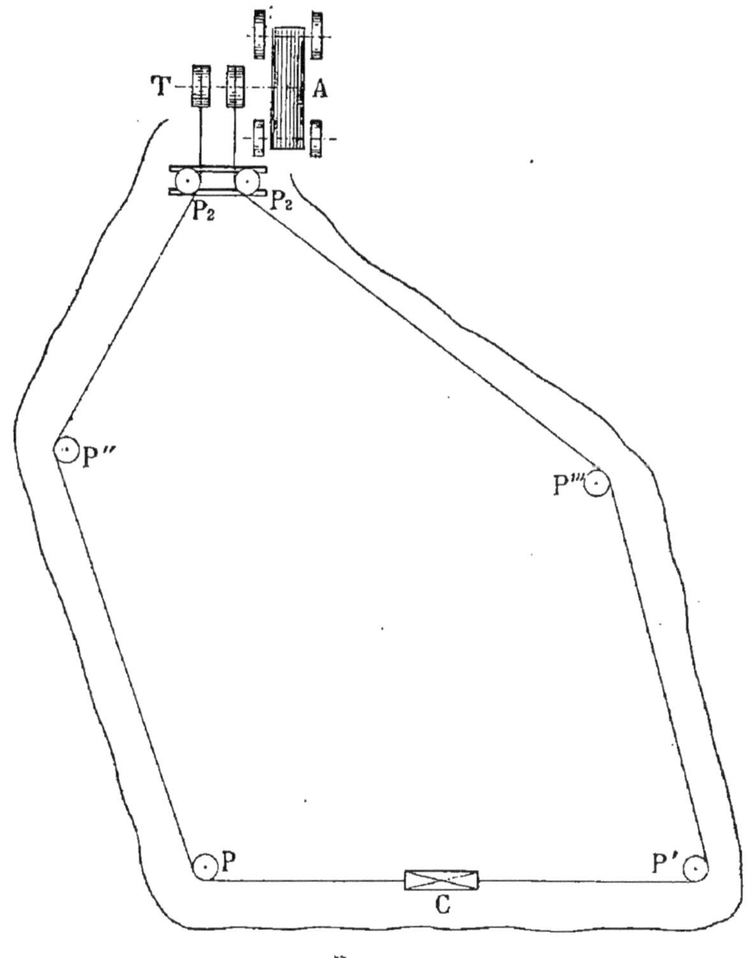

Fig. 110.

et réciproquement, l'un des câbles s'enroule sur l'un des treuils, tandis que l'autre câble se déroule du treuil correspondant.

La charrue C se déplace de la poulie P à la poulie P',

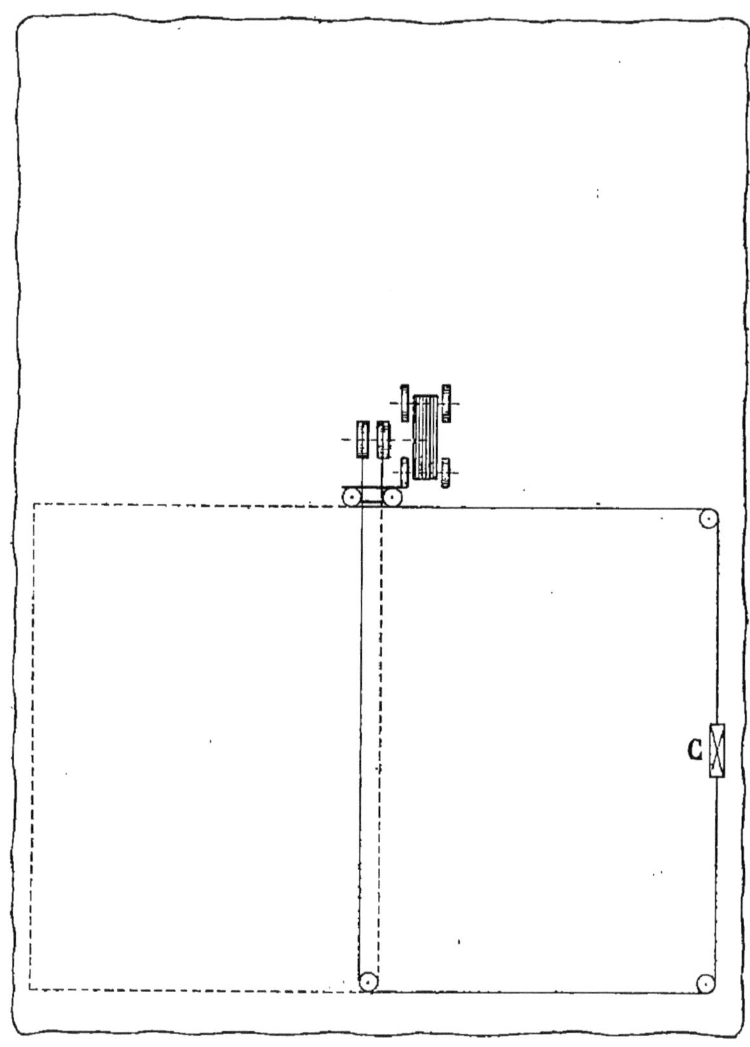

Fig. 111.

ou réciproquement. Il suffit de déplacer les poulies P et P', fortement ancrées dans le sol, pour tracer des sillons parallèles sur toute l'étendue du champ en travail.

Si la charrue, au lieu d'être située entre les poulies P et P', était placée entre P' et P'', le labourage serait obtenu dans un sens perpendiculaire au premier, sans que l'on ait à modifier, en quoi que ce soit, la position de l'ensemble du moteur et des treuils.

Le même système de labourage peut s'appliquer, aussi facilement, lorsqu'il s'agit d'une surface irrégulière. Il suffit de placer, à chacun des angles du champ, des poulies, P', P''', P'', P, en nombre quelconque et fortement ancrées dans le sol (fig. 110).

En déplaçant les poulies P, P', on pourra préparer, dans toute l'étendue du champ, des sillons parallèles, quelles que soient les irrégularités de contour du terrain à préparer.

Enfin ce même système peut encore s'employer pour le labourage de surfaces de grande étendue, en décomposant cette surface totale en plusieurs parcelles (fig. 111).

L'ensemble de la locomobile et des treuils peut occuper le milieu du champ, et, en entourant successivement chacune des parcelles du câble actionnant la charrue, on peut faire que celle-ci atteigne toutes les parties du champ de grande étendue.

Appareil de labourage à vapeur, système Debains. — M. Debains, ingénieur des Arts et Manufactures, professeur du Génie rural à l'École nationale d'agriculture de Grand-Jouan, a fait de grands efforts pour introduire en France la pratique du labourage par moyens mécaniques.

Le système qu'il a étudié et appliqué dérive de celui d'Howard, à câble entourant le champ, en cherchant à supprimer ces mouvements de poulies de renvoi, chaque fois que la charrue a fait un parcours. C'est une combinaison du treuil double rendu locomobile avec un chariot-ancre se déplaçant également par le mouvement même du câble.

L'appareil, représenté fig. 112, se compose d'une locomobile A, à laquelle on attache un chariot B portant les organes constitutifs de trois treuils dont les tambours ont même diamètre.

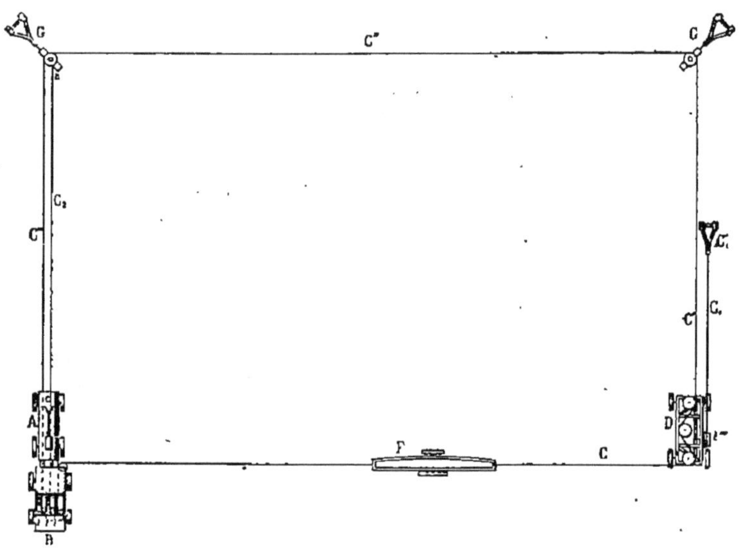

Fig. 112.

Une poulie de renvoi du câble est également montée sur ce chariot B. Les treuils extrêmes *t* et *t''* servent à l'enroulement des deux câbles, formant, dans leur ensemble, une ceinture continue au terrain à préparer. Le troisième treuil *t'* sert à l'enroulement d'un autre câble passant sous la locomobile et venant s'attacher en un point *a* du support fixe G de l'une des poulies de renvoi.

Si, à fin de course de la charrue, ce treuil *t'* est mis

en mouvement par le moteur, dans le sens de l'enroulement de ce câble supplémentaire, le chariot B sera obligé de s'avancer vers le support fixe, en poussant la locomobile devant lui, et en déplaçant l'une des extrémités du câble attaché à la charrue.

A l'aide des poulies de renvoi et du chariot-ancre D, le mouvement peut être donné, en sens inverse, à la charrue qui, après s'être avancé vers l'ensemble des treuils t, t'', s'en éloigne, jusqu'à venir se placer à l'extrémité opposée du champ, vers le chariot-ancre D. Une traction sur point fixe C'_1, au moyen d'un treuil t''', à axe horizontal, fixé au chariot-ancre, permet de déplacer automatiquement celui-ci, de manière à découper le sol suivant les lignes parallèles sur toute l'étendue du champ.

Il suffit donc, au moyen d'ancres G, G, d'assurer les positions des poulies de renvoi et du point fixe C'_1 au début de l'opération, pour la poursuivre ensuite, sans nouvelles manœuvres à bras d'hommes, autres que celles des leviers d'embrayage, dans toute l'étendue de la surface comprise dans le contour polygonal formé par le câble de traction.

Depuis quelques années, l'on a cherché à adapter une machine à vapeur de faible puissance aux manèges servant aux défoncements, dans le midi de la France, et l'on a constitué ainsi de véritables systèmes de labourage à vapeur d'un prix très abordable; mais ne permettant pas la préparation rapide du sol, comme les appareils que nous venons de décrire. Ils dérivent d'ailleurs tous des systèmes précédents, sans en avoir tous les avantages.

De tous ces appareils complets, c'est évidemment le système Fowler à deux machines, construit en Angleterre par différentes maisons, qui est appelé à rendre les plus grands services; mais seulement dans les exploitations un peu étendues.

Les systèmes à câble entourant le champ, Howard, Debains, etc., doivent être réservés pour des exploitations de moindre importance, là où on ne peut, où on ne veut immobiliser un capital considérable.

Le labourage à vapeur ne présentera d'ailleurs de véritables avantages que lorsqu'on se décidera à procéder également aux autres opérations de la culture par procédés mécaniques. Façons accessoires du sol, roulage, hersage, travaux de récolte, transports, peuvent également s'exécuter sans l'emploi des nombreux attelages que l'on rencontre dans des exploitations rurales de quelque importance, et qui deviendraient sans emploi, pendant une partie de l'année, si l'on se décidait à labourer à la vapeur.

Dans les exploitations importantes dans lesquelles on emploie les appareils Fowler, on a soin de réserver aux deux extrémités de l'espace en culture, quelquefois à une distance de 7 à 800 mètres, deux bandes non cultivées, sur lesquelles peuvent se déplacer les deux locomotives routières, quelle que soit l'époque de l'année où leur emploi est nécessaire pour l'une des opérations diverses indiquées ci-dessus.

Enfin, ce qui présente souvent un réel inconvénient, c'est la distance souvent considérable qu'il faut franchir pour trouver l'eau nécessaire à l'alimentation des machines à vapeur. Ce transport, depuis le puits ou la rivière jusqu'aux machines en travail, ne laisse pas que d'être très onéreux, et doit entrer pour une certaine part dans le prix de revient de ce genre de labourage.

Nous ne saurions cependant terminer ce chapitre sans donner, avec certains détails, la description des différents appareils employés, locomotive routière spéciale, chariot-ancre, treuil Howard, ainsi que celle de certains organes accessoires employés quel que soit le système adopté.

Locomotive routière, système Fowler. — Les figures 113 et 114, pages 112 et 113, donnent, en élévation et en plan, l'ensemble d'une locomotive routière de ce système.

Une chaudière horizontale C de grandes dimensions, est supportée par un système de roues motrices R, et de roues R′, disposées sur un avant-train mobile.

Un moteur à vapeur est disposé sur la chaudière, le cylindre étant dans le dôme de vapeur, et l'arbre coudé situé en A. Au moyen d'engrenages coniques D, D′, un arbre vertical B, placé latéralement à la chaudière, tourne sur lui-même, et communique, au moyen du pignon E et de l'engrenage E′, un mouvement de rotation, à vitesse réduite, à un tambour cylindrique T de grand diamètre, situé sous la chaudière, et tournant librement autour d'un axe vertical fixé à cette chaudière. Un levier d'embrayage V′, manœuvré à volonté par le mécanicien, permet de produire ou d'arrêter le mouvement de rotation de ce treuil.

Le même arbre coudé A donne le mouvement à un arbre parallèle G, par l'intermédiaire d'engrenages droits F et F′, et au moyen du pignon H, de la chaîne de galle J, et de l'engrenage I′, à l'axe des roues d'arrière. Enfin, le mouvement de rotation est communiqué à ces deux roues, ou à une seule, au moyen d'une manivelle M et d'un maneton N que l'on peut manœuvrer à la main, de manière à le sortir ou à l'entrer dans un des logements cylindriques préparés dans des plateaux fixés à l'essieu.

Cette indépendance des roues motrices est nécessitée par l'obligation dans laquelle on se trouve de cheminer en ligne droite, ou de faire manœuvrer la machine dans des courbes de faible rayon.

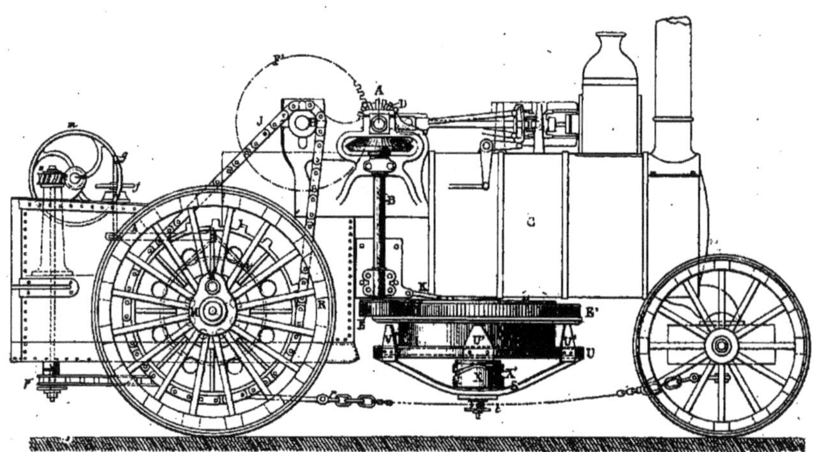

Fig. 113. — Élévation.

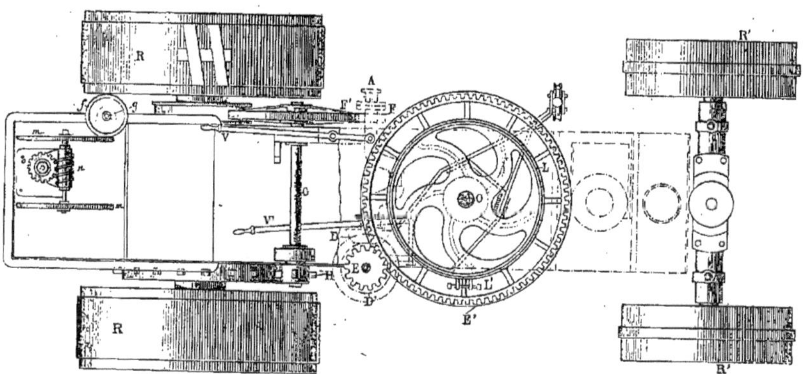

Fig. 114. — Plan.

Un levier d'embrayage V permet, à volonté, d'embrayer ou de débrayer le pignon F, de mettre, par conséquent, en mouvement les roues, ou de rendre immobile toute la locomotive.

Un frein *i*, manœuvré par un volant *f*, une vis verticale *g*, et un levier *h*, permet d'arrêter rapidement la machine, ou de modérer sa vitesse sur les pentes.

L'orientation de l'avant-train est obtenue au moyen de deux chaînes *r* fixées en deux points de l'essieu des roues d'avant-train.

Ces chaînes sont déplacées au moyen d'un pignon *p*, calé sur un arbre vertical fixé au tender de la locomotive, et d'un système de transmission retardatrice formée d'une roue à denture hélicoïdale *o*, d'une vis sans fin *n* et de deux volants de manœuvre *m*.

Le câble attaché en un point du tambour T doit y être enroulé d'une manière absolument méthodique, pour permettre d'y placer, sous un volume assez faible, une grande longueur de câble, des guides U, U', obligent, dans tous les cas, le câble à rester contre la paroi cylindrique de T.

Cet enroulement méthodique est obtenu au moyen de guides cylindriques P, P' enserrant le câble *y* (fig. 115) et montant ou descendant toujours de la même quantité par tour du treuil; mais se déplaçant avec une grande lenteur.

Si, en effet, l'on suppose que ce déplacement s'effectue automatiquement, d'une hauteur égale au diamètre du câble, par tour complet du treuil, les différentes spires, formées par l'enroulement du câble sur le tambour, se superposeront sur toute la hauteur de ce dernier.

Si, après avoir formé un anneau complet autour du tambour T, les guides P, P', redescendent automatiquement de la même quantité par tour du treuil, une nouvelle garniture en hélice sera ainsi formée, et ainsi de suite, jusqu'à ce que l'enroulement soit complet.

Ce mouvement automatique est obtenu au moyen d'un train différentiel composé de quatre engrenages *a, b, c, d.* L'engrenage *a* est fixé à demeure, en un point de l'axe vertical portant le tambour T, les engrenages *c* et *d* sont montés fous sur un axe *e* fixé au tambour, enfin l'engrenage *b* fait corps avec un tambour cylindrique X,

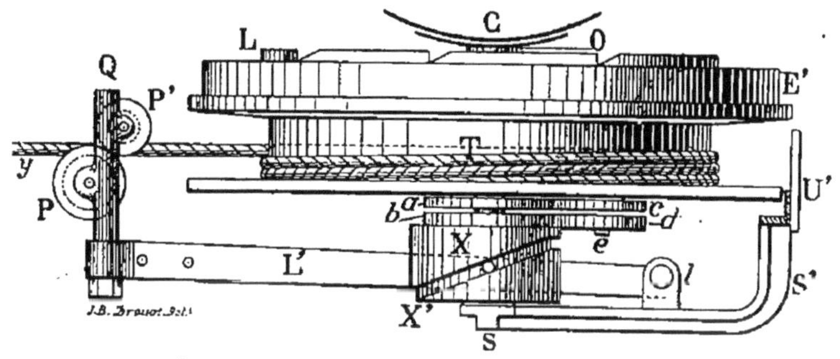

Fig. 115.

portant, en X', une rainure en hélice à pas montant, suivie d'une rainure de même forme à pas descendant.

Si l'on suppose, pour un instant, que les engrenages *a* et *b* aient le même nombre de dents et que les engrenages solidaires *c* et *d* soient semblables, l'engrenage *a* ne tournant pas, l'engrenage *b* sera lui-même immobile et le tambour X ne tournera pas.

Si nous supposons, au contraire, que le nombre des dents de l'engrenage *b* soit différent de celui de *a*, les deux engrenages *c* et *d*, en se développant sur *a* et *b*, obligeront ce dernier à tourner sur lui-même d'une petite quantité angulaire par tour du tambour.

Si donc l'on engage dans la rainure en hélice X' un goujon cylindrique fixé à un levier L', dont l'extrémité *l* tourne librement sur un axe fixé au support en arcade renversée S, S', l'autre extrémité de ce même levier L s'élèvera ou s'abaissera très lentement, et de quantités égales par tour du tambour. L'enroulement méthodique sera par suite réalisé.

Enfin, la disposition du tambour du treuil doit être complétée de manière que, lorsque le câble est tiré par le tambour de l'autre locomotive, il éprouve une certaine résistance à son déroulement, en conservant une certaine tension.

A cet effet, la partie supérieure du tambour T est entourée par un collier de frein horizontal L dont on peut faire varier la tension au moyen de vis. La partie supérieure de ce collier est entaillée, en forme de rochet et, dans cette partie entaillée, peut pénétrer un cliquet K qui, par son poids, se trouve en contact avec L.

La présence de cette roue à rochet et du cliquet n'entrave, en aucune façon, la rotation du tambour, dans le sens de l'enroulement du câble *y*; mais, si celui-ci tend à se dérouler, il faudra vaincre une certaine résistance due au frottement, de la part du collier L, rendu fixe par rapport au tambour T tournant en sens inverse du mouvement précédent.

Chariot-ancre. — Tout chariot-ancre doit satisfaire à plusieurs conditions : 1° offrir une grande résistance à son déplacement dans le sens du mouvement de la charrue, de manière à conserver entre le treuil et la poulie portée sur ce chariot la même distance; 2° pouvoir se déplacer facilement dans un sens perpendiculaire, en se halant sur un point fixe, créé artificiellement dans le sol, ou en se servant d'un arbre, ou tout autre objet de position fixe.

Pour remplir la première condition, les roues sont en forme de disques tranchants; réunis à l'axe par un moyeu cylindrique d'assez grande longueur. Par suite du poids de l'appareil, les disques s'enfoncent dans le sol jusqu'à leurs moyeux et présentent dès lors une résistance considérable au déplacement latéral.

Quant à la seconde condition, elle peut être réalisée au moyen d'un treuil à tambour cylindrique, à axe vertical ou horizontal, mis en mouvement, à un moment donné, par le câble actionnant la charrue.

Un câble supplémentaire, partant du point fixe, s'enroule sur ce treuil qui, en tournant, oblige tout l'appareil à se rapprocher du point fixe en avançant ainsi sur le terrain d'un mouvement de même amplitude que celui du treuil attaché à la locomobile ou fixé à la locomotive routière.

Nous donnons, figure 116, page 118, le chariot-ancre étudié par M. Debains, pour son système de labourage à vapeur.

Un cadre rectangulaire, armé de poutres transversales ou inclinées, est porté par quatre roues R, R, R, R, deux d'entre elles sont disposées aux deux extrémités d'un essieu d'avant-train pouvant présenter une certaine inclinaison par rapport à l'autre, lorsqu'on veut obtenir le déplacement en courbe du chariot ancre.

Ces roues R sont montées sur des cylindres métalliques d'assez grand diamètre faisant corps avec des disques tranchants pouvant s'enfoncer dans le sol, par le poids du chariot, lorsqu'on aura enlevé les roues porteuses R, R, R, R.

L'inclinaison variable de l'avant-train est obtenue au moyen d'une tige horizontale, filetée sur une partie de sa longueur, et portant à son extrémité un volant de manœuvre, d'un écrou entourant la vis d'un levier vertical tournant librement autour d'un axe horizontal fixe, et enfin d'une tringle venant s'attacher en un point de

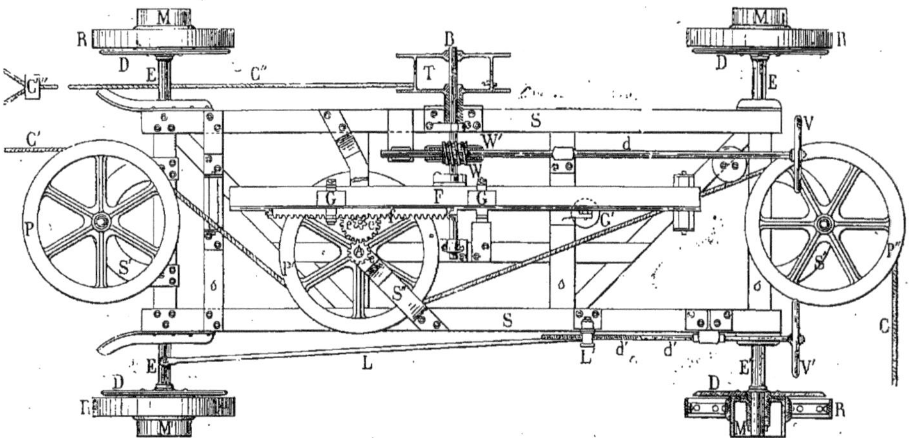

Fig. 116.

l'avant-train. Sur le châssis horizontal se trouvent disposées trois poulies horizontales P, P', P'', de même diamètre, et sur lesquelles passe le câble C C' de traction de la charrue.

La poulie intermédiaire P' est montée sur un axe vertical A, portant à sa partie supérieure un pignon droit *e*, engrenant avec une roue dentée *e'* montée, ainsi qu'un pignon *e''*, sur un arbre parallèle au premier.

Sur une barre horizontale, mobile sur galets horizontaux et verticaux G et G', se trouvent disposées deux crémaillères rectilignes, l'une *f* pouvant engrener avec *e''*, et une seconde, à denture horizontale, située en dessous de la même barre.

Un pignon monté sur l'axe horizontal B du treuil de halage T engrène avec cette seconde crémaillère et met en mouvement ce treuil toutes les fois que *e''* et *f* seront en prise.

Il suffira donc, à l'aide d'un volant à manettes V, de faire tourner l'arbre horizontal *d*, une vis sans fin W, et une roue à vis sans fin W', pour entraîner la barre horizontalement, de manière à obtenir cet engrènement.

Le mouvement en sens inverse du câble produira aussi le mouvement en sens inverse de la crémaillère qui, revenant au point de départ, sera de nouveau disposée pour une nouvelle marche en avant de l'appareil.

Treuil double système Howard. — Dans le système de labourage système Howard, dans lequel le moteur est constitué par une locomobile ordinaire, le treuil double est fixé à l'arrière de la locomobile, ou complètement séparée de celle-ci.

Le treuil adopté, dans cette seconde disposition, est représenté (fig. 117 et 118) comme vues d'ensemble, et (fig. 119 et 120) comme dispositions de détail.

Les tambours des treuils B B', doivent être mis en

mouvement successivement par le même moteur, au moyen d'une seule transmission composée d'une courroie, d'une poulie *f* et de deux engrenages A, A', mon-

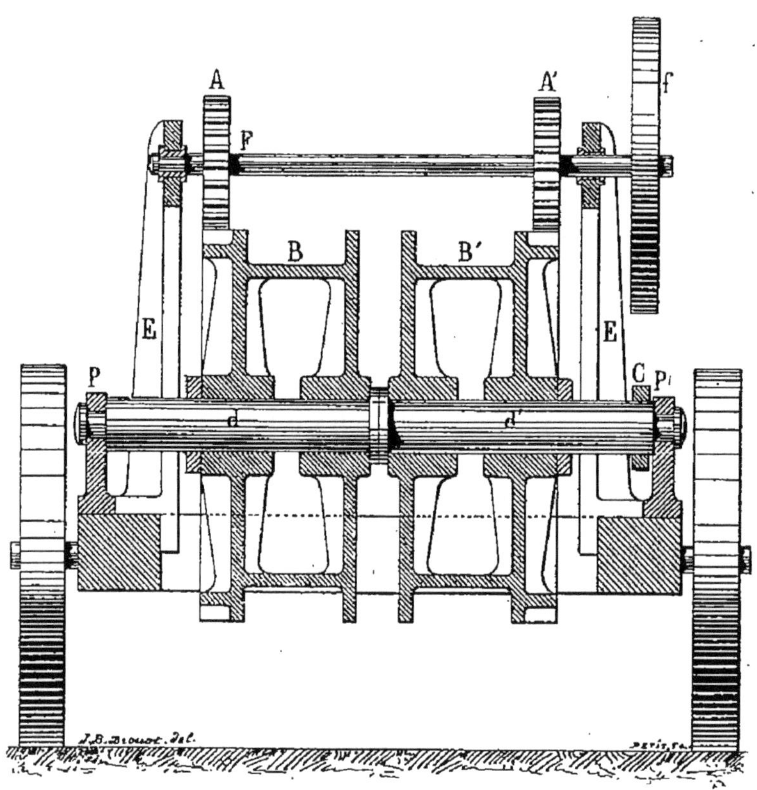

Fig. 117.

tés, ainsi que la poulie, sur un arbre horizontal F soutenu au-dessus des roues porteuses de l'appareil par deux bâtis en fonte E E.

Pour conserver à l'ensemble des deux câbles une longueur constante, il faut qu'à l'instant précis où l'un des treuils est embrayé, l'autre cesse de l'être, et c'est ce qui est réalisé de la manière suivante : Les moyeux des deux treuils sont montés fous sur le même arbre hori-

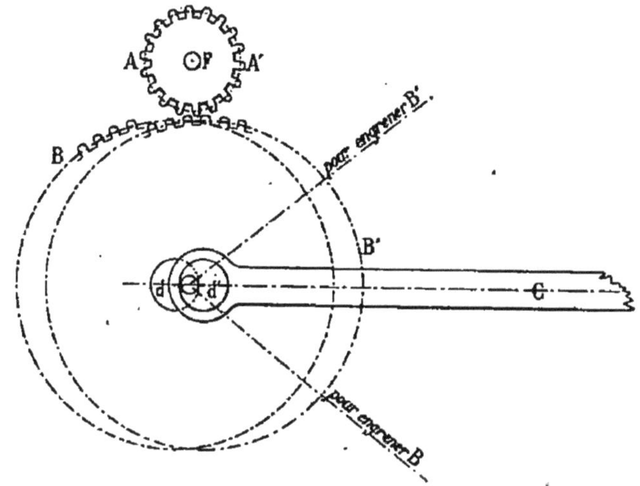

FIG. 118.

zontal *d d'*, mais sur deux portions excentrées l'une par rapport à l'autre, terminées par des tourillons reposant sur des supports P.

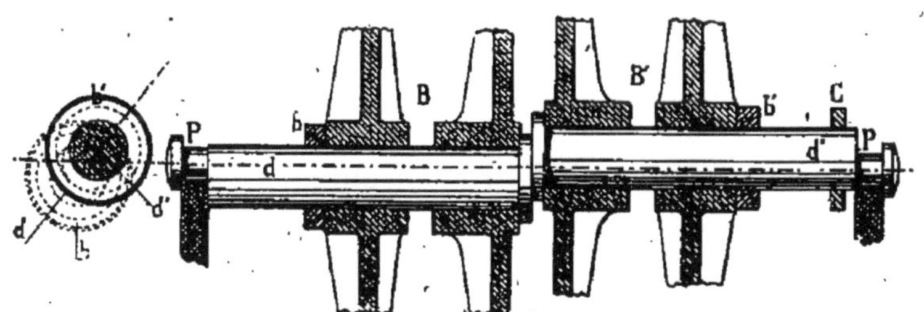

FIG. 119 ET 120

Un levier de grande longueur C est fixé à l'une de ces parties excentrées *d'*, et il suffit de placer ce levier dans les trois positions successives (fig. 118) pour obtenir, soit l'embrayage de B avec A, soit celui de B' avec A', en opérant en même temps le débrayage de B' ou de B, soit enfin dans une position intermédiaire correspondant au débrayage simultané des deux treuils.

Les figures 119 et 120 représentent, à plus grande échelle, la disposition des moyeux des treuils B, B' sur les deux arbres excentrés *d'*, et l'emploi de bagues et de portées, empêchant tout déplacement latéral de chacun de ces deux treuils.

Organes accessoires des divers systèmes de labourage à vapeur. — Dans les appareils employant le chariot-ancre, et dans les dispositions dans lesquelles un câble entoure la partie du champ à labourer, une grande partie de ce câble se déplace longitudinalement, tout en devant rester dans la même position par rapport au sol.

Dans les dispositions avec câble entourant le champ, une partie de ce câble reste même à la même place pendant toute l'opération du labourage.

Dans l'appareil avec chariot-ancre le câble doit se déplacer parallèlement à lui-même après chaque passage de la charrue.

Des poulies de support, disposées chacune à l'extrémité supérieure d'un chariot léger, facilement déplaçable, peuvent être placées en différents points du câble à soutenir, et des enfants sont ordinairement chargés de leur déplacement, à un moment donné.

Dans les premières applications de l'appareil Fowler à deux machines, on avait même eu l'idée d'employer des supports mobiles pour chacun des deux câbles; mais il fallait, à un moment donné, retirer vivement le support pour laisser passer la charrue et le remettre ensuite en place. Cette manœuvre difficile, dangereuse même, a été supprimée, en laissant frotter le câble sur la terre, et en acceptant ainsi une certaine détérioration du câble due à ce frottement.

Les supports les plus simples se composaient d'un simple galet dans la gorge duquel venait s'insérer le câble.

M. Debains a étudié un support plus complet, et par suite plus efficace, représenté fig. 121 et 122.

Dans cette disposition le câble est obligé de passer dans

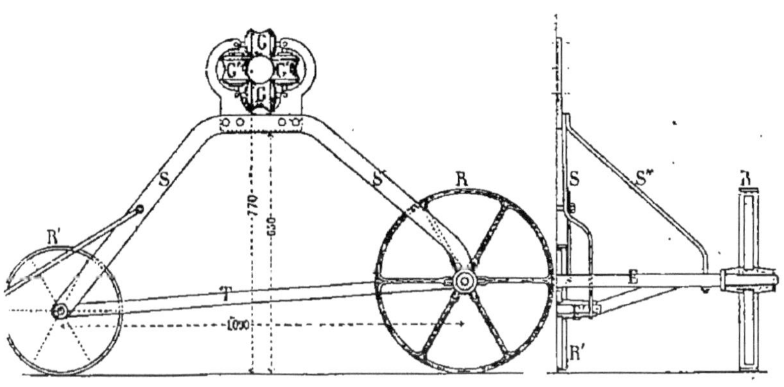

Fig. 121. Fig. 122.

une sorte d'anneau portant à son intérieur quatre galets de directions perpendiculaires les unes aux autres.

Des roues porteuses et un cadre triangulaire complètent cet appareil, d'un poids assez faible, et par conséquent d'un déplacement facile.

Labourage mécanique au moyen d'appareils électriques. — Maintenant que l'énergie est facilement transportable à distance, sous la forme de courants électriques, il y aurait peut-être lieu de reprendre les essais faits, en 1876, par MM. Chrétien et Félix, à Sermaize (Marne), et qui semblaient indiquer un certain avenir à ce mode particulier de transport de l'énergie.

Fig. 123.

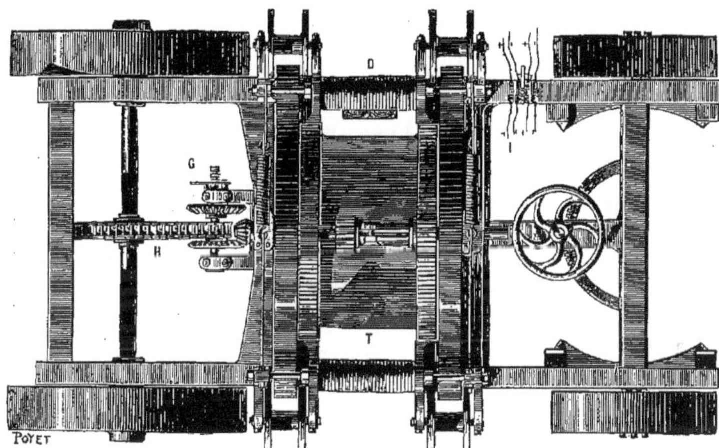

Fig. 124.

Une machine à vapeur, installée dans une usine distante du champ d'essai de 500 mètres, actionnait deux machines dynamo-électriques produisant le courant nécessaire pour mettre en mouvement deux machines réceptrices situées, dans l'essai de Sermaize, à 250 mètres l'une de l'autre.

Une charrue à bascule à deux socs, fig. 123, page 124, était disposée de manière à labourer le sol, sur cette distance de 250 mètres, au moyen des deux appareils électriques montés sur des chariots à quatre roues, et actionnant des câbles venant s'attacher à la charrue.

L'un de ces chariots est représenté fig. 124, page 125. En T se trouve le tambour cylindrique sur lequel s'enroule le câble, en D se trouve la dynamo dont l'axe met en mouvement, à l'aide d'engrenages retardateurs, le tambour T, lorsqu'on veut obtenir cet enroulement.

Lorsque la charrue s'est rapprochée de l'un des deux chariots extrêmes, le tambour du treuil T et débrayé et l'on procède au déplacement du chariot correspondant, à l'aide d'une transmission par engrenages et chaîne de galle G, H.

La machine dynamo de l'autre chariot est mise en mouvement, et la charrue revient sur elle-même en traçant des sillons parallèles aux premiers.

Il serait à désirer que de nouveaux essais soient entrepris, dans cette direction, afin de pouvoir s'assurer si ces appareils, un peu délicats, ne subissent pas des détériorations trop rapides, par suite des poussières siliceuses que l'on ne peut pas éviter dans une marche en plein air.

Charrues spéciales. — Nous rangerons dans cette catégorie les appareils employés pour labours profonds, ceux pouvant servir pour les défoncements et les déboisements, les appareils servant à préparer le sous-sol, lorsque celui-ci devra être ameubli, tout en conservant sa position, enfin les charrues vigneronnes et, dans cette catégorie, les charrues sulfureuses.

Lorsque Vallerand a préconisé l'emploi des labours profonds, la défonceuse qu'il a employée était du genre des brabants doubles de très grandes dimensions, mais l'emploi de cet appareil exigeait un attelage très nombreux et d'une conduite difficile.

On ne peut, en effet, augmenter la profondeur du labour qu'en augmentant en même temps sa largeur. Si l'on supposait, par exemple, un prisme découpé de base carrée, la verticale passant par le centre de gravité de la section passerait aussi par le sommet du carré s'appuyant sur le sol, lorsque le retournement serait effectué. Ce prisme serait donc en équilibre instable, et le retournement des différentes bandes de terre ne serait pas assuré d'une manière suffisante.

Si l'on supposait une profondeur encore plus grande, par rapport à la largeur, le prisme, une fois retourné, tendrait à retomber dans la raie ouverte, et le labour serait très défectueux. Il faut donc nécessairement adopter des appareils très puissants, exigeant, pour leur mise en mouvement, un nombre d'animaux de trait considérable, lorsque l'opération doit être faite, en une seule fois, et en employant la traction directe.

Un appareil de ce genre, construit par M. Bajac, est représenté, fig. 125, page 128.

Cette charrue est du type brabant double à age tournant. Elle ne diffère de la charrue brabant double, de construction ordinaire, que par la disposition de deux coûtres, au lieu d'un seul, et par des organes assez robustes pour résister aux efforts considérables nécessaires pour effectuer un labour, avec cet instrument. Pour les raisons déjà indiquées les mancherons sont complètement supprimés, et il ne reste, à l'arrière de l'appareil, que le le-

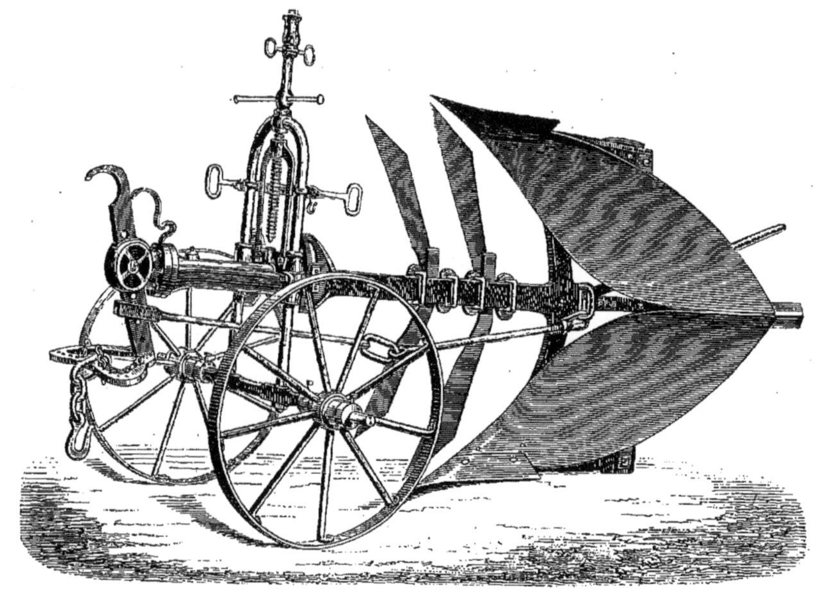

Fig. 125.

vier servant au déclanchement, lors du retournement de la charrue à chaque extrémité du champ.

Ce même problème peut être résolu d'une autre manière, en employant deux appareils au lieu d'un, et l'instrument représenté figure 126, désigné sous le nom de charrue Bonnet, peut être adopté dans ce cas.

Une première charrue, de forme ordinaire, ouvre une raie de moyenne profondeur, et retourne une première

Fig. 126.

couche sur le sol. La charrue Bonnet suit la première, en agissant dans la raie déjà ouverte, et en préparant une nouvelle couche, dont la hauteur, s'ajoutant à celle de la première, constitue la profondeur du labour total.

Le soc de cette charrue est suivi d'un versoir de forme particulière. Une première partie plane est inclinée à 30° et soulève la seconde couche découpée, jusqu'au niveau de la première raie, puis un véritable versoir suit ce plan incliné, et force le second prisme de terre à se retourner sur le résultat du premier labour, de telle manière que l'ensemble des couches composant le sol se trouve ainsi complètement retourné.

Lorsque ce défoncement peut être obtenu par moyens mécaniques, treuil de défrichement ou appareil à vapeur, on peut employer une charrue à bascule monosoc de très grandes dimensions. La figure ci-contre (fig. 127), représente la disposition adoptée par M. Bajac, pour les opérations de défoncement ou de déboisement.

Cette charrue à bascule, de grandes dimensions, est munie de deux sièges sur lesquels se place le laboureur, qui, par son poids, fait basculer l'appareil.

Il a à sa disposition un volant de manœuvre lui permettant, comme dans la charrue Fowler, de modifier la direction de la charrue.

Des vis de réglage permettent de modifier, dans une certaine mesure, l'entrure de la charrue, suivant la profondeur que l'on veut donner au labour.

Deux coutres de différentes longueurs, ouvrent le sol verticalement, et un autre soc, muni de son versoir, sert de pelloir ou de rasette, pour écrouter le sol, et rejeter, dans la raie, la partie herbue du terrain à préparer.

Enfin, un câble vient s'attacher à l'age et produit, par sa traction, au moyen d'un appareil quelconque de manœuvre, le mouvement de la charrue dans le sol, permettant ainsi un défoncement à de grandes profondeurs, en employant ces charrues puissantes.

Lorsque l'on opère de véritables défrichements, les obstacles que l'on rencontre dans le sol sont tels que tous les appareils précédents sont impuissants pour préparer le sol à la profondeur voulue.

Les souches d'arbres, les fortes racines que l'on est obligé de trancher exigent des instruments très robustes.

L'un de ceux que l'on peut employer comme déboiseuse a été construit par M. Bajac, pour cet usage.

Il se compose d'une forte charrue dans laquelle le

coutre unique a été remplacé par toute une série de cou-

Fig. 127.

teaux venant ainsi entailler le sol à des profondeurs allant en croissant jusqu'à atteindre la profondeur totale.

Trois coutres échelonnés sont ainsi disposés sur le

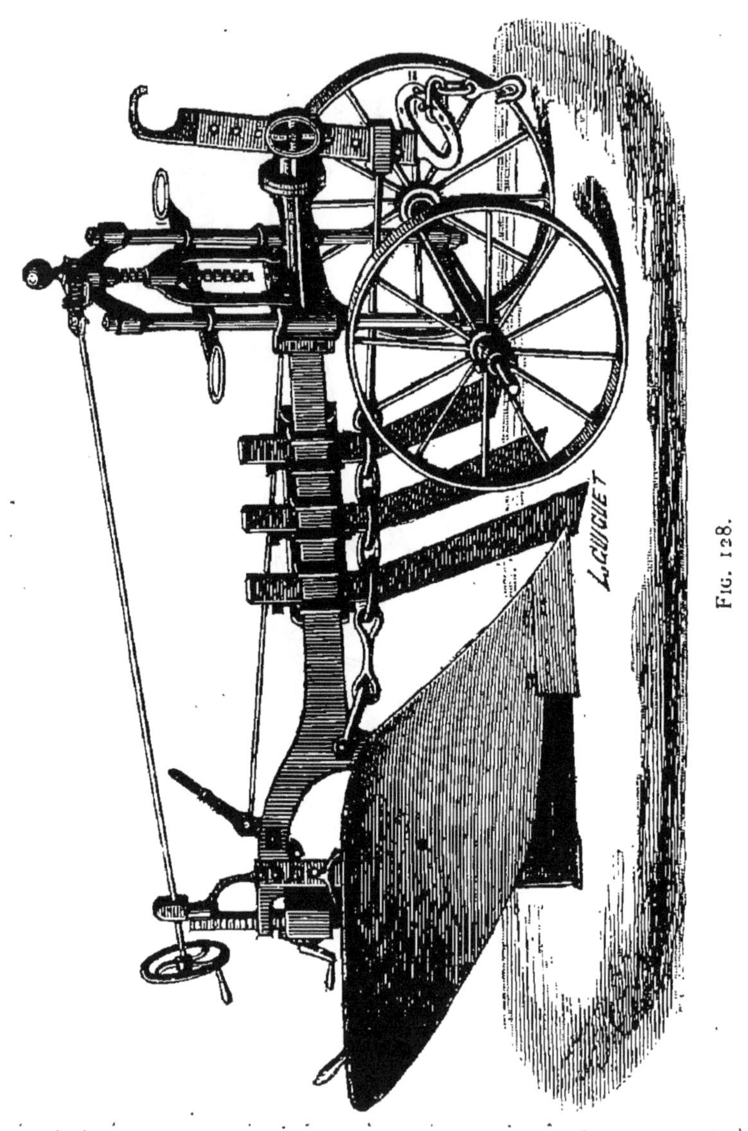

Fig. 128.

même appareil, comme le montre la figure 128, quelquefois, ce nombre est encore augmenté, et porté à cinq ou six.

Si l'action de l'attelage a été impuissante pour franchir l'obstacle une première fois, par un recul de l'appareil et une nouvelle avancée, la souche se trouve divisée, et l'obstacle est ainsi franchi.

L'appareil est à tête refoulante et le régulateur de profondeur est actionné, de l'arrière de la charrue, au moyen d'une tringle inclinée, munie d'un volant à l'une de ses extrémités et d'une vis sans fin à l'autre; celle-ci agit sur une roue à denture hélicoïdale montée sur la tête de la vis du régulateur. Un cric, également situé à l'arrière de l'appareil, remplace le traîneau ordinaire et est aussi à portée du laboureur qui, de l'arrière de la charrue, peut ainsi en modifier le fonctionnement.

Charrues fouilleuses ou sous-soleuses. — Lorsque le sous-sol a besoin d'être ameubli, sans que sa nature permette de le ramener à la surface, cette préparation doit s'effectuer en employant des outils particuliers, connus sous le nom de charrues fouilleuses ou sous-soleuses, ou encore de charrues-taupes.

Quelquefois, cette préparation peut s'effectuer en même temps que celle du retournement de la partie supérieure, et l'on peut adopter, pour ces deux opérations différentes, faites simultanément, une charrue portant, à l'arrière, des outils pénétrant profondément dans le sol.

La fig. 129, page 134, montre une disposition de ce genre.

Il est facile de comprendre que les outils ordinaires de toute charrue, le coutre B, le soc G et le versoir E agiront sur la terre à la manière ordinaire, et que l'étançon supplémentaire B', portant à sa partie inférieure le soc G' servant à remuer le sous-sol, et attaché au même age A que la charrue proprement dite, permettra aux outils chargés d'ameublir le sous-sol, de remplir ce rôle tout en laissant cette couche dans la même position que celle qu'elle présentait précédemment.

Le régulateur L, la chaîne de traction M, et les man-

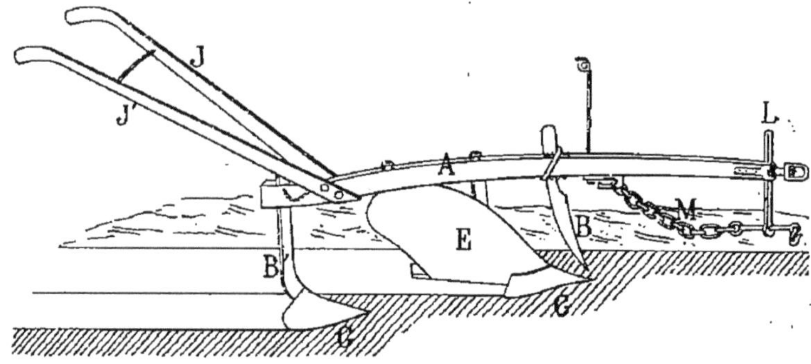

FIG. 129.

cherons J et J', jouent, dans cet instrument, le rôle ordinaire.

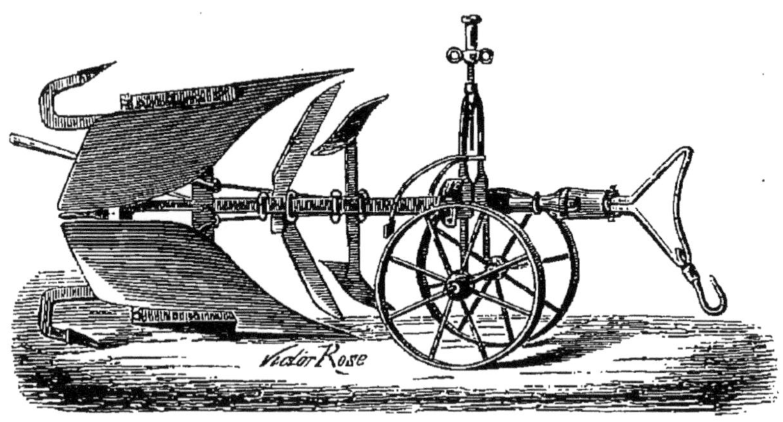

FIG. 130.

S'il s'agit de labour à plat, dans lequel on emploie maintenant, d'une manière générale, la charrue brabant double, on peut munir celle-ci de socs fouilleurs fixés au sep de chacune des charrues composant l'appareil double, et la figure 130 représente l'instrument construit, dans ce but, par M. Bajac.

En modifiant la position de ces griffes fouilleuses, par rapport au sep, ou talon de la charrue, on peut labourer le sous-sol à une plus ou moins grande profondeur.

Le plus souvent, cette préparation du sous-sol s'effectue indépendamment de la préparation du sol proprement dit, et les outils que l'on peut employer sont de la forme indiquée figure 131, page 136.

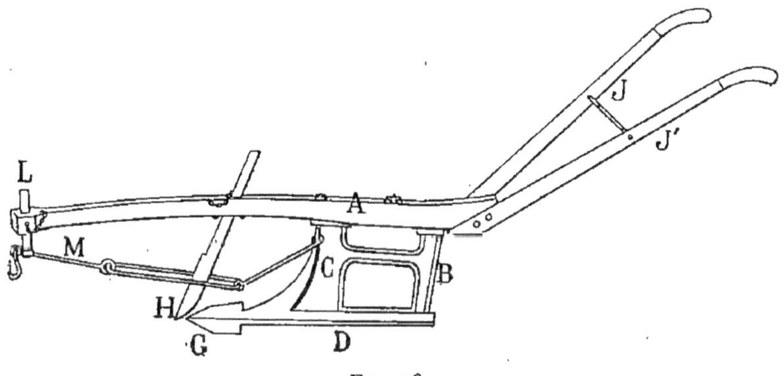

Fig. 132.

Plusieurs outils sont montés sur le même cadre, mais dans des plans verticaux différents, de manière à préparer à la fois une plus grande surface.

Les parois verticales de ce cadre sont réunies, à l'avant et à l'arrière, pour former l'age, et y fixer soit le régulateur, soit les mancherons.

Quelquefois encore, on ne fait agir qu'un seul outil, à la fois, et l'instrument est alors composé d'une véritable charrue dans laquelle le soc ordinaire est remplacé par un outil en fer de lance, mais cet outil n'est plus suivi du versoir qui manque aussi dans la charrue fouilleuse représentée figure 132.

Fig. 131.

Le coutre H a la forme et la disposition ordinaire, et un age en bois, dans cet exemple, porte, en avant, le régulateur L et, en arrière, les mancherons J et J'.

Enfin l'avant-corps C, l'étançon B et le sep D sont formés d'une même pièce de fonte, portant aussi le soc G, en forme de fer de lance.

Les charrues vigneronnes rentrent aussi dans cette division des charrues spéciales.

Étant destinées à préparer le terrain entre deux rangées de ceps de vignes, la distance qui les sépare étant ordinairement assez faible, à moins que l'on ait en vue quelques cultures spéciales du Bordelais, il est nécessaire de disposer l'age, non plus près de la muraille, c'est-à-dire contre le coutre, ou couteau vertical, mais dans l'axe même du labour à produire.

L'étançon et l'avant-corps doivent être ainsi déviés de leur position ordinaire, et la figure 133, page 138, représente un outil de ce genre.

Charrue sulfureuse. — Parmi les charrues vigneronnes, nous devons encore citer toute une série d'appareils, dénommés charrues sulfureuses, et qui ont pour but de faire pénétrer profondément dans le sol certains produits, tels que le sulfure de carbone, pour amener la destruction du phylloxéra, lorsque la valeur du vignoble permet d'avoir recours à ce procédé de destruction.

Ces appareils, que l'on peut ranger dans la catégorie des charrues fouilleuses ou sous-soleuses, se composent, comme l'indique la fig. 134, page 139, d'une sorte de table remplaçant l'age, et portant à l'avant le régulateur et à l'arrière les mancherons.

En dessous de cette table se trouve fixée une lame verticale, appelée *épée*, qui se trouve terminée, à sa partie inférieure, par une face plane horizontale, sorte de sep portant à l'avant le soc.

Fig. 133.

FIG. 134.

La table soutient un réservoir cylindrique contenant la provision du liquide insecticide, une transmission de mouvement, partant des roues porteuses et se terminant par un excentrique, manœuvre, par l'intermédiaire d'une bielle et d'une tige guidée, le piston plongeur d'une pompe de très faibles dimensions. Une pompe d'amorçage est placée au-dessus et est manœuvrée à la main.

Enfin toute une série de tuyaux de très petit diamètre réunissent le réservoir à la pompe et la pompe au soc, qui reçoit ainsi de petites quantités de sulfure de carbone qui doit servir à imprégner la terre de vapeurs insecticides au voisinage des pieds de vignes.

Nous terminerons ici l'étude des divers appareils servant aux opérations du labourage, en indiquant quelles sont les lois principales qui régissent ces opérations.

Mais avant de les indiquer, il est nécessaire de parler des différents appareils proposés ou employés pour déterminer ces lois fondamentales.

Lorsque de Gasparin a cherché à comparer les résultats qu'il avait obtenus, en labourant des terrains de nature très diverses, il a voulu employer, comme terme de comparaison, le degré d'enfoncement dans le sol d'une bêche de poids et de largeur déterminés, qu'il faisait tomber verticalement, toujours de la même hauteur, un mètre, dans les différents essais.

Cet instrument, désigné, par de Gasparin, sous le nom de bêche dynamométrique, d'un poids invariable de $2^{k},75$, et d'une largeur de $0^{m},15$, pouvait servir toutes les fois que le terrain n'était pas caillouteux; pour ces derniers, de Gasparin a proposé l'emploi d'une fourche à trois dents, de trois centimètres de côté, exactement de même poids, et tombant de la même hauteur, un mètre, et il a reconnu que, dans un même terrain, l'enfoncement de la fourche était à celui de la bêche comme 10 est à 7.

C'est en mesurant les enfoncements, soit de la bêche dynamométrique, soit de la fourche la remplaçant, que de Gasparin a pu classer les terres labourables, au point de vue de leur pénétration par les instruments de labour; mais ces premiers appareils ne pouvaient pas servir à comparer les résistances opposées au mouvement de différentes charrues, dans un même terrain, ou dans des terrains différents, et il faut avoir recours à d'autres appareils plus complets connus sous le nom de dynamomètres de traction.

Essais dynamométriques.—Ces instruments, qui ont rendu, et sont appelés à rendre encore les plus grands services, dans l'étude des différents instruments agricoles, sont tous dérivés d'un appareil imaginé par le général Arthur Morin, au moment où il voulait déterminer les lois suivant lesquelles un véhicule peut circuler sur des chaussées de natures différentes, et le beau travail qui résume ces essais, connus sous le nom d'expériences sur le tirage des voitures, est resté absolument classique et est consulté encore avec grand intérêt, malgré la date, déjà éloignée, à laquelle ces essais ont été faits; les expériences ont nécessité plusieurs années de travail incessant.

Le général Morin a cherché à résoudre le problème suivant:

Enregistrer les efforts exercés par l'attelage, quelles que soient les variations de ces efforts, et conserver, autant que possible, une trace durable de ces indications.

Le dynamomètre de traction à bande de papier a été imaginé dans ce but et, à l'aide de précautions spéciales qu'il a fallu prendre pour disposer les différents organes dont il se compose, il a été même possible d'obtenir un tracé dont les abcisses représentent, à une certaine échelle, les chemins parcourus par le point d'application de l'effort, et les ordonnées les variations de cet effort, de sorte que la surface même du tracé, limité par deux ordonnées, donne immédiatement une évaluation du travail dépensé.

Quelquefois, dans des opérations de longues durées, il est préférable de totaliser ce travail, au moyen d'appareils à plateau et à roulette; mais, au point de vue agricole, les expériences que l'on peut avoir à faire sont toutes de durée assez limitée. Le dynamomètre à bande de papier est dès lors le plus pratique, et c'est celui que nous allons décrire, dans sa forme primitive, qui est encore, à peu de différence près, la disposition actuelle, (fig. 135 et 136).

Deux lames de ressorts, L et L', sont réunies, en N, par des bielles de faibles longueurs et des boulons *n* passant par des menottes venues de forge avec chacune des lames.

L'une de ces lames L' est fixée à une chape T' attachée à l'appareil, dont on veut mesurer la résistance, ou fixée à l'avant-train spécial, employé dans ces sortes d'essais.

La lame L est fixée à une chape mobile T à laquelle se trouve assemblé l'anneau d'attelage M.

Des étriers D, assemblés en O avec la chape T', sont réunis à l'avant par des entretoises E, ayant pour but de limiter la flexion des lames, si l'effort exercé dépasse, à un moment donné, la limite que l'on s'est fixée.

Des rouleaux A, B, R, R, R permettent de faire passer, en dessous des deux lames flexibles, un papier continu, partant de A et venant s'enrouler sur B, un cône B' et un cylindre *a*, constituant la fusée compensatrice, permettent un enroulement constant du papier sur le cylindre B.

Au moyen d'un arbre *a'*, portant ordinairement une

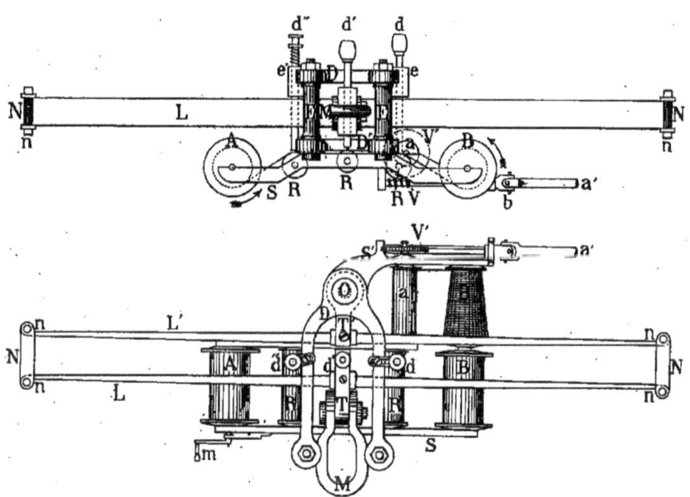

Fig. 135 et 136

poulie à gorge, d'un joint de cardan *b*, d'une vis sans fin V, et d'une roue à denture hélicoïdale V', cet ensemble de pièces étant soutenu par le support S', on peut facilement mettre en mouvement le papier par une transmission prise sur les roues de l'avant-train.

Quelquefois cette transmission est supprimée et remplacée par un mouvement d'horlogerie fixé au support S' du dynamomètre.

Des crayons, l'un *d* fixé à l'étrier D, au moyen d'une pièce à douille *e*, appuie sur le papier, pour laisser une trace rectiligne sur ce papier, lorsque celui-ci se déplace, l'autre *d'*, passant à travers la chape mobile T, vient aussi laisser sa trace, plus ou moins ondulée, sur la même bande de papier. Enfin un crayon de pointage *d''*, passant à travers une douille *e'*, permet, à un moment donné, de laisser sur le papier une trace supplémentaire, lorsqu'on passe devant un repère disposé sur le terrain.

Lorsqu'il s'agit d'attelages animés, on remarque que le tracé présente des oscillations très grandes, et d'autant plus accentuées que l'attelage est composé de moins d'unités.

C'est qu'en effet, le cheval tire par saccades et l'effort qu'il s'agit de mesurer est la moyenne des efforts variant dans de grandes limites et enregistrés par l'instrument.

Quelques expérimentateurs ont même cherché à réduire l'amplitude de ces oscillations, en ajoutant au dynamomètre un appareil composé d'un piston glissant dans un cylindre fixe et contenant un liquide, huile ou glycérine, par exemple.

En disposant d'un espace plus ou moins considérable entre le piston et le cylindre, le liquide passe plus ou moins facilement d'une chambre à l'autre, et produit une résistance momentanée calmant ainsi les écarts trop considérables remarqués dans le tracé, par rapport à une ligne moyenne correspondant à l'effort moyen.

La Société Royale d'agriculture d'Angleterre emploie des appareils de ce genre, mais nous n'en voyons pas bien l'utilité.

Du moment que l'on peut, par des procédés simples, déterminer l'ordonnée moyenne d'un tracé dynamométrique, peu importe les variations des ordonnées du tracé, et l'on ne fait que compliquer l'instrument, sans en rendre les indications plus précises, en adoptant la disposition précédente.

Les planimètres, employés maintenant d'une manière courante, et en particulier le planimètre polaire d'Amsler, permettent de mesurer rapidement la surface S du tracé comprise entre deux ordonnées extrêmes, quelles qu'en soient les ondulations. En mesurant également la longueur L du tracé et en écrivant que l'ordonnée moyenne

$$y = \frac{S}{L}$$

il sera facile de déterminer cette ordonnée moyenne, et d'en déduire l'effort moyen, en multipliant y par la tare t de l'instrument, et en écrivant

$$F = yt = \frac{S}{L} \times t.$$

Lorsque le dynamomètre doit servir pour mesurer l'effort nécessaire pour produire un labour de largeur et de profondeur données, il est impossible de disposer le dynamomètre sur l'appareil de labour même; si au contraire il s'agit d'un autre appareil tel qu'une moissonneuse ou une faucheuse, par exemple, on peut se passer de l'avant-train spécial dont nous allons décrire l'une des dispositions.

Un constructeur anglais, E.-H. Bentall, a disposé un avant-train sur lequel il fixait un dynamomètre de traction notablement différent de celui qui vient d'être décrit, et représenté fig. 135 et 136. Dans l'appareil de Bentall, les deux ressorts du dynamomètre du général Morin sont remplacés par un fort ressort à boudin, disposé sur une tige horizontale pouvant se déplacer suivant l'axe de l'appareil, et venant se terminer par un anneau auquel on attache la charrue, par l'intermédiaire d'une chaîne de plus ou moins grande longueur.

Lorsque l'effort augmente, le ressort se raccourcit et ses variations de longueur correspondent aux variations de positions d'un galet sur un plateau animé d'un mouvement de rotation emprunté au mouvement de rotation de l'une des roues de l'avant-train.

Le plateau fait tourner l'axe du galet de quantités proportionnelles au travail dépensé qui se trouve enregistré, sur l'appareil même, et sous la forme d'un tracé produit sur un cylindre d'assez grand diamètre.

Quant à l'avant-train, il est composé d'un cadre formé de fers de section rectangulaire. Des étriers permettent de fixer à ce cadre des tiges verticales de section carrée recourbées à angle droit à leurs parties inférieures, de manière à former les essieux de trois des roues porteuses.

La quatrième, d'assez grand diamètre, a son essieu qui peut se déplacer, par rapport au cadre, dans une rainure de forme courbe. Elle est disposée pour se placer dans la raie ouverte; son moyeu porte une poulie placée en regard d'une autre fixée sur l'axe du plateau du compteur de travail. Une courroie peut donc mettre cet axe en mouvement en se servant du déplacement du véhicule sur le sol.

FIG. 137.

L'examen de la figure 137, page 147, montre que l'on peut facilement élever ou abaisser le cadre, et par suite la ligne de traction, par rapport au sol, écarter ou rapprocher les différentes roues, suivant la largeur du labour à produire, et enfin modifier facilement la position du point d'attache de l'attelage.

Il y a lieu de faire remarquer que l'attelage étant attaché en un point fixe de l'avant-train, l'effort exercé par les chevaux sera supérieur à celui que l'attelage aurait à exercer pour traîner la charrue, sans l'avant-train, et dans les conditions ordinaires; mais comme le crochet d'attelage, fixé au dynamomètre, est tourné vers la charrue, c'est seulement l'effort nécessaire pour traîner cet outil qui sera mesuré et enregistré.

Ce mode de jonction de l'instrument à expérimenter avec l'attelage, et par l'intermédiaire du dynamomètre de traction, doit être toujours ainsi réalisé, et divers avant-trains, de même genre que celui précédemment décrit, ont été employés pour la réalisation d'un grand nombre d'expériences faites sur des appareils agricoles les plus divers.

Depuis quelques années, M. Ringelmann, professeur de génie rural à l'École nationale d'agriculture de Grignon, et directeur de la station d'essais de machines agricoles, a disposé l'avant-train d'une manière assez ingénieuse permettant à tout le dynamomètre de s'incliner, suivant la direction que l'on doit donner à la ligne de traction.

Plus récemment encore, il a cherché à résoudre un problème qui présente une grande difficulté, celui d'enregistrer, en même temps que l'effort exercé, les variations de profondeur et de largeur de labour.

On sait, en effet, qu'une expérience dynamométrique à faire sur un appareil de labour présente les plus grandes difficultés d'exécution, par suite de l'obligation dans laquelle on est de mesurer, après le passage de la charrue, les deux dimensions principales du labour, largeur et profondeur, en différents points du parcours. Il faut pour cela piqueter une ligne parallèle au labour et mesurer la distance qui existe entre la nouvelle muraille et la ligne piquetée, pour la comparer à la distance mesurée après l'opération précédente. La différence donne la largeur du labour au point considéré. Puis encore mesurer, de distance en distance, la hauteur de la muraille, pour en déduire la profondeur moyenne du labour.

L'appareil de M. Ringelmann, quoique un peu compliqué, paraît résoudre ce problème d'une manière satisfaisante, et il y a lieu d'espérer que l'on arrivera bientôt à pouvoir enregistrer toutes les données de ce problème compliqué sur le même tracé dynamométrique.

De Gasparin a cherché à déterminer, en se servant du dynamomètre de traction, les résistances opposées au mouvement des différents outils qui composent une charrue, mais pris isolément, et, à l'aide de nombreuses expériences, il a pu chiffrer ces résistances de manière à décomposer l'effort total résultant d'un essai dynamométrique complet, en un certain nombre d'efforts partiels.

En disposant, sur un cadre horizontal porté par quatre roues, un coutre présentant une inclinaison donnée, et en traînant tout l'appareil sur un sol de nature déterminée, mesurée, au point de vue de la résistance à la pénétration des instruments, au moyen de la bêche dynamométrique, il a pu déterminer l'effort nécessaire pour le transport de cet outil; puis, par une seconde expérience, faite après l'enlèvement du coutre, la résistance au mouvement du chariot; et, par différence, la résistance opposée au mouvement du coutre considéré isolément.

Dans un autre essai, on a pu disposer, sur le même cadre, un coutre et un soc, puis encore la charrue complète, avec ses trois outils principaux, le coutre, le soc et le versoir, et déduire, de ces différents essais, la résistance propre à chacun des outils pris isolément.

Dans son *Cours d'agriculture*, de Gasparin entre dans d'assez grands détails sur ce genre d'essai, et applique les formules très simples, résumant ces essais, à des expérience faites, à Metz, par le général Morin, en se servant, soit de la charrue du pays, soit de l'araire Dombasle, dans lesquels l'effort moyen total, mesuré et enregistré par le dynamomètre de traction, a pu servir ainsi de bases aux vérifications tentées par de Gasparin.

Dans un de ces essais, fait sur une terre légère, dans laquelle la bêche dynamométrique s'enfonçait facilement, et atteignait une profondeur de 0m,060, lorsqu'elle tombait de 1m,00, un labour a été effectué, à l'aide d'une charrue Dombasle, d'un poids de 60 kilogrammes, préparant la terre sur une largeur de 0m,250 et à une profondeur de 0m,160, le coutre s'enfonçant dans le sol à une profondeur de 0m,150.

L'effort total de 196k,4 nécessaire pouvait se décomposer, d'après les indications de de Gasparin, de la manière suivante :

	kil.	
Résistance du coutre...........	48.0	0.2485
— du soc..............	85.4	0.4348
Frottement du versoir.........	10.5	0.0535
Soulèvement de la terre par le versoir......................	14.7	0.0748
Frottement du sep de la charrue 0.61 × 60 = ...	37.0	0.1884
Total................	196.4	1.0000

Pour déterminer la proportion de ces différents efforts

partiels dans l'effort total, il suffit de diviser chacun de ces premiers efforts par 196^k,4, et les chiffres de la seconde colonne du tableau précédent donnent ce rapport, pour chacune des résistances partielles, leur somme doit être, comme vérification, égale à l'unité.

Le résultat de l'expérience directe a été de 189^k, chiffre voisin du précédent.

Dans un autre essai de même genre, l'on opérait, toujours avec la même charrue et le même attelage, dans une terre forte, pierreuse, très difficile, dans laquelle la bêche dynamométrique ne pouvait plus s'enfoncer que de 0^m,030, au lieu de 0^m,060.

Les calculs auxquels s'est livré de Gasparin l'ont conduit aux résultats suivants :

	kil.	
Résistance du coutre...........	96.0	0.2943
— du soc..............	168.0	0.5150
Frottement du versoir.........	10.5	0.0322
Soulèvement de la terre par le versoir.......................	14.7	0.0451
Frottement du sep............	37.0	0.1134
Total................	326.2	1.0000

L'expérience directe a donné 329 kilogrammes pour effort total.

En opérant comme précédemment, on trouve les chiffres de la deuxième colonne qui présentent quelques différences avec ceux du tableau précédent. Les trois dernières résistances étant exactement les mêmes, dans les deux essais considérés, leur influence devient moindre dans l'effort total, et, par compensation, l'influence des deux premiers est plus considérable.

Ce sont les résistances du coutre et du soc qui ont le plus d'importance, et ces deux résistances additionnées prennent les 68 à 81 % de l'effort total.

Les différents frottements, ainsi que l'effort correspondant au soulèvement de la terre, ne comprennent que 32 à 19 % de l'effort total.

Ces expériences très intéressantes ont seulement le défaut d'être maintenant bien anciennes, et il serait à désirer qu'elles pussent être reprises par un de nos jeunes ingénieurs agronomes qui trouverait ainsi le moyen d'étudier, de plus près, avec les méthodes actuellement en usage, le mode de fonctionnement des appareils de labour de construction plus moderne.

Lorsque, dans des concours, on emploie le dynamomètre pour étudier les mérites relatifs d'une série d'appareils de même nature, le temps fait défaut pour mener à bonne fin des expériences de cette nature, et l'on se contente ordinairement de déterminer l'effort moyen nécessaire et d'en déduire le travail mécanique employé pour découper et retourner l'unité de volume de la terre en essai.

Une série d'expériences bien faites venant confirmer ou infirmer les essais de de Gasparin, qui datent maintenant d'un demi-siècle, rendrait les plus grands services à la science agricole, et son exécution devrait être encouragée par tous les moyens.

Les appareils de labour à traction directe, au moyen des animaux de trait, se meuvent avec une vitesse qui ne peut pas varier dans de grandes limites, mais il n'en est plus de même lorsque ce moteur animé est remplacé par un moteur à vapeur, et lorsque, pour certains défoncements, on fait agir l'attelage d'une façon indirecte, par l'intermédiaire d'un treuil à manège, permettant d'exercer de grands efforts, mais en diminuant la vitesse de transport dans une grande mesure.

L'expérience montre que la résistance due au mouvement de la charrue dans le sol est indépendante de sa vitesse de transport.

Les expériences de Pusey, dont nous donnons ici un résumé, vérifient ce fait, dans des limites assez étendues.

Parcours de l'appareil en une heure.	Vitesse par seconde.	Effort correspondant.	
m.	m.	kil.	
2414	0.67	146	Moyenne : 146 k.
2816	0.78	146	
4426	1.23	140	
5633	1.57	152	

L'effort peut donc être considéré comme constant, pour un même terrain et un même appareil de labour, quelle que soit la vitesse de transport, et l'on peut immédiatement conclure de ces observations que le travail mécanique total qu'il faut dépenser pour découper et retourner un même volume de terre est indépendant de la vitesse avec laquelle s'effectue cette opération.

L'état du sol a une grande importance, au point de vue de la dépense du travail.

Des essais, exécutés par le comice agricole de Lunéville, ont montré que, lorsqu'il s'agit de terres légères, le travail dépensé varie peu avec l'état hygrométrique de la terre. Les essais en terres légères très sèches ou en terres légères très humides ont montré que le travail dépensé n'augmente généralement que de 5 à 12 %, lorsque l'humidité augmente dans ces terres légères.

Ces mêmes essais, exécutés en terres fortes, ont montré des résultats bien plus différents.

Le travail peut doubler lorsque la terre est devenue très humide; quoique abordable, on peut donc être conduit à doubler les attelages, lorsque, après une longue saison humide, on doit effectuer les opérations de labour dans les terres de cette dernière catégorie.

Les expériences de Pusey ont porté aussi sur la détermination du travail dépensé, par unité de volume de terre remuée, en faisant varier la profondeur du labour, et en conservant une même largeur. Elles ont montré que ce travail diminue à mesure que la profondeur augmente, ce qui revient à dire que la résistance du sol, opposée au mouvement de la charrue, est moindre pour les couches inférieures.

Les quelques chiffres suivants sont relatifs à ces déterminations.

Profondeur du labour h.	Largeur du labour l.	Effort moyen exercé par l'attelage.	Travail dépensé par unité de volume.
m.	m.	k.	klgm.
0.101	0.228	99.7	3938 par m³.
0.127	0.228	102.9	3550 —
0.152	0.228	120.0	3456 —
0.178	0.228	139.0	3422 —

Enfin, ce même expérimentateur a montré, par une longue série d'essais, combien ce travail dépensé peut varier avec la nature de la terre, et aussi, pour le même terrain, avec la forme de l'appareil de labour, mettant ainsi en évidence ce fait bien connu qu'il n'existe pas de charrue d'un emploi pour ainsi dire universel, et qu'il faut approprier les formes d'un appareil de labour à la nature de la terre qu'il s'agit de préparer.

Travail dépensé pour remuer un mètre cube de terre de différents terrains. — Expériences de Pusey.

Dimensions du labour.	Alluvion sableuse.	Alluvion forte.	Argile bleue.
	klgm.	klgm.	klgm.
$l = 0^m.228$	4140	7659	10936
$h = 0^m.127$	3070	5037	9418
	5037	7900	11385

D'après ces chiffres, le travail dépensé par unité de volume varie dans des limites très étendues, de 3 000 à 11000 kilogrammètres; et si l'on compare les différents chiffres donnant le travail dépensé, dans un même terrain, pour déplacer un même volume de terre, mais avec des appareils de constructions différentes, on trouve des résultats très différents les uns des autres et qui justifient les considérations précédentes, desquels il résulte que, dans chaque cas particulier, l'on devra donner, aux éléments constitutifs de la charrue, des dimensions différentes, suivant la nature de la terre à labourer.

M. Hervé-Mangon, dans son beau traité de génie rural, fait même observer que le versoir, déterminé par des considérations géométriques, doit être soumis à un essai, sur le terrain, avant d'être réalisé d'une manière définitive, et il conseille de le constituer provisoirement d'une surface gauche en bois, ayant la forme voulue, fixée à l'âge, à la place que doit occuper le versoir définitif, et de l'enduire d'une couche de peinture, au moment de l'essai dans le terrain.

Lors de cet essai, la couche de peinture se trouve plus fortement enlevée, par suite du frottement de la terre, en certains endroits de la surface gauche, et il est possible de retoucher la surface, en ces points, puis de procéder à un nouvel essai, et ainsi de suite, jusqu'à ce qu'une dernière vérification ne conduise plus à la constatation de nouveaux points pour lesquels le frottement est trop considérable, ce qui produirait inévitablement une usure qu'il est préférable d'éviter, en enlevant, dès le début, ce surcroît de matière.

Nous terminerons ainsi ce chapitre relatif aux appareils de labour proprement dits, en disant un mot des précautions que l'on doit prendre pour effectuer le transport de ces divers instruments, soit de la ferme aux champs, soit réciproquement. A part les appareils à bascule et à roues, dont la charrue Fowler est le type, tous les autres appareils doivent être déplacés, en se servant de dispositions spéciales pour que ce transport puisse s'effectuer sans difficultés.

Pour les charrues araires, avec ou sans moyens de support, on emploie ordinairement un chariot très bas muni d'un cadre vertical de forme triangulaire dans lequel vient s'engager la pointe du soc, en même temps que le sep vient reposer sur la partie horizontale du même chariot.

Pour les charrues brabant doubles, les deux versoirs sont couchés sur un cadre de plus grande largeur, monté aussi sur deux roues porteuses pouvant être, cette fois, de plus grandes dimensions.

CHAPITRE II.

INSTRUMENTS DIVERS SERVANT A COMPLÉTER LA PRÉPARATION DU SOL.

Après un premier labour, et lorsque les circonstances atmosphériques ont pu aider à l'émiettement de la terre, il convient de procéder à de nouveaux labours, pour compléter la préparation du sol.

On pourrait employer, pour cette nouvelle façon, des instruments semblables à ceux qui viennent d'être décrits; mais, pour éviter un temps employé trop considérable, on préfère maintenant les remplacer par des appareils de plus grandes dimensions, portant les noms de déchaumeurs, de scarificateurs, d'extirpateurs, de scarificateurs-extirpateurs, ou encore de cultivateurs, suivant la forme des outils que l'on peut monter successivement sur un même cadre supporté par des roues. Ces appareils peuvent en effet agir, à la fois, sur une largeur beaucoup plus considérable, $1^{m},00$ à $1^{m},50$, sans exiger, pour cela, un attelage composé d'un trop grand nombre d'éléments, et permettent, par conséquent, d'aller de quatre à cinq fois plus vite que si l'on voulait faire toute les façons à l'aide de la charrue. Quel que soit le mode de construction de ces appareils, ils se composent toujours d'un cadre triangulaire ou rectangulaire divisé par plusieurs traverses parallèles sur lesquelles on vient fixer les outils proprement dits, en s'arrangeant pour que chacun d'eux trace dans le terrain un sillon qui lui est propre, lorsque l'on vient à déplacer le cadre en ligne droite.

La distance des différents sillons doit pouvoir varier, dans de certaines limites, en modifiant l'écartement des différents outils disposés sur une même traverse, et en s'arrangeant pour que la distance qui les sépare soit toujours assez considérable pour qu'un obstacle que l'outil rencontre puisse passer entre deux outils d'une même traverse, pour être divisé par les outils suivants, si les premiers n'ont pu produire cet effet.

Déchaumeur. — Si l'on veut procéder au déchaumage, immédiatement après la moisson, les socs, préparés à l'extrémité de tiges fixées au cadre, seront disposés de manière à s'enfoncer légèrement dans le sol et, par leur déplacement horizontal, déraciner la portion des tiges de céréales coupées à une hauteur de 5 à 10 centimètres au-dessus du sol par les appareils de récolte. Ces racines et portions de tiges seront ensuite enfouies, lors du premier labour, après avoir subi, pendant leur exposition à l'air, une dessiccation telle que toute trace de végétation se trouve ainsi éteinte. Il en est de même des racines de chiendent qui, amenées à la surface du sol, par l'action de ces outils, s'y dessèchent complètement.

La figure 138 montre un *cultivateur* construit par M. Bajac et disposé en déchaumeur.

Des tiges de forme courbe viennent s'assembler avec les traverses disposées dans un cadre métallique de forme rectangulaire pouvant occuper, par rapport au sol, des hauteurs différentes, et de plus en plus faibles à mesure que l'on veut faire pénétrer de quantités plus considérables les différents outils, dans le terrain à préparer.

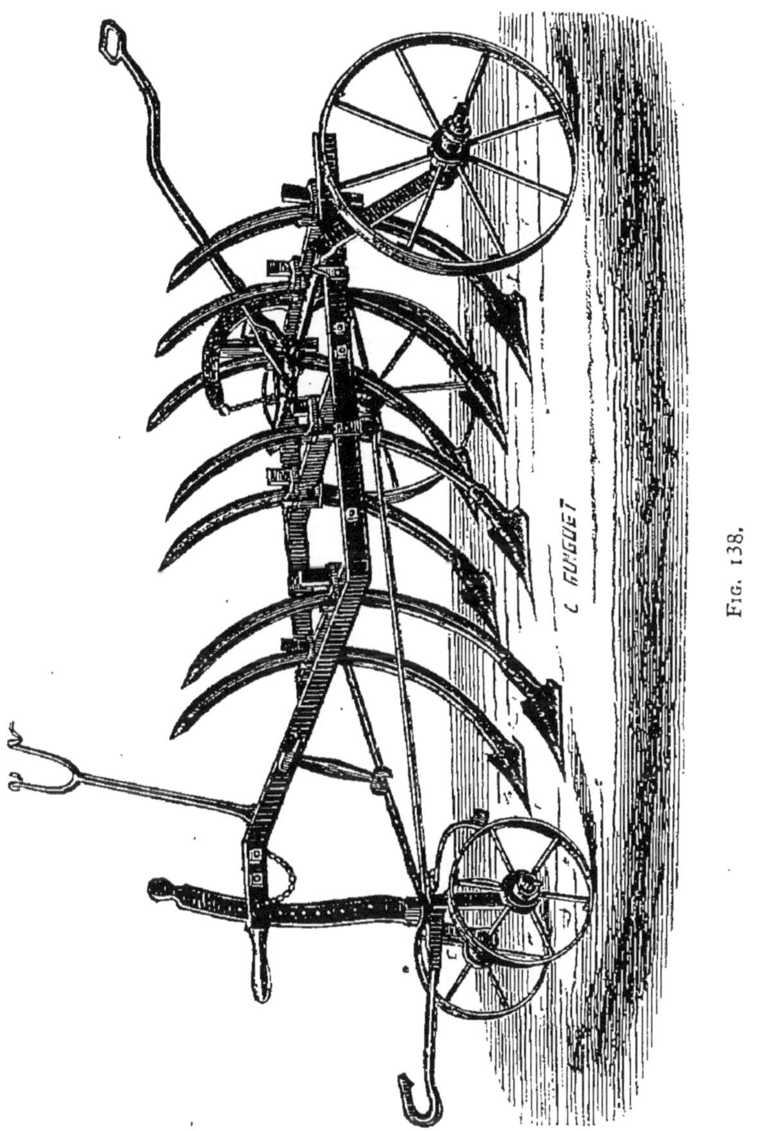

Fig. 138.

Chacune de ces tiges porte, à sa partie inférieure, un

soc rapporté, devant, par son déplacement dans le sol, à une faible profondeur, produire l'opération du déchaumage.

Les sept outils, ainsi montés sur le même instrument, permettent de préparer superficiellement la terre sur une certaine largeur, en obligeant les racines des céréales et celles des plantes parasites à venir à la surface du sol et s'y dessécher.

Scarificateur. — Le même instrument peut remplir le rôle de scarificateur en démontant les socs et en promenant dans le sol, et sous une hauteur plus ou moins considérable, des sortes de couteaux refendant ainsi le terrain.

Si l'on a soin de découper le sol dans deux directions perpendiculaires, et en laissant quelques jours de distance entre ces deux opérations de même nature, le sol sera ainsi aéré dans de très bonnes conditions.

Extirpateur. — Enfin le même appareil peut servir d'extirpateur, qui, comme son nom l'indique, a pour but de détruire la jeune végétation qui se produit après les façons précédentes, lorsque la terre a verdi, comme disent les agriculteurs. Le passage de cet outil doit s'effectuer plusieurs fois, à de certains intervalles, pour ainsi nettoyer la terre et la débarrasser, autant que possible, de toutes les plantes parasites, pouvant venir, par leur développement, étouffer les plantes utiles.

Les outils des extirpateurs sont seulement différents des premiers. Ils peuvent être rapportés sur les lames des scarificateurs, et sont ordinairement formés de feuilles de tôle d'acier découpées, suivant une forme elliptique, et légèrement courbées vers la lame de support, de manière à pouvoir entraîner, puis relever, les différentes racines rencontrées dans le terrain par chacun des outils composant l'appareil complet.

Ces différents instruments à plusieurs usages, ainsi que nous venons de l'indiquer, et que l'on désigne, le plus généralement, sous le nom de *cultivateurs*, diffèrent entre eux, suivant la forme du cadre portant les différents outils, le mode d'assemblage des outils avec les traverses, et aussi par les dispositions adoptées pour modifier l'entrure des outils dans le sol et les relever complètement, lorsqu'on veut passer de la position de travail à celle de transport.

Comme exemple du *cultivateur* à cadre triangulaire, nous citerons le cultivateur de Coleman, représenté fig. 139, page 162, qui, composé entièrement de pièces métalliques, présente cette particularité que le réglage de la position des outils dans le terrain peut s'effectuer en modifiant l'inclinaison de chacun d'eux, par rapport au cadre porté par trois roues, dont une placée en avant de l'appareil, et les deux autres à l'arrière.

Un levier C, de grande longueur, est fixé au milieu d'un arbre transversal portant, venues de fonte avec lui, un certain nombre de manivelles; des bielles horizontales relient chacune de ces manivelles aux extrémités supérieures B des outils pouvant tourner librement autour d'axes horizontaux, sorte de chevilles disposées en différents points du cadre.

Un arc métallique, percé de trous, permet de fixer le levier C dans différentes positions, conduisant ainsi à donner autant d'inclinaisons différentes des outils, et par suite, autant d'entrures différentes également.

Deux leviers permettent d'agir aux extrémités de l'essieu coudé portant les roues d'arrière, de manière à relever rapidement tout le cadre, et produire ainsi le déterrage.

Dans l'extirpateur de Dombasle, de construction déjà ancienne, le cadre, formé de pièces de bois, est assemblé, à l'arrière, avec deux mancherons, à l'aide desquels le laboureur relève tout l'instrument qui

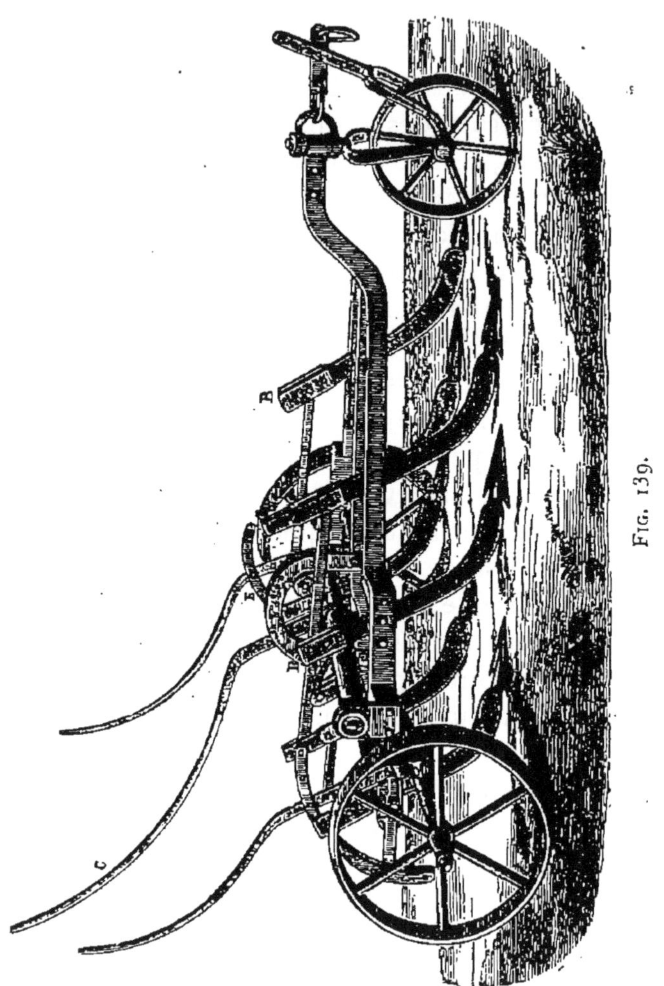

Fig. 139.

tourne ainsi autour de l'axe de la seule roue porteuse, disposée à l'avant; l'age est terminé par un régulateur, et la tige verticale, portant l'essieu de la roue porteuse, peut se déplacer dans le cadre, suivant l'entrure que l'on veut obtenir, fig. 140.

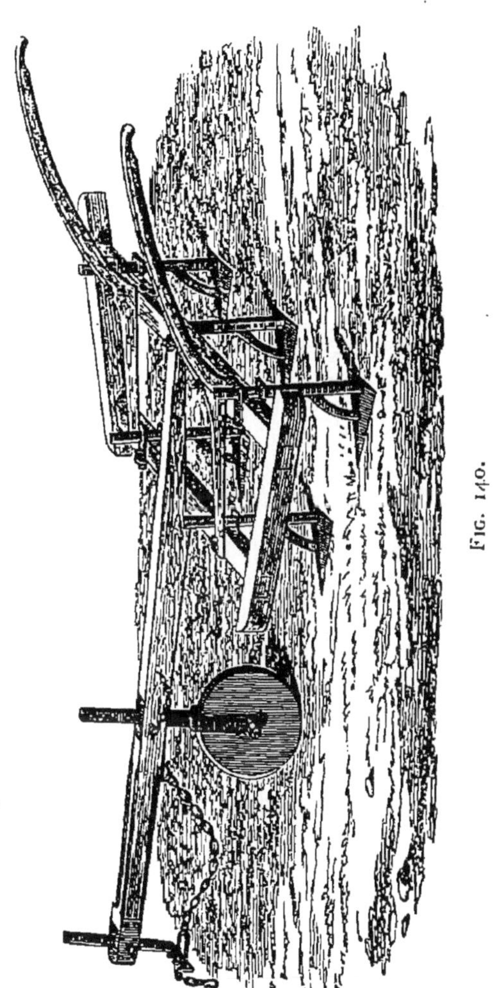

Fig. 140.

L'appareil ne portant que cinq outils, son bâti étant relativement léger, le déterrage peut facilement s'obtenir à l'aide de l'action de l'ouvrier sur les mancherons.

Il en est de même pour un autre appareil, le scarificateur de Bodin, représenté fig. 141. L'entrure est réglée au moyen d'un arc métallique percé de trous, fixé à l'essieu de deux roues porteuses, situées à l'avant de l'appareil, et d'une cheville passant à travers l'age, et venant pénétrer dans un des trous ménagés dans cet arc, et formant ainsi un régulateur de profondeur.

Fig. 141.

Lorsque l'appareil est de plus grande largeur, et qu'il porte un plus grand nombre d'outils distincts, l'action directe de l'homme devient insuffisante, pour ces manœuvres, devant être répétées fréquemment, et l'on supprime même, d'une manière complète, les mancherons qui entrent dans la constitution des deux appareils précédents.

L'instrument doit alors être muni de leviers, à branches inégales, permettant au laboureur d'agir, avec une force suffisante, pour amener le déplacement en hauteur des différents outils.

A cet effet, l'on agit sur le cadre, à l'avant et à l'arrière, soit avec les mêmes organes, soit avec des organes différents, de manière à produire un déplacement du cadre parallèlement à sa position primitive, et les diffé-

Fig. 142.

rents appareils que nous allons maintenant décrire sont tous basés sur ce principe.

Dans le scarificateur de Biddell, représenté fig. 142, et construit par MM. Ransomes et Sims, huit outils viennent découper à la fois le sol ; ils sont rangés sur deux lignes parallèles.

Le cadre, de forme polygonale, est déplacé, à l'avant, par une bielle verticale venant s'assembler avec un levier à branches inégales dont le point d'oscillation est formé par une sorte d'arcade métallique, prenant ses points d'appui sur les deux essieux.

En agissant sur ce levier, dans la direction de haut en bas, l'extrémité d'avant du cadre doit glisser, autour de la branche verticale de l'arcade, dans la direction opposée, de bas en haut.

En agissant de même sur deux leviers calés sur l'essieu coudé portant les deux roues porteuses, cet essieu se relève parallèlement à lui-même, en entraînant l'arrière du cadre, qui se trouve ainsi soulevé par ses deux extrémités, mais par deux manœuvres différentes.

Dans l'appareil de M. Bajac, disposé comme déchaumeur, et représenté fig. 138, page 159, le réglage de la profondeur s'effectue, à l'avant, au moyen d'une poignée fixée au cadre, d'une barre verticale percée de trous faisant corps avec l'avant-train, et d'une cheville venant relier ces deux pièces, dans différentes positions par rapport à l'essieu des roues de l'avant-train.

Le déterrage s'effectue à l'aide de l'essieu coudé portant les deux roues d'arrière, manœuvré par un grand levier terminé par une poignée, et se déplaçant devant un arc percé de trous, permettant d'assurer la position de l'essieu coudé, lorsque l'on a procédé soit au déterrage, soit à l'enfoncement des outils dans le sol.

Plusieurs constructeurs ont cherché à rendre solidaires ces deux mouvements d'arrière et d'avant, et nous citerons la disposition de M. Émile Puzenat qui a résolu ce problème, d'une manière très ingénieuse.

On pourrait adapter, à l'avant de l'appareil, une disposition analogue à celle de l'arrière, en employant deux essieux coudés, l'un portant les roues d'avant-train, l'autre portant les roues d'arrière, et, à l'aide de manivelles calées sur ces essieux, d'une bielle les réunissant, et d'un levier disposé à l'arrière de l'appareil, et calé sur l'essieu d'arrière, obtenir, au moyen de ce parallélogramme articulé, le mouvement d'élévation ou d'abaissement du cadre et, par suite, des outils.

M. Émile Puzenat a adopté une autre disposition, représentée fig. 143, page 168, et qui comporte deux appareils bien distincts.

En un point de l'essieu coudé E, portant les roues d'arrière R, se trouve fixé un arc denté intérieurement F, sur lequel vient agir un pignon P, monté sur un axe horizontal de faible longueur, maintenu par un palier fixé au cadre C de l'appareil. Un levier L, attaché au pignon P, met en mouvement ce dernier qui, à son tour, fait tourner F, et par suite l'essieu coudé E.

Un verrou V, manœuvré par une manette *m*, vient s'enclancher dans les encoches d'un arc D fixé au cadre C, et permet ainsi de donner différentes positions à l'essieu E, suivant la profondeur à laquelle doivent travailler les différents outils.

Pour que ce déplacement de l'arrière de l'appareil puisse s'effectuer simultanément avec celui de l'avant du cadre, M. Puzenat a employé la disposition suivante :

Un levier K, terminé par un crochet H, est solidaire du pignon F, et participe à tous ses mouvements, une chaine I est attachée à ce crochet, passe sur une poulie de renvoi N, fixée à l'avant du cadre C, puis vient se fixer à l'extrémité supérieure d'une tige verticale T, faisant partie de l'avant-train.

Si, en abaissant le levier L, on fait tourner l'engrenage F, le levier K tournera aussi dans la même direction, et la chaîne sera attirée dans le sens de la flèche; la poulie N sera soulevée, en entraînant ainsi la partie avant du cadre C, qui sera déplacé simultanément d'une même quantité, à ses deux extrémités, et

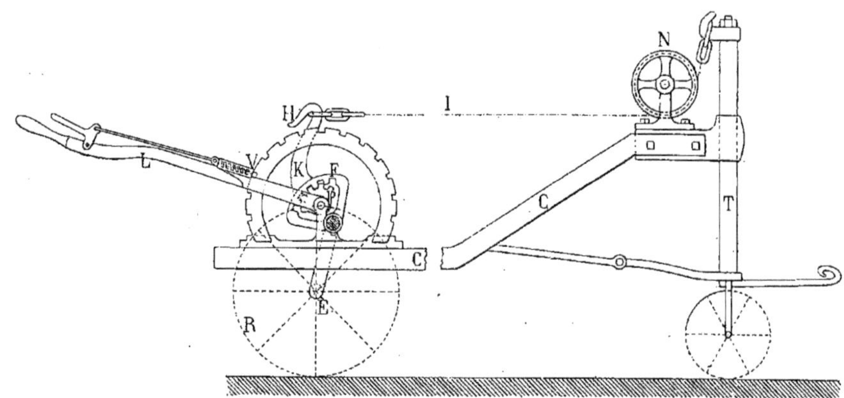

Fig. 143.

qui restera constamment horizontal, quelle que soit l'amplitude de la manœuvre du levier L.

A l'aide du pignon P et de la crémaillère circulaire F, on peut, en exerçant un effort modéré à l'extrémité du levier L, soulever un cadre d'un poids assez considérable, et l'ensemble des organes, constituant l'appareil de M. Puzenat, permet un déplacement parallèle au sol des pointes des différents outils.

Dans d'autres appareils, celui de M. Candelier, par exemple, le mouvement est donné à la chaîne de relevage par une vis et un écrou, mais le principe du relevage parallèle est le même que dans l'appareil précédent, et il nous paraît inutile de nous arrêter plus longtemps sur ces dispositions de détail, dont la réalisation varie suivant les constructeurs de ces appareils.

Forme des outils. — Leur mode d'assemblage avec les traverses du cadre porte-outils.

Si l'on excepte la disposition du cultivateur de Coleman, les outils composant, soit un scarificateur, soit un extirpateur, soit enfin un déchaumeur, sont fixés, d'une manière rigide, sur les traverses du cadre de l'appareil, et nos différents constructeurs se sont ingéniés à rendre cet assemblage aussi complet que possible, tout en ne diminuant pas la résistance des traverses elles-mêmes.

Quelquefois, comme dans le scarificateur Bodin, par exemple, chaque outil porte, à sa partie supérieure, une tige filetée, sorte de boulon qui vient passer à travers la traverse, et vient s'y fixer au moyen du serrage de l'écrou, fig. 144.

Le plus souvent, dans les constructions plus modernes, on laisse la traverse intacte, et on l'entoure par un étrier pouvant présenter différentes formes, et venu de forge avec l'outil même, ou indépendant de cet outil, et l'entourant sur une partie de sa hauteur.

Les fig. 145 et 146 indiquent deux dispositions d'étriers formés par le prolongement de l'outil même.

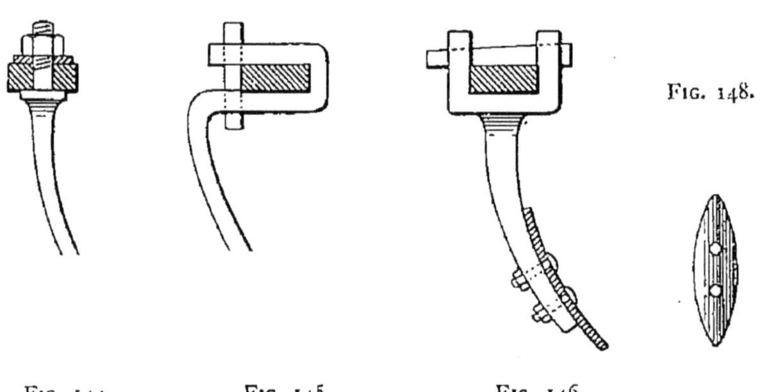

Fig. 144. Fig. 145. Fig. 146. Fig. 148.

La figure 147 donne un exemple de la seconde disposition, appliquée aux scarificateurs à lames courbes de M. Bajac.

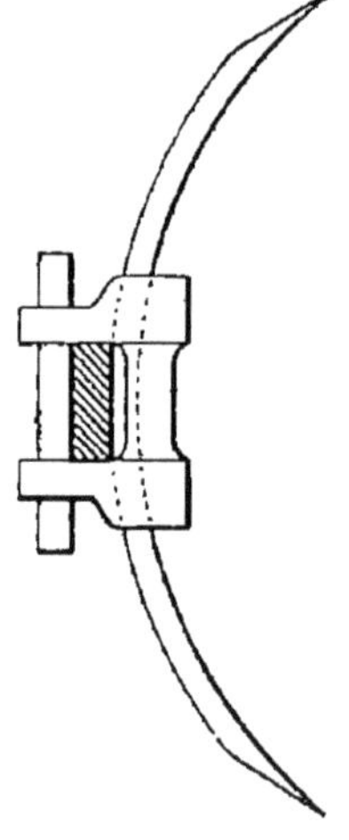

Fig. 147.

En ce qui concerne la forme des outils :

S'il s'agit de scarificateurs, l'outil est formé d'une sorte de coutre de forme courbe, comme l'indique la figure ci-contre, ainsi que celles n° 144 et 145. S'il s'agit d'extirpateurs, l'outil est rapporté et présente la forme représentée fig. 146 et 148; ordinairement, il est à deux pointes permettant son retournement, après un certain temps d'emploi.

Enfin, lorsque l'appareil est disposé en déchaumeur, chaque tige porte-outil est assemblée avec un soc en fer de lance, comme cela est indiqué sur la figure 138, page 159, représentant le déchaumeur de M. Bajac.

Herses. — Les herses, dont nous allons indiquer les principaux types, ont des usages variés qu'il est utile d'énumérer tout d'abord :

1° Ces outils servent à l'émiettage de la terre lorsque, après différentes façons données, soit à la charrue, soit au cultivateur, soit au moyen de rouleaux brise-mottes, il est nécessaire de compléter l'émiettement de la terre, avant de procéder à son ensemencement.

2° Elles sont employées aussi pour préparer les différents sillons parallèles, de faible profondeur, dans lesquels on répand la semence, lorsqu'on procède à l'ensemencement des terres par des procédés entièrement manuels, ou même mécaniques, constituant le semis à la volée.

3° Le même instrument, la herse, peut servir encore, par un hersage de direction perpendiculaire, à recouvrir les semences de terre, en refermant les sillons.

4° La herse peut encore servir à découper la surface du sol, à l'égal du scarificateur, pour aérer le terrain pendant la pousse des céréales, en même temps que l'on procède ainsi au nettoyage de la terre.

5° Enfin, en promenant une herse à la surface d'une prairie naturelle, on en extrait la mousse qui nuit au développement normal des plantes, constituant cette prairie.

Le poids de l'instrument varie suivant la nature de l'opération; nous donnerons un peu plus loin les limites entre lesquelles oscille le poids de l'appareil, par dent de herse.

En laissant de côté, pour un instant, certains appareils spéciaux, rangés dans cette même catégorie du matériel agricole, nous pouvons diviser les herses employées, le plus communément, en trois groupes distincts : les herses rigides, les herses articulées, les herses souples.

Herses rigides. — Elles se composent d'un cadre horizontal, composé de pièces de charpente ou formé de parties métalliques, dans lequel on implante ou avec lequel on assemble des pointes en bois ou en métal formant les dents de la herse.

Ce cadre a la forme d'un triangle, d'un trapèze ou d'un parallélogramme, et c'est cette dernière forme qui est le plus employée. La herse de Valcourt, représentée fig. 149 et 150, a la forme d'un parallélogramme; elle est composée de pièces principales B, C, assemblées les unes aux autres par des traverses E, faisant avec les pièces B, C, un angle qui varie entre 77° et 80°. D'autres pièces, en écharpe, viennent consolider tout le cadre et l'empêchent de se déformer sous l'action des efforts exercés.

Aux extrémités de chacune des pièces de rive C, se trouvent des crochets servant à fixer à l'instrument une chaîne, présentant une longueur plus considérable que la distance qui sépare les deux crochets situés à l'une des extrémités de l'appareil. En attachant la chaîne de traction, successivement en différents points de la chaîne intermédiaire, on pourra faire tourner le cadre sur le sol, autour de son centre de gravité, et si l'on vient à traîner tout l'appareil sur le sol, les différentes pointes de herse pourront tracer des sillons situés à des distances plus ou moins considérables les uns des autres, suivant la position du point d'attache de l'attelage.

Par suite de la position inclinée des différentes dents, par rapport au cadre, et aussi par rapport à la surface du sol qui lui est parallèle, les dents agiront en accrochant, lorsque l'on traînera l'appareil dans un sens, ou en décrochant, lorsque l'on tirera en sens opposé, et cette simple modification, dans la position de l'attelage, permet de donner, avec le même instrument, deux façons très différentes.

Lorsque les dents agiront en accrochant, elles ten-

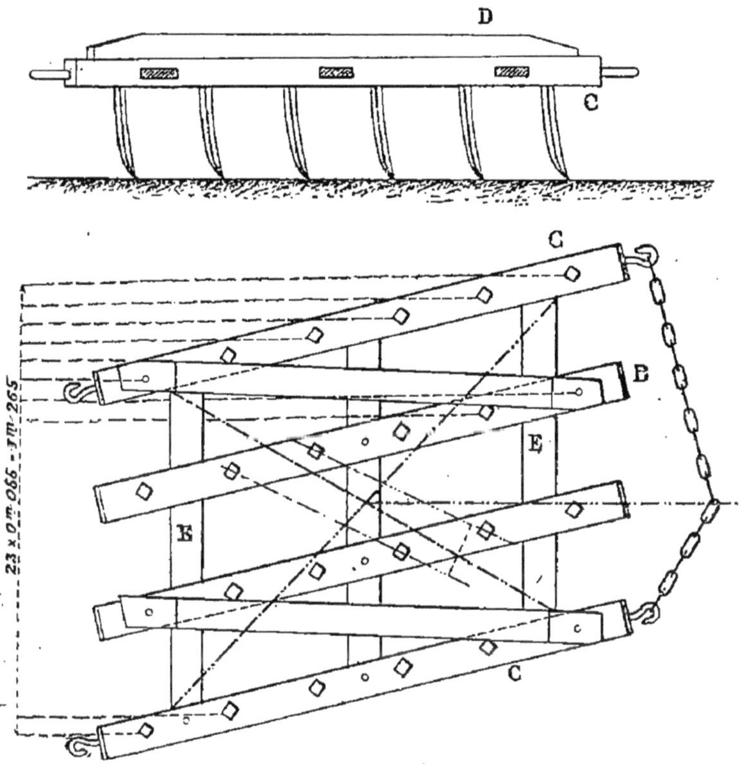

FIG. 149 ET 150.

dront à s'enfoncer plus profondément dans le sol, le hersage sera très énergique ; lorsque les dents agiront en décrochant, elles tendront à se rapprocher de la surface du sol, le hersage sera léger.

Pour que la marche, en deux sens contraires, produise des effets notablement différents, il faut que les axes des dents occupent une position inclinée parfaitement accusée, et l'on a l'habitude de donner à ces axes une inclinaison de 75°, par rapport au cadre, ou de 15°, par rapport à la verticale.

Quant à la forme des dents elles-mêmes, elle varie suivant la matière dont elles sont composées. La disposition *a*, de la fig. 151, représente une dent en bois, or-

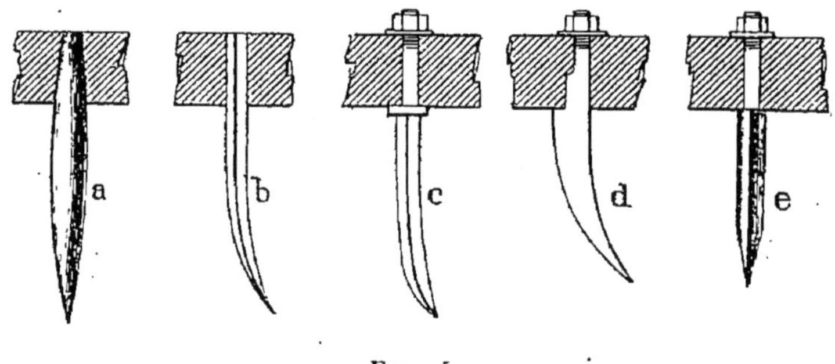

Fig. 151.

dinairement en faux accacia, emmanchée à force dans le cadre; la disposition *b* représente le même mode d'assemblage, lorsque la dent est en fer; enfin les dispositions *c*, *d* et *e* sont toutes relatives à des dents métalliques, assemblées à l'aide d'une partie filetée et d'un écrou.

Si les dents sont métalliques, on leur donne, en section droite, la forme d'un losange dont les angles les plus aigus ont comme valeurs : 55° dans les terres tenaces, et 63° dans les terres ordinaires; s'il s'agit de terre légère, la section en losange doit être remplacée par une section carrée.

La herse de Valcourt peut avoir des dimensions assez variables, mais, pour peu que la surface du sol ne soit pas bien plane, l'exagération des dimensions aurait pour effet de laisser sur le terrain des parties insuffisamment hersées, ou sur lesquelles les dents de herse n'ont pas pu agir.

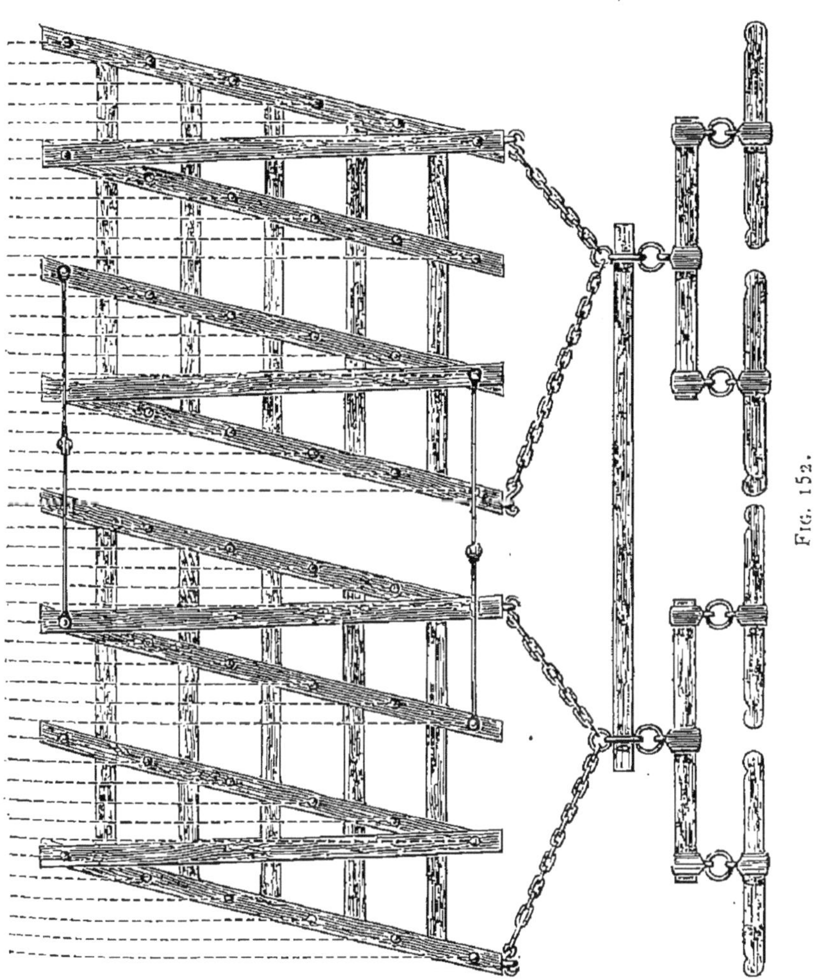

FIG. 152.

On est donc conduit, lorsqu'on veut préparer de grandes surfaces, à la fois, à avoir recours à plusieurs appareils semblables, réunis par des barres horizontales, et déplacés au moyen d'un attelage composé de plus d'éléments. La disposition représentée fig. 152, page 175, est à deux palonniers doubles, avec barre horizontale ve-

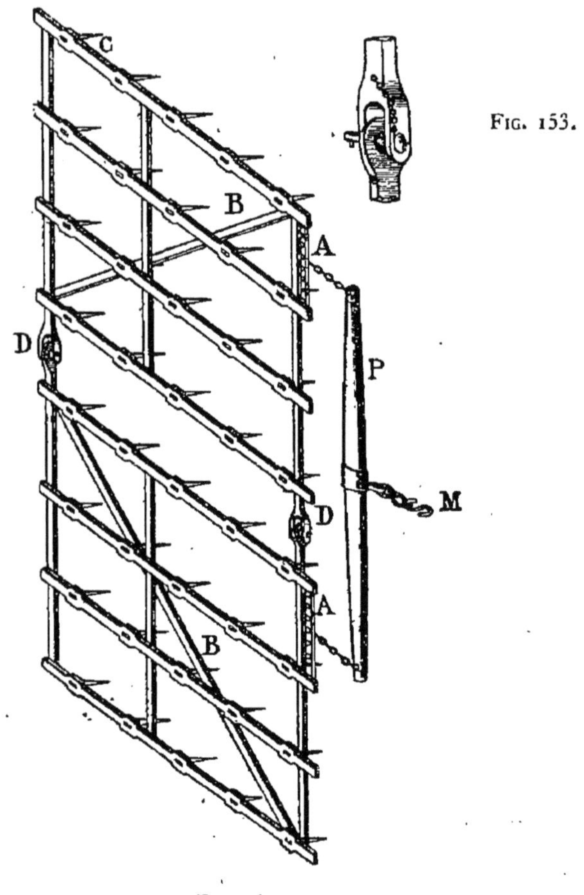

Fig. 153.

Fig. 154.

nant s'attacher aux chaînes intermédiaires de chacune des herses en forme de parallélogramme.

Une disposition du même genre est représentée, fig. 53et 154, avec cette diff érence que cette dernière construction est entièrement métallique. Deux herses parallélogrammiques sont réunies l'une à l'autre en D, D, par une sorte d'articulation, représentée à part et à plus grande échelle, fig. 154.

En A, A, se trouvent des plaques percées de trous dans l'un desquels s'engage le crochet de la chaîne fixée au palonnier P, qui, au milieu de sa longueur, porte la chaîne d'attelage M.

Quelquefois, la herse est formée d'un plus grand nombre d'éléments parallélogrammiques attachés tous à une même barre d'attelage et réunis à leurs extrémités opposées par des tiges de longueur constante, les obligeant ainsi à cheminer parallèlement les uns aux autres.

La dénomination de herse en *zig-zag* rend bien compte, par un mot, de la forme de ces éléments, dont le groupement est indiqué fig. 155, page 178.

Il est facile de se rendre compte que, dans cette disposition, comme dans les précédentes, les différentes pointes doivent être montées de telle façon que les sillons tracés par elles soient tous à égale distance les uns des autres.

C'est à ce dernier appareil que M. E. Puzenat a appliqué, à l'arrière, une barre horizontale qu'il a appelée *barre d'équilibre*, et qui empêche, comme dans l'exemple précédent, le chevauchement ou le renversement des différents éléments, mais aussi le soulèvement de l'arrière de la herse, au grand détriment du travail que l'on veut obtenir.

Herses articulées. — Lorsque le terrain que l'on veut herser est fortement ondulé, ces différents outils, quel que soit le nombre d'éléments dont ils se composent, ne peuvent pas se prêter à ces dénivellations, et l'on est obligé d'avoir recours à un autre genre de herse, connu sous le nom de herse articulée ou de herse à charnières. Les figures 156 et 157 montrent, en élévation

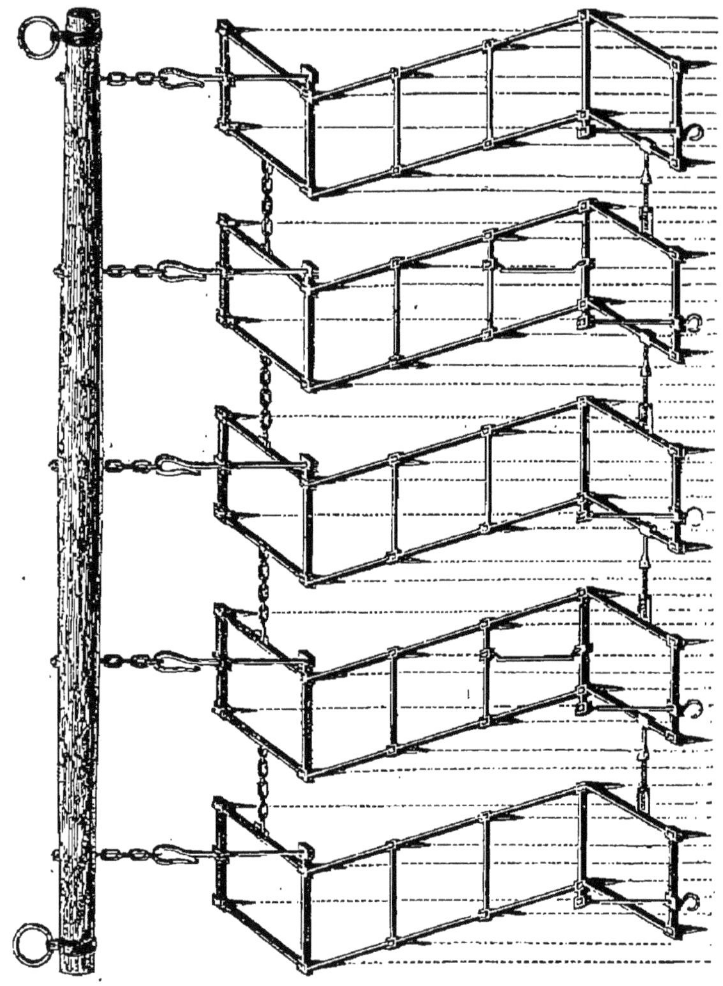

FIG. 155.

et en plan, un appareil de ce genre, le cadre en zig-zag, qui, au lieu d'être rigide, est formé de barres pouvant tourner les unes par rapport aux autres au moyen de tiges d'articulation. Chacune de ces barres est re-

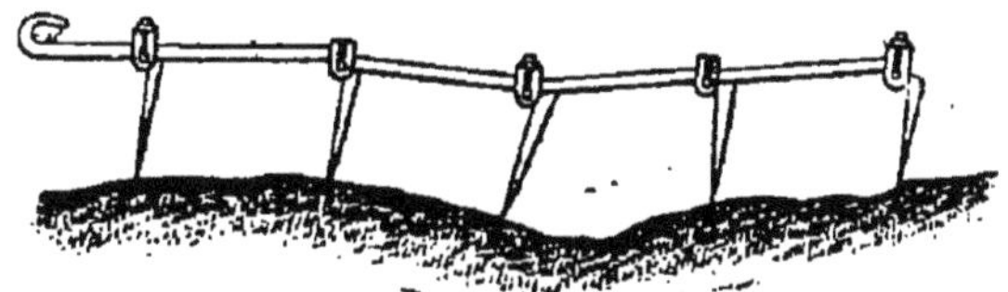

Fig. 156.

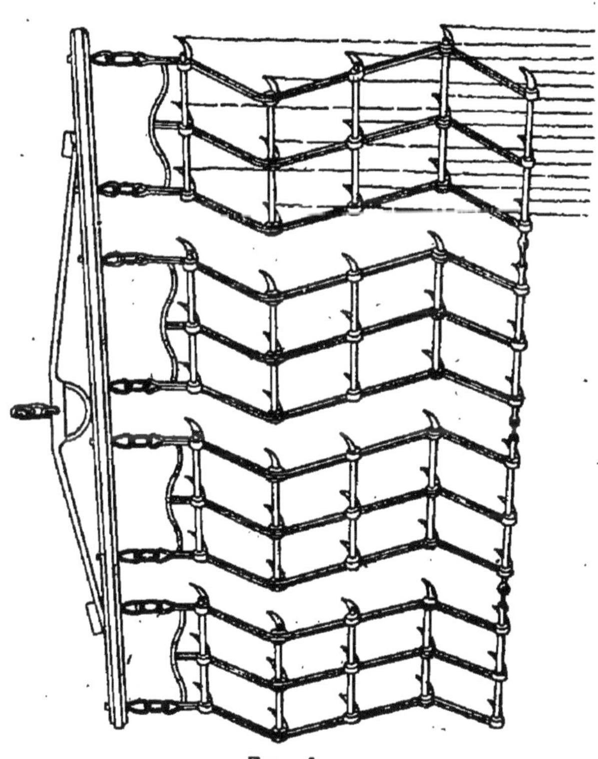

Fig. 157.

tournée à angle droit, et la pointe, se dirigeant vers le sol, forme la dent de la herse.

En examinant la fig. 156, on voit que, quelles que soient les ondulations de terrain, les dents de herse suivent toutes les dénivellations, et le sol sera ainsi hersé, avec cet appareil, dans des conditions aussi favorables que s'il s'agissait d'un terrain parfaitement plan.

Une autre disposition, rentrant dans cette même catégorie, est la herse à clavier, composée de barres horizontales de longueurs différentes recourbées chacune à angle droit, de manière à former dent de herse. Chacune de ces barres peut tourner librement autour d'un axe horizontal, maintenu à une hauteur constante au-dessus du sol, au moyen de l'axe des roues d'arrière d'un chariot à avant-train.

Si ces différentes barres sont situées à égale distance les unes des autres, et si l'on déplace tout l'ensemble sur le sol que l'on veut préparer, chacune des dents tracera un sillon parallèle aux sillons voisins, chacune des barres, formant la herse à clavier, pouvant se déplacer autour de l'axe des roues, suivant les dénivellations du terrain.

Herses souples. — Quelquefois l'on préfère employer des dispositions de herses dans lesquelles les différents éléments sont encore plus mobiles.

Les herses souples sont formées de véritables chaînes dont les maillons ont une forme telle qu'ils peuvent, par leur déplacement sur le terrain, tracer des sillons parallèles les uns aux autres, en épousant toutes les inégalités du terrain.

La herse souple de Howard, représentée fig. 158, se compose de pièces, en forme de trépieds, terminées, à leurs parties inférieures, par des sortes de couteaux formant dents de herses.

Chacun des trépieds est relié aux pièces voisines, de mêmes formes, par des anneaux circulaires de faibles dimensions.

Enfin, les trépieds de la première rangée sont reliés, par de petites chaînes, à une barre d'attelage en deux points de laquelle partent d'autres chaînes se réunissant, par un anneau, au crochet d'attelage.

Un autre appareil de cette catégorie est connu sous le nom de herse Puzenat dite *la couleuvre*. Nous allons en donner une description, en nous aidant des fig. 159 à 163.

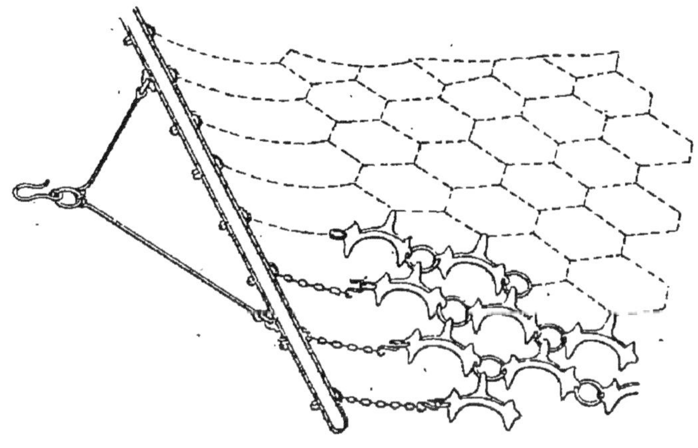

Fig. 158.

Nous avons représenté, fig. 159 et 160, page 182, l'ensemble d'un de ces appareils, en élévation et en plan.

Des éléments, tels que A, sont formés de deux fils d'acier, de 10 à 20 millimètres de diamètre, tordus ensemble, de manière à former, à leur partie inférieure, trois pieds *a b* formant les dents de la herse et, à leur partie supérieure, des crochets *c* venant s'engager dans les anneaux des éléments voisins. Une barre d'attelage B, assemblée avec une autre barre à cran B', permet, au moyen d'une chaîne de traction C, de traîner tout l'appareil sur le sol, en s'arrangeant de manière que les différents sillons soient distants les uns des autres d'une quantité qui peut varier, dans de certaines limites, suivant la position du point d'attelage.

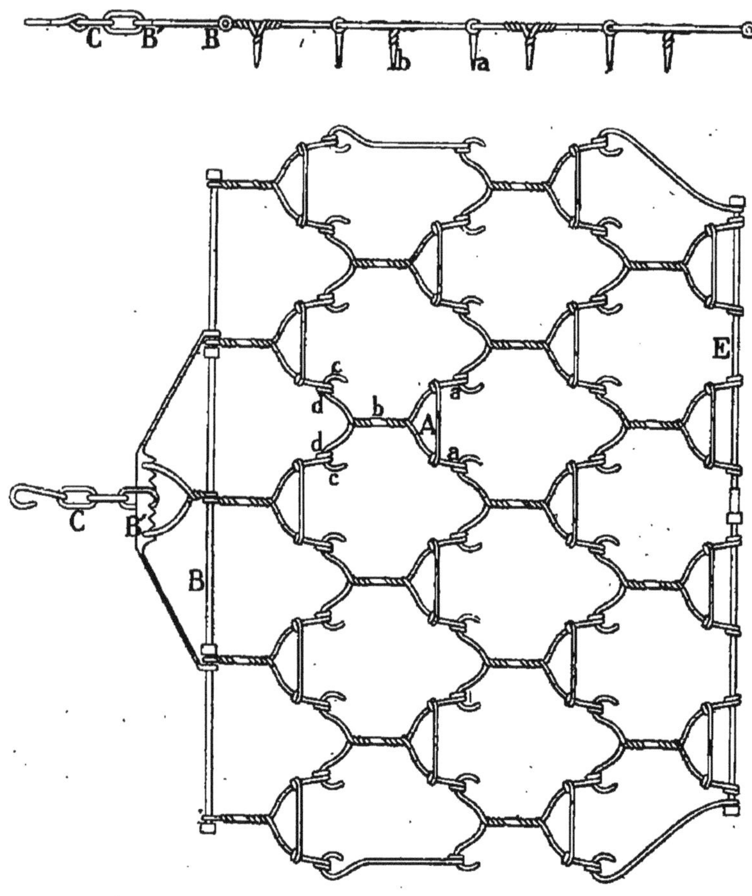

Fig. 159 et 160.

Une barre d'équilibre E est disposée à l'arrière, de manière à éviter le chevauchement ou le renversement d'une partie des éléments constituant la herse.

L'un de ces éléments est représenté, à plus grande échelle, fig. 161 et 162.

La figure 161 montre la disposition de l'une des pointes *a*, disposées à l'extrémité d'arrière du trépied, en *b* se trouve la troisième pointe formée par l'un des fils d'acier recourbé sur lui-même, en *c* et *c* se trouvent les crochets d'attache aux éléments voisins, et en *d*, *d*, les anneaux dans lesquels se placeront les crochets des éléments situés à l'arrière des premiers.

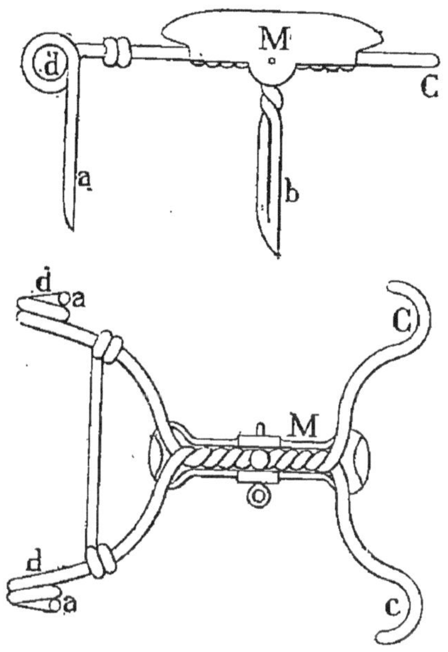

FIG. 161 ET 162.

En M, se trouve une pièce de fonte que l'on rapporte sur chaque élément, lorsqu'on veut augmenter l'effet d'un appareil de ce genre, par suite de son poids, rendu ainsi plus considérable.

La figure 162 représente un des éléments retourné pour que l'on puisse mieux voir le mode d'emmanchement de cette masse supplémentaire M.

Enfin la figure 163, page 184, montre aussi, à plus grande échelle, une série d'éléments accrochés les uns aux autres, munis de leurs masses additionnelles.

Quel que soit le genre d'appareil employé, l'effet sur le terrain sera d'autant plus considérable que la pression répartie par outil sera plus grande.

Suivant le travail que l'on veut accomplir, cette pression par dent varie de $0^k,60$ à $3^k,75$, et il faudrait charger par trop un appareil léger pour obtenir cette pression maximum de $3^k,75$ par dent de herse.

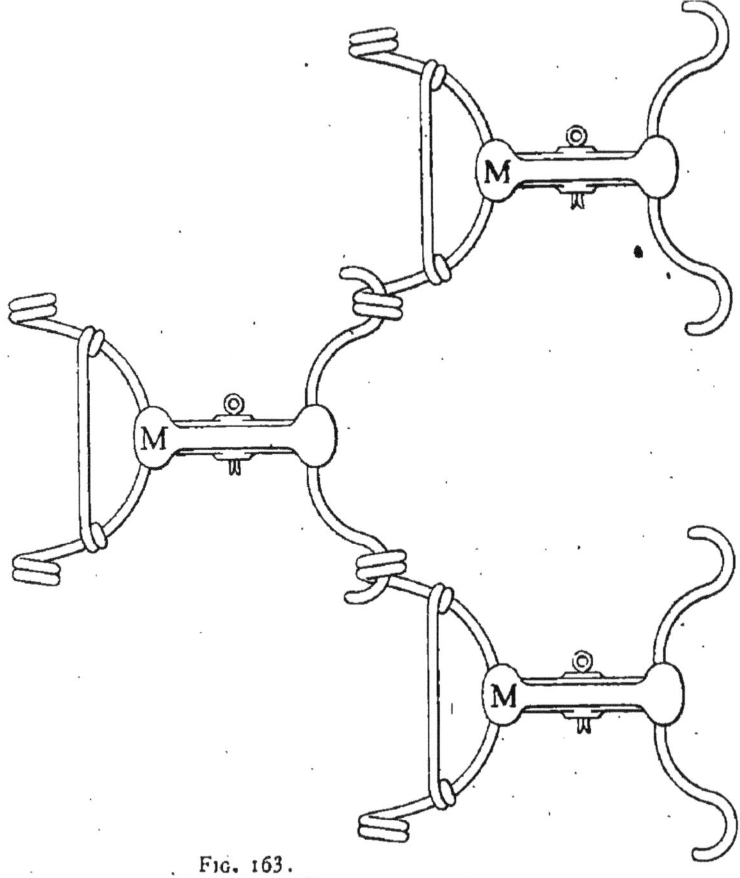

Fig. 163.

A l'inverse, on peut cependant, en se servant d'un cadre un peu lourd, diminuer l'entrure, dans une certaine proportion, en garnissant la partie supérieure des dents de branches d'épines entrelacées, empêchant l'appareil de pénétrer aussi profondément dans le sol que le lui permettrait son propre poids.

Quelquefois même, on garnit la partie supérieure du cadre de branchages, et en retournant tout l'appareil, on obtient un nouvel outil venant agir, à la surface du sol, à la façon d'un fort balai de bouleau, sans obtenir une entrure appréciable.

Les dents de herses, d'un équarrissage de $0^m,022$ à $0^m,028$, sont distantes, en tous sens de $0^m,250$ à $0^m,350$, et, par leur grand nombre, et leur groupement sur un même cadre, on peut obtenir des sillons assez rapprochés les uns des autres. Si l'on rapprochait davantage les dents d'une même rangée, une motte de terre pourrait être entraînée par la herse, tandis que si elle peut passer entre les dents de cette première rangée, elle peut être reprise par les outils des rangées suivantes; par ces chocs répétés l'émiettement se produit.

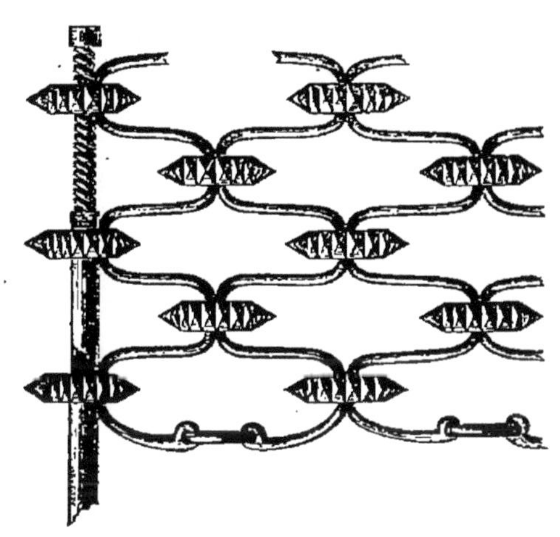

Fig. 164.

Si l'on veut produire cet effet par un hersage énergique, d'autres outils peuvent remplacer les appareils qui viennent d'être décrits; et nous citerons deux de ces instruments : la herse à disques étoilés de Smith, représentée fig. 164, et la herse à étoiles tournantes, ou herse norvégienne, représentée fig. 165.

Dans la disposition de Smith, représentée fig. 164, la herse se compose de barres de faible diamètre, contournées en forme d'U, et réunies deux à deux par des disques étoilés, tournant librement autour de l'axe ainsi formé.

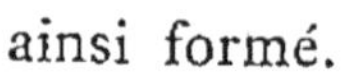

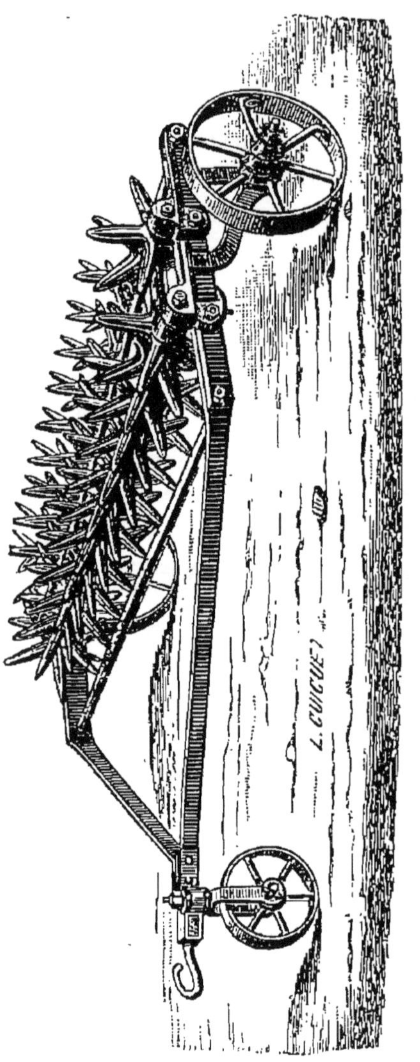

Fig. 165.

On forme ainsi une chaîne à larges maillons pouvant suivre toutes les sinuosités du sol, et offrant, à des distances égales les unes des autres, des parties saillantes, remplaçant les pointes ordinaires des dents de herse, et constituées par des disques étoilés d'assez faible diamètre.

La fig. 165 représente une herse norvégienne construite par M. Bajac, vue pendant la période de transport.

Un cadre polygonal est supporté par deux roues porteuses, à l'arrière de l'appareil, et par un petit galet, à l'avant. Sur ce cadre se trouvent disposés deux ou trois axes parallèles portant des séries d'étoiles s'enchevêtrant les unes dans les autres.

Si l'on fait tourner le cadre autour des roues porteuses, les dents des roues étoilées viendront rencontrer le sol, et si, à l'aide d'un attelage, on déplace le cadre horizontalement, les différentes dents viendront agir sur le sol, tout en tournant, et l'opération du hersage de la terre pourra ainsi s'effectuer.

Nous citerons encore les herses à billons, dont la forme est telle que la surface bombée d'un billon puisse être hersée aussi facilement qu'une surface plane.

Deux cadres de faible largeur sont articulés en un point d'une flèche horizontale, de manière à se rapprocher ou s'écarter l'un de l'autre; chaque cadre porte un certain nombre de dents de herse. Si donc on déplace tout l'appareil dans l'axe du billon, après avoir assuré la position des deux cadres, l'un par rapport à l'autre, on pourra en obtenir le hersage.

Le transport de ces outils, surtout lorsqu'il s'agit de herses à cadres rigides ou de herses souples, présente de réelles difficultés. Pour les premières, on retourne l'appareil et on le fait glisser sur le sol, à la manière d'un traîneau; on rend encore le glissement plus facile en surmontant la herse de tiges doublement recourbées, en forme de poignées de grandes dimensions, et c'est sur la partie horizontale de ces pièces que le glissement se produit.

Quelquefois, on se sert d'un véritable chariot, très peu élevé au-dessus du sol, sur lequel on dispose la herse telle qu'elle était par rapport au terrain; cette disposition est surtout employée dans le cas de herses articulées. Enfin, s'il s'agit de herses souples, le moyen le plus commode de les transporter consiste à les rouler sur elles-mêmes, puis de les placer encore sur un chariot de très faible largeur, cette fois.

Rouleaux. — Le roulage des terres a pour but principal, comme le hersage, d'amener la division du sol devant précéder l'opération de l'ensemencement des terres.

Quelquefois aussi, cette même opération doit servir au plombage des terres. Si, par exemple, on a effectué des semis de printemps dans un sol léger, il convient de rouler le sol, après l'ensemencement, pour en raffermir la surface, éviter, par suite, que l'humidité qui y est continue ne s'échappe trop facilement, et, par le fait du plombage du sol, la germination des grains confiés au sol s'effectue d'une façon beaucoup plus régulière. Cette même opération a pour but de raffermir le sol d'une prairie naturelle, d'en égaliser la surface et d'en permettre, par suite, un fauchage mécanique plus facile. De là une division toute naturelle des rouleaux, en rouleaux brise-mottes et en rouleaux plombeurs, ces derniers pouvant être employés soit pour l'émiettage de la terre, soit pour son plombage proprement dit.

Rouleaux plombeurs. — Le rouleau plombeur le plus simple peut se composer d'un cylindre en bois de chêne ou d'orme ayant $0^m,50$ de diamètre et $1^m,75$ de longueur, dont un spécimen est représenté fig. 166. Un cadre de forme courbe est terminé, à l'avant, par une chaîne d'attelage à laquelle on attache un seul cheval, et porte, sur ses deux parois verticales opposées, des plaques en forte tôle, percées chacune d'un trou cylindrique, dans lequel s'engage une forte broche en fer servant de tourillon au rouleau en bois.

Le poids de cet ensemble est déjà assez considérable, et atteint 300 à 350 , ce qui correspond à une pression, par mètre de longueur du rouleau, égale à 170 et 200^k.

La forme courbe du cadre en charpente permet, dans les terrains en pente, de modérer la descente de l'appareil. Dès que celui-ci tend à se déplacer plus rapidement que ne le permet l'attelage, la partie antérieure du cadre vient frotter sur le sol, en évitant ainsi une accélération dangereuse. Ce cylindre en bois, d'assez grande longueur, a été parfois remplacé, surtout dans le midi de la France, par un cylindre en pierre de plus fort diamètre, $0^m,80$ à $1^m,00$, mais de moindre longueur, $1^m,20$ à $1^m,40$, ayant des poids assez considérables que l'on peut évaluer de 1500 à 2700^k, correspondant à une pression, par mètre de longueur, variant entre 1250 et 1900^k.

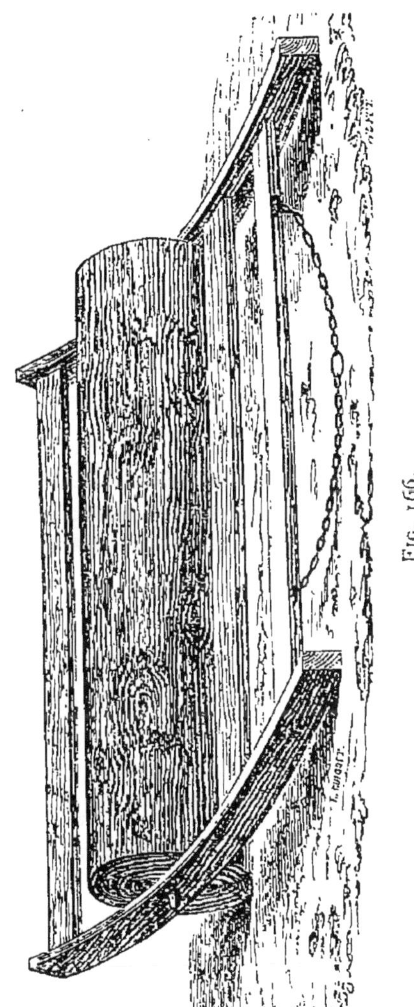

Fig. 156.

Ces instruments, composés de cylindres d'une seule pièce, présentaient de grands inconvénients, lorsqu'on voulait retourner l'attelage, à chaque extrémité du champ à préparer, et l'on était obligé de faire tourner l'appareil suivant une circonférence de rayon assez grand pour ne pas déterminer des affouillements du sol et ne pas exiger un effort trop considérable, de la part de l'attelage. De plus, si le sol ne présentait pas une surface parfaitement plane, certaines parties pouvaient échapper à l'action du rouleau.

En composant les rouleaux plombeurs de disques en fonte assez étroits, par rapport à leur diamètre, en rendant ces éléments complètement indépendants les uns des autres, en leur donnant un axe commun de diamètre

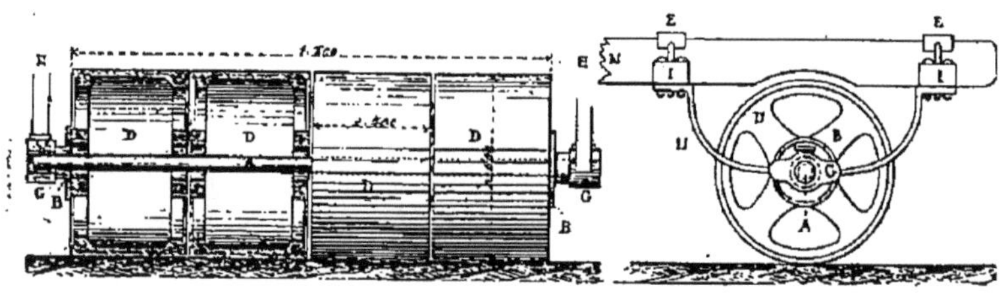

FIG. 167 et 168.

beaucoup moindre que le moyeu de chacun d'eux, on peut éviter, à la fois, les différents inconvénients signalés plus haut.

Si même le nombre des éléments est pair, le rouleau peut tourner sur place, sans produire les affouillements inévitables lorsqu'on veut se servir d'instruments moins perfectionnés.

Le rouleau plombeur, représenté fig. 167 et 168, à titre d'exemple, est formé de quatre disques ayant 0m,60 de diamètre, et formant, par leur ensemble, un cylindre de 1m,60 de longueur.

Chacun de ces disques D est creux, et la jante est réunie au moyeu par quatre bras B.

En A, se trouve un axe cylindrique terminé par des

tourillons venant s'engager dans des boîtes G réunies, par des arcades renversées H, à des traverses horizontales I, lesquelles viennent s'assembler, à l'aide d'étriers E, aux deux limons M enserrant l'attelage.

Le moyeu de chacun des disques D étant de beaucoup plus grand diamètre que celui de l'arbre A, lorsque, sous l'action de l'attelage, l'axe A se déplacera horizontalement, chacun des éléments D, constituant le rouleau, pourra s'élever ou s'abaisser, en roulant sur le sol, suivant les inégalités de sa surface, et les différentes parties du terrain seront ainsi soumises à la même pression, de la part du rouleau, quelles que soient les dénivellations rencontrées. En admettant un retournement sur place de tout l'instrument, les deux rouleaux D de droite pourront tourner en sens inverse des deux rouleaux situés de l'autre côté de l'axe vertical de rotation, et il est évident que ce déplacement n'occasionnera aucun affouillement, en raison de l'indépendance complète des quatre éléments, constituant ce type de rouleau plombeur.

Pour obtenir, avec un même appareil, des effets très différents, il est utile d'en modifier le poids, et plusieurs constructeurs ont proposé d'employer des cylindres métalliques d'une seule pièce, en fonte ou en tôle, constituant un réservoir étanche de forme cylindrique que l'on pouvait remplir plus ou moins d'eau, suivant la pression que l'on voulait exercer sur le terrain.

Ces dispositions ingénieuses, en dehors de l'inconvénient signalé précédemment, résultant de l'emploi de cylindres rigides de grande longueur, étaient sujettes à des fuites, et on leur préfère l'emploi de caisses portées par le cadre de l'instrument, et que l'on charge, plus ou moins, suivant l'effet que l'on veut obtenir.

L'emploi de la fonte dans la construction des rouleaux plombeurs a permis d'en réduire le volume, tout en arrivant à donner, avec ces appareils, une pression par mètre de longueur assez considérable, sans l'addition de ces boîtes de chargement.

Cette pression, par mètre de longueur des génératrices du cylindre, doit varier avec la nature des terres à travailler, et l'on admet que :

pour les terres légères, cette pression doit être de		150 à 200 kilog.
pour les terres moyennes	—	400 à 550 —
pour les terres fortes	—	700 à 800 kilog.

L'on admet encore qu'un rouleau ne pesant que 400 à 500^k, peut être traîné par un seul cheval, que si son poids varie de 500 à 900^k, un attelage de deux à trois chevaux devient nécessaire, et qu'enfin si le poids dépasse cette limite de 900^k, il faut avoir recours à un attelage composé de quatre chevaux, au moins.

Si l'on ne considérait que l'effort de traction à produire, il y aurait intérêt à augmenter le diamètre du cylindre plombeur, mais il est à remarquer que le rouleau cylindrique, employé comme brise-mottes, est d'autant plus efficace que son diamètre est plus faible, et c'est une des raisons pour lesquelles on emploie maintenant, d'une manière générale, des rouleaux plombeurs de $0^m,55$ à $0^m,60$ de diamètre. La longueur de l'instrument est comprise entre $1^m,60$ et $2^m,50$.

Si, au lieu d'avoir à rouler une surface plane, il s'agissait de préparer une surface bombée, comme dans la culture en billons, les génératrices de la surface de révolution, composant le rouleau, devraient être courbes. Il faut donc disposer d'un rouleau spécial pour ce genre de culture.

Quelquefois encore, on constitue les rouleaux plombeurs de trois cylindres complètement séparés, l'un en avant, les deux autres en arrière, et ayant leurs axes dans un même plan vertical. On obtient ainsi une mobilité plus grande, mais le prix de revient de ces instruments est notablement plus élevé.

Rouleaux brise-mottes. — Lorsqu'il s'agit d'employer exclusivement le rouleau pour l'émiettement de la terre, surtout si celle-ci est fortement argileuse, on préfère, aux instruments précédents, les rouleaux brise-mottes. Ceux-ci étaient composés primitivement d'un rouleau en bois sur la surface duquel on implantait de grosses chevilles en bois dur et de section carrée. On constituait ainsi un rouleau à pointes, dit *le hérisson*. En faisant rouler cet instrument sur la terre à préparer, les différentes pointes attaquaient les mottes qu'il s'agissait de diviser, mais l'usure de ces parties saillantes était excessivement rapide, et de plus, la terre venait remplir les interstices qui existaient entre les pointes, et il fallait procéder assez fréquemment à un nettoyage de l'appareil.

On a aussi essayé de constituer le cylindre de barres de fer de section carrée, reliées à l'axe par des tourteaux, et formant ainsi un cylindre ajouré.

Toutes ces dispositions ont laissé la place à un instrument, de construction plus récente, connu sous le nom de rouleau Crosskill, ou simplement de *Crosskill*.

Cet instrument est représenté fig. 169 à 171, page 194.

Il se compose d'un grand nombre de disques B, de faible épaisseur, portant, à leur périphérie et sur leurs faces latérales, des saillies venant agir sur la terre, pendant le transport horizontal de tout l'instrument. Ces saillies sont représentées en E, à plus grande échelle, fig. 171.

Ces disques ont des moyeux de grand diamètre, par rapport à celui de l'axe A, sur lequel ils sont enfilés,

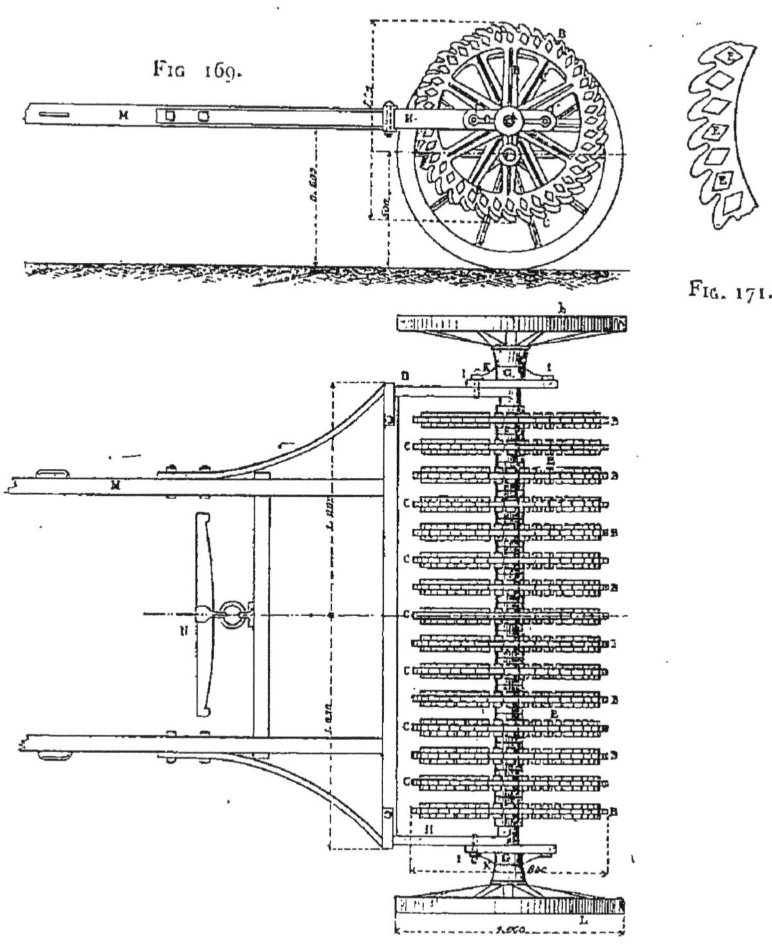

FIG 169.

FIG. 171.

FIG. 170.

de manière que chacun d'eux puisse s'élever ou s'abaisser, tout en tournant, suivant les inégalités du terrain. Il se produit donc une véritable action de cisaillement de la terre, en même temps que ce déplacement vertical aide au nettoyage des différents disques les uns par les autres.

Quelquefois, les disques n'ont pas tous le même diamètre; ils sont plus grands, et plus petits, alternativement, de manière à exagérer encore cet effet de cisaillement.

Si l'appareil était réduit à ces seuls organes, son transport de la ferme au champ, ou réciproquement, présenterait des inconvénients, soit pour la bonne conservation des chemins, soit au point de vue de l'usure inutile des dents des différents disques. Pour les éviter, on peut employer deux moyens : ou monter les roues porteuses de l'appareil sur un axe ne coïncidant pas avec A, comme l'indiquent les figures 169 et 170, et les laisser en place, pendant le travail, ou bien les disposer sur le même axe que les disques, en les démontant à l'arrivée au champ, et en les remontant au départ.

En se reportant aux figures 169 et 170, on voit qu'en K se trouve une sorte de croisillon portant, en deux points différents d'un axe vertical, les deux axes des disques et des roues porteuses. Si, à l'aide d'une tige I, on fixe le cadre H, attaché aux brancards M, aux pièces K, et si l'on fait tourner tout l'ensemble de 180°, autour du centre des roues porteuses, celles-ci seront soulevées, et l'ensemble des disques abaissé, de manière qu'ils viennent s'appuyer sur le sol. Si, à l'inverse, partant de cette dernière position, on retourne à nouveau les brancards de 180°, on pourra passer ainsi de la position de travail à celle de transport.

Dans le cas où l'on adopte l'autre méthode, nécessitant le démontage ou le remontage des roues, on prépare à l'entrée du champ deux fossés à parois inclinées, dans lequel on engage les roues porteuses, puis, les pièces travaillantes venant reposer sur le terrain, les roues sont démontées, et l'instrument roulé vers la partie à préparer.

La manœuvre inverse est faite au départ.

Depuis un certain nombre d'années, on a cherché à disposer les rouleaux pouvant servir à la fois de rouleaux plombeurs ou de rouleaux brise-mottes, et remplaçant ainsi deux instruments, dans les exploitations de moyenne importance, et lorsque le terrain n'est pas trop argileux. Ces rouleaux, connus sous le nom de rouleaux ondulés, sont formés de segments séparés, comme dans le rouleau plombeur ordinaire, mais avec cette différence que leur surface est formée de stries circulaires, formant ainsi des ondulations assez accentuées.

La figure 172 représente celui construit par M. Bajac.

Quatre segments ondulés sont montés, à la manière ordinaire, sur un même axe horizontal, c'est-à-dire avec un jeu très notable, et constituent, dans leur ensemble, une masse pesante pouvant épouser les dénivellations du terrain, sur une longueur pouvant varier de $1^m,60$ à $2^m,40$, suivant les modèles.

Dans cet instrument, un cadre métallique porte les deux boîtes entourant les extrémités de l'axe horizontal, et un avant-train est réuni à ce cadre par des pièces inclinées. Autour de la cheville ouvrière de l'avant-train, et fixé à son essieu coudé, se trouve le crochet d'attelage. Enfin une arcade métallique, supportée par le cadre, permet de disposer, en dessus d'un rouleau, un siège pour le conducteur de l'attelage.

Le poids du conducteur vient ainsi s'ajouter au poids même du rouleau, et la présence du siège supprime une partie de la fatigue de l'ouvrier ; mais il est à craindre que l'ouvrier ne tombe pendant le travail, ce qui conduirait à des accidents d'une très grande gravité que l'on pourrait éviter, en disposant le siège beaucoup plus

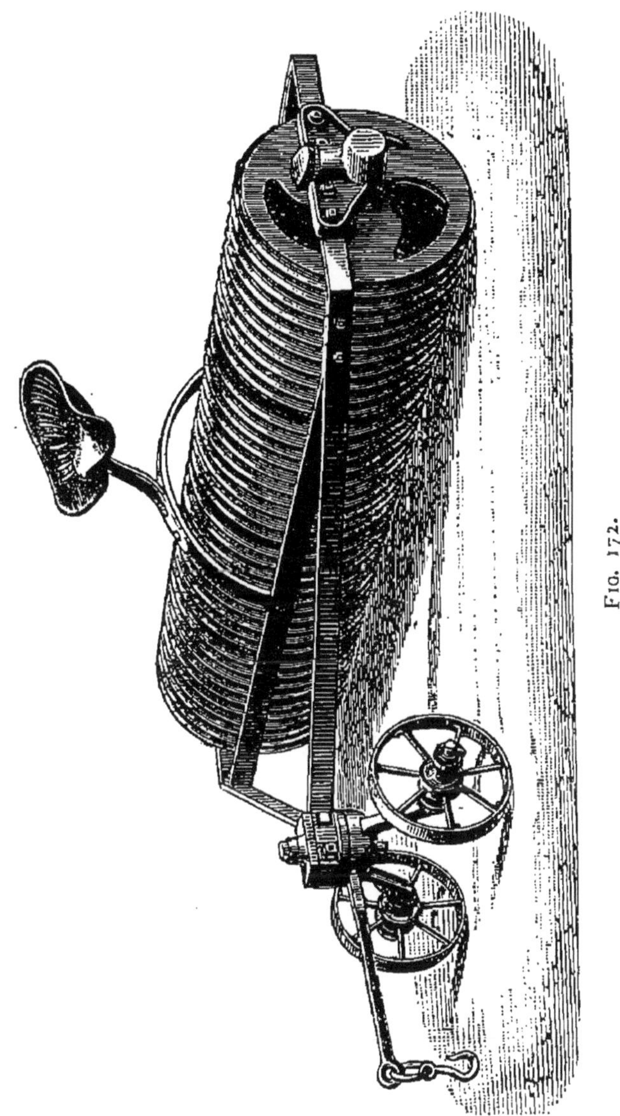

Fig. 172.

en arrière. L'ouvrier en tombant n'aurait plus la crainte

d'être projeté en avant des rouleaux pesants, comme dans la disposition indiquée fig. 172.

La disposition des rouleaux à avant-train est surtout nécessaire pour la préparation de terrains inclinés. A ce point de vue encore, le rouleau est souvent muni d'un frein puissant.

Enfin, lorsque le rouleau doit servir à raffermir la terre après les gelées, lorsque les végétaux ont déjà de 6 à 8 centimètres au-dessus du sol, les cannelures de l'appareil précédent ne sont pas assez profondes pour les protéger, pendant le roulage du sol, et l'on préfère employer un autre système, désigné sous le nom de rouleau squelette, et qui peut, par sa constitution même, servir aussi de rouleau brise-mottes, à l'égal du rouleau ondulé.

Vingt ou vingt-cinq disques très étroits, de $0^m,38$ à $0^m,65$ de diamètre, suivant les appareils, sont placés, à côté les uns des autres, sur un même axe, et constituent, par leur ensemble, un rouleau d'une longueur totale de $1^m,50$ à $1^m,90$. La section de leur jante est celle d'un V, de manière à former une côte saillante au milieu de l'épaisseur de chaque disque. C'est, en quelque sorte, un rouleau ondulé que l'on aurait divisé en un certain nombre de disques séparés, en le coupant au fond de chaque rainure.

Nous avons ainsi passé en revue les différents systèmes de rouleaux, en réunissant, pour ainsi dire, ce chapitre au précédent, la herse et le rouleau étant des appareils se complétant l'un l'autre, et présentant les principales dispositions que nous venons d'indiquer.

Pulvériseur. — Un instrument qui faisait partie, en 1889, de la belle exposition de la Johnston Harvester Company, a passé presque inaperçu, à cette époque, mais s'est répandu beaucoup depuis. Il s'agit du pulvériseur à disques rotatifs, dont la fig. 173 donne une vue d'ensemble.

Cet instrument peut, en effet, servir pour effectuer des seconds labours, herser ou rouler les terres, sans cependant dispenser le cultivateur d'avoir, dans son exploitation, un ou plusieurs spécimens des appareils

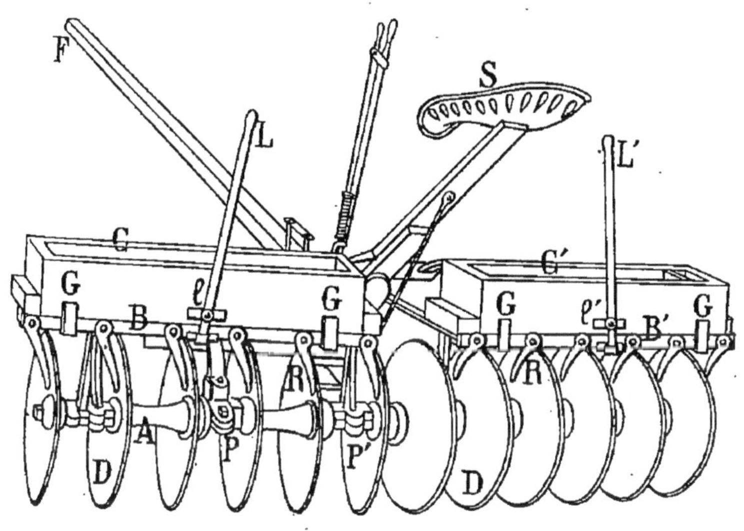

Fig. 173.

déjà décrits. Celui-ci complète les premiers, et il augmente, d'une manière utile, la série des instruments divers servant au travail de la terre.

Il se compose de deux arbres horizontaux A formant entre eux un angle pouvant varier dans de certaines limites, mais toujours un peu inférieur à 180°.

Sur chacun d'eux, on dispose, à égales distances les uns des autres, un certain nombre de disques en acier D, légèrement emboutis, venant s'enfoncer, en raison de leur poids, et aussi par suite d'une charge supplémentaire, lorsqu'elle est reconnue nécessaire, dans le sol dont il s'agit de préparer la surface. Les arbres horizontaux A sont reliés, par des supports en fonte P et P', à deux boîtes C C', que l'on peut charger plus ou moins, et une flèche permet à un attelage de deux chevaux, au moins, de traîner l'instrument sur le sol.

Les disques inclinés, par rapport à la ligne de traction, déplacent la terre latéralement, en la remuant, et en l'émiettant.

Un siège S, pour le conducteur, est fixé en un point de la flèche F, et l'ouvrier a à sa disposition plusieurs leviers, dont les deux d'arrière L L', tournant autour des axes *l l'*, mettent en mouvement deux barres horizontales B, disposées contre la paroi verticale d'arrière de chacune des boîtes C C', et portant, en R, autant de racloirs qu'il a de disques D à nettoyer. Des étriers G maintiennent les barres B et B' dans la même position par rapport aux caisses de chargements C C'. Par un seul mouvement, de faible amplitude, donné à chacun de ces leviers, ces racloirs viennent rencontrer la terre qui a pu s'accumuler sur chacun des disques, ramenés ainsi facilement dans leur état primitif.

Si les caisses C C', sont fortement chargées, on peut procéder, à l'aide de cet instrument, à un second labour ou à une désagrégation de la terre, l'appareil pouvant fonctionner comme brise-mottes, dans des terres qui ne sont pas trop argileuses. Si la pression sur les disques est moins forte, l'action est beaucoup plus superficielle, et on peut alors s'en servir, en remplacement de la herse, pour les façons de printemps.

Reste à déterminer quel est le travail mécanique qu'il faut dépenser pour faire fonctionner cet instrument, dans les différentes conditions, et comparer cette dépense à celle qui serait nécessaire pour produire les mêmes effets à l'aide des appareils déjà connus. C'est là un travail d'assez longue haleine qu'il n'a pas été possible d'entreprendre encore.

Emploi de la ravale. — Lorsqu'il s'agit d'égaliser la surface d'un terrain, lorsque, dans un champ à flanc de coteau, la terre est descendue, sous l'action des pluies, à la partie inférieure, il y a lieu de la remonter

FIG. 174.

pour obtenir, sur toute l'étendue du champ, environ la même épaisseur de terre cultivable.

La ravale, ou pelle à cheval, dont un spécimen est représenté fig. 174, se prête très bien à ce genre de travail, et cet outil pourrait être employé plus fréquemment qu'on ne le fait ordinairement.

Elle se compose d'une grande pelle en bois, ferrée à l'avant, pour constituer une sorte de tranchant, et portant à l'arrière un long manche qui sert à guider cet outil.

Un système de double palonnier et de chaîne de traction permet de traîner l'appareil à la surface du sol.

Il suffit de relever le manche d'une certaine quantité,

pour faire agir le tranchant de la ravale sur la terre que l'on veut déplacer, puis de l'abaisser, pour constituer une sorte de traîneau, portant la terre, ainsi enlevée, à l'endroit voulu.

On construit des appareils basés sur le même principe, mais de beaucoup plus grandes dimensions, que l'on met en mouvement par les moteurs employés dans les appareils de labourage à vapeur.

Des instruments de ce genre, connus en Angleterre, sous le nom de *steam scoop*, ou écope à vapeur, ont été étudiés et construits par MM. Howard et Fowler, pour de grands travaux de terrassements à exécuter en Australie. Chacun de ces instruments pouvait soulever et transporter $2^{m^3},500$ de terre, et ce seul chiffre montre quelles étaient les dimensions de ces appareils dont l'usage pourrait se généraliser beaucoup plus.

CHAPITRE III.

ENSEMENCEMENT DES TERRES. — SEMOIRS. — DISTRIBUTEURS D'ENGRAIS.

Semoirs. — La terre ayant été convenablement préparée, il s'agit de la garnir de graines de semence, en s'entourant de toutes précautions nécessaires pour que celles-ci puissent germer dans le sol, pour que les végétaux qui en proviennent émergent, pour ainsi dire en même temps, et aient leurs racines suffisamment enfoncées dans le sol, pour qu'elles puissent se développer dans un terrain assez humide pour y prospérer.

Des expériences, faites par de Gasparin, ont permis de déterminer, avec grande certitude, quelle était la profondeur la plus convenable à laquelle il fallait placer les graines pour être assuré d'une bonne germination.

Si la profondeur est trop considérable, les jeunes plantes éprouvent une résistance trop grande pour arriver à la surface du sol; si la profondeur est trop faible, la graine se dessèche et devient impropre à la germination, au moins dans le temps voulu, et de Gasparin a pu déduire de ses expériences que la meilleure profondeur à adopter, pour les céréales, était de $0^{m},04$ à

$0^m,05$, et que, dans ces conditions, sur 150 graines semées, 140, c'est-à-dire les $\frac{14}{15}$, se développaient dans de bonnes conditions.

Le procédé le plus simple que l'on peut employer pour ensemencer les terres consiste à préparer d'abord, à la herse, des raies parallèles sur le sol, puis à projeter, aussi également que possible, sur toute la surface, la semence, et enfin à recouvrir de terre, par un hersage perpendiculaire au premier, la partie de la semence ayant atteint le fond des raies.

Cette série d'opérations constitue le semis à la volée, dont nous indiquerons les inconvénients un peu plus loin.

Ce système tend, de plus en plus, à disparaître, pour faire place au semis en lignes, dans lequel le sillon est préparé par l'instrument même, le grain tombe immédiatement ensuite dans la raie préparée, et la rigole se ferme d'elle-même, ou à l'aide d'un outil supplémentaire attaché au semoir, de manière que les trois opérations précédentes n'en forment plus qu'une.

Par ce procédé, la régularité du semis est beaucoup plus grande, tous les grains sont déposés à la même profondeur, par conséquent, dans des conditions plus favorables à leur bonne germination, et la dépense de semences n'est souvent que le tiers de celle nécessaire pour obtenir le même semis, mais à la volée. On admet généralement qu'il y a économie de la moitié et quelquefois des deux tiers.

Le semis en lignes présente encore cet énorme avantage que les différentes façons qu'il faut donner, pendant la pousse des végétaux, peuvent s'exécuter mécaniquement, tandis qu'en employant le semis à la volée, forcément irrégulier, ce travail ne peut s'effectuer que par une suite d'opérations exclusivement manuelles.

Si l'on ajoute que les bons semeurs à la volée deviennent de plus en plus rares, on comprend facilement que ce sont les semoirs en lignes qui sont de plus en plus employés, en raison des avantages qu'ils présentent, et que leur usage serait encore bien plus général, si le prix un peu élevé de ces instruments, et leur complication toujours grande, ne constituaient pas encore des obstacles à leur propagation dans des exploitations de moyenne ou de petite importance.

Lorsqu'on veut encore opérer par semis à la volée, lorsqu'on peut disposer de semeurs habiles, ce semis s'exécute ordinairement de la manière suivante :

Après avoir constaté, avec soin, la direction du vent régnant à l'époque des semailles, on fait un premier hersage dans cette direction, puis le semeur, portant un tablier de grande longueur, avec manches, et fortement attaché au col et à la ceinture, après l'avoir rempli de semence, en repliant son extrémité qu'il prend d'une main, peut, tout en se déplaçant en ligne droite, projeter le grain de semence perpendiculairement au sens de la marche, en prenant une poignée de grains et décrivant, avec sa main, un arc de cercle, dont le développement se trouve arrêté seulement lorsque le bras vient rencontrer l'épaule opposée.

En ayant soin de n'ouvrir la main que lorsqu'elle se trouve bien en face du semeur, on peut ainsi projeter sur le sol, sur une largeur constante, une même quantité de semence, après chaque nouvelle prise de matière, quantité qui doit pouvoir varier, dans des limites assez étendues, suivant le poids de semence que l'on doit répandre à l'hectare, et suivant la nature de cette semence, ce qui augmente encore la difficulté de l'opération.

Si l'on examine la figure 175, et si l'on suppose que, dans un champ rectangulaire ABCD, on veuille semer à partir du point A, la direction du vent régnant étant celle donnée par la flèche, le semeur prendra la direction perpendiculaire AB, en projetant le grain suivant des courbes parallèles distantes les unes des autres d'une longueur égale à celle de deux pas de l'ouvrier,

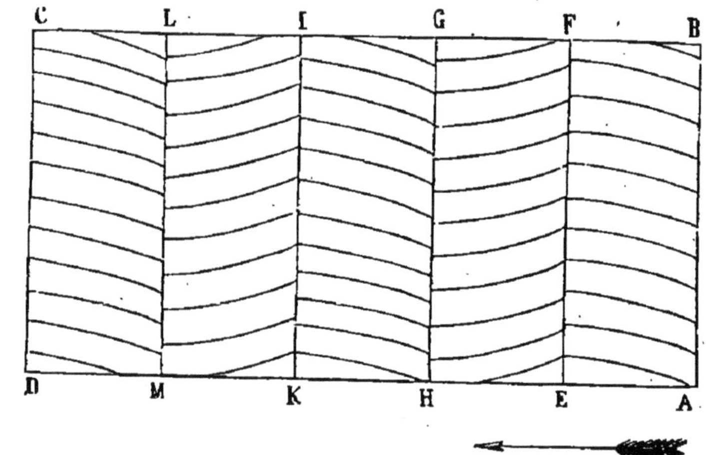

Fig. 175.

puisque le semeur doit prendre le temps de puiser avec sa main une nouvelle quantité de semence.

Il aura ainsi répandu le grain sur une surface rectangulaire ABFE. Arrivé à l'extrémité B du champ, il s'y déplacera, de B en F, puis recommencera la même opération, en revenant de F en E, puis de H en G, et ainsi de suite, en s'acheminant vers l'autre rive CD du terrain à ensemencer.

Sous l'action du vent qui vient aider le bras du semeur, le grain se répand sur une largeur qui peut varier de $1^m,00$ à $2^m,50$, suivant l'amplitude du mouvement, jointe à l'adresse de l'ouvrier, mais il est à remarquer que la répartition de la graine ne serait pas ainsi suffisamment régulière, pour les deux raisons suivantes : le milieu de chacun des parcours serait plus chargé en graines, et les lignes AB, EF, GH, etc., très clairsemées, et en second lieu, le semis ne pouvant s'effectuer que tous les deux pas, la distance réservée serait trop grande, même

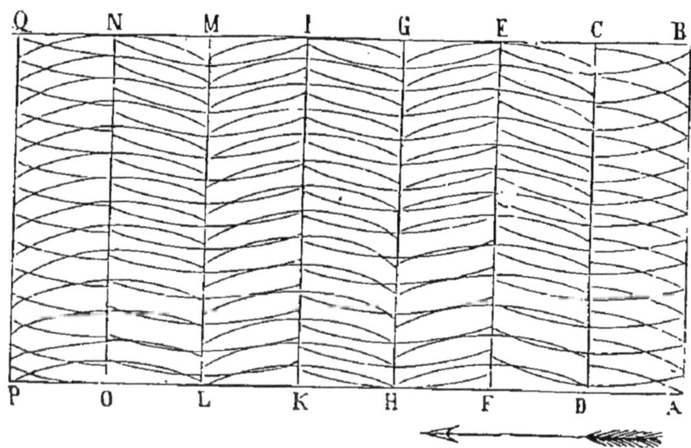

Fig. 176.

en admettant un certain écart des grains, par rapport à la ligne moyenne décrite par la main de l'ouvrier.

Pour ces différentes raisons, on est donc conduit à effectuer l'opération du semis à la volée en adoptant la méthode indiquée fig. 176.

Les lignes AB, DC, FE, etc., étant les rayages suivis par l'ouvrier semeur, dirigés toujours perpendiculairement à la direction du vent régnant, ces rayages étant tous également distants les uns des autres, mais cette distance, constituant ce que l'on appelle le train, pouvant varier suivant la force et l'habileté de l'ouvrier, et suivant la quantité de grain à semer, le semeur partira de A, en s'acheminant vers B, et en répandant une demi poignée de grains tous les deux pas, puis reviendra de B vers A, en projetant, de l'autre main, une poignée entière, et en recouvrant ainsi de grains les deux trains AD, DF.

L'ouvrier, revenu à son point de départ, se déplacera latéralement de A en D, puis sèmera à poignées complètes de D vers C, puis ensuite de E en F, et ainsi de suite, jusqu'à ce que, arrivé en Q, il sèmera par demi-poignées, sur le dernier train PO, et terminera ainsi l'opération.

Le grain étant ainsi projeté, en deux opérations distinctes, sur les mêmes surfaces, le répandage est beaucoup plus régulier que si l'on employait le procédé incomplet, décrit en premier lieu.

Ce semis à la volée, effectué par procédé exclusivement manuel, présente donc d'assez grandes difficultés, pour être fait d'une manière convenable, exige des ouvriers habiles, de plus en plus rares, et occasionne une fatigue réellement excessive de ces ouvriers qui, chargés de la semence à répandre, doivent parcourir, dans ces allées et venues continuelles, un chemin que l'on évalue de 18 à 25 kilomètres, par journée de travail.

La largeur des trains étant comprise entre $1^{m},00$ et $2^{m},50$, la surface qu'un bon ouvrier peut ensemencer est comprise entre $1^{H}.80$ et $6^{H},25$ par jour, et l'on admet ordinairement 4 à 5 hectares, comme représentant la surface pouvant être ensemencée par un semeur robuste.

La difficulté, de plus en plus grande, de rencontrer ces ouvriers exceptionnels, la lenteur de l'opération, ont fait rechercher des instruments dans lesquels la plus grande fatigue de l'opération est reportée sur un attelage, composé ordinairement de un ou deux chevaux, et nous allons indiquer la disposition de ces appareils employés pour le semis à la volée.

Semoirs à la volée. — L'on a bien proposé de petits appareils à force centrifuge projetant le grain devant l'ouvrier portant l'instrument et le manœuvrant; mais on préfère avoir recours à des appareils de grandes dimensions pouvant ensemencer sur une largeur de $4^{m},00$, par exemple.

Les appareils employés pour semer à la volée, sur une grande étendue, à la fois, sont tous composés d'une longue trémie dans laquelle l'on place le grain de semence. Cette trémie, ayant souvent une longueur de $4^{m},00$, ne pourrait pas passer dans les chemins, ou par la porte de la ferme, et on lui donne deux positions différentes, suivant que l'on veut effectuer son transport, ou que l'on veut préparer le semis à la volée.

Lorsqu'il s'agit de transporter l'instrument, on dispose les deux roues porteuses aux deux extrémités d'un essieu de petite longueur, disposé perpendiculairement à l'axe de la caisse, et la flèche ou les brancards sont montés à l'un des bouts de la trémie.

Lorsqu'on veut semer, les roues sont démontées et placées aux deux bouts de la trémie, la flèche ou les brancards sont alors assemblés avec une des parois latérales de la caisse, de manière à constituer une voiture à deux roues de très faible longueur, mais ayant, comme largeur, la longueur même de la trémie portant la semence.

Les figures 177 et 178, pages 210 et 211, permettent de se rendre compte de la disposition d'un même appareil, dans ses deux formes.

Il suffit d'ajouter à l'instrument un agitateur, mu par les roues du véhicule, de percer le fond de la trémie, en différents points, pour obtenir une répartition assez régulière des grains sur le sol, mais ces trous, supposés de

Fig. 177.

petites dimensions, pourraient s'obstruer facilement par

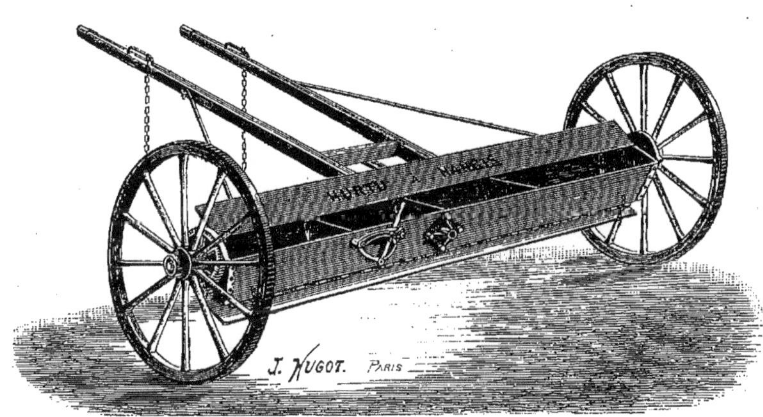

Fig. 178.

un arc-boutement des grains, et l'on préfère augmenter les dimensions de ces orifices, en en diminuant le nombre, et au lieu de laisser tomber les grains directement sur le sol, ils se répandent, sous l'action de leur poids, sur une planchette portant un grand nombre de chevilles, formant chicanes, et aidant à la division des grains qui arrivent ainsi très régulièrement sur le sol.

Si l'on suppose que, sous l'action de l'attelage, le déplacement du semoir se fasse régulièrement, il se produit une véritable pluie de graines de semences, sur une surface d'environ quatre mètres carrés, par seconde, si l'on admet une largeur de $4^m,00$, et une vitesse de translation de $1^m,00$ par seconde, soit, par heure, environ $1^H,5$.

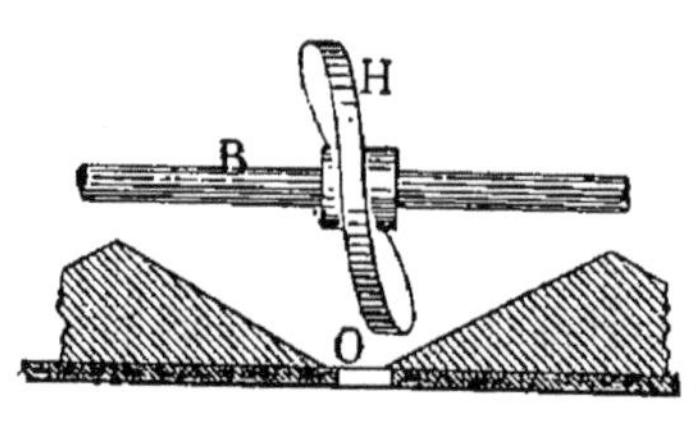

Fig. 179.

En modifiant l'ouverture des orifices inférieurs, ainsi que la rapidité du mouvement des agitateurs, on peut réduire, ou augmenter, le débit du semoir, et par suite, modifier, dans d'assez grandes proportions, la quantité semée à l'hectare; mais les différents appareils basés sur ce principe ont tous le même inconvénient. Suivant la hauteur de grains dans la trémie, l'écoulement est plus ou moins rapide, et le débit peut ainsi varier sans que l'on ait modifié le degré d'ouverture. Il est vrai qu'il suffit d'employer une trémie de grand volume, par rapport au débit de l'instrument, pour que le niveau ne se modifie pas rapidement, et pour n'être pas obligé de recourir à des remplissages trop fréquents.

L'agitateur le plus commode est celui à hélice, représenté fig. 179.

Sur un axe horizontal B, on dispose une hélice en métal H, en regard de chacun des orifices de sortie O de la graine; l'arbre est mis en mouvement, au moyen d'engrenages, par une des roues du véhicule, et l'hélice en mouvement agite les grains, empêche qu'ils ne s'arc-boutent et produit ainsi une sortie régulière de la semence de la trémie.

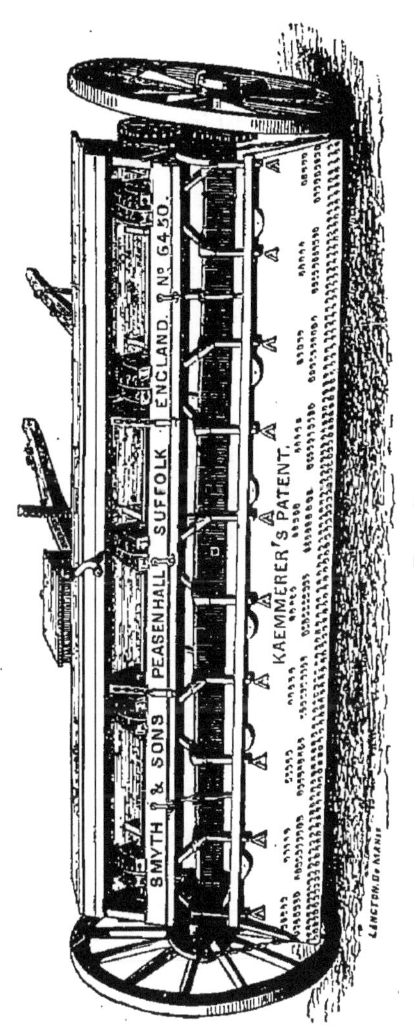

Fig. 180.

Pour obtenir des semis à la volée plus précis encore, on se sert de véritables distributeurs à cuillères, sur lesquels nous aurons occasion de revenir, lorsque nous nous occuperons des semoirs en lignes, et qui viennent puiser, dans une trémie, la graine que l'on veut répandre, pour la déverser dans des entonnoirs, terminant, à leur partie supérieure, des tubes dont les extrémités opposées débouchent en haut d'une planche inclinée, par rapport à la verticale, et portant des chevilles, sortes de chicanes, qui, rencontrées par les graines, lors de leur descente vers le sol, achèvent leur division, et permettent un répandage parfaitement régulier.

La disposition adoptée par la maison James Smyth et fils, représentée fig. 180, page 213, rentre dans cette catégorie de semoirs à la volée.

L'orifice inférieur de chacun des tubes se trouve en regard d'un premier diviseur en forme d'A qui sépare le courant en deux parties égales ; puis des chevilles, réparties sur quatre rangées, achèvent la division des grains sortant de la trémie.

Une planche, supposée enlevée, recouvre toutes ces chevilles, et empêche que l'action du vent puisse venir troubler la régularité du répandage.

Dans cette même classe des appareils mécaniques pouvant servir pour le semis à la volée, nous citerons encore le répandeur de Strawson, basé sur le principe de l'entraînement du grain par un courant d'air forcé, et que nous retrouverons, lorsque nous nous occuperons, dans ce même chapitre, des distributeurs d'engrais.

Malgré tous les avantages que peuvent présenter les appareils mécaniques que l'on emploie pour le semis à la volée, rapidité de l'opération, facilité de mouvement de l'appareil, régularité du répandage, l'emploi de ces instruments ne peut détruire le principe défectueux des semis à la volée, dans lequel subsiste toujours l'irrégularité de la profondeur à laquelle les grains sont déposés, le défaut de recouvrement d'une partie de la semence, ainsi que la quantité de matière employée, en pure perte.

Si l'on ajoute à ces différents inconvénients celui de ne pouvoir procéder aux binage, sarclage et buttage que par des opérations exclusivement manuelles, il est facile de comprendre que le cultivateur a tout intérêt à remplacer ces différents instruments par d'autres plus complets, réalisant, à l'aide d'organes certainement plus complexes, le semis en lignes parfaitement régulières.

Semoirs en lignes. — Tout bon semoir de cette espèce doit pouvoir réaliser facilement les huit conditions suivantes :

1° Distribution régulière de la semence dans le fond des sillons parallèles préparés par l'appareil même.

2° Répartition égale de la semence dans les différentes raies ouvertes.

3° Écartement des lignes pouvant varier, pour un même instrument, dans des limites assez étendues, $0^m,10$, $0^m,12$, $0^m,15$ et même $0^m,30$, si l'on veut semer des céréales à ces différents écartements.

4° Reprises faciles aux extrémités du champ à ensemencer, de manière que toutes les lignes soient au même écartement, dans toute l'étendue de la pièce.

5° Variation possible de la quantité semée à l'hectare, dans de très grandes limites : 60 litres et 325 litres à l'hectare, par exemple.

6° Régularité de la profondeur, quelle que soit la dureté du terrain.

7° Recouvrement de la semence, par la terre environnante, immédiatement après qu'elle a été déposée au fond de la raie.

8° Enfin possibilité de vider entièrement la trémie, lorsqu'on a terminé les semis, et que l'on veut remiser l'appareil, ou lorsqu'un même instrument est employé à répandre successivement, sur le sol, différentes semences.

Le semoir en lignes de la maison James Smyth et fils étant l'un de ceux les plus employés, et remplissant la plupart des conditions principales qui viennent d'être énoncées, nous en donnerons la description, en nous aidant des figures 181 à 191.

Une trémie de forme polygonale est supportée par

deux roues R disposées sur un même essieu A, et a, comme longueur, la largeur même du semoir.

Cette trémie, représentée, en coupe, fig. 181, est divisée en deux compartiments C et C', séparés par une cloison inclinée, ouverte à sa partie inférieure, et sur laquelle peuvent glisser des vannettes obstruant plus ou moins, ces ouvertures.

Dans le compartiment C se trouve un axe B, sur le-

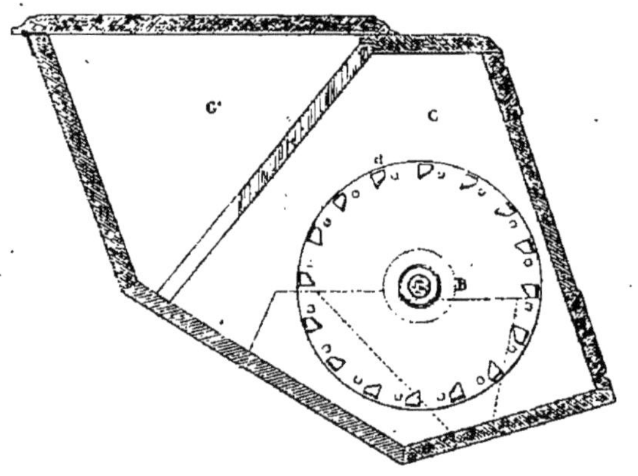

Fig. 181.

quel on fixe, de distance en distance, des disques D portant des cuillères *d*, disposées sur les deux faces verticales de ces disques, et sur une même circonférence.

Si l'on suppose que, par une transmission, que nous indiquerons, l'arbre B tourne dans la direction de droite à gauche, et que la trémie soit remplie de grains, à sa partie inférieure, les cuillères *d*, assemblées avec les disques D, puiseront successivement une petite quantité de grains, quelquefois un seul par cuillère, et obligeront ces grains à tourner avec elles, jusqu'à ce qu'elles s'approchent de la verticale.

En disposant, contre le disque, une sorte d'entonnoir t, dont les parois terminent, à sa partie supérieure, un conduit t' traversant la base de la trémie, le grain, quittant la cuillère d, s'y précipitera et pourra être amené vers le sol, au moyen de conduits spéciaux.

Si, à l'aide d'une manœuvre spéciale, les parois de la trémie occupent les positions indiquées sur la gauche de la figure 182, le grain élevé par la cuillère retombera dans le magasin général, sans pouvoir être dirigé vers le sol. On pourra ainsi suspendre la distribution de grains, en un point quelconque de l'appareil, en rabattant, comme l'indique la figure, les deux parois de la petite trémie métallique t. En disposant, au contraire, ces parois comme l'indique la partie de droite de la même figure, les semences pourront être dirigées régulièrement vers le sol, et en nombre égal par tour de l'arbre B. Cet arbre commandé par l'une des roues porteuses du semoir pourra tourner à des vitesses différentes, pour le même parcours de l'instrument sur le sol, et, par suite, le débit pourra varier entre certaines limites, à la volonté du conducteur du semoir.

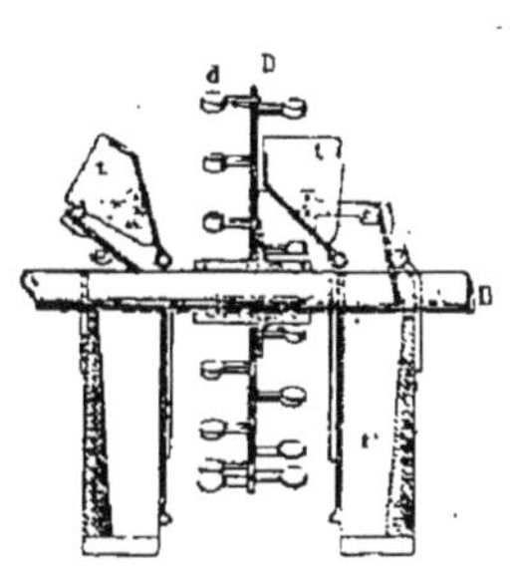

Fig. 182.

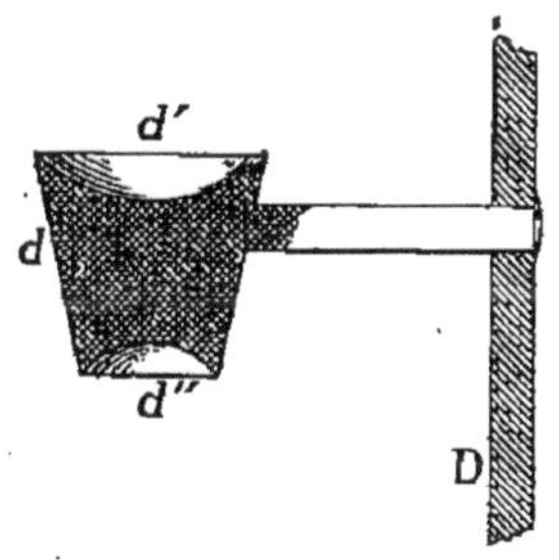

Fig. 183.

Pour pouvoir se servir du même instrument, pour semer des grosses et des petites graines, chacune des cuillères est double et formée d'une pièce conique, terminée, en d' et en d'', par des parties sphériques formant godets, fig. 183; en démontant l'arbre B, en le retournant bout pour bout, et en le commandant par la même transmission que précédemment, cet arbre tournera dans le même sens, mais fera agir les petites cuillères, au lieu des grandes, sur la masse de grains disposée dans la trémie.

Des tubes métalliques partent de la caisse C, et se terminent par des pieds en fonte P et P', disposés sur deux rangs, à égale distance les uns des autres, et ayant pour objet de préparer le sillon dans lequel vient tomber le grain.

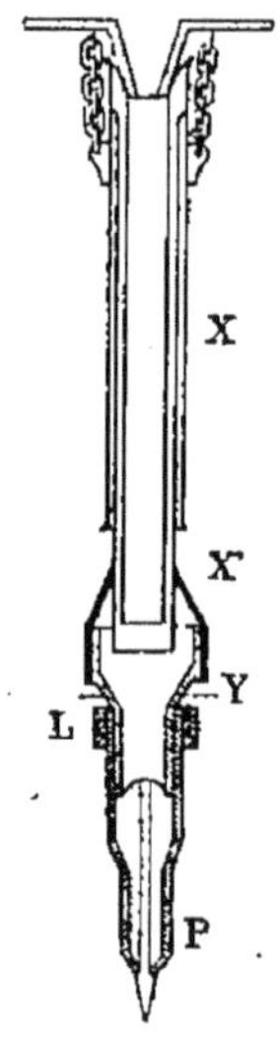

Fig. 184.

L'un de ces tubes, du genre télescopique, est représenté, à part, fig. 184. Il se compose de deux tubes concentriques X, fixés à la caisse au moyen de chaînes, et d'un troisième X' pouvant se mouvoir librement entre ces deux premiers. Le tube intermédiaire X' se termine, à sa partie inférieure, par une partie évasée venant entourer une pièce de forme sphérique Y, fixée au pied P. Quelles que soient les variations de position du pied P, le grain sera ainsi conduit jusque dans le sillon, sans pouvoir s'échapper latéralement.

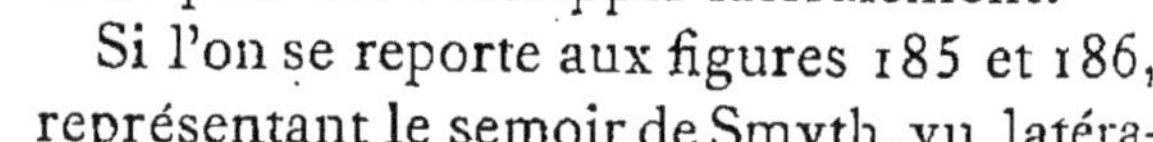

Si l'on se reporte aux figures 185 et 186, représentant le semoir de Smyth, vu latéralement et par derrière, cet instrument se compose de dix pieds P et P', communiquant, par un même nombre de tubes, avec la caisse C.

Suivant l'écartement que l'on veut donner entre les différentes lignes, ces pieds sont rapprochés ou écartés les uns des autres, quelques-uns même peuvent être supprimés momentanément, mais il faut toujours, dans ce réglage, remplir ces deux conditions :

1° Que ces pieds soient tous à égale distance les uns des autres ;

2° Que les pieds extrêmes P ou P' soient distants du milieu de la jante de la roue, à son point de contact avec le

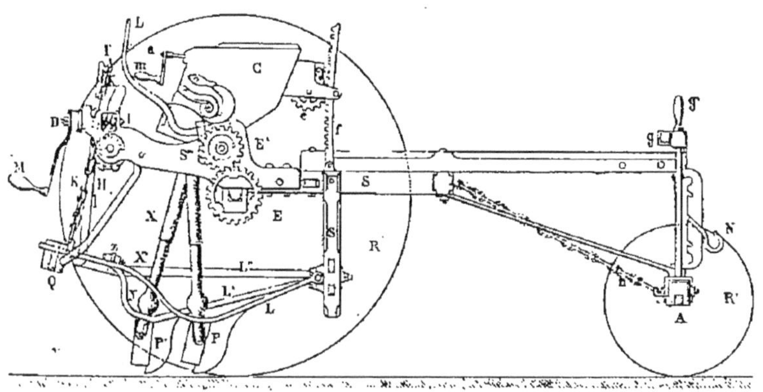

FIG. 185.

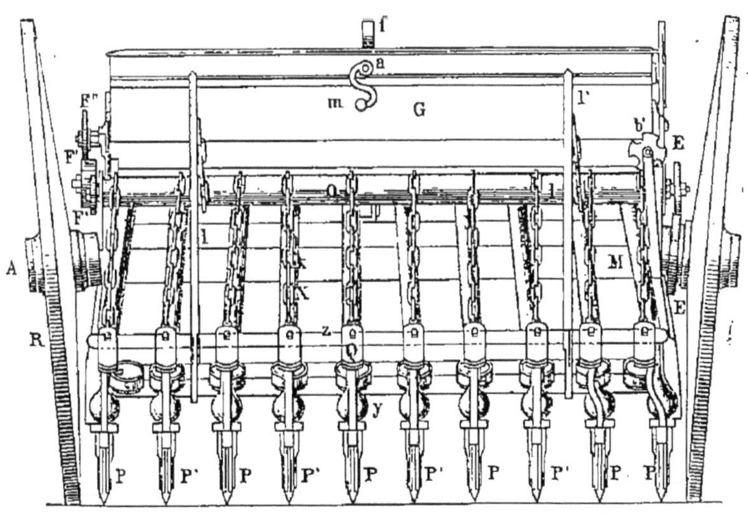

FIG. 186.

sol, de la moitié de la distance qui sépare deux pieds successifs, cette distance étant mesurée suivant une direction exactement perpendiculaire à celle du mouvement.

Lorsqu'après un parcours complet de l'instrument, on place sous la roue située du côté non encore ensemencé, une sorte de sabot, et que l'on fait tourner tout l'appareil sur place, la roue se trouve encore en un point du chemin qu'elle a déjà décrit sur le terrain. Il suffit d'orienter l'appareil, dans sa course de retour, de manière que cette roue passe exactement sur la partie déjà roulée, pour être assuré que la reprise s'est faite régulièrement, la distance de la première ligne semée étant encore égale à la demi-distance de deux raies successives.

Disons de suite que, pour effectuer ce réglage, avec une précision suffisante, le mieux est de prendre une planche, ayant au moins la largeur du semoir, de la placer au-dessous des roues, et de diviser la distance qui les sépare en parties égales, le nombre de ces parties étant celui des pieds semeurs, puis de porter une demi division à partir de chacun des points milieux des jantes de roues, la distance restant entre ces deux premières divisions étant égale à neuf intervalles, dans l'exemple cité.

Les différentes divisions étant ainsi tracées, il suffit de modifier la position de chacun des pieds, de manière que leur axe passe par l'une des divisions, d'assurer la position de chacun d'eux, pour être certain que les sillons, tracés par l'appareil, seront à égale distance les uns des autres, dans toute l'étendue du champ, lorsqu'on prend la précaution qui vient d'être indiquée, au moment des reprises.

La figure 185, page 219, montre que des leviers L ou L', de formes courbes, sont attachés au pied P ou P'.

Chacun de ces leviers peut tourner librement autour d'une articulation fixée en un point d'un ensemble de deux traverses horizontales reliées, par des montants verticaux, au châssis de la voiture.

Si l'on se reporte aux figures 187, 188 et 189, ci-dessous, on voit, qu'au moyen d'un boulon fixé à l'articulation, d'une rondelle et d'un écrou, on peut venir fixer l'extrémité de droite de chaque levier en un point quelconque de ces deux traverses, suivant la distance qui doit séparer les différents pieds semeurs.

Sous l'action du poids de ces leviers, de celui du tube X′ et de son poids même, chaque pied P ou P′ appuie fortement sur le sol, et y pénètre à une certaine profondeur, lorsqu'on fait mouvoir le véhicule sur le sol; mais cette pénétration devient de plus en plus difficile à mesure que le terrain est plus sec et résistant.

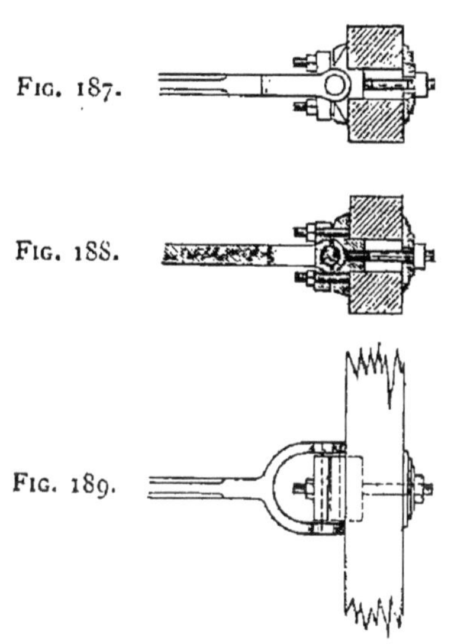

Fig. 187.

Fig. 188.

Fig. 189.

Des poids additionnels Q sont placés à l'extrémité de gauche de chacun des leviers, et leur nombre peut varier suivant la dureté du sol.

Pour forcer, au moment du départ de l'instrument, les différents pieds à s'enfoncer dans la terre, quelle que soit la sécheresse du sol, on peut encore agir sur une barre horizontale Z, au moyen de deux tiges verticales *l* terminées par des crochets *l′*, de manière à presser fortement sur la partie supérieure de chacun des leviers L ou L′; des leviers L″, articulés en des points des mêmes traverses horizontales que les leviers L et L′, empêchent tout déplacement latéral de cette barre Z.

Lorsqu'on veut passer de la position de travail à la

position de transport, ou réciproquement, on agit, au moyen d'une manivelle M, montée sur l'axe D, et d'une vis I, sur une roue dentée montée à l'une des extrémités d'un treuil O régnant sur toute la largeur du semoir. Ce treuil, en tournant, agit sur des chaînes K, en nombre égal à celui des leviers L et L', ou, ce qui revient au même, à celui des pieds semeurs. Ces pieds P et P' sont dès lors levés ou abaissés d'une même quantité. C'est au moyen d'une chaîne s'enroulant sur le même tambour et venant s'accrocher en l', que l'on peut déplacer, dans la direction de haut en bas, les deux leviers l, lorsqu'il est nécessaire d'agir sur les pieds P, P' avec une pression supplémentaire.

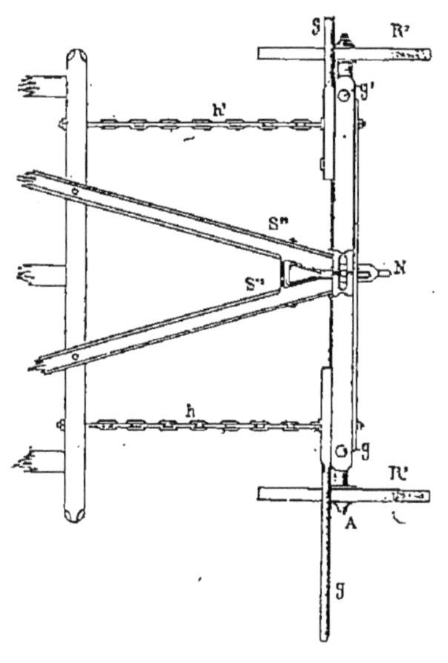

Fig. 190.

D'après ce qui vient d'être dit, le semoir doit se déplacer suivant de longs alignements droits, puis tourner sur lui-même de 180°, aux extrémités du champ, afin de se placer de manière à être conduit dans une direction exactement parallèle à la première. Il est donc nécessaire de disposer, en avant de l'instrument, un avant-train très mobile, dirigé par un homme spécial, pour éviter que le véhicule puisse être influencé par les écarts du cheval, chargé de traîner l'appareil. A cet effet, le cheval n'est attaché, au moyen d'un crochet N, qu'en un point d'une crémaillère verticale située dans l'axe de l'instrument (fig. 185 et 190).

Pour diriger le semoir, le conducteur saisit une des poignées *g'*, ou, s'il veut avoir plus de force, un levier *g*, en le rabattant, et en l'amenant dans une position horizontale, et en obligeant, par ces deux moyens de guidage, les roues R et R', situées d'un même côté de l'instrument, de suivre exactement le chemin déjà préparé dans le parcours précédent.

Si le cheval est suffisamment habitué à ce genre de travail, on peut, pour de longs parcours en ligne droite, réunir l'avant-train et le semoir proprement dit par des chaînes supplémentaires *h* et *h'*.

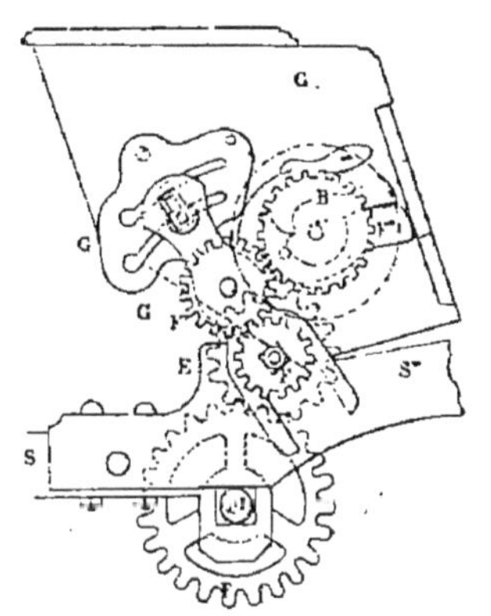

FIG. 191.

La cheville ouvrière de la voiture est réunie à l'arrière du semoir par des pièces supplémentaires S'' faisant partie du châssis.

Pour mettre en mouvement de rotation l'arbre B des disques distributeurs D, et pour faire varier, dans d'assez grandes limites, le débit du semoir, on se sert d'une transmission ayant pour point de départ l'une des roues du véhicule, et composée d'une série d'engrenages droits, dont quelques-uns peuvent être remplacés par d'autres, lorsqu'on veut modifier la quantité de semence à répandre pour un parcours donné.

En E se trouve, sur la roue porteuse de droite (fig. 186), page 219, un premier engrenage toujours en prise avec un second monté sur un arbre parallèle à l'essieu, et ayant comme longueur la largeur du semoir. A l'autre extrémité de cet arbre, on fixe un pignon F, engrenant avec un autre

F′ monté sur un cadre mobile, et constituant ce qu'on est convenu d'appeler une tête de cheval (fig. 191), page 223. Enfin à l'extrémité de l'arbre B se trouve un engrenage F″ en prise avec F′. En variant les diamètres de F′ et de F′, et en disposant la tête de cheval de manière qu'un boulon fixé à la caisse C s'engage en un point de l'une des rainures G, on pourra faire tourner l'arbre B d'un mouvement de rotation plus ou moins rapide.

Soient r, r', r'', r''', les rayons des engrenages E, E′, F, et F″, soit x le nombre des cuillères disposées d'un même côté de l'un des disques distributeurs D, soit enfin r_1 le rayon des roues porteuses.

Le nombre de cuillères ayant puisé le grain dans la trémie, pour un parcours de 1^m, des roues porteuses sur le sol, sera donné par l'expression :

$$x = \frac{1}{2\pi r_1} \times \frac{r}{r'} \times \frac{r''}{r'''}$$

et comme l'on peut supposer que chaque cuillère ne prend qu'un grain à la fois, le nombre de grains, réparti sur la longueur de 1 mètre d'un sillon, sera donné par cette même expression :

$$\frac{1}{2\pi r_1} \times \frac{r}{r'} \times \frac{r''}{r'''}.$$

Le nombre total des grains distribués par l'ensemble de toutes les cuillères sera, en appelant p le nombre de pieds ou de sillons :

$$\frac{1}{2\pi r_1} \times \frac{r}{r'} \times \frac{r''}{r'''} \times p.$$

Pendant ce parcours, la surface ensemencée sera égale à

$l \times 1$ mètres carrés, l étant la largeur du semoir, et le nombre de grains répandus par hectare, pour ce règlement du semoir, sera donné par

$$\frac{1}{2 \pi r_1 l} \times \frac{r r''}{r' r'''} \times p \times 10\,000.$$

Si donc on peut modifier, dans d'assez grandes limites, les rayons r'' et r''' des engrenages F et F'', il sera facile de changer le débit de l'appareil.

Ordinairement, les rainures G portent des divisions chiffrées, les roues de rechange portent également des indications permettant au chef semeur de faire varier le débit du semoir, et de le régler pour un débit donné.

Reste maintenant à indiquer quelles précautions, on est obligé de prendre lorsque le terrain que l'on veut ensemencer est plus ou moins incliné.

Si l'on n'adoptait aucune disposition spéciale, la trémie pourrait occuper différentes positions, par rapport à la verticale, et les disques distributeurs ne resteraient plus dans les mêmes conditions, en ce qui concerne le puisage de la graine. Pour remédier à cet effet, il est possible de modifier la position de la trémie, par rapport au châssis général de l'appareil, et la manœuvre peut s'exécuter comme il suit.

Vers le milieu du semoir se trouve un axe *a* (fig. 185 et 186), page 219, traversant la caisse C, et se terminant par une vis sans fin actionnant un pignon *e*, dont l'axe est soutenu par une chaise, fixée à l'une des parois de la caisse C, et qui entoure une crémaillère *f*, fixée au châssis S. Si, à l'aide de la manivelle *m*, on fait tourner la roue *e*, celle-ci se développera sur la crémaillère *f*, en modifiant la position de la trémie porte-graines suivant l'inclinaison du châssis S.

Dans d'autres appareils, cette modification s'effectue d'elle-même, en disposant une masse pesante et sa tige sous la trémie, et constituant ainsi une sorte de pendule obligeant toujours la trémie à rester dans la même position par rapport à la verticale, quelles que soient les variations d'inclinaison du châssis, devant suivre exactement les variations d'inclinaison du terrain à ensemencer.

Malgré la complication du mécanisme d'un semoir en lignes, du genre de celui qui vient d'être décrit, mais aussi à cause des conditions très nombreuses auxquelles doit satisfaire un bon semoir de cette espèce, il ne faut pas moins de trois hommes pour le conduire, indépendamment de l'attelage, sur lequel repose tout l'effort musculaire nécessaire pour mettre en mouvement le véhicule.

1° Le conducteur du cheval, conduit ordinairement à la bride.

2° Le gouverneur, placé au niveau de l'avant-train et le dirigeant, à l'aide de leviers à manettes.

3° Le chef semeur qui, placé à l'arrière du semoir, vérifie constamment le bon fonctionnement des différents organes qui le constituent.

Suivant le nombre des pieds semeurs, leur écartement, en un mot, suivant la largeur du semoir, la surface ensemencée varie notablement, et l'on peut admettre que :

Pour des instruments ayant $2^{m},50$, $3^{m},00$ ou $3^{m},50$ de largeur :

La surface ensemencée, par journée de travail, est respectivement de. . . . . } 5.5 à 6^{h}, 7 à 8^{h}, 9 à 10^{h}.

On construit, d'après le même système, des semoirs en lignes pour la petite culture. Ces semoirs ne diffèrent de celui décrit précédemment que par le nombre de

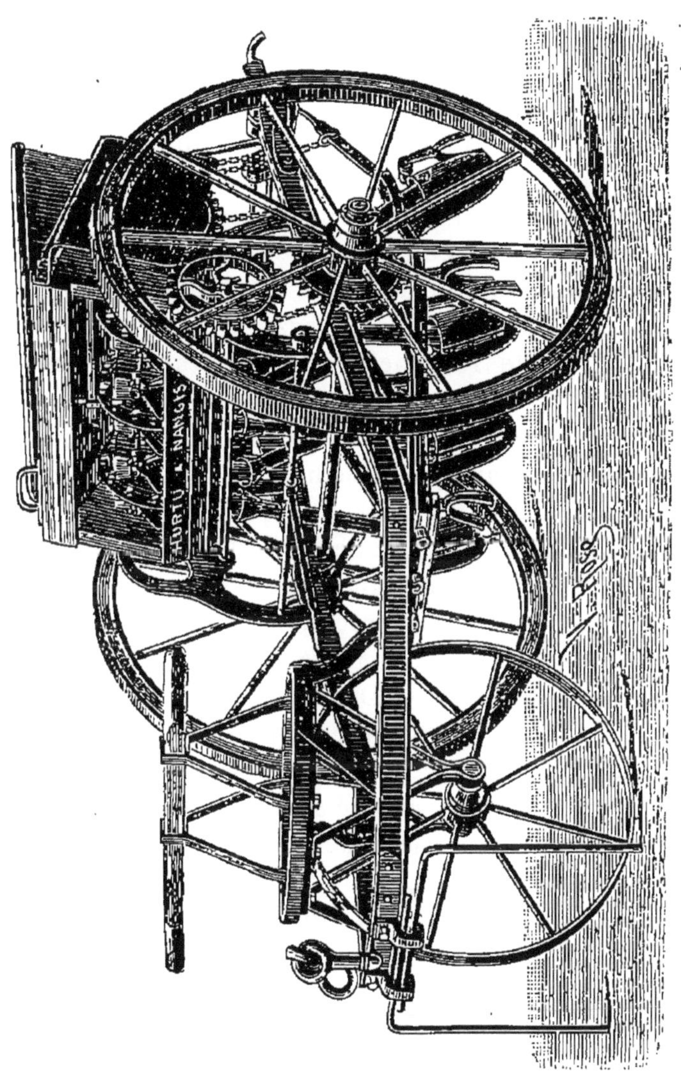

Fig. 193.

pieds. On les compose quelquefois d'un châssis entièrement métallique, et la disposition représentée fig. 193, de M. Hurtu, constructeur à Nangis (Seine-et-Marne), montre la constitution d'un semoir à six rangs, au maximum, pouvant être ramené à quatre rangs, si leur écartement est plus considérable.

Les pieds sont encore réunis à la caisse par des tubes télescopiques, et trois distributeurs à disque et à cuillères puisent la semence dans la trémie, pour la déverser dans les tubes, et l'amener jusque sur le sol.

En arrière de chacun des pieds semeurs se trouve une sorte de fourche qui agit, par son poids, sur la terre relevée, par l'action de ces pieds, lors de la formation du sillon, et le referme lorsque le grain y a été déposé.

Dans le semoir de Smyth, cet organe supplémentaire n'est pas ajouté aux parties constitutives du semoir proprement dit. En donnant, aux parois du petit sillon creusé, une direction presque verticale, ces parois s'éboulent d'elles-mêmes, aussitôt après le passage du pied, et la semence est par suite recouverte, sans l'addition de la fourche, dont l'emploi ne se fait sentir que dans des terrains très compacts. Dans le semoir de M. Hurtu, l'avant-train est disposé d'une manière toute particulière; la cheville ouvrière est supprimée et remplacée par un cadre circulaire, fixé solidement au châssis métallique. Dans l'intérieur de ce cadre glisse un autre terminé à sa partie supérieure par les attaches d'un levier horizontal, faisant office de gouvernail, et à sa partie inférieure, par les supports de l'essieu de la roue unique de l'avant-train.

L'attelage du cheval s'effectue encore, dans cette disposition, par un anneau fixé au châssis en un point qui se trouve dans l'axe de tout l'appareil.

Enfin, à l'arrière, se trouvent les organes ordinaires servant au relevage de l'ensemble des pieds, lorsque l'on veut passer de la position de transport à celle du travail, ou réciproquement.

Sans vouloir, par de nombreux exemples, indiquer les différentes formes que présentent les semoirs en lignes, suivant les constructeurs de ces appareils, ce qui conduirait inévitablement à des redites inutiles, il nous paraît nécessaire de passer en revue les modifications que l'on peut apporter à ces instruments, et consistant notamment : dans la disposition des pieds et leur mode de fixage au châssis, dans les différentes formes de distributeurs, dans les différents modes de commande du distributeur, dans les dispositions employées pour l'attelage des chevaux, enfin dans différentes dispositions annexes que nous aurons à indiquer au cours de ces descriptions.

I. *Pieds de semoirs et leur mode de fixage.* — Les pieds de ces appareils sont toujours formés d'une pièce de fonte, assez pesante, terminée à l'avant par une sorte de couteau vertical ouvrant la terre, et de deux joues, formant buttoir de petites dimensions, et repoussant la terre à droite et à gauche de l'axe du sillon tracé par le tranchant. Ordinairement, chacun des pieds est indépendant des pieds voisins, de manière à venir agir sur le sol, quelles que soient ses inégalités ; si même, un obstacle s'oppose à la marche libre d'un des pieds, le chef semeur peut le soulever, pour franchir cet obstacle, et le laisser retomber immédiatement après.

Malgré ces avantages que l'on reconnaît aux pieds mobiles, certains constructeurs continuent à employer des pieds fixes, c'est-à-dire des dispositions dans lesquelles tous les pieds sont solidaires d'un même châssis situé près du sol. Ces instruments à pieds fixes ne peuvent évidemment servir que dans le cas d'un terrain parfaiement nettoyé et nivelé.

Dans les semoirs à pieds fixes, on dispose ordinairement, à l'arrière du semoir, un rouleau ou un traîneau aidant au recouvrement de la semence, par la terre environnante relevée par les pieds, et comprimant légèrement le sol après l'opération de l'ensemencement.

II. *Différentes formes de distributeurs.* — Ces distributeurs peuvent être rangés en cinq catégories distinctes :

1° Distributeurs à trémie et vannettes.

2° Distributeurs à trémie et palleron.

3° Distributeurs cylindriques à alvéoles.

4° Hélices distributives.

5° Distributeurs à disque et à cuillères.

1° *Distributeurs à trémie et vannettes.* — Une des dispositions les plus simples de distributeurs pour semoirs en lignes consiste en une trémie dans laquelle se trouve le magasin de semence, et d'une série d'orifices, d'assez petites dimensions, préparés dans la trémie, à la partie inférieure de sa paroi d'arrière.

En supposant la trémie pleine de grains, et les différents orifices ouverts, en regard des tubes équidistants devant conduire la semence vers le sol, on comprend, qu'en vertu de leur poids, les graines se précipiteront vers les orifices de sortie, et se répandront sur le terrain à ensemencer. Il suffirait donc de réduire, dans une certaine proportion, la section des orifices, pour obtenir une certaine réduction dans le débit. Des vannettes se terminant en forme d'arc de cercle, ou par deux parois à angle droit, dont la bissectrice serait verticale, peuvent venir obstruer plus ou moins des orifices, de forme circulaire ou carrée, ménagés dans la trémie, et l'écoulement des grains se trouverait ainsi assuré.

Mais il résulte de la constitution même de l'appareil que la vitesse d'écoulement doit diminuer à mesure que la hauteur des grains en charge sur les orifices vient à diminuer aussi; il faut donc que l'on vienne ouvrir à nouveau les vannettes pour rétablir le débit, ce qui constitue déjà une difficulté de manœuvre assez considérable, mais on remarque encore que les grains, en se dirigeant vers les orifices de sortie, s'arc-boutent et peuvent ainsi suspendre l'écoulement.

Malgré ces inconvénients ces semoirs à vannettes sont encore employés, particulièrement pour la graine de betterave, d'un volume très grand par rapport à leur poids.

2° *Distributeurs à trémie et palleron.* — Pour éviter cet arc-boutement des graines dans la trémie, au droit de chaque orifice, qui produit un arrêt momentané de la distribution de la semence, arrêt qui peut subsister pendant un certain temps, malgré les vibrations occasionnées par le roulement de la voiture sur le sol, on peut disposer dans la trémie, et à sa partie inférieure, un axe horizontal muni de palettes, et cet organe, connu sous le nom de palleron, et mis en mouvement par les roues porteuses, aide à la sortie régulière de la graine.

Pour éviter que ces palettes ne viennent détériorer les grains de semence, et les rendre impropres à toute germination, on remplace quelquefois les palettes par des crins de brosses constituant, dans leur ensemble, une brosse cylindrique ayant la longueur de la trémie.

3° *Distributeurs cylindriques à alvéoles.* — Tous les distributeurs précédents ont l'inconvénient d'être influencés par l'action de la pesanteur, agissant d'une manière différente, suivant la hauteur de la semence dans la trémie.

Pour éviter cette influence, on peut employer l'un des procédés que nous allons décrire, en commençant par le distributeur à alvéoles.

Dans cette disposition, le fond de la trémie est formé d'une portion de la paroi cylindrique d'un cylindre ayant la longueur même de la trémie, et dans laquelle on a réservé des cavités ou alvéoles de grandeur suffisante pour que les grains puissent s'y loger entièrement. Au-dessous du cylindre se trouve l'entonnoir du tube amenant le grain vers le sol.

Il suffit donc de faire tourner le cylindre sur lui-même, pour que les différentes alvéoles se remplissent, puis se vident, en passant au-dessus de l'entonnoir fixé au tube.

Si, dans la partie du cylindre desservant l'un des tubes, on dispose une sorte de vannette horizontale, celle-ci vient obturer une partie des cavités, au moment de leur passage au-dessous de la trémie, et le débit du tube se trouve ainsi diminué.

La seule difficulté que présente ce système réside dans le joint qui existe forcément entre le cylindre et la trémie, et il peut arriver que des grains se trouvent froissés, déchirés, et même coupés, au moment de leur passage contre l'une des parois de la trémie. On évite complètement cet inconvénient en formant le joint d'une matière facilement déformable, une brosse cylindrique, par exemple, et la figure 194 montre la disposition adoptée par la maison Albaret, dans son semoir à haricots. L'appareil devant être disposé pour semer les haricots, en poquets assez distants les uns des autres, le cylindre ne porte que deux alvéoles d'assez grandes dimensions, diamétralement opposées l'une à l'autre.

La trémie est prolongée, à la partie inférieure, par une sorte de buse en fonte, dans laquelle s'engage le cylindre à alvéoles. Sur la partie gauche, se trouve réservé l'emplacement nécessaire pour y loger la garniture d'une brosse cylindrique, dont les crins viennent presser la paroi du cylindre, et faire joint entre la trémie et ce cylindre. Si l'on suppose que le cylindre tourne dans le sens de la flèche, les grains seront entraînés vers la partie supérieure de la brosse, sans qu'il puisse y avoir détério-

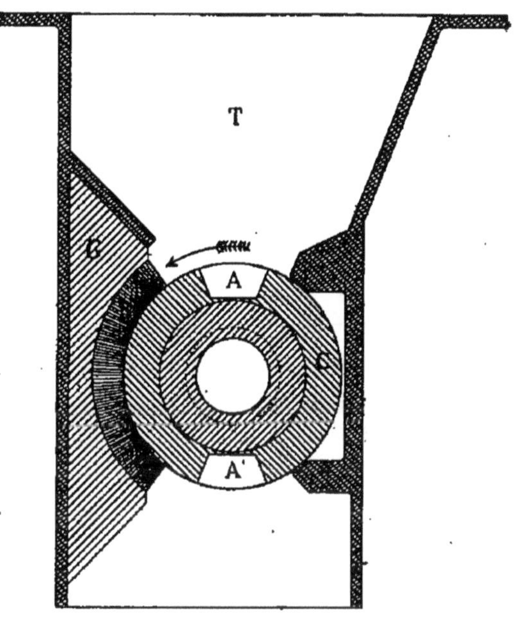

Fig. 194.

ration des graines ainsi arrêtées par cet obstacle doué d'une certaine flexibilité.

4° *Hélices distributrices.* — Frappé des irrégularités constatées dans le débit de différents genres de semoirs, M. H. de Lapparent, inspecteur général de l'agriculture, a imaginé un appareil dans lequel le distributeur est formé d'une vis d'Archimède V en bronze, tournant dans une enveloppe cylindrique de même métal (fig. 195 et 196), page 234.

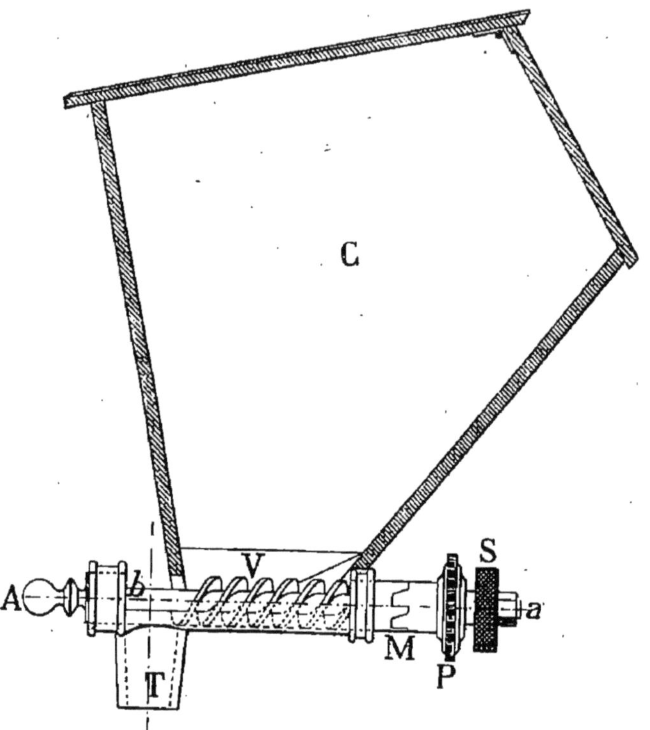

Fig. 195.

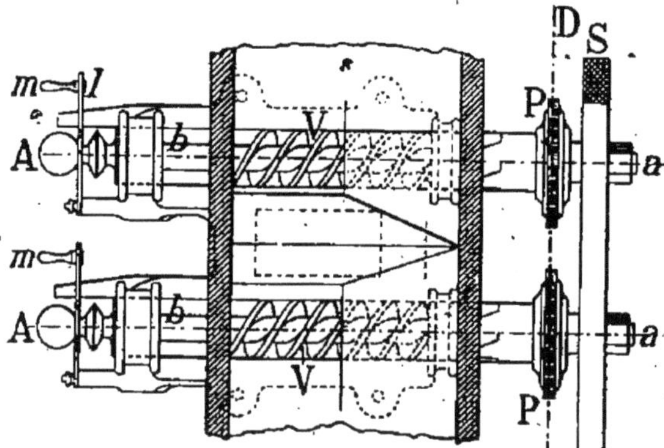

Fig. 196.

A l'une des extrémités, cette enveloppe est en communication avec la trémie] porte-graines C, à l'autre, avec le tube semeur T, de telle manière que, par suite de la rotation de la vis V dans son enveloppe, la semence se trouve entraînée vers le tube et s'y précipite, lorsque son cheminement horizontal est effectué.

Le mouvement est donné à l'arbre *b*, portant, venue de fonte avec lui, la vis V, au moyen d'une chaîne sans fin D, suffisamment tendue, et dont les maillons se trouvent en contact avec une série de pignons P, disposés sur un même nombre de vis V, et mettant en mouvement ces dernières, par suite de la présence de manchons à griffes M. Des écrous *a* permettent de fixer les axes des pignons P sur une barre horizontale S, faisant partie du bâti de l'instrument.

En modifiant la rapidité du mouvement de rotation de la vis, le débit de l'appareil se trouve modifié, mais, dans cet appareil, un autre moyen de réglage du débit se trouve à la disposition du conducteur.

Il suffit de remplacer la vis par une autre, de pas plus allongé ou plus raccourci, pour modifier, par ce procédé, les conditions du débit du semoir.

Ce remplacement peut s'effectuer très facilement en faisant tourner, au moyen d'une poignée *m*, un levier *l*, qui, en se soulevant, dégage l'extrémité de l'arbre *b*, et permet de sortir la vis V du logement cylindrique dans lequel elle se trouve placée, pendant le fonctionnement normal de l'appareil.

5° *Distributeurs à disque et à cuillères.* — Le nombre des appareils dans lesquels ces distributeurs à disque et à cuillères sont employés est maintenant considérable, et l'on peut dire que c'est ce mode de distribution qui est de beaucoup le plus employé.

Chaque cuillère est formée, soit d'une partie conique,

terminée à ses deux extrémités par des coupes sphériques de diamètres différents, comme dans le semoir de James Smyth, soit d'une véritable cuillère sphérique dont le manche est disposé perpendiculairement aux deux faces latérales de chacun des disques. Le résultat est évidemment le même, quant au puisage des graines dans la trémie, mais on complète quelquefois cette disposition, comme dans le semoir de Garrett, par l'addition de masses pesantes, fixées à l'extrémité de tiges de petites longueurs, articulées en des points du couvercle de la trémie. Lorsque les disques distributeurs sont en mouvement, ces petits pendules viennent battre les manches des cuillères portant la graine, au moment où celles-ci deviennent verticales. Si donc la semence présente une certaine adhérence avec la paroi sphérique de la cuillère, cette adhérence se trouve rompue, et le grain tombe verticalement dans le tube le conduisant vers le sol.

Cette disposition a surtout son utilité lorsqu'on emploie des semences fortement chaulées ou sulfatées, en vue d'en éviter la détérioration, avant toute germination.

III. *Modes de commande de l'arbre des distributeurs.* — Si l'on se reporte à la description du semoir en lignes de Smyth, on a vu que la commande de l'arbre des distributeurs était obtenue au moyen d'une tête de cheval et d'engrenages de différents diamètres, pour pouvoir obtenir une marche plus ou moins rapide de cet arbre, pour un même déplacement de l'instrument sur le sol. Il suffit que le conducteur du semoir ait toujours à sa disposition un certain nombre de ces engrenages de rechange, ordinairement égal à 12, pour obtenir facilement toutes les variations possibles du débit.

Ces organes, détachés de l'appareil même, se perdent assez facilement, et divers constructeurs ont cherché des dispositions d'organes, toujours fixés au semoir, et permettant cependant d'obtenir les variations de débit, en les groupant de différentes manières.

Nous en citerons deux exemples.

Dans la disposition imaginée par la maison Japy, de Beaucourt, un plateau vertical D, d'assez grand diamètre, monté sur un arbre A, et commandé par le mouvement des roues, porte, sur plusieurs circonférences concentriques, des encoches équidistantes *d*, dans lesquelles peuvent se loger des saillies *p*, de forme conique, disposées à la périphérie d'un disque circulaire P monté sur un axe horizontal B de direction perpendiculaire au premier (fig. 197 et 198).

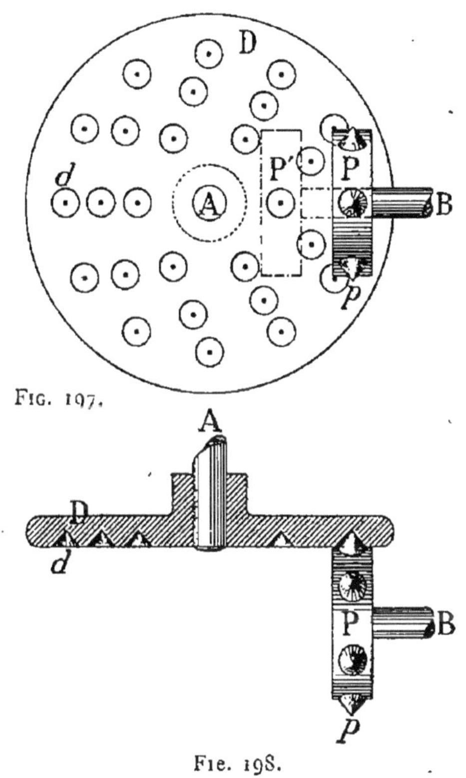

Fig. 197.

Fig. 198.

En déplaçant l'arbre B, portant ce disque P, dans le sens de la longueur, et en faisant coïncider la position d'une des saillies coniques avec celle d'une des encoches ménagées dans le plateau, l'engrènement de ces deux organes sera ainsi effectué, et l'arbre du distributeur sera mis en mouvement, avec une certaine vitesse que l'on ne pourra varier qu'en changeant la circonférence de contact du plateau avec le disque à pointes.

En P′ se trouve indiquée une nouvelle position du disque P, correspondant à une nouvelle vitesse de rotation de l'arbre du distributeur.

M. Gautreau, constructeur à Dourdan, a adopté un autre système, représenté fig. 199 et 200.

A l'une des extrémités de l'arbre B des disques distributeurs se trouve disposé un double plateau P dont les rainures R sont tellement disposées qu'elles peuvent être rencontrées par les différents points d'une même circonférence, de manière à former des vides égaux aux pleins, et constituer ainsi un véritable engrenage, dont les dents peuvent être déplacées par la rotation d'un pignon P′, monté sur axe vertical A, et commandé par l'une des roues porteuses, au moyen des deux engrenages coniques E et E′.

Si, à l'aide d'une transmission spéciale, on rapproche ou on éloigne le pignon P′ du centre du plateau P, l'entraînement de l'arbre B s'effectuera de la même manière, mais avec des vitesses différentes. Le plateau P porte, sur ses deux faces, des rainures différentes, et peut, par conséquent, conduire, après son retournement, à une nouvelle série de vitesses, pour l'arbre B des distributeurs. Un axe *a* parallèle à A peut être mis en mouvement par une manivelle *m* située au-dessus de la caisse du semoir. Cet arbre, qui ne peut que tourner sur lui-même, sans se déplacer latéralement, à cause des embases *a*′ et *a*″, est terminé par une vis *b* entourée par un écrou *e*, faisant partie d'une fourchette d'embrayage *f* qui embrasse une rainure circulaire *r* faisant corps avec le pignon P′.

Enfin un index I, relié à *f* par une tige verticale, peut passer devant les divisions d'une planchette X, et ses indications peuvent, au moyen d'un tableau auquel il est

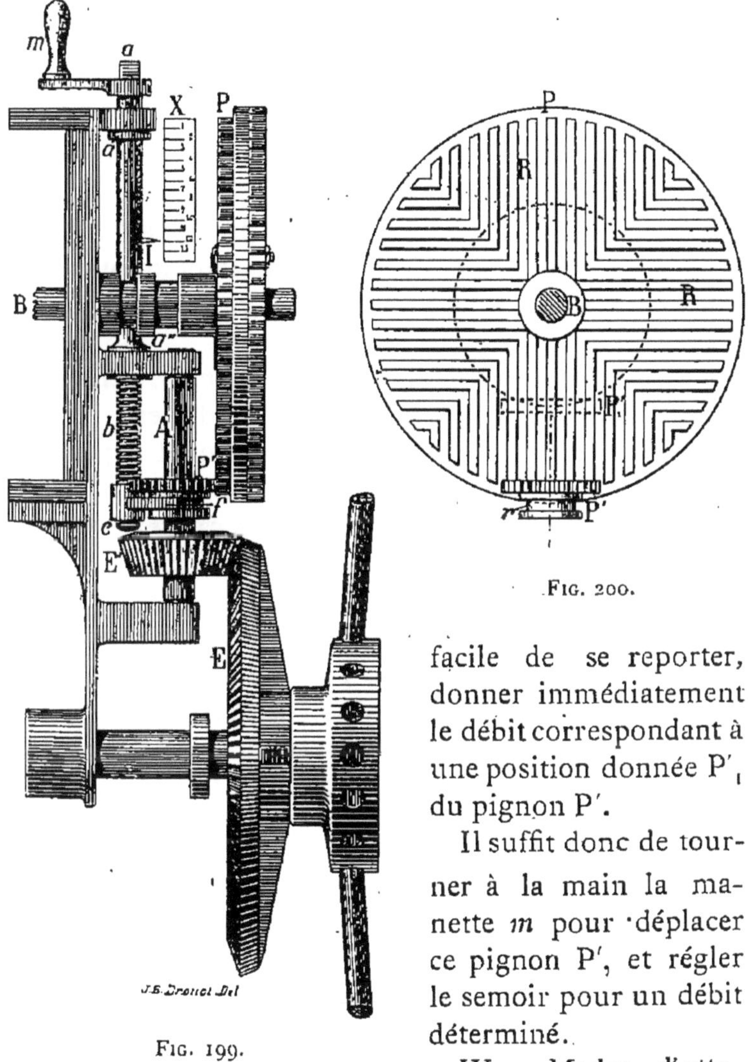

Fig. 199.

Fig. 200.

facile de se reporter, donner immédiatement le débit correspondant à une position donnée P′, du pignon P′.

Il suffit donc de tourner à la main la manette *m* pour déplacer ce pignon P′, et régler le semoir pour un débit déterminé.

IV. *Modes d'attelage des chevaux aux semoirs.* — Pour les raisons qui ont été indiquées, relatives à la mobilité nécessaire du semoir, sous l'action de l'homme qui doit le gouverner, les chevaux ne sont presque jamais attelés au moyen de brancards; et la méthode qui convient le mieux, pour ce genre d'appareils, consiste à disposer, en avant du semoir, un palonnier simple, dont le crochet est attaché en un point de l'avant-train situé dans l'axe de l'instrument. Si la traction du véhicule exige deux chevaux, ils sont placés en file, lorsque l'on adopte le palonnier simple, ou de front, en employant un palonnier double, mais en conservant toujours une certaine indépendance de l'instrument par rapport à l'attelage.

V. *Dispositions annexes*. — Si au lieu de fermer la trémie, à sa partie inférieure, par un fond plein, on dispose dans ce fond des glissières dans lesquelles peuvent coulisser des fonds mobiles, on peut facilement vider le semoir sans retourner complètement la caisse, et éviter, par conséquent, que, par négligence, le semoir se trouve remisé encore rempli en partie. Les semences ainsi livrées à elles-mêmes, dans un local humide, la plupart du temps, peuvent germer, dans l'intérieur de la trémie, et produire rapidement la dislocation de la caisse, lorsqu'elle est construite en bois.

Si, au lieu de fonds pleins mobiles, on place des châssis en toile métallique de différentes grosseurs, on peut laisser tomber sur le sol la poussière ou les impuretés que pourrait contenir encore la semence, au moment où l'on s'en sert.

Le semoir en lignes de la maison Liot frères présente la particularité qui vient d'être signalée, en même temps qu'une disposition spéciale des boîtes surmontant les tubes semeurs, lorsqu'on veut les écarter les unes des autres au moment où l'on veut arrêter le débit du semoir.

Pour quelques semis particuliers, et, par exemple, celui de la graine de betterave, on doit ajouter, à chaque pied semeur, un rouleau presseur, pour comprimer le sol, immédiatement après le dépôt de la graine qui, pour la betterave, se sème à très faible profondeur.

Dans les dispositions primitives, le rouleau presseur avait son axe maintenu par des tiges verticales fixées au levier portant le pied; dans les appareils plus récents, ce rouleau est fixé sur un levier spécial articulé sur les mêmes traverses que les autres leviers, et la disposition de la figure 201 représente un rouleau presseur adapté aux semoirs de Smyth, pour constituer un semoir à graines de betterave.

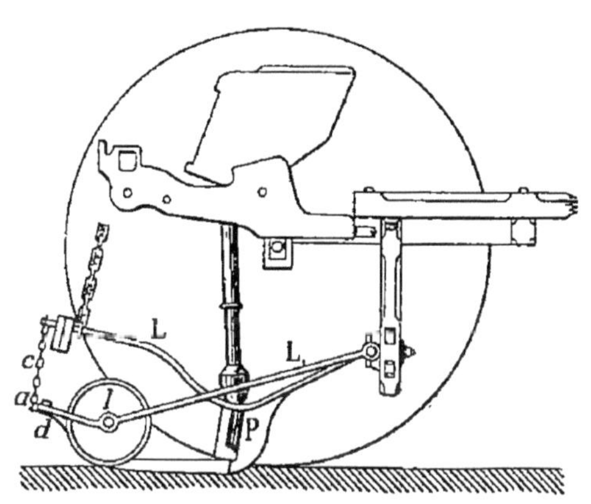

Fig. 201.

Un levier spécial L_1, porte en l le point d'attache du rouleau presseur, puis se prolonge jusqu'en a pour s'attacher, à l'aide d'une chaîne c, au levier L portant le pied semeur P. Lorsque celui-ci est relevé, par l'action du treuil de manœuvre, la chaîne c se tend et soulève le levier L, et par suite le rouleau. Un racloir d permet au rouleau d'être constamment nettoyé.

Enfin, le semoir en lignes a été quelquefois compliqué encore, en disposant sur un même châssis deux semoirs à grains : l'un pour de grosses graines, telles que le maïs, le blé, l'avoine, etc.; l'autre destiné aux petites graines, telles que celles de trèfle, et des différentes plantes fourragères.

D'autres fois, on a cherché à combiner un semoir à engrais pulvérulent et un semoir à grains, en s'imposant

FIG. 202.

cette condition d'enfouir l'engrais d'abord à une assez grande profondeur, le recouvrir de terre, puis, dans la raie, comblée seulement en partie, le grain qui doit être ensuite recouvert dans la même opération.

Le semoir de Garrett, représenté fig. 202, montre cet instrument à deux usages simultanés, mais la pratique agricole n'a pas sanctionné cette méthode de semer simultanément l'engrais et le grain, et l'on préfère maintenant employer des instruments complètement distincts, pour ces deux opérations.

Semoirs à poquets. — Dans la culture de certaines plantes on a l'habitude de les disposer en touffes, plusieurs graines se trouvant réunies au même endroit du champ. Le *poquet* est cet ensemble de grains réunis, et l'on a cherché à réaliser ce semis en poquets à l'aide d'appareils spéciaux, composés toujours de tubes distributeurs placés, à égale distance les uns des autres, sur un châssis monté sur roues, et d'appareils à tiroir renfermant une certaine quantité de graines, arrivant de la trémie, circulant entre deux plaques horizontales pour venir se déverser dans le tube correspondant.

Quelquefois, l'on emploie, dans le même but, une vanne fermant et ouvrant l'extrémité inférieure du tube, et par conséquent située près du sol.

On peut encore se servir d'un distributeur cylindrique à alvéoles, en en disposant un très petit nombre au pourtour du cylindre, deux par exemple, comme cela est représenté fig. 194, page 233, pour le semoir à haricots de la maison Albaret. On remarque seulement que ces différents mouvements d'ouverture et de fermeture ne peuvent pas être instantanés, et si l'on examine un terrain ensemencé par des appareils dits à poquets, on constate des traînées, interrompues, il est vrai, mais ne constituant pas des amas parfaitement distincts, comme on les réalise dans les semis à la main. On peut donc dire que, jusqu'à présent, ce problème n'a pas été résolu d'une manière suffisamment complète, et cela tient évidemment à ce que l'on a conservé, dans ces instruments, le mouvement uniforme des différents tubes dans le sol, au lieu de chercher à l'arrêter, à un moment donné, lorsque le semis doit être effectué; ce n'est qu'à cette condition que le semis en poquets pourra probablement s'effectuer mécaniquement.

Essais d'un semoir. — Le choix d'un semoir étant toujours difficile à faire, en raison des conditions très diverses qu'il doit remplir, il est utile de procéder à divers essais, pour apprécier les qualités ou les défauts d'un instrument donné.

Ces essais sont de deux sortes, ou bien l'on n'a en vue que la constatation de la régularité de débit des différents distributeurs d'un même semoir, ou bien l'on veut procéder à un essai beaucoup plus complet.

Essai aux petits sacs. — Ce premier essai s'exécute en démontant les tubes réunissant les pieds aux distributeurs, et en y substituant des petits sacs de toile, tarés à l'avance. Après avoir rempli la caisse de grains, on déplace tout le semoir, à la vitesse ordinaire de marche, en parcourant, en ligne droite, une distance déterminée, 100 à 200 mètres, par exemple, en faisant circuler le semoir autant que possible sur un terrain labouré et hersé, ou, à son défaut, sur une route empierrée, en choisissant un champ, ou une portion de route, à peu près horizontal, ou bien, si l'on constate une légère pente, en effectuant un double parcours, le semoir remontant la rampe et la descendant ensuite.

Si même le semoir est destiné à fonctionner en terrain fortement incliné, un essai de même nature devra être fait sur un champ de même inclinaison, ou à peu près.

Lorsque le parcours est complètement achevé, on détache les sacs et on les pèse isolément, les différences que l'on constate entre les pesées successives, déductions faites des tares, donnent les variations de débit des divers distributeurs d'un même instrument.

Essai complet d'un semoir. — Lorsqu'on veut étudier,

de plus près, un semoir, ou une série d'appareils de même nature, on procède à de véritables semis sur un terrain suffisamment vaste, en réglant chaque semoir pour qu'il puisse semer une quantité déterminée de semence par hectare, en choisissant une série de graines différentes, maïs, blé, avoine, trèfle, s'il s'agit d'un essai de semoirs à toutes graines.

La caisse est garnie d'une quantité déterminée de semence, puis complètement vidée, au retour de l'instrument, et, par la différence de deux pesées, on obtient, pour chaque instrument, la quantité de semence réellement déposée dans le sol, et on la compare à celle qui aurait dû être ensemencée pour se conformer aux indications données, par avance, aux conducteurs des instruments.

Quelquefois, comme points de comparaison, on sème à la volée, et par procédé mécanique, les différentes espèces de graines, sur des parcelles de même étendue.

Lorsque les semences ont levé, on passe à l'examen des différentes parcelles, numérotées avec soin, et rapportées sur un plan d'ensemble, contenant les indications relatives aux appareils ayant produit les résultats que l'on vient constater, et l'on examine, si les lignes sont bien parallèles et rectilignes, si la levée est régulière, ce qui correspond à un semis à profondeur égale, si enfin on ne rencontre pas, dans les différentes lignes, des manques, pouvant tenir à l'irrégularité du débit des distributeurs ou à un engorgement des tubes conduisant la semence vers le sol.

Après ces essais, il est facile de classer les semoirs, suivant leurs qualités respectives, et c'est ainsi que l'on doit procéder, dans des concours sérieux, lorsqu'on veut récompenser, avec certitude, les instruments de ce genre reconnus les meilleurs.

C'est ainsi qu'aux concours régionaux agricoles de Troyes, en 1876, d'Alençon, en 1881, etc., il a été procédé, pour que le jury puisse répondre complètement aux questions qui lui avaient été posées. A Alençon, on a même été plus loin, et l'on a pu suivre l'opération jusqu'à la récolte, en déterminant les quantités de grains que l'on a pu recueillir d'un poids donné de semence confié au sol.

Ces essais étant de telle nature que leurs résultats peuvent être grandement influencés par des circonstances atmosphériques différentes, il serait très intéressant qu'ils pussent être tentés, un assez grand nombre de fois, malgré les difficultés d'expériences de ce genre, exigeant un temps toujours considérable, et des déplacements successifs qui en rendent la réalisation difficile.

Distributeurs d'engrais. — Certains appareils de cette catégorie présentant une grande analogie avec ceux employés pour l'ensemencement des grains, il paraît difficile de séparer complètement ces deux séries d'instruments. Nous nous occuperons donc maintenant des distributeurs d'engrais en faisant remarquer que le problème peut être résolu d'une façon toute différente, suivant qu'il s'agit d'engrais liquides, engrais solides, pâteux, pulvérulents ou pailleux.

Répandeurs d'engrais liquides. — Le procédé le plus simple, pour répandre ces engrais, est celui du tonneau d'arrosage portant ordinairement la pompe, manœuvrée à bras d'hommes, destinée à puiser le liquide de la fosse à purin, et à remplir ce réservoir mobile.

Ce réservoir, de forme cylindrique le plus ordinairement, peut être disposé au-dessus d'un cadre en charpente monté sur roues, mais cette disposition, représentée fig. 203, a l'inconvénient de reporter beaucoup trop haut le centre de gravité de tout l'appareil, lorsqu'il est rempli de liquide, ce qui diminue la stabilité

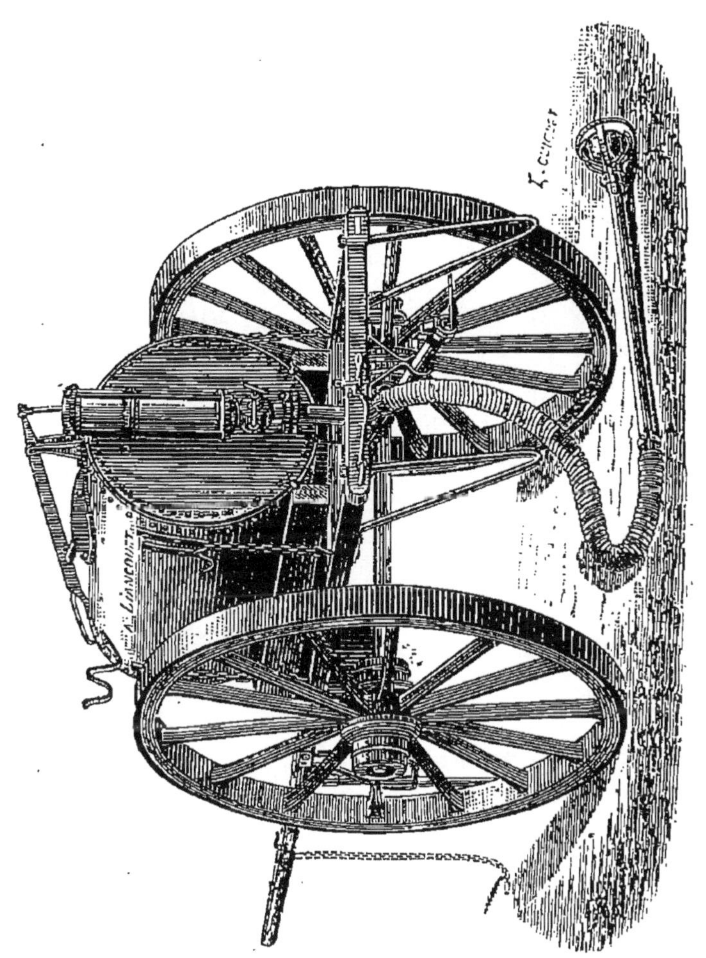

Fig. 203.

de l'instrument et rend son transport difficile par de mauvais chemins.

On lui substitue quelquefois une autre disposition dans laquelle le réservoir, encore cylindrique, porte, dans ses fonds, des tourillons formant essieu des roues porteuses, sa stabilité est par suite plus grande, son transport moins dangereux; mais, par contre, la longueur du réservoir est limitée, par suite de la largeur souvent assez faible des chemins à parcourir, fig. 204.

Fig. 204.

Quelle que soit la forme du réservoir portatif contenant le liquide à distribuer, le répandage peut s'obtenir de différentes manières :

On pourrait employer un tube percé de trous, ou un bac, de forme rectangulaire, disposé derrière le tonneau, en disposant sur la paroi d'arrière de ce bac une fente horizontale, dans toute sa longueur, par laquelle le liquide pourrait s'échapper ; mais, par suite des impuretés qu'il contient toujours, les trous, ou la fente transversale, se boucheraient rapidement et l'écoulement du purin s'arrêterait.

Depuis quelques années, on se sert d'un appareil projecteur, dont est muni le tonneau de la fig. 203, et qui est représenté à part, à plus grande échelle, fig. 205.

Le liquide arrivant du réservoir, par un tuyau horizontal T, est terminé par un prolongement S, en forme de spatule de très grandes dimensions. Le liquide se répand sous forme d'une couche mince sur toute la surface, puis se déverse en nappe, et tombe sur le sol qu'il s'agit d'arroser. Une vannette V, ordinairement à mouvement circulaire, ferme plus ou moins l'extrémité du tuyau, pour en modérer le débit, et peut même l'obturer complètement.

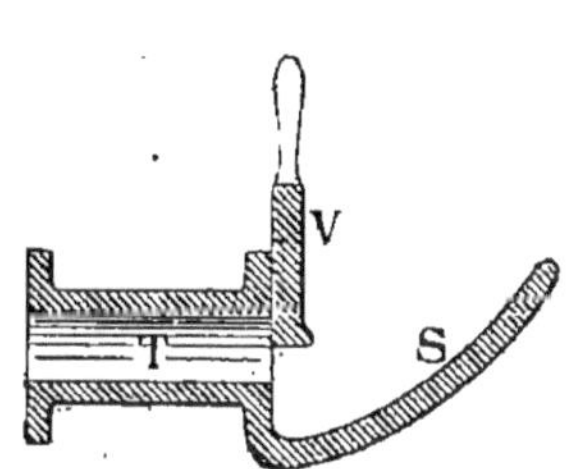

Fig. 205.

L'appareil de Strawson, que nous avons déjà signalé, parmi les instruments dont on peut se servir pour semer les grains à la volée, peut être employé pour le répandage des engrais soit liquides, soit pulvérulents.

Il suffit de disposer, à la base d'un réservoir étanche, des tubes de faible diamètre, par lesquels la matière pourra s'écouler toutes les fois qu'un jet d'air produira une certaine aspiration dans chacun des tubes, et projettera l'engrais sous la forme d'une pluie ou d'un nuage de poussière.

Un ventilateur, dont l'axe portant les palettes est actionné par les roues porteuses du véhicule, met en mouvement l'air nécessaire à l'entraînement de l'engrais. Cet air arrive au centre de chacun des tubes t et sort par un ajutage circulaire *a*, fig. 206, se détend en produisant l'aspiration nécessaire, et le mélange d'air et de substance liquide ou solide se dirige vers l'orifice de sortie *b*, ordinairement aplati, comme le représentent les fig. 207 et 208 ci-dessous.

Distributeurs d'engrais solides. — On exige souvent de ces appareils le répandage sur le sol d'engrais pâteux, ou tout au moins déliquescents, qui viennent se coller aux parties fixes ou mobiles de ce genre d'instruments, en empêchant ainsi la répartition régulière de la substance employée. On peut toujours, au moyen d'une matière inerte quelconque, assécher la matière devant servir d'engrais, au moment de son épandage, de sorte qu'il n'y a réellement à s'occuper que de deux genres d'appareils, ceux devant distribuer les engrais en morceaux plus ou moins gros ou en poudre, et ceux destinés au répandage des engrais pailleux, dont le type est le fumier de ferme.

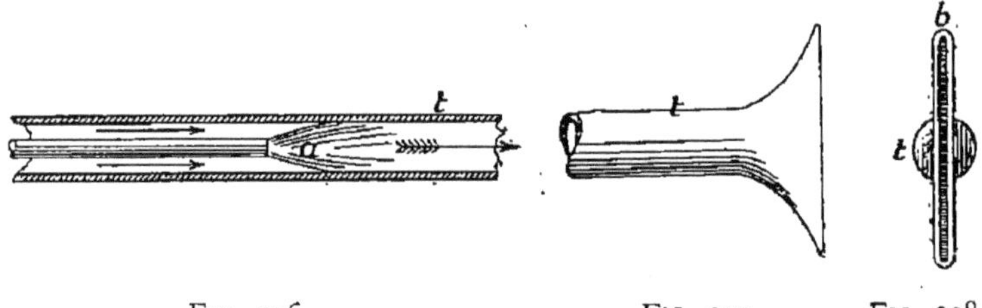

Fig. 206. Fig. 207. Fig. 208.

Distributeurs d'engrais pulvérulents ou en morceaux. — Deux principes différents sont mis en œuvre dans la constitution de ces appareils.

Dans les premiers, l'engrais est placé dans une caisse, ouverte à sa partie inférieure, et dont le fond est formé, soit d'un cylindre horizontal tournant sur lui-même, soit d'une sorte de prisme tournant aussi autour d'un axe horizontal; mais, dans ces instruments, l'engrais, descendant, par son propre poids, vers l'orifice de sortie, s'agglomère dans la trémie, des cavités s'y forment, par l'arc-boutement des différents éléments de la substance, et le répandage est loin d'être régulier.

Des couloirs à chicanes, formées par des chevilles horizontales, divisent la matière, avant son arrivée sur le sol.

Il faut encore munir ces appareils de décrottoirs, obligeant la matière à se séparer du distributeur qui reste ainsi dans le même état pendant tout le travail.

Dans d'autres appareils, la caisse servant de réservoir est à fond mobile, et ce fond se relève au fur et à mesure que l'épandage se poursuit. Des palettes montées sur un arbre horizontal ayant toute la longueur de la caisse, et constituant ce que l'on appelle *le hérisson*, viennent râteler constamment la surface de l'engrais, disposé dans la caisse, qui est ainsi projeté, en dehors du réservoir, pour tomber sur le sol, en cheminant entre deux parois verticales assez rapprochées.

La figure 209, page 252, montre, en coupe transversale, la disposition de l'un des types de cet appareil, tel que le construit M. Hurtu.

Le réservoir est formé d'une portion mobile, composée d'une paroi verticale et d'un fond cylindrique, la paroi de gauche est fixe et fait partie du châssis de l'appareil.

Au-dessus du réservoir se trouve disposé le hérisson, tournant dans le sens de la flèche, et venant ratisser la partie supérieure de la matière disposée dans le réservoir à fond mobile; les dents du hérisson, sont, de deux en deux, à bout arrondi, ou aplati, en forme de palette, de manière que le hérisson joue alternativement le rôle de diviseur et d'entraîneur de la matière. Celle-ci

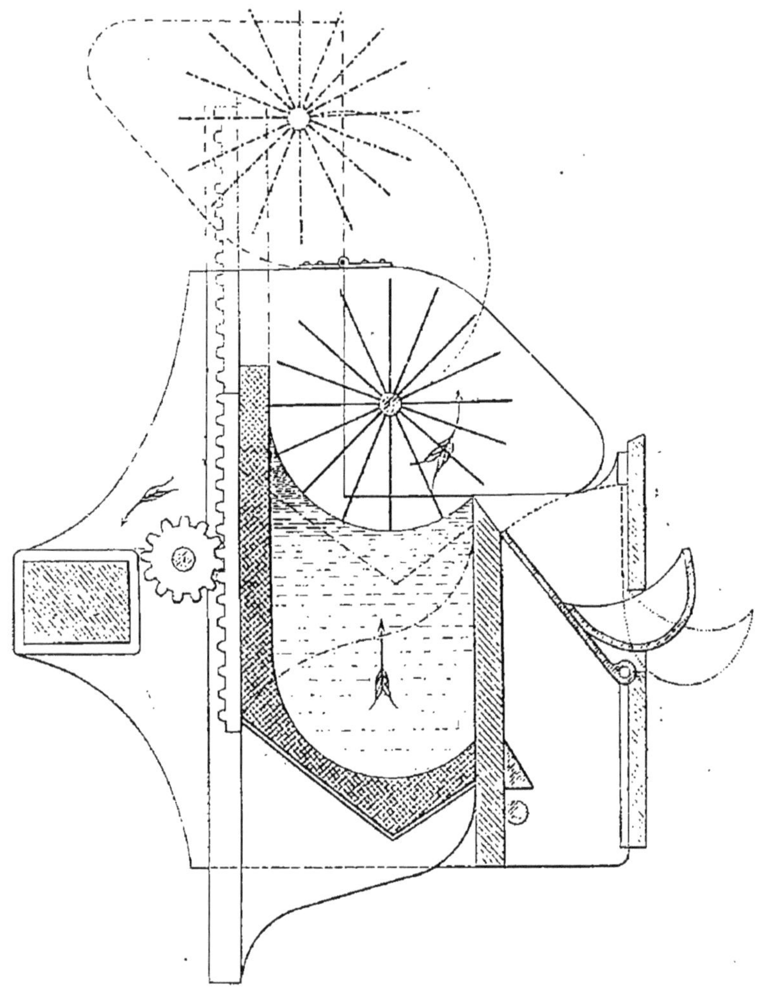

Fig. 209.

tombe au-dessus du rebord en biseau de la paroi fixe et descend verticalement entre cette paroi et une autre parallèle, de manière à permettre le répandage régulier de l'engrais, sans qu'il soit influencé par le vent.

Deux pignons, placés près de l'essieu et montés sur un arbre horizontal actionné par les roues, mais tournant avec une extrême lenteur, dans le même sens que le hérisson, agissent sur des crémaillères fixées à la paroi mobile de la caisse et obligent celle-ci à se déplacer verticalement, dans la direction de bas en haut, jusqu'à ce que le fond cylindrique du réservoir vienne au contact du hérisson, au moment où tout l'engrais contenu dans la caisse se trouve dispersé.

Il faut même que, par suite d'un signal levé par le mouvement de la caisse mobile, le conducteur de l'appareil soit prévenu, dès que le réservoir est vide pour arrêter les transmissions du mouvement et procéder à un nouveau remplissage.

Dans d'autres appareils du même genre le débrayage s'effectue automatiquement.

Le mouvement de rotation est donné au hérisson par un système de trois engrenages droits ;

Celui des pignons commandant le mouvement de la caisse, par une série de deux vis sans fin et roues hélicoïdales, pour avoir un déplacement très lent.

Dans la disposition de M. Hurtu, on a remédié à un inconvénient que l'on avait remarqué tout d'abord.

Le remplissage de la caisse étant effectué, lorsque le hérisson est mis dans la position représentée en ponctués, sur la figure, la surface de la matière est primitivement irrégulière et n'est jamais creusée, en forme de cylindre, comme lorsque l'opération est en cours. Il s'ensuit qu'au premier mouvement de marche du hérisson, celui-ci projetterait sur le sol une trop grande quantité de matière, en un point donné de la surface du sol, telle que la végétation pourrait en souffrir au lieu d'être favorisée par l'emploi d'une quantité moindre.

En adaptant, sur la dernière paroi de droite, une sorte de gouttière ayant la longueur du semoir et fixée à une sorte de couvercle incliné fermant le couloir vertical, l'engrais sera obligé de se rendre, au début de l'opération, dans cette gouttière, qui, se chargeant de matière, basculera pour dégager le couloir, et rendre l'écoulement régulier vers le sol, jusqu'à ce que la caisse soit entièrement vide, et son contenu répandu.

Dans un appareil de ce genre, la caisse de $2^m,80$ de longueur environ, peut contenir de 125 à 140 k. de superphosphate, et doit servir à répandre à l'hectare de 100 à 1100 k. d'engrais.

En supposant une contenance de 140 k. pour le réservoir mobile, supposé complètement plein, la longueur totale du parcours de l'instrument, sans nouveau remplissage, sera donné par

$$\frac{140}{100} \times \frac{10\,000}{2.80} = 5\,000^{m}$$

et

$$\frac{140}{1\,100} \times \frac{10\,000}{2.80} = 455^{m}.$$

Ces nombres montrent que le remplissage ne sera pas trop fréquent, et que la caisse de chargement présente des dimensions parfaitement suffisantes.

Si l'on voulait répandre des quantités d'engrais encore plus grandes, par unité de surface, on serait conduit, au lieu d'augmenter encore le débit, à répandre la matière fertilisante en deux opérations distinctes.

Distributeurs mécaniques d'engrais pailleux. — Ce genre d'engrais, dont le type est le fumier de ferme, em ployé seul ou mélangé d'autres matières, est d'un répandage assez difficile, en raison des filaments de longueurs très différentes qui le composent.

M. Josse a cependant cherché à résoudre ce problème, en employant la disposition suivante :

Une grande trémie montée sur roues a son fond plein surmonté de chaînes sans fin mises en mouvement, dans la direction d'avant en arrière. L'engrais vient presser, par son poids, sur l'ensemble des chaînes, et par suite de l'adhérence, résultant de cette pression, le fumier suit le mouvement des chaînes, et sort à l'arrière de la trémie, par des orifices qui y ont été ménagés. Au moment où la chaîne change de direction, en passant sur un engrenage de commande, le fumier abandonne la chaîne et tombe sur le sol.

CHAPITRE IV.

OUTILLAGE EMPLOYÉ POUR DONNER LES SOINS A LA RÉCOLTE, DEPUIS LA LEVÉE DES GRAINS JUSQU'A LA MATURITÉ DES PLANTES.

Après la levée de la plante et jusqu'à sa maturité, il y a lieu de faire subir au sol différentes façons, pour l'aérer, empêcher, autant que possible, la verse, et débarrasser le terrain des plantes parasites qui, si on n'y prenait pas garde, étoufferaient les plantes utiles, ou nuiraient, tout au moins, à leur développement.

Les trois opérations ou façons de la terre, pendant le développement des végétaux, sont connues sous les noms de binage, de sarclage et de buttage.

Le binage a pour but de diviser la croûte qui se forme, par le durcissement du sol à sa surface, d'y laisser pénétrer l'air nécessaire pour le développement des racines, et éviter les crevasses qui se produiraient inévitablement et qui occasionneraient la rupture des radicelles.

Le sarclage est l'opération qui détruit les plantes parasites, en les déracinant, et les amenant à la surface du sol, pour qu'elles s'y dessèchent.

Le buttage sert à rejeter, vers les tiges qu'il s'agit de

protéger, la terre environnante, de manière à augmenter la hauteur de la partie située dans le sol, et s'opposer ainsi au déversement de la plante, en même temps que cette opération augmente l'épaisseur de la terre meuble, en favorisant le développement de nouvelles racines, et en les laissant dans un état de fraîcheur relative plus grand.

FIG. 210. FIG. 211.

Que l'on opère, soit à la main, soit par procédés mécaniques, le binage et le sarclage sont obtenus par une même opération, et les outils, désignés sous le nom de *houes*, permettent, en procédant à bras d'hommes, de débarrasser le sol des plantes étrangères à la culture, et en même temps d'en ameublir la surface.

Cette opération longue est bien facilitée par l'emploi d'appareils mécaniques appelés *houes à cheval*, mais que l'on ne peut employer que lorsque le semis a été produit en lignes parfaitement régulières, en employant l'un des types de semoirs en lignes.

Houes. — La houe usitée pour le binage et le sarclage simultanés présente l'une des formes représentées fig. 210 à 214.

Les deux premiers exemples, fig. 210 et 211, sont usités en France, ils permettent d'attaquer la terre à une assez grande profondeur. On leur substitue quelquefois une sorte de pioche, représentée fig. 212.

La houe hollandaise (fig. 213) est composée d'une plaque mince en acier, évidée en forme d'étrier; l'ouvrier la pousse devant lui, en appuyant la paume de sa main

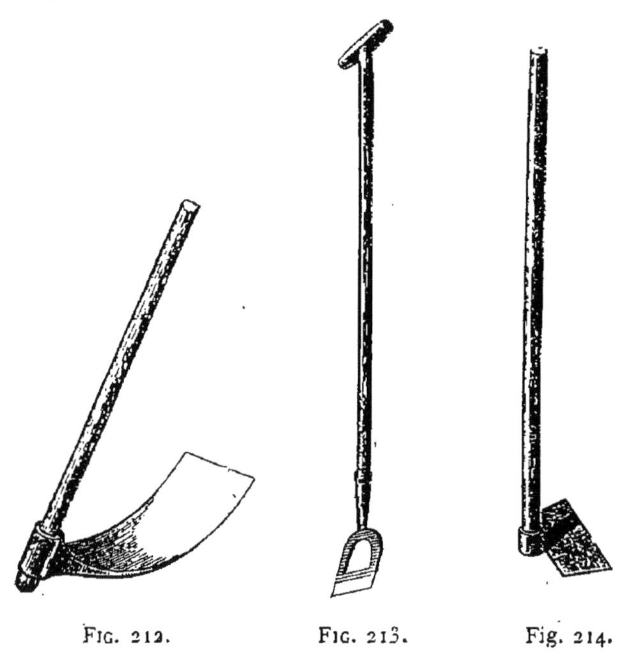

FIG. 212. FIG. 213. Fig. 214.

sur la crosse terminant le manche, et en poussant cet outil devant lui; il prépare ainsi le terrain, en marchant sur le sol préparé, ce qui présente un réel inconvénient.

Les cultivateurs anglais se servent d'une autre forme de houe, représentée fig. 214, ayant la faculté d'être facilement maniée par des femmes ou des enfants, vu sa grande légèreté.

Dans la culture de la vigne, on se sert d'un outil particulier, connu sous le nom de *hoyau*, et qui, bien manœuvré, peut pénétrer dans le sol à grande profondeur, l'ameublir et le débarrasser du chiendent (fig. 215).

Un instrument du même genre, mais de la dimension d'une pioche ordinaire, sert, dans l'est de la France, pour la récolte des pommes de terre.

Houes à cheval. — Ces instruments à grand travail tendent à remplacer les opérations entièrement manuelles, lorsque les semis ont été effectués en lignes régulières, et en ayant soin de conduire l'appareil en employant les mêmes précautions que celles qui sont nécessaires pour assurer le déplacement en ligne droite d'un semoir.

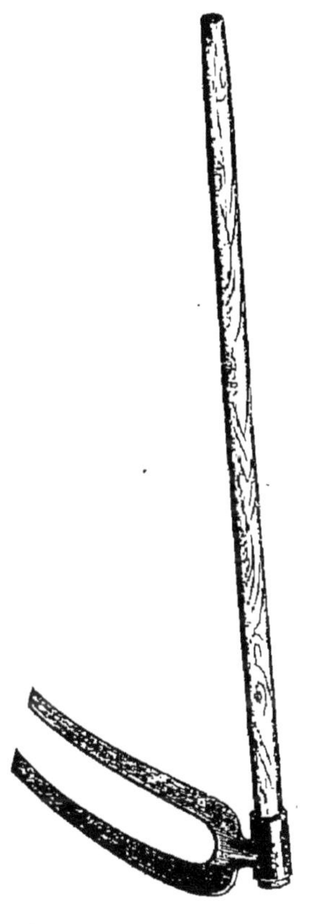

FIG. 215.

Les roues porteuses d'une houe à cheval doivent avoir le même écartement que celles du semoir employé, et, dans certaine disposition de ces appareils, c'est le même châssis qui sert pour constituer le semoir d'abord, et la houe à cheval ensuite; mais cette pratique présente l'inconvénient de laisser un grand nombre d'organes démontés, pendant un certain temps, et de risquer ainsi de les perdre, ou de les trouver détériorés.

Les outils de travail d'une houe à cheval devant être réglés, les uns par rapport aux autres, suivant l'écartement laissé entre les différentes lignes semées, les houes doivent être à expansion variable, et l'on divise ces instruments en deux catégories distinctes : houes à expansion triangulaire, houes à expansion parallèle.

Houes à cheval, à expansion triangulaire. — Ces premiers appareils ne conviennent que lorsqu'on ne veut travailler, à la fois, que l'espace compris dans un seul interligne ; mais, dans ce cas encore, la largeur de la partie à préparer varie évidemment avec la largeur à laquelle les différentes lignes sont semées.

Il faut donc faire varier la position des différents outils pour que ceux-ci puissent travailler toute la largeur comprise entre deux lignes successives.

Si l'on se reporte aux indications de la figure 215, représentant l'ancienne houe à cheval de Dombasle, on voit que cet instrument se compose d'une pièce de bois terminée, à l'avant, par le crochet d'attelage, et portant, vers le milieu de sa longueur, une ferrure transversale sur laquelle sont articulées deux autres pièces de même section, terminées, d'autre part, par des mancherons.

Deux barres métalliques partent de ces pièces inclinées, et passent, toutes deux, dans une même chape fixée à la pièce centrale. Enfin une vis de pression oblige ces deux barres à rester dans la position qu'on leur a donnée, après desserrage de la vis, lorsqu'on veut régler la position des différents outils.

Un premier outil est fixé sur la pièce centrale ; il est terminé par un pied triangulaire, comme dans les scarificateurs. Deux autres outils sont fixés à chacune des pièces d'inclinaison variable, par rapport à la première ; ils sont recourbés à angle droit pour former des lames tranchantes horizontales, lorsque l'appareil est surtout disposé pour le sarclage, ou bien sont remplacés par d'autres, de forme triangulaire, si l'on a en vue spécialement l'opération du binage.

Cette expansion triangulaire, assez commode pour le réglage des différents outils, les uns par rapport aux autres, a cependant l'inconvénient de disposer les outils

FIG. 215.

avec une inclinaison variable, par rapport à la ligne de traction, suivant l'ouverture de l'angle formé par les deux pièces extrêmes, la pièce du milieu étant disposée toujours suivant la bissectrice de cet angle.

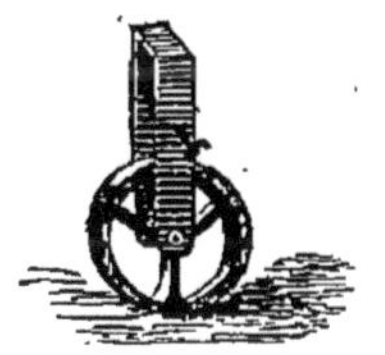

FIG. 216.

Dombasle a perfectionné cet instrument, en disposant, sur la pièce du milieu, la chape d'un galet de support, venant rouler sur le sol, représenté fig. 216, et a de plus disposé, sous le pied du milieu, une sorte de sep, permettant à l'instrument de se tenir plus facilement dans la même position, par rapport au sol.

Dans les instruments plus récents, l'on adopte la construction entièrement métallique, mais le principe sur lequel ils reposent est exactement le même, et ces appareils présentent tous l'inconvénient que nous avons signalé plus haut.

Houes à cheval à expansion parallèle. — Même pour les houes à cheval à un rang, la disposition à expansion parallèle est adoptée, et la maison Ransomes construit un de ces appareils, représenté fig. 217.

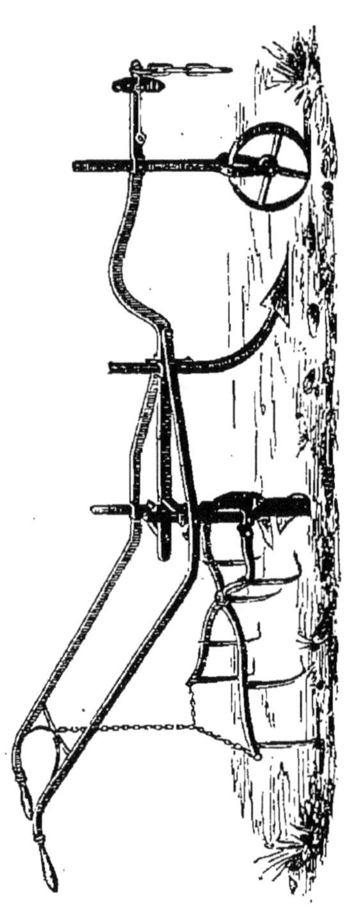

Fig. 217.

Sur une barre horizontale, terminée, en avant, par le crochet d'attelage, sont venues de forge deux barres transversales. De ces barres partent des tiges verticales, assemblées, au moyen d'étriers, et portant, à leur partie inférieure, les lames servant au sarclage. En avant de ces outils, et assemblée avec la première barre, formant l'age de l'appareil, se trouve fixée une tige verticale portant, à sa partie inférieure, un pied d'extirpateur.

Enfin, un galet de support est placé en avant des outils, et des mancherons terminent l'appareil, en arrière.

Suivant la largeur de l'interligne, les deux pieds d'arrière peuvent être rapprochés ou éloignés, mais en conservant, cette fois, la même inclinaison, par rapport à la direction du mouvement, quel que soit leur écartement, et en s'arrangeant, dans le réglage de l'instrument, pour que la tige d'arrière puisse venir aussi près que possible des deux lignes de végétaux à réserver, sans arriver à les déchausser.

L'appareil de Ransomes porte encore, à l'arrière, une herse à expansion variable attachée aux tiges verticales portant les pieds d'arrière, de manière à suivre tous les déplacements de ces pieds. Pour éviter que l'entrure de cet outil soit trop considérable, pour les pointes d'arrière, la herse est suspendue, au moyen de chaînes, à une entretoise horizontale réunissant les deux mancherons.

On construit maintenant, surtout en Angleterre, des houes à expansion parallèle permettant de préparer, à la fois, une grande largeur, comprenant plusieurs rangs ou lignes de végétaux utiles, et l'on doit s'arranger toujours pour que les instruments que nous allons décrire préparent un certain nombre d'interlignes et un demi-interligne, à chaque extrémité, pour permettre, au moment des reprises, de préparer à nouveau, et dans d'aussi bonnes conditions, une nouvelle largeur de terrain, et ainsi de suite.

L'instrument qui peut le plus facilement se prêter à des changements dans l'étendue de la surface à travailler est sans contredit la houe à cheval de Smyth, représentée fig. 218 et 219, page 264, en élévation latérale et en plan, et fig. 220 et 221, page 265, comme dispositions de détails.

L'appareil se compose de deux parties bien distinctes, l'instrument proprement dit, et l'avant-train terminé par des brancards, entre lesquels on place le cheval.

Un cadre rectangulaire, formé des barres transversales B et B', et de deux entretoises E, sert de points d'attache à une série de tiges H, H', terminées par des outils pouvant présenter différentes formes, suivant la façon que l'on veut effectuer.

En A, se trouvent deux pièces terminées par des mancherons J et J' et qui servent à diriger l'instrument.

Fig. 218. — Élévation.

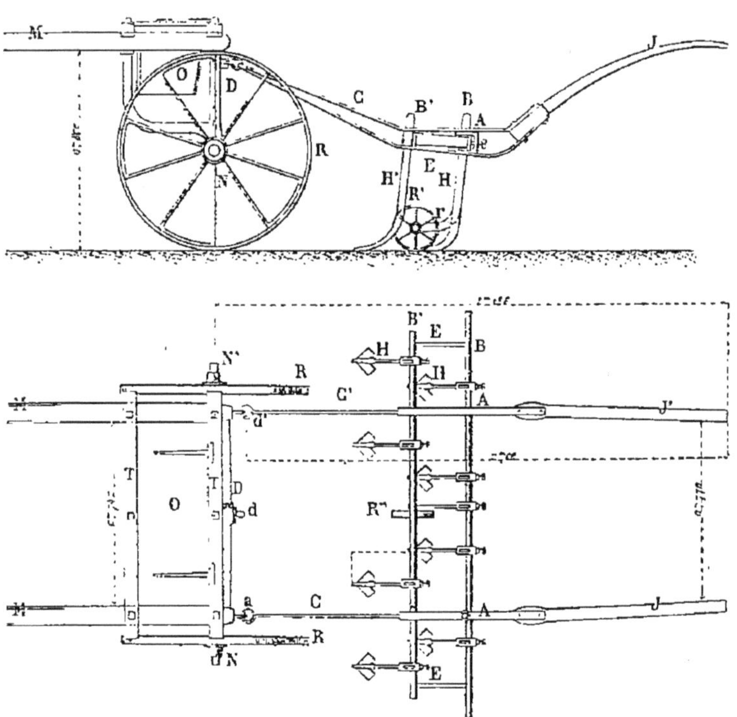

Fig. 219. — Plan.

En R' se trouve un galet dont l'axe est réuni, par une tige recourbée *r*, à la barre B, et qui sert à régler l'enfoncement des outils dans le sol, en même temps que le centre d'oscillation du cadre BB'EE.

Pour entraîner tout l'appareil, en lui laissant une certaine mobilité, soit verticalement, soit horizontalement, le cadre, portant les outils, n'est réuni à l'avant-train que par des tiges C, C', par des anneaux et par un balancier horizontal D, pouvant tourner librement autour d'un axe *d*, fixé au milieu de la caisse O de l'avant-train. L'avant-train est composé de traverses horizontales T assemblées avec les brancards M, d'une caisse à outils de rechange O, et de roues porteuses R, montées aux extrémités de deux essieux N et N'.

En traînant l'appareil sur le sol, au moyen du cheval placé entre les brancards M, et en agissant sur les man-

FIG. 220.

FIG. 221.

cherons J et J', de manière à les déplacer, soit horizontalement, tous les deux, soit en en abaissant l'un et en relevant l'autre, le conducteur de l'appareil, s'il est un peu habile, pourra biner et sarcler tout le terrain compris entre plusieurs lignes de céréales, par exemple, en s'approchant aussi près que possible des différentes tiges, sans cependant ni les détériorer, ni les déchausser.

Les outils pouvant se fixer en différents points des barres horizontales B, B', suivant la valeur des interlignes, on pourra ainsi, avec un même instrument, procéder aux opérations du binage et du sarclage dans des terrains semés en lignes plus ou moins serrées.

Le mode de fixage des outils est indiqué fig. 220 et 221 ; la figure 220 est relative au fixage de pieds en forme de fer de lance, lorsqu'on veut procéder à un binage seulement, la barre horizontale porte une série de crans, dans l'un desquels la tige de l'outil est placée, puis serrée, au moyen d'un étrier à vis de pression. La figure 221 représente le même mode d'emmanchement, mais les outils ont la forme de couteaux employés dans l'opération du sarclage.

Les appareils du type qui vient d'être décrit présentent des inconvénients de même nature que ceux qui sont reconnus dans l'emploi des semoirs à pieds fixes maintenus dans un même cadre rigide, et ne pouvant pas s'élever ou s'abaisser indépendamment les uns des autres.

Si le sol est quelque peu déprimé, en certains endroits, les outils bineurs ou sarcleurs ne pourront pas pénétrer dans la terre, et les deux façons du binage et du sarclage ne pourront pas être réalisées en tous les points du champ en travail.

On a donc été conduit à imaginer, comme pour les semoirs, des instruments à pieds indépendants, dont la figure 222 montre, en perspective, un premier type.

Vingt-deux tiges, portant, à leur partie inférieure, des lames coupantes, sont montées aux extrémités de leviers horizontaux tournant librement autour de points d'articulation, répartis sur la longueur d'une barre horizontale fixée au châssis de l'appareil. Chacun des leviers peut ainsi se lever ou s'abaisser, indépendamment des autres, suivant les ondulations du terrain, et ces mouvements sont guidés par des sortes de fourches, à bras assez élevés, fixées sur une autre barre parallèle à la première et qui, par un mécanisme particulier, peut recevoir un léger mouvement latéral, à la volonté du conducteur. Les pieds et leurs outils peuvent donc être déplacés latéralement, lorsqu'il s'agit de suivre, avec la

houe, une modification de direction des lignes semées.
Cette même barre horizontale peut encore servir pour

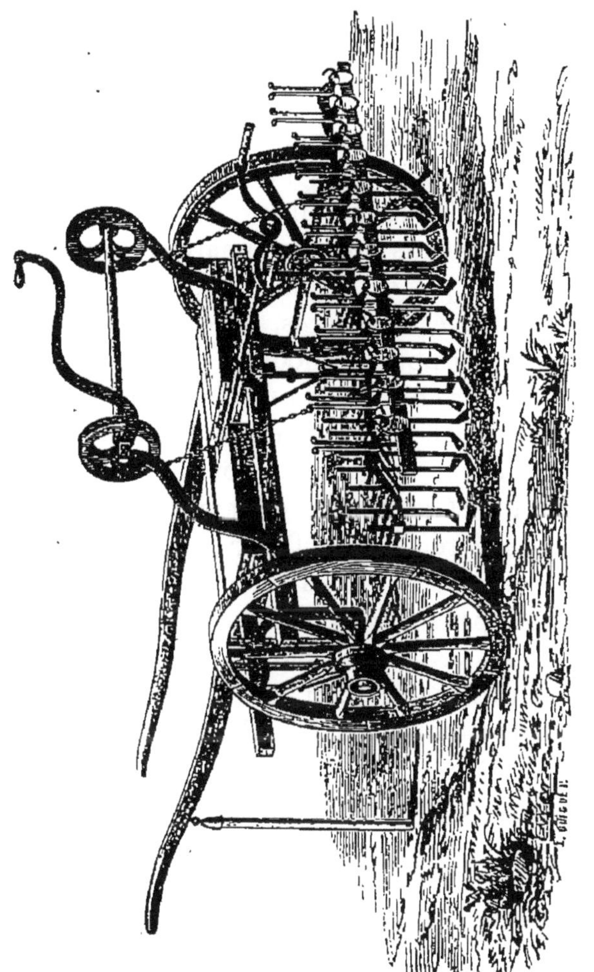

Fig. 222.

relever l'ensemble des outils, et passer ainsi de la position de travail à celle de transport, ou réciproquement.

A l'aide de deux chaînes, de direction inclinée, attachées chacune en un point de la barre horizontale portant les fourches de guidage, et venant s'enrouler sur des poulies à gorge montées sur un arbre horizontal, manœuvré par un grand levier à manette, on peut, en abaissant l'extrémité de ce levier, relever la barre horizontale, et par suite faire tourner l'ensemble des leviers, et élever ainsi l'ensemble des outils.

Une manœuvre inverse produira leur abaissement simultané et fera ainsi passer l'instrument de la position de transport à celle de travail.

Enfin, comme dans tous les appareils de ce genre, le châssis, supporté par deux roues de grandes dimensions, et assemblé avec les brancards, porte des caisses à outils de rechange, pour pouvoir modifier les fonctions de l'instrument, sans être obligé de rentrer à la ferme.

Les figures 223 et 224 montrent, avec plus de détails, la disposition de cet instrument connu sous le nom de houe à cheval de Garrett ou de Taylor.

La figure 223 représente l'instrument coupé par un plan vertical parallèle à la direction du mouvement. La figure 224, page 270, donne la coupe du même appareil par un plan vertical passant par l'axe de l'essieu des roues porteuses, en laissant cependant non coupés un certain nombre d'organes de la houe, jusqu'à leurs extrémités d'arrière.

Deux roues porteuses R sont reliées, par leurs essieux A, au châssis E de l'appareil, par de fortes consoles en fonte B, de forme triangulaire. Le châssis C porte, en avant, les brancards M ou une flèche, s'il s'agit d'un attelage à deux chevaux de front, les deux boîtes à outils de rechange Y, et à l'arrière, et au milieu, une pièce U, terminée par un crochet *u*, de forme toute particulière. En avant de la houe et au-dessus du châssis C, se trouvent deux barres parallèles K, reliées à l'axe A par deux grandes pièces en fonte, à fortes nervures, D, qui se pro-

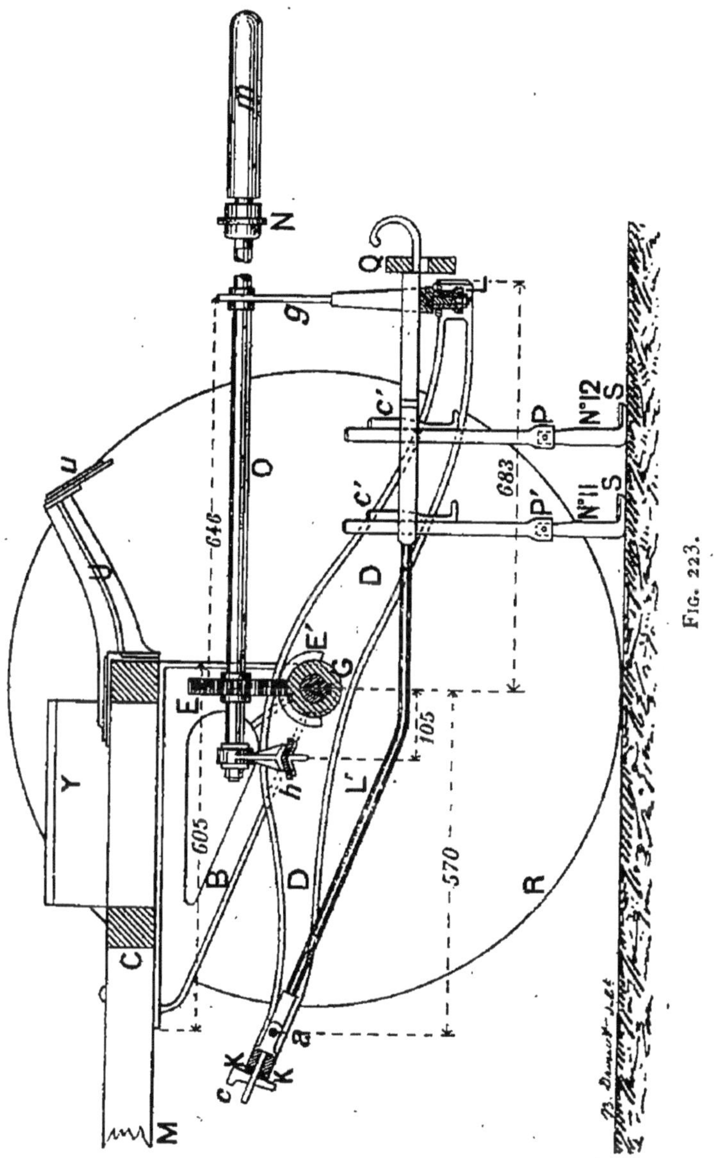

Fig. 223.

longent, en D', de l'autre côté de l'axe A, pour se terminer par les points d'attache d'une barre L', composée de deux pièces laissant entre elles un chemin vertical.

Dans l'intervalle compris entre les deux barres K, K,

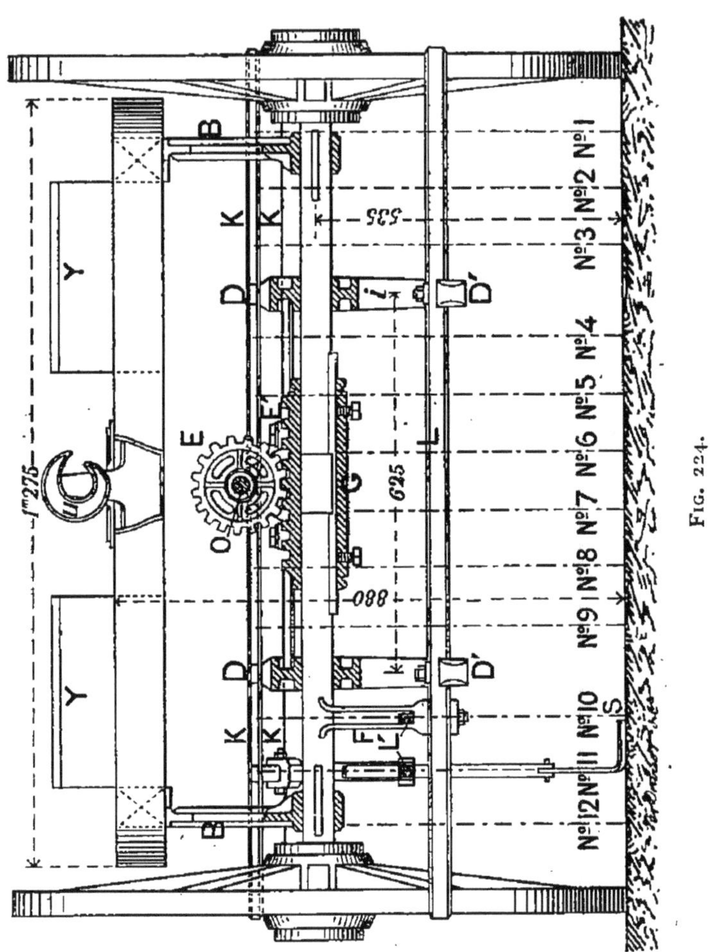

Fig. 224.

on vient fixer, au moyen d'une clavette *c*, le point d'articulation *a* de chacun des leviers L', portant chacun, en P ou P', un pied recourbé formant, par ce prolongement à angle droit, l'une des lames S venant couper les racines des plantes parasites. Chacun de ces pieds, P ou P', est assemblé avec le levier L', au moyen d'une clavette C'.

Une fourchette E entoure le levier L', en un point de sa longueur, et le guide, dans ses mouvements verticaux. Cette fourchette F peut, ainsi que l'extrémité *a* du levier L', se déplacer sur la barre L, de manière que le levier peut occuper toute une série de positions parallèles les unes aux autres, suivant l'écartement que l'on donne aux différents pieds, en raison aussi de la grandeur des interlignes.

Enfin chacun des leviers L' est terminé par une partie, de section plus faible, recourbée à son extrémité, et sur laquelle on place un ou plusieurs poids presseurs Q, suivant la dureté du terrain à préparer.

Pour permettre au conducteur de l'instrument de diriger, avec exactitude, les différents outils sans s'inquiéter des écarts du cheval, il manœuvre, à l'arrière de l'appareil, un levier à deux branches N, terminé par des manettes *m*, et monté sur un axe O. Deux supports *g* et *h* conservent à cet axe O la même position par rapport au châssis.

En un point de l'axe O, situé dans le plan vertical passant par l'axe de l'essieu A, se trouve calé un engrenage E, en contact avec les dents d'une crémaillère E' demi-circulaire, et faisant partie d'un manchon G entourant la partie centrale de l'essieu A. Une tige I réunit les deux flasques D, entre elles et à ce manchon G, de telle manière que lorsque celui-ci se déplace latéralement, sous l'action de l'axe O, du pignon E et de la crémaillère E', les deux flasques D participeront à ce mouvement latéral, en entraînant les deux extrémités des différents leviers L', et par suite les divers pieds, et les outils qui y sont fixés.

Il suffit, le plus ordinairement, d'un très faible déplacement de tout cet ensemble, obtenu par un très léger mouvement de rotation de l'arbre O, sur lui-même, pour arriver au déplacement des outils, nécessaire pour suivre les oscillations des lignes de céréales qu'il s'agit de réserver complètement.

Les deux figures précédentes montrent l'appareil muni de douze outils, mais ce nombre peut varier, suivant la largeur des interlignes, et aussi suivant la forme des outils.

Lorsque l'on veut passer de la position de travail à celle de transport, il suffit de relever tous les pieds, en agissant sur la double manette *m*, de manière à faire passer un point de l'arbre O dans le crochet *u*, et d'effectuer la manœuvre à l'inverse, lorsqu'on veut remettre les outils dans leur position de travail.

Enfin, comme dernier exemple de houe à cheval, nous citerons la houe à cheval de Woolnough, représentée fig. 225.

Dans cet appareil, comme dans les deux précédents, les leviers sont indépendants les uns des autres, et ont leurs points d'oscillation solidaires de deux barres parallèles, permettant, en faisant glisser les points d'attache le long de ces barres, de faire varier facilement l'écartement des leviers, et par suite des outils qui y sont fixés.

Chacun des leviers porte, indépendamment de l'outil, un poids presseur, dont on peut faire varier l'intensité, suivant la nature du terrain.

Une barre horizontale, située au-dessous de l'ensemble des leviers, et que l'on peut relever au moyen de deux chaînes et de deux arcs de poulies, montés sur un même axe, qui peut tourner sur lui-même, au moyen d'un grand levier mû par le conducteur, permet de passer facilement de la position de travail à la position de transport.

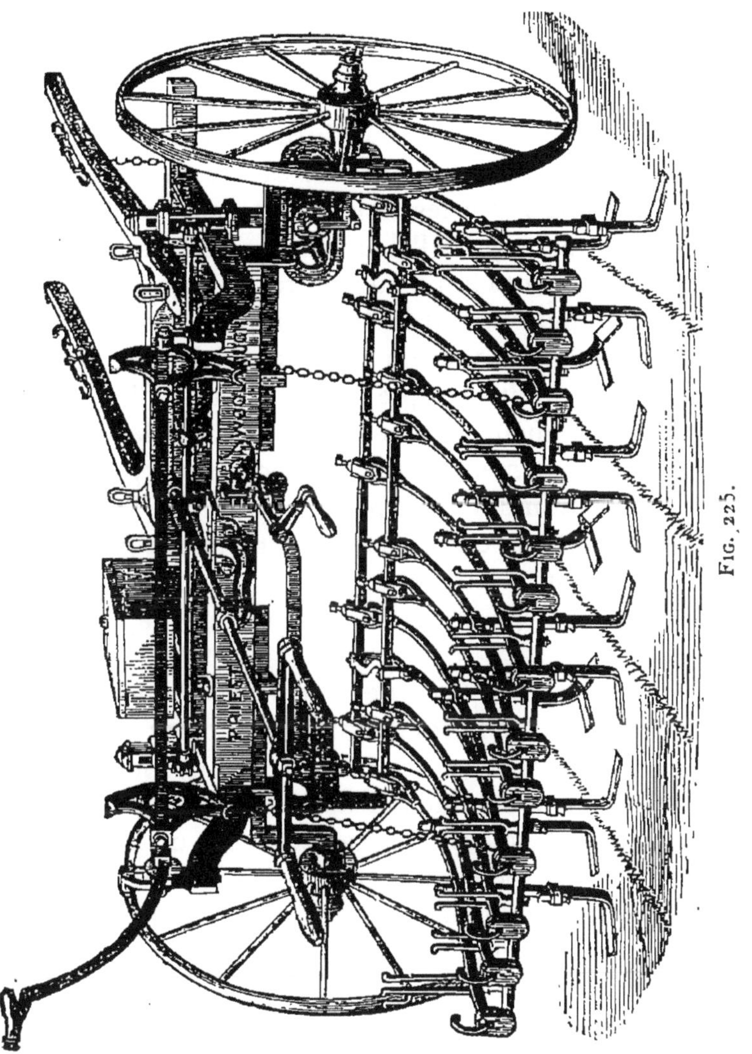

FIG. 225.

L'entrure est obtenue au moyen de deux pignons montés sur un même axe horizontal et actionnant deux crémaillères verticales, à l'extrémité inférieure desquelles se trouvent les barres servant de support aux leviers.

Enfin, le déplacement latéral des outils, servant à régler leur position par rapport aux lignes des plantes à réserver, est obtenu, dans cet instrument, par un axe horizontal à double manette, un pignon, agissant sur une crémaillère horizontale, terminée à ses deux extrémités par des galets roulant dans des cadres de position fixe, venus de forge avec les essieux des roues porteuses.

Si l'on suppose, qu'à l'aide des pièces en fer forgé, les axes des galets soient réunis aux barres inférieures, celles-ci auront un mouvement latéral d'amplitude plus ou moins considérable, dès que l'on manœuvrera le levier à double manette. Il suffit donc que le conducteur de l'instrument ait entre les mains les manettes de ce double levier pour agir immédiatement, et sans développer un grand effort, sur la position des pieds portant les outils. L'emploi des galets et de leurs cadres fixes a pour but de transformer toute résistance au frottement de glissement en résistance au roulement, et de rendre ainsi l'appareil plus mobile.

Quel que soit le genre de houe à cheval adopté, il faut toujours, pour sa mise en mouvement, et sa conduite, un ou deux chevaux et deux hommes, le conducteur de l'attelage et le conducteur de l'instrument, en pouvant cependant remplacer le charretier par un gamin; mais le nombre des personnes employées doit être au moins de deux, le conducteur des outils étant déjà très occupé par le déplacement latéral qu'il faut donner aux outils, à chaque instant, et aussi par le relevage de l'un des pieds, en particulier, lorsque celui-ci se trouve par trop entouré d'herbes, ou de plantes arrachées au sol.

L'on admet qu'un instrument de cette espèce peut parcourir, dans une journée, environ 22 000 mètres, en tenant compte du temps perdu dans les tournants, ou en nettoyage de l'appareil, soit

$$\frac{22\ 000}{36\ 000} = 0^m,611$$

seulement de vitesse moyenne.

Si on suppose que sa largeur varie de $1^m,40$ à $2^m,40$ qui constituent les limites ordinaires de la pratique.

La surface préparée sera de

$$22\ 000 \times 1.40 = 30\ 800^{m2}$$

ou

$$22\ 000 \times 2.40 = 52\ 800^{m2}.$$

On voit donc, qu'en nombres ronds, une houe à cheval peut préparer une surface qui varie entre 3 et 5 hectares par jour, en employant, pour ce travail, deux hommes et deux chevaux, tandis que, si l'on voulait préparer la même surface, pendant le même temps, et par opérations exclusivement manuelles, il faudrait employer un nombre d'ouvriers beaucoup plus considérable, que l'on peut estimer égal à 30 ou 40, suivant la nature du travail, et aussi la largeur de l'instrument qu'il s'agirait de remplacer.

Malgré cet avantage, on redoute encore souvent, en France, les effets désastreux produits par des appareils de ce genre mal conduits, et l'on peut dire que l'emploi des houes à cheval, de grandes dimensions, ne s'y est pas développé aussi rapidement que dans d'autres pays.

Une des raisons que l'on peut donner à ce retard est la différence que l'on peut constater entre les chevaux de labour employés en France, et ceux usités en Angleterre, par exemple; ces derniers sont de masses plus considérables et ont une tendance plus marquée à conserver leur marche régulière, en ligne droite, sans présenter ces écarts que l'on remarque souvent, en employant nos chevaux français.

Dans certaines cultures, on est conduit à sarcler, non pas seulement suivant les lignes; mais aussi en travers; mais ce travail ne peut pas s'exécuter facilement à la machine, et l'on est conduit à employer encore, soit les procédés exclusivement manuels, soit de petites houes à expansion triangulaire, que l'on déplace à bras d'hommes.

D'après ce qui vient d'être dit sur la houe à cheval, les outils, mis en mouvement par l'instrument roulant sur le sol, peuvent occuper différentes positions, les uns par rapport aux autres, suivant la grandeur des interlignes, et il est nécessaire d'indiquer, par quelques exemples, comment ces groupements peuvent s'effectuer.

Si la largeur à travailler est faible, et comprise entre $0^m,19$ et $0^m,25$, on adoptera la disposition représentée en A, fig. 226.

Si l'on passe à une largeur comprise entre $0^m,25$ et $0^m,30$, on groupera deux outils, suivant l'une des dispositions B.

De $0^m,30$ à $0^m,35$, ce sera le groupement C qui sera le plus favorable.

Pour une largeur plus grande encore, de $0^m,35$ à $0^m,50$, l'on pourra employer l'une des dispositions D.

Enfin de $0^m,50$ à $0^m,80$, largeur usitée seulement pour betteraves, choux cavaliers, etc., ce sera la disposition E qui conviendra le mieux, les couteaux auraient alors $0^m,18$ de longueur, tandis que, dans le premier exemple (A), ils n'avaient que $0^m,10$ chacun.

Ces outils, en petit nombre, dont sont accompagnées toutes les houes à cheval, système Garrett, peuvent donc être employés dans des cas très différents, comme le montrent les exemples cités plus haut.

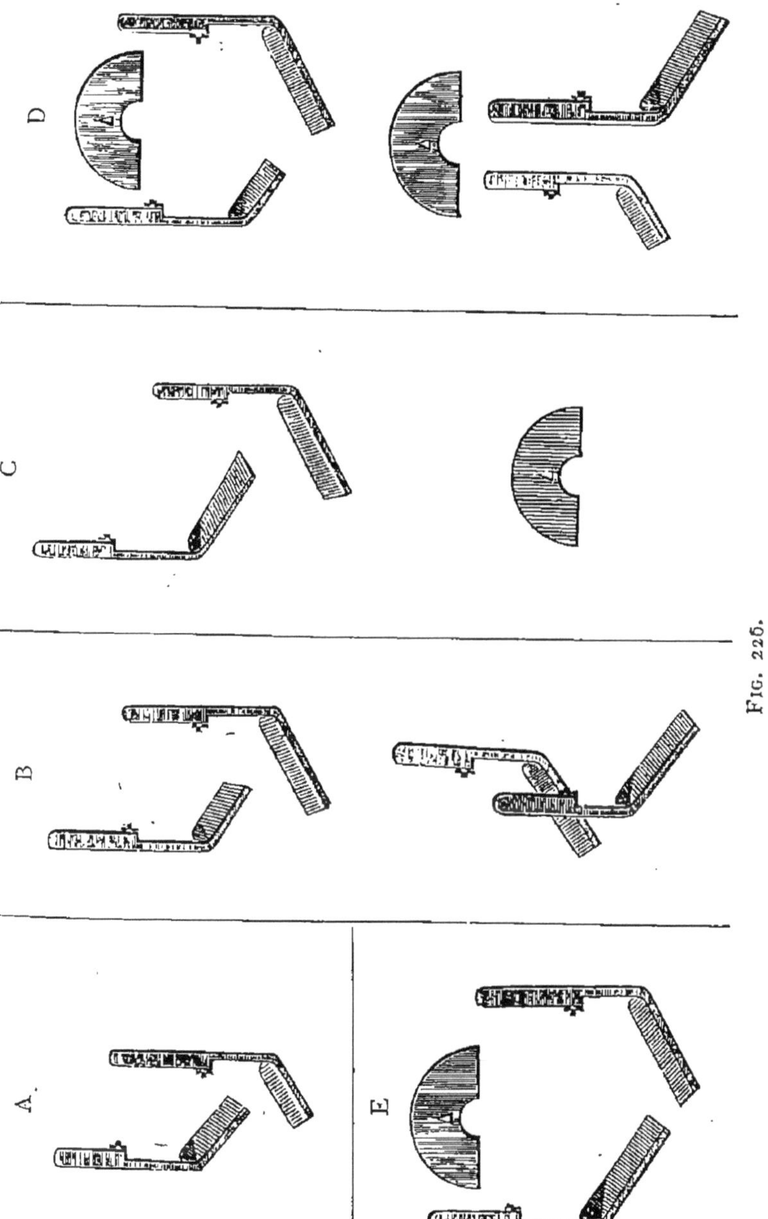

Fig. 225.

Buttoirs. — Ces instruments, comme leur nom l'indique suffisamment, sont destinés à prendre la terre au milieu de l'interligne, et la reporter, par une poussée la-

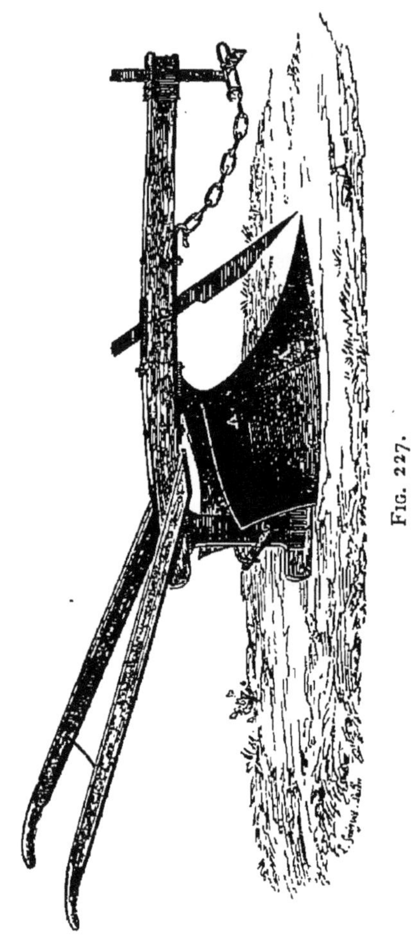

Fig. 227.

térale, vers les plantes qu'il s'agit de protéger. Ils sont quelquefois l'accessoire des houes à cheval, ou constituent des appareils parfaitement distincts, lorsque l'effet à produire est beaucoup plus considérable.

Ils sont d'ailleurs basés sur deux principes différents, employés dans les deux appareils suivants :

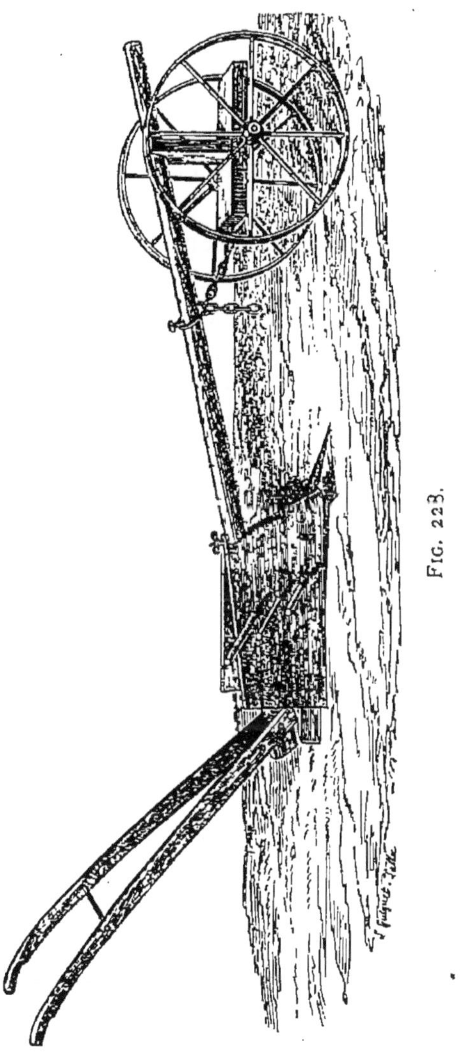

FIG. 223.

Dans la disposition représentée fig. 227, et connue sous le nom de buttoir de Dombasle, c'est une véritable charrue, avec coutre rectiligne, et soc en forme de fer de lance, qui constitue, avec l'addition de deux versoirs, une première disposition de buttoir.

Chaque versoir est composé de deux parties, une première A', venue de forge avec la portion d'avant de l'autre versoir accolé au premier, et une autre partie A, assemblée à charnières, et pouvant présenter différentes inclinaisons, par rapport à l'age commun à ces deux charrues.

On peut donc, avec ce premier appareil, et en le disposant à égale distance de chacune des lignes semées, buter la terre à droite et à gauche de la ligne suivant laquelle l'appareil se déplace, en faisant varier sa largeur suivant la largeur de l'interligne.

Dans la disposition représentée fig. 228, page 279, ce sont des chevilles de longueurs différentes que l'on vient implanter dans le versoir double, fixe de position, cette fois, lorsqu'on veut rejeter la terre à droite et à gauche à une plus ou moins grande distance de l'axe.

En remplaçant les chevilles par d'autres, plus longues ou plus courtes, on augmente ou on diminue le transport latéral, mais ce changement présente une certaine difficulté, par suite du gonflement de l'extrémité de ces chevilles, occasionné par l'humidité prise à la terre que l'on veut déplacer.

CHAPITRE V.

INSTRUMENTS DE RÉCOLTE.

Après avoir préparé convenablement le sol, après l'avoir ensemencé, après avoir donné aux végétaux, pendant leur croissance, tous les soins nécessaires pour rendre leur développement le plus complet possible, il n'y a plus qu'à attendre le moment de la maturité, pour effectuer la récolte des différents produits de la terre.

Si l'on excepte les fruits, dont la récolte demande des soins tout particuliers, cette question peut se subdiviser en trois.

1° Récolte des fourrages, en comprenant, dans cette première division, tout ce qui est relatif à la conservation ou au transport économique, à grande distance, de ces produits du sol.

2° Récolte des céréales.

3° Récolte des racines.

PREMIÈRE DIVISION.

RÉCOLTE DES FOURRAGES.

La récolte des fourrages devant presque toujours être suivie d'un séchage rapide, en vue d'obtenir des fourrages secs d'une longue conservation, il est indispensable de choisir l'époque la plus favorable pour effectuer cette récolte, en tenant compte de deux conditions différentes, l'état du fourrage, avant d'atteindre la maturité complète des graines, et l'état atmosphérique de la contrée, faisant espérer quelques jours au moins de sécheresse, pour permettre la préparation du foin.

Cette récolte devant s'effectuer plusieurs fois dans l'année, première coupe et regains, il est de toute nécessité d'aller aussi vite que possible pour obtenir le fauchage des prairies naturelles et artificielles. De là, l'extension très rapide du nombre des faucheuses mécaniques employées maintenant, après que l'on a pu remédier aux défauts des premiers instruments, dans lesquels l'appareil coupeur s'engorgeait facilement, et rendait la faucheuse momentanément hors de service.

Pour pouvoir montrer l'importance des services que peut rendre une bonne faucheuse mécanique, au point de vue de la rapidité de l'opération, il est utile de comparer le travail d'une de ces machines à celui des instruments mus à bras d'hommes, employés encore sur une assez grande échelle, surtout lorsque l'étendue de l'exploitation ne permet pas de supporter le prix d'achat, son amortissement, ainsi que les frais inhérents à l'entretien de cet engin.

Sans parler, pour le moment, de la faucille avec laquelle on ne peut couper que la consommation journalière, au fur et à mesure des besoins, le véritable instrument, employé pour la récolte, à bras d'hommes, des fourrages, est la faux, permettant, lorsqu'elle est bien conduite, de couper, sur une largeur de $1^m,90$ à $2^m,30$, une tranche d'herbe de $0^m,13$ d'épaisseur. La surface ainsi préparée, par coup de faux, est donc, en moyenne, de

$$\frac{1.90 + 2.30}{2} \times 0,13 = 2.10 \times 0,13 = 0^{m^2},2730.$$

Et si l'on suppose 25 coups de faux par minute, et une journée de dix heures, la surface totale serait

$$0,273 \times 25 \times 60 \times 10 = 4095^{m2}$$

Soit 41 ares environ.

Mais il y a lieu de tenir compte des arrêts pour l'affutage de la faux, etc., de sorte qu'il n'est possible de compter que sur une surface de 33 ares environ, préparée par homme et par journée de travail.

Trois journées de faucheur sont donc nécessaires pour couper le fourrage sur une étendue d'un hectare.

Si au lieu du fauchage à bras d'hommes, on emploie le fauchage mécanique, on peut, avec un seul conducteur et un attelage de deux chevaux, couper l'herbe sur une étendue de trois à quatre hectares par jour.

On peut donc dire que, dans l'opération mécanique, substituée à l'opération manuelle, la machine à faucher est l'équivalent de douze faucheurs, au point de vue de l'étendue de la surface préparée.

Si de plus, on remarque, qu'à cette grande rapidité, reconnue si utile pour la récolte des fourrages, vient s'ajouter encore cette propriété particulière de la faucheuse, consistant en ce qu'elle coupe l'herbe beaucoup plus bas que le faucheur, il est tout naturel que l'emploi de ces instruments se soit développé aussi rapidement.

La faux varie notablement de forme, suivant les pays, et nous ne décrirons ici que les principales.

Quelle que soit la forme de ces instruments, il faut toujours tenir compte, dans le réglage de la position de la lame, de deux inclinaisons différentes; l'angle que fait la lame avec le manche, et l'angle que fait le plan de cette lame avec le sol, le dos touchant la terre ou à peu près.

Faux normande. — La figure 229 représente une faux normande et son manche. La partie *a*, la portion *a b* et la pointe *b* sont désignées respectivement sous les noms de tête, dos, et pointe de la faux, le tranchant est en *bd*, et en *d*, extrémité du tranchant la plus rapprochée du manche, se trouve le talon qui se termine, suivant la direction du manche, par une queue *cf*, laquelle est entourée, ainsi que le manche lui-même, par un anneau en fer *i h*, dans lequel un coin en bois, en forme d'un demi tronc de cône, vient se loger, pour presser fortement la queue *cf* sur le manche, et rendre ainsi solidaires le manche et l'outil.

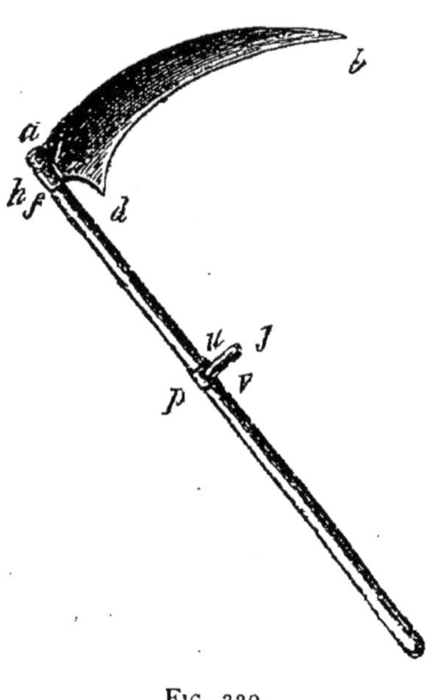

FIG. 229.

Le manche en bois, d'une longueur de $2^{m},00$, d'un diamètre de 38 à 40 millimètres, vers son extrémité, et de 35 à 38 millimètres seulement à l'endroit de son attache avec la lame de faux, porte, en un point de sa longueur, pouvant varier avec les convenances de chaque ouvrier, une poignée *j* terminée par un anneau *p*, retenu sur le manche au moyen d'un coin en bois *uv*. Le manche forme donc une sorte de balancier tournant autour de l'axe de la poignée *j*.

En supposant que le manche de la faux tourne autour de cet axe, sous l'action de l'autre main agissant près de l'extrémité du manche, si le tranchant *d b* était constitué par une portion de circonférence décrite de la base de la poignée comme centre, chacun des points, constituant, par leur réunion, le tranchant *d b*, passerait par un seul et même point du sol. Il en résulterait que l'herbe ne serait pas ou serait peu entamée, le fauchage ne pourrait s'effectuer qu'avec une extrême lenteur. La faux est alors réglée au *rond point*. Il suffit d'ouvrir un peu la faux pour qu'elle puisse prendre une *coutelée* suffisamment large, et c'est ce que l'on fait en portant, en dehors de la circonférence décrite du centre de la poignée, la pointe *b* du tranchant *d b* d'une quantité devant varier avec la quantité d'herbe sur laquelle on veut agir à chaque coup de faux.

C'est en desserrant, et en serrant le coin à nouveau, que l'on obtient ces variations d'inclinaison nécessaires.

Pour régler ou modifier le petit angle de la faux, on la pose, le dos de la lame vers le sol, dans l'attitude ordinaire du faucheur, l'on s'arrange pour que le tranchant soit distant de la surface du sol d'une quantité déterminée, ordinairement de trois à quatre centimètres, en modifiant l'entaille faite dans le manche pour recevoir la queue de la lame, et serrant ensuite avec le coin. Quelquefois, on a recours à un léger forgeage pour modifier cet angle, si le moyen précédent devient insuffisant. Si la valeur du *petit angle* était trop faible, la section des tiges d'herbes se ferait trop normalement à leur axe, et l'effort nécessaire pour les couper serait plus considérable que si l'on adopte, comme à l'ordinaire, la section en sifflet. Les figures 230 et 231 de la page 286 indiquent la disposition d'une lame de faux, de fabrication autrichienne. Sa forme indique par elle-même que son mode d'emmanchement doit être le même que dans la disposition précédente.

Dans la faux employée dans le sud de l'Angleterre, représentée fig. 232 et 233, le manche *a* est courbe et

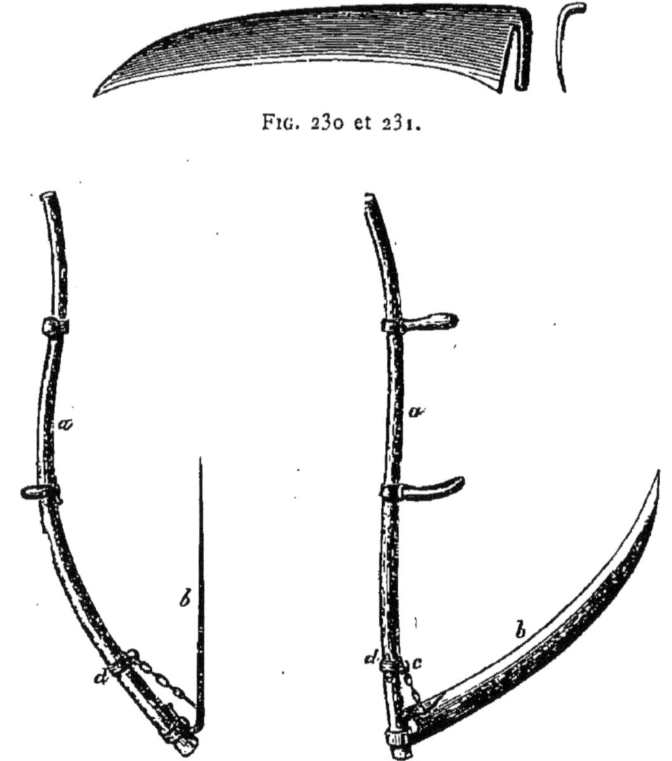

Fig. 230 et 231.

Fig. 232 et 233.

porte deux poignées, dont on peut modifier la position, par rapport à la lame *b*, qui est longue et assez légère, mais ce qui caractérise cette disposition consiste en une chaîne attachée en un point de la faux et à un crochet *c* faisant partie d'un anneau *d*, dont on peut faire varier la position sur le manche *a*. Le grand angle de la faux peut être ainsi modifié assez facilement.

Le petit angle de l'instrument peut être modifié par la même disposition de l'anneau du crochet et de la chaîne, et aussi en changeant la position de la poignée saisie par la main droite.

Dans le nord de l'Angleterre, c'est la faux à manche droit qui est employée, mais en y adaptant la disposition spéciale qui vient d'être indiquée.

Enfin la faux écossaise, représentée fig. 234, présente une grande analogic avcc la faux anglaise précédente, la chaîne y est remplacée par une tige rigide *f*, un anneau *a* sert encore de moyen d'assemblage de l'outil avec le manche, qui est à deux courbures, obtenues en prenant une branche de saule que l'on traite à l'eau chaude, et que l'on force à conserver la forme donnée, au moyen de presses appropriées.

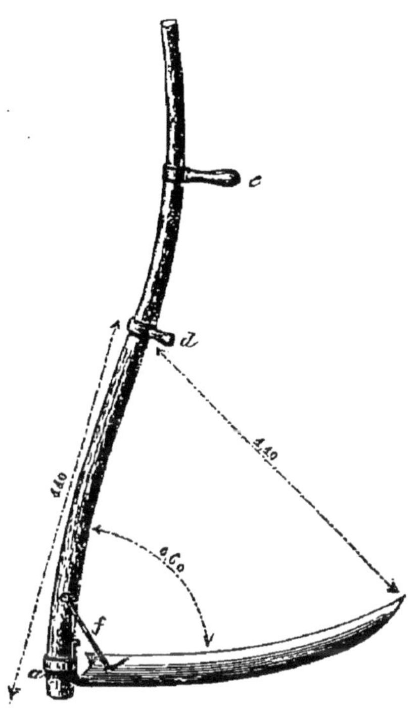

Fig. 234.

Deux poignées *c* et *d* peuvent être fixées en des points variables du manche, et les trois points, l'extrémité du manche, la pointe de la lame et la poignée *d*, sont disposés pour former un triangle équilatéral dont le côté a ordinairement 1^{m},10. Le grand angle de la faux est alors de 60°, et c'est cet angle qui est conseillé par H. Stephens, lorsqu'il s'agit de la coupe des fourrages.

Deux opérations sont nécessaires pour tenir le tranchant dans le meilleur état possible. Le rebattage de la faux et son affûtage. Lorsqu'après un certain nombre d'affûtages, et un usage prolongé de la faux, le tranchant se trouve fortement arrondi, il est indispensable de recourir au rebattage de la lame. A défaut d'outil spécial, cette opération peut s'exécuter au moyen de la panne d'un marteau ordinaire et d'un support difficilement déformable, formant enclume. En agissant par coups répétés, on force le métal à s'étendre, sous l'action de l'outil, de manière à reproduire le tranchant primitif.

Le plus souvent, le faucheur a à sa disposition un outil très portatif, composé d'un pieu en fer pouvant s'enfoncer dans le sol. En un point de sa longueur, cette pièce de fer forgé porte un évidement, dans lequel pénètre une portion de la lame qu'il s'agit de rebattre. Enfin, au dessus de cet évidement, on dispose une tige terminée, à sa partie inférieure, par une portion légèrement arrondie, remplaçant la panne du marteau ordinaire. Un ressort maintient cette pièce dans sa position la plus haute, et si, à l'aide d'un marteau, on agit à son extrémité supérieure, cette pièce intermédiaire, entre le marteau et la lame de faux, viendra agir sur celle-ci, et la rebattra.

Pour produire le fil du tranchant, on se sert d'une pierre à affûter pouvant présenter l'une des formes de la fig. 235.

Ou bien, comme cela est indiqué en *a*, la pierre à affûter est formée d'un double tronc de cône, d'une longueur totale d'environ 40 centimètres, que l'on saisit d'une main, et que l'on promène, après l'avoir humectée, sur toute la longueur du tranchant.

Ou bien, on lui donne, comme en *b*, une section carrée; la pierre, de même longueur que la précédente, étant formée de deux troncs de pyramide accolés par leur plus grande base.

En dehors de la préparation du fourrage, la faux peut encore servir pour la récolte des céréales, en la disposant ordinairement d'une façon particulière. Nous reviendrons donc sur cette question, lorsque nous nous occuperons de la récolte des céréales, et nous passerons, de suite, à l'étude des machines à faucher, désignées, le plus généralement, sous le nom de *faucheuses*.

Faucheuses. — Bien que le problème du fauchage mécanique des fourrages soit beaucoup plus simple que celui du moissonnage des céréales, c'est à la recherche de ce dernier problème que les inventeurs se sont adonnés tout d'abord et ont imaginé différentes solutions, toutes très ingénieuses.

Fig. 235.

Ce n'est que beaucoup plus tard que l'on a cherché à faucher mécaniquement, lorsque l'on a reconnu les grands avantages de la rapidité d'action de ces machines, permettant, à un moment donné, de sauver la récolte compromise, et souvent perdue complètement, si l'on voulait continuer à vouloir l'effectuer à bras d'hommes.

Après avoir cherché à constituer ces machines de véritables faux, assemblées, en assez grand nombre, sur un plateau horizontal animé d'un mouvement rapide de rotation, en même temps que d'un déplacement en ligne droite. Après avoir remplacé ce plateau armé de faux par un disque circulaire à bord tranchant, on a fini par adopter les mêmes organes que ceux qui avaient réussi à constituer l'appareil de coupe des moissonneuses actuelles, c'est-à-dire la scie, formée de dents triangulaires supportées sur une barre horizontale animée d'un mouvement rectiligne alternatif d'assez faible amplitude, mais assez rapide, tout cet ensemble devant se déplacer sur le terrain dans un sens perpendiculaire au mouvement de la scie, de manière à couper l'herbe sur une surface rectangulaire, ayant pour largeur la longueur de la scie, et pour autre dimension le chemin parcouru par la machine sur la prairie qu'il s'agit de faucher.

Des doigts métalliques, d'une forme particulière, divisent la masse à faucher en parties d'égale largeur, et constituent les points d'appui nécessaires pour que l'herbe ne soit pas entraînée par le mouvement de la scie, en se couchant sur le terrain, au lieu d'être coupée aussi près que possible du sol.

Toutes les préoccupations des constructeurs ont consisté à prendre les dispositions nécessaires pour obtenir des parties mobiles de la scie une vitesse suffisante, pour éviter les engorgements, et enfin pour permettre un remplacement facile de chacun des éléments triangulaires constituant la scie, ou des doigts disposés sur sa longueur.

La machine à moissonner, d'origine anglaise, a certainement donné l'idée de la faucheuse, mais c'est en Amérique qu'elle a pris naissance. Elle s'y est rapidement développée, et est construite maintenant, on peut dire avec une égale perfection, en Angleterre, au Canada, aux États-Unis, et en France.

Les concours internationaux spéciaux, organisés en France, dès 1860, ceux organisés également par la Société royale d'agriculture d'Angleterre ont beaucoup contribué aux perfectionnements apportés successivement à ces machines, et si l'on compare les types déjà anciens à ceux beaucoup plus modernes, on est frappé des différences qu'ils présentent dans leur construction, le principe sur lequel ces instruments sont basés étant resté absolument le même.

Walter Wood, qui, en même temps que Mac Cormick, a contribué le plus au perfectionnement de la faucheuse et de la moissonneuse, sous ses différentes formes, construisait ses faucheuses, en 1860, comme l'indiquent les figures 236 et 237, pages 292 et 293.

Le châssis de l'appareil était composé de pièces de charpente A de direction assez inclinée et assemblées, au moyen de ferrures, à une flèche F à laquelle on attelait deux chevaux de front, ou bien, une flèche de plus petite longueur était assemblée aux brancards C par une pièce transversale D. Une boîte à outils Y était fixée à ce châssis.

Deux roues B, montées à l'extrémité d'un même essieu *c*, portaient sur leurs jantes de fortes cannelures destinées à augmenter l'adhérence de ces roues sur le sol.

Dans la disposition fig. 236, qui représente la faucheuse Wood, modifiée par Peltier, les essieux *c* sont prolongés, au delà des roues B, de manière à pouvoir porter d'autres roues à jantes lisses destinées au transport de l'instrument. Cette disposition n'a pas été réalisée depuis, elle a été reconnue inutile.

A ce châssis A se trouve réunie, au moyen de pièces métalliques, une barre fixe de grande longueur portant les doigts S, rapportés et disposés à égale distance les uns des autres.

La lame de scie peut se déplacer dans des rainures horizontales, ménagées dans les doigts S, et une transmission de mouvement donne à cette scie un déplacement alternatif, ce mouvement étant pris sur celui des roues du véhicule.

En P, fig. 237, se trouve une sorte de traîneau, sup-

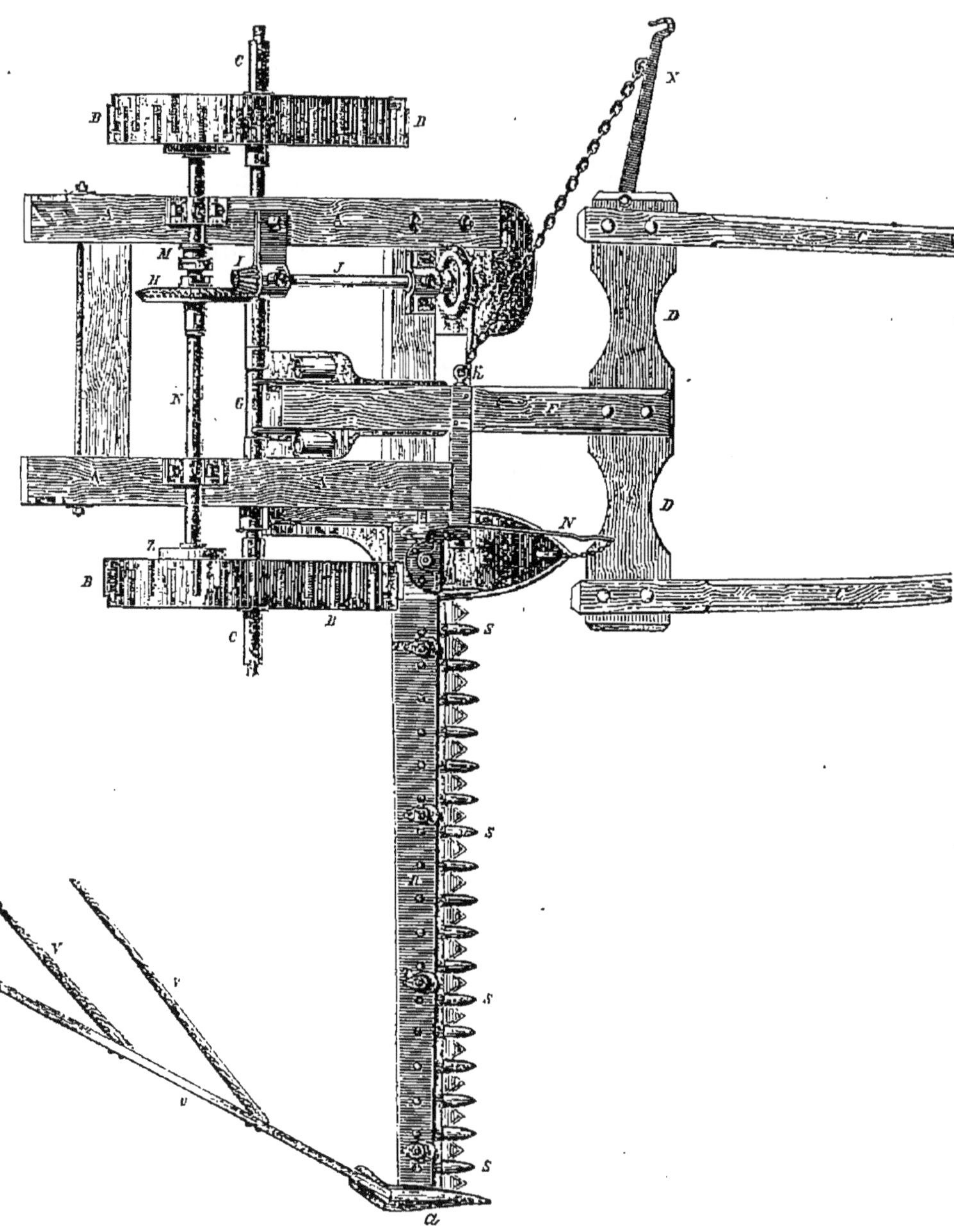

FIG. 236.

portant une des extrémités de la barre R et en changeant, dans une certaine mesure, la direction par rapport au sol. Un levier N, dont l'extrémité est réunie à P par une chaîne, peut être déplacé, par le conducteur assis sur le siège M, porté par l'appareil, au moyen d'un

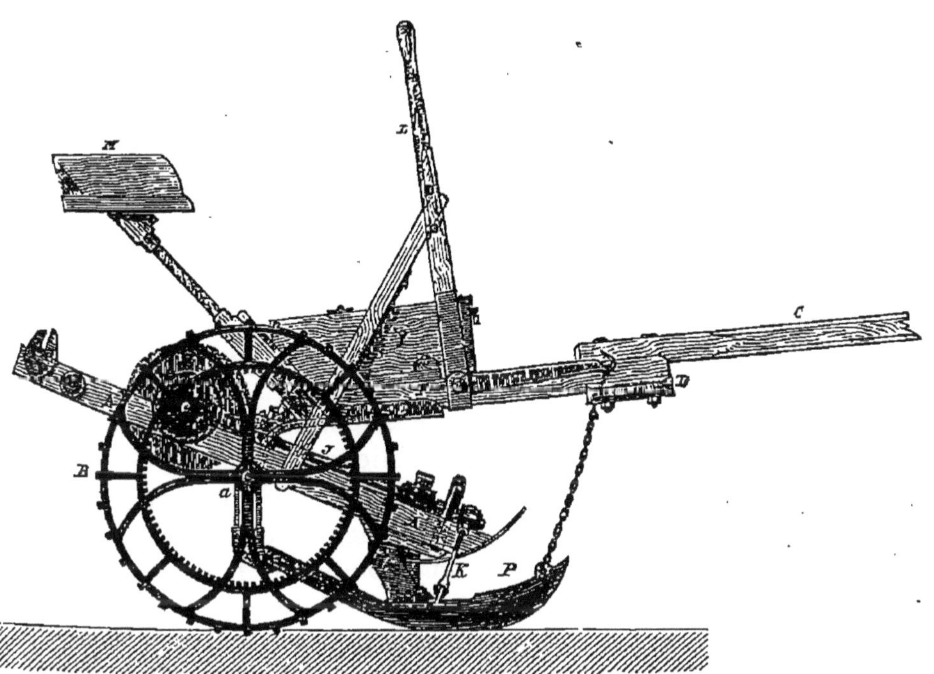

Fig. 237.

grand levier L, de direction perpendiculaire au premier.

En *a*, à l'autre extrémité de la même barre R, on dispose un doigt de plus grande dimension, séparant, pendant la marche de l'appareil, la partie à couper du champ restant.

Enfin, à l'arrière de la barre R, et dans des directions fortement inclinées, par rapport à la direction suivie par le véhicule, se trouvent des pièces V, V, U, qui ont pour objet de repousser la récolte, une fois coupée, pour préparer une piste assez large qui sera parcourue par les chevaux, dans l'opération suivante.

Pour donner le mouvement à la scie, on fait venir de fonte avec chacune des roues B une couronne dentée intérieurement qui vient agir sur un pignon cylindrique pouvant entraîner, au moyen d'une boîte à cliquet Z, un arbre horizontal portant, en H, un engrenage conique.

Un arbre incliné J, supporté par le châssis A, tourne sur lui-même, par suite de la présence du pignon conique I engrenant avec H.

Cet arbre J est terminé par un plateau manivelle permettant à la bielle K de se mouvoir d'un mouvement alternatif, et communiquant ainsi un mouvement de va et vient à la scie.

Cet appareil coupeur est donc animé de deux mouvements simultanés et de directions perpendiculaires : le mouvement de la voiture sur le sol, et le mouvement alternatif de la scie. L'herbe rencontrée par cet outil doit donc être sectionnée, et retombe sur le sol, à l'arrière de la barre B, pour être ratelée, en partie, par les pièces V.

Comme nous le verrons un peu plus loin, il est pour ainsi dire impossible qu'un seul cheval puisse mettre en mouvement un instrument de ce genre, et c'est pour cette raison qu'en X se trouve disposé un crochet d'attelage supplémentaire, de manière que l'appareil puisse être traîné par deux chevaux de front, l'un enserré entre les brancards, et l'autre attelé à un palonnier, attaché au crochet terminant la barre X, que l'on pourrait rabattre vers l'un des brancards, si l'on voulait exceptionnellement se contenter d'un seul cheval de trait.

Pour juger de la différence de construction de ces appareils, pour une période de trente années environ, nous prendrons maintenant le type actuel de la maison Walter Wood, tel qu'il a paru à notre dernière exposition universelle de 1889, et il sera facile de montrer les perfectionnements qui ont été apportés à ces appareils durant cette période.

La construction mixte, métal et bois, a été remplacée par une construction entièrement métallique, à l'exception de la flèche et de certains leviers de manœuvres supportant beaucoup mieux les diverses influences atmosphériques, quand ils sont en bois, et lorsque l'on est obligé d'abandonner momentanément la faucheuse, en la laissant à l'air libre ou sous un hangar ouvert.

La barre coupeuse est d'une mobilité beaucoup plus grande. Elle peut tourner, en effet, autour d'un axe horizontal dirigé perpendiculairement à la direction du mouvement, lorsque l'on veut couper très bas, ou lorsqu'on veut éviter certains obstacles, pierres ou taupinières, par exemple. On peut encore faire tourner cette même barre coupeuse autour d'un axe de direction perpendiculaire, de manière à en relever l'extrémité, afin de couper l'herbe sur un talus, par exemple, et même relever complètement l'outil, en plaçant la lame dans une direction complètement verticale, pour diminuer les chances d'accidents, et surtout réduire la largeur de l'appareil, lorsqu'on veut le transporter d'un point à un autre.

Les figures 238 à 245 sont toutes relatives à « La Favorite », dernier type créé par la maison Walter Wood.

Deux roues porteuses, avec jantes garnies de saillies, supportent tout l'appareil, et lui permettent de rouler facilement, et sans glissement, sur le sol fauché, dans une opération précédente.

Fig. 238.

La barre coupeuse est placée en avant des roues et est soutenue, à ses deux extrémités, par des galets ; l'un d'eux fait partie du doigt séparateur, lequel est terminé, à l'arrière, par le versoir destiné à repousser horizontalement la récolte coupée, et préparer ainsi la piste qui doit être suivie par l'attelage, dans l'opération suivante.

Dans l'exemple représenté fig. 238, la faucheuse est disposée pour être traînée par un cheval seulement, placé entre des brancards, mais ce résultat ne peut être atteint qu'à la condition de diminuer la longueur de la scie, et par suite l'étendue de la surface préparée, pour un parcours donné de l'instrument.

Le châssis de la faucheuse porte encore le siège du conducteur disposé à l'arrière, et une boîte à outils, devant toujours contenir au moins les clés de serrage et les moyens de graissage.

A proximité du conducteur se trouve un grand levier qui tourne autour d'un axe horizontal et qui peut être maintenu dans différentes positions, au moyen d'un verrou manœuvré à distance, par une tige et une manette, de manière à s'engager dans des crans préparés dans une portion de cercle métallique, ayant pour centre le point d'articulation du levier.

Au moyen d'une chaîne venant s'attacher en un point de la barre coupeuse, et d'un chemin circulaire fixé au levier, et sur lequel on fixe l'autre extrémité de cette même chaîne, la barre tout entière peut tourner autour de l'axe du galet situé du côté du versoir, de telle manière que la barre peut occuper différentes positions successives, représentées fig. 239, pages 298. La position inférieure *d*, représentée en lignes pleines, est celle correspondante, à une coupe aussi basse que possible, lorsque le terrain est bien nivelé et ne présente pas d'obstacle à la marche normale de la faucheuse.

La position supérieure d_1 est celle que doit prendre la barre, lorsqu'il s'agit de franchir un obstacle, pierre, borne, ou taupinière, par exemple.

Enfin, toutes les positions intermédiaires peuvent être occupées, lorsqu'il s'agit de franchir des obstacles de moins grand volume.

Ces effets de déplacement de la barre O, en la faisant tourner autour d'un axe horizontal, de direction perpen-

Fig. 239.

diculaire à celle du déplacement de la faucheuse, peuvent être mis plus facilement en évidence, à l'aide des deux figures suivantes.

La figure 240 correspond à une coupe normale, aussi rapprochée que possible du sol.

La figure 241 représente, au contraire, le cas d'obstacles se présentant en avant de la scie, et que le conducteur doit éviter, en relevant momentanément la scie, au moyen du grand levier, indiqué sur la vue d'ensemble de la faucheuse.

La scie S étant toujours mise en mouvement par plateau manivelle et bielle, cette dernière changera légèrement de position pendant cette rotation, de peu d'amplitude, et la scie sera actionnée ainsi de la même façon, quelle que soit sa position.

Il en est encore de même s'il s'agit de l'enlèvement de

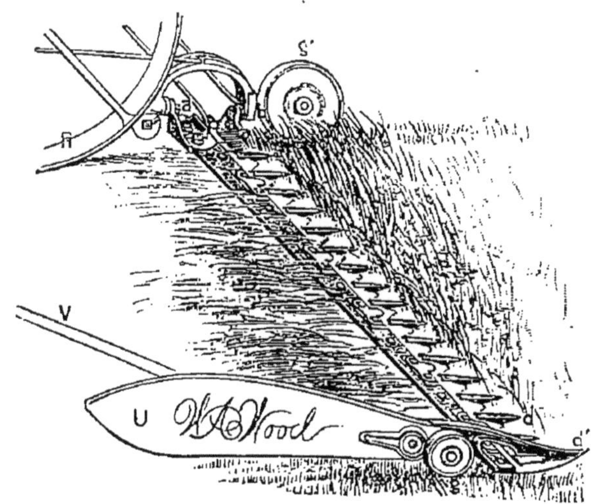

Fig. 240.

Fig. 241.

la récolte sur un terrain fortement incliné. Par suite de

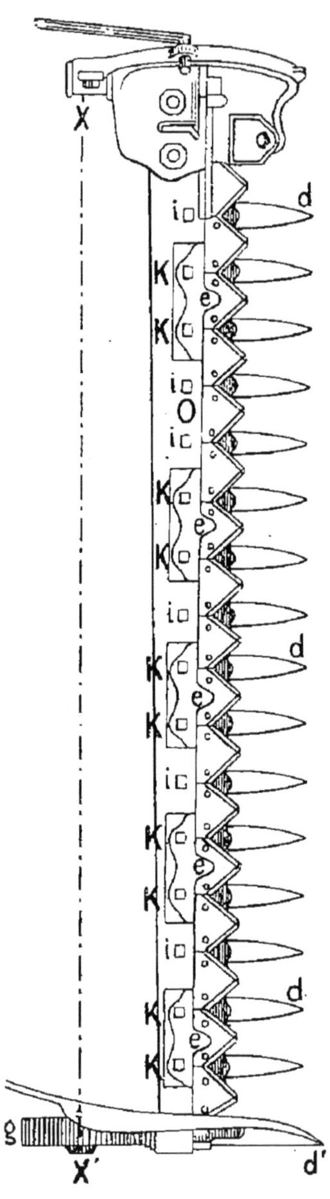

Fig. 242

la présence des articulations *a* et *b*, la barre coupeuse pourra suivre les inclinaisons du terrain, sans pour cela que le mouvement cesse d'être transmis à la scie, dès que les roues porteuses viennent à se déplacer sur le terrain. A l'aide de ce même centre de rotation *a b*, on peut relever complètement la scie, sans aucun démontage, et faire passer la faucheuse par des chemins étroits.

La fig. 242 montre le système de barre coupeuse adopté dans la faucheusè, « la Favorite » de Walter Wood. Cette barre O, de section rectangulaire décroissante, porte, à égales distances les uns des autres, des doigts *d* qui ont pour objet de diviser l'herbe que l'on veut sectionner, et de servir en même temps de points d'appui, pendant la coupe. Ces doigts sont assemblés avec la barre au moyen de boulons *i*.

Si l'on se reporte à la figure 239, page 298, représentant, en *d*, la section droite de cette barre, on voit que les doigts *d* sont entaillés pour laisser passer les dents de scie S, montées sur une barre mobile *f*. Pour éviter que, sous l'action des pressions exercées sur cette lame, la scie ne soit soulevée, des pièces supplémentaires *e* sont disposées, au nombre de cinq, pour éviter ce soulèvement, des boulons K permettent l'assemblage de ces pièces avec la barre.

En X', fig. 242, se trouve l'axe du galet extrême *g*; c'est autour de la ligne XX' que tourne toute la barre O, lorsqu'on veut en soulever les doigts *d*.

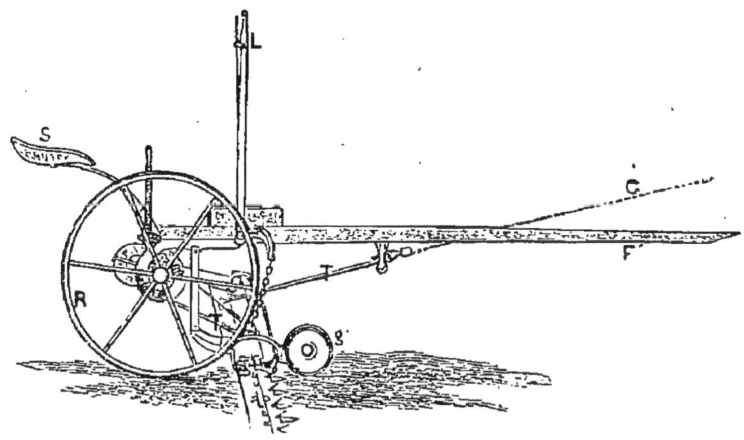

Fig. 243.

Pour empêcher que les dents de la faucheuse ne viennent, à un moment donné, pénétrer dans le terrain, et déchausser les herbes que l'on veut seulement couper, la traction, au lieu de s'exercer par l'intermédiaire de la flèche ou des brancards, se produit au moyen d'une chaîne et d'une tige inclinée, dont le point d'attache est au niveau de la barre coupeuse. Cette traction oblique produit une composante verticale, dirigée de bas en haut, et qui tend toujours à soulever la barre pendant le travail.

Cette disposition est représentée fig. 243, page 301, qui montre comment, dans le cas d'un attelage à deux chevaux, la traction s'exerce, par l'intermédiaire d'une tige T et de la chaîne C, sur une traverse T', située dans le plan de la barre coupeuse B. Une flèche F' sert seulement à donner la direction à la faucheuse, sans transmettre aucune partie de l'effort de traction.

Fig. 244.

Quant à la transmission de mouvement à la scie, ses différents organes sont groupés de manière à présenter un très faible volume. Les roues porteuses R, fig. 244, sont montées folles sur l'essieu, et une boîte à cliquet I permet de faire tourner cet arbre A, lors de la marche en avant de l'appareil.

La fig. 245 montre la disposition de la transmission par engrenages accélérateurs, vue en plan. Sur l'arbre A, formant essieu, se trouve calé un engrenage droit B actionnant un pignon C monté sur un arbre parallèle

A', lequel porte un engrenage D commandant un pignon E monté sur un manchon entourant A, en même temps qu'un engrenage conique F qui met en mouvement un pignon conique G monté sur un arbre N de direction perpendiculaire qui porte à son autre extrémité le plateau manivelle M, commandant la scie, par l'intermédiaire d'une bielle d'assez grande longueur. Un débrayage *l*, à portée de l'ouvrier, permet d'arrêter ces différents mouvements de rotation, lorsque l'appareil doit se déplacer sans couper.

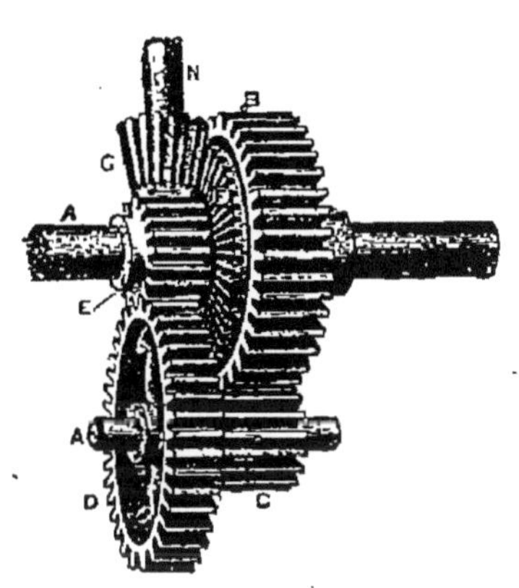

Fig. 245.

Enfin, comme dans tous les appareils similaires, de construction moderne, toute cette transmission de mouvement doit être enfermée dans une boîte métallique, permettant de soustraire ces différents organes aux poussières, herbes ou corps étrangers qui pourraient nuire à leur bon fonctionnement.

Nous donnerons encore, fig. 246, page 304, une autre faucheuse Wood, de construction encore plus récente, dans laquelle les roues et le bâti sont en acier, de manière à diminuer, autant que possible, le poids de l'appareil, sans nuire à sa solidité, et en cherchant ainsi à réduire la partie de l'effort de traction nécessaire pour faire rouler la faucheuse sur le sol de la prairie.

La transmission de mouvement à la scie est aussi un peu différente de celle de la précédente disposition; mais les conditions de relevage des doigts de la barre coupeuse restent exactement les mêmes.

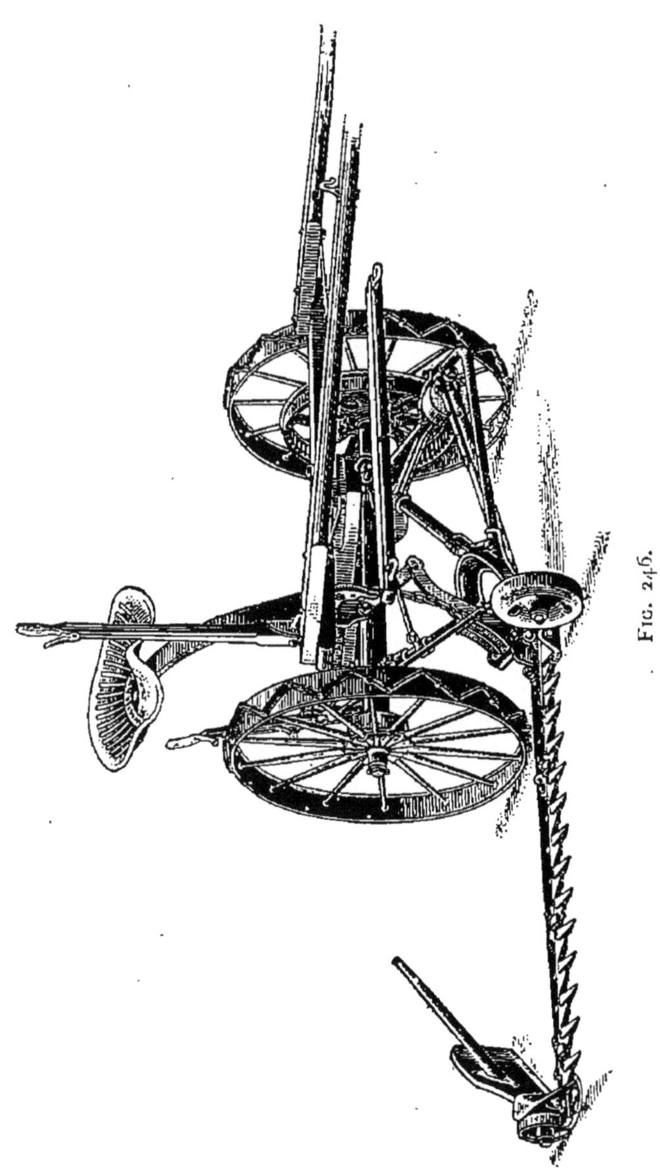

Fig. 246.

Si l'on compare maintenant ces deux types tout récents à celui de 1860, émanant du même constructeur, il est facile de juger du chemin parcouru, dans l'espace d'une trentaine d'années, et d'apprécier tous les progrès réalisés dans la construction des faucheuses, depuis leur apparition au concours international de machines à faucher et à faner, tenu à la ferme de Vincennes, en juin 1860, et qui a eu le grand mérite de faire connaître, en France, aux agriculteurs, des instruments dont ils ne pourraient plus se passer que bien difficilement maintenant.

Un autre exemple de faucheuse est donné par la fig. 247, page 306, représentant la faucheuse de Sprague, vue en plan.

Un bâti métallique porte l'essieu D et la flèche A.

Sur l'essieu D sont montées folles deux roues porteuses E, portant, venues de fonte avec elles, des saillies destinées à augmenter leur adhérence sur le sol. Chacune de ces roues est montée sur un moyeu *e* terminé par un plateau portant un cliquet s'engageant dans les dents d'un rochet placé à l'intérieur d'une boîte cylindrique *a*, montée sur l'essieu D. Cette disposition a pour but de rendre indépendantes les roues E, lors des tournants, ou lors du recul des chevaux, nous avons eu déjà l'occasion de signaler des dispositions analogues.

En F, se trouve, sur D, un grand engrenage droit, en contact avec un pignon F de plus grande largeur et monté à clavette mobile sur un premier arbre intermédiaire qui porte, en G, un second engrenage. Cet engrenage G communique, à son tour, le mouvement de rotation à un pignon G' monté, ainsi qu'un premier engrenage conique, sur un manchon entourant D.

Enfin, un arbre incliné porte, à l'une de ses extrémités, un pignon conique I', et à l'autre, un plateau manivelle M, auquel se trouve attachée l'extrémité d'une bielle K commandant la scie.

Le conducteur, assis sur le siège S, fixé au bâti

mobile, dirige les deux chevaux, attelés de front à la flèche A, et peut agir, au moyen du pied gauche, sur un levier H permettant le déplacement du pignon F, de manière à écarter, l'une de l'autre, les deux dentures d'un embrayage à griffes.

Comme dans tous ces appareils, la barre coupeuse

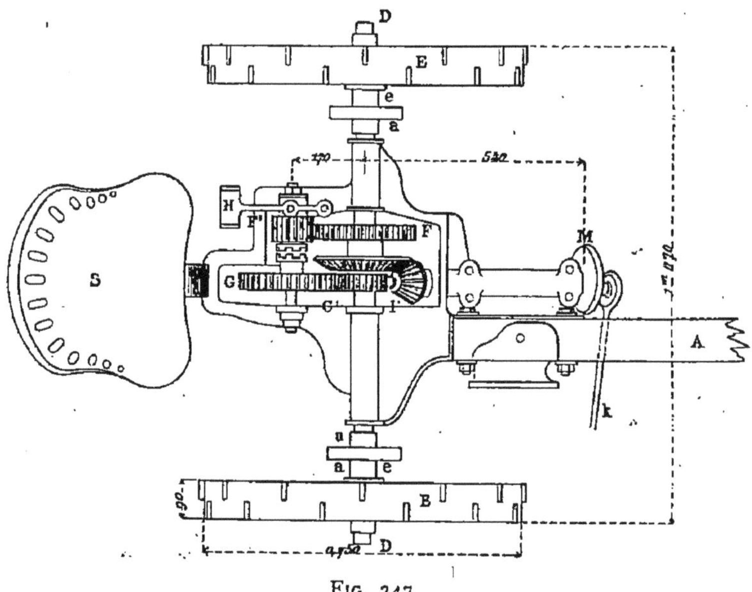

Fig. 247.

se termine par un séparateur K' auquel se trouve assemblée, en arrière, une pièce en bois inclinée K', suivie d'une pièce plus inclinée encore, et dont les dimensions principales sont indiquées sur la figure 248, représentant, en plan, l'ensemble de ces pièces constituant le versoir d'une faucheuse, et ayant pour but de disposer en andain le foin coupé, en préparant une nouvelle piste pour les chevaux.

Parmi les nombreuses machines exposées en 1889 et soumises à des essais sur le terrain, la faucheuse qui a obtenu, ainsi que la faucheuse Walter Wood, la médaille d'or, est la faucheuse *Albion* de la maison Harrisson Mac Gregor et Cie de Leigh, Lancashire, Angleterre.

Nous en donnons une vue perspective, fig. 249, page 308.

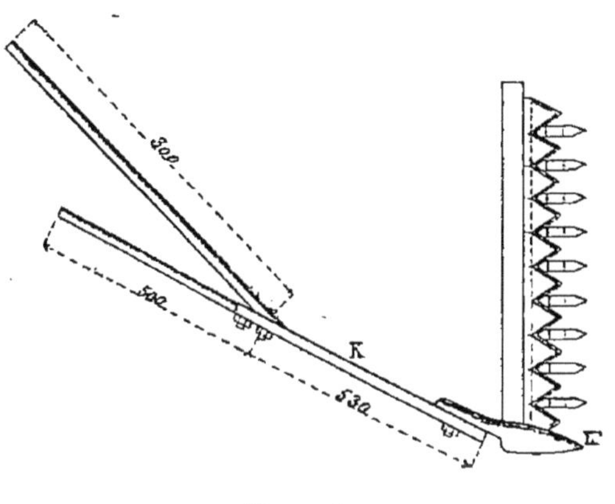

Fig. 248.

L'appareil est disposé pour être traîné par deux chevaux, et le palonnier double, servant à l'attelage, est attaché en un point fixe de la flèche F. La barre de reculement B étant située à l'extrémité de cette même flèche.

Un siège S, situé à l'arrière, supporte le conducteur, qui a à sa portée deux leviers, l'un L servant au débrayage du mécanisme, l'autre L' servant au relevage de la scie, ou pour en régler l'inclinaison, lorsqu'il s'agit de faucher des talus plus ou moins inclinés. Des verrous à manettes *m* et *m'*, et des cercles fixes, munis de crans, permettent de maintenir chacun des leviers dans ses différentes positions.

Des galets G et G', situés aux deux extrémités du porte-lame, permettent de régler la position de celui-ci, par rapport au sol, en évitant toute résistance au glissement.

Une transmission, prise sur les roues du véhicule, composée d'engrenages accélérateurs du mouvement, et d'une bielle commandant l'extrémité de la scie, est, pour la plus grande partie, cachée par des couvercles et boîtes en fonte, facilement démontables, et cet instrument cons-

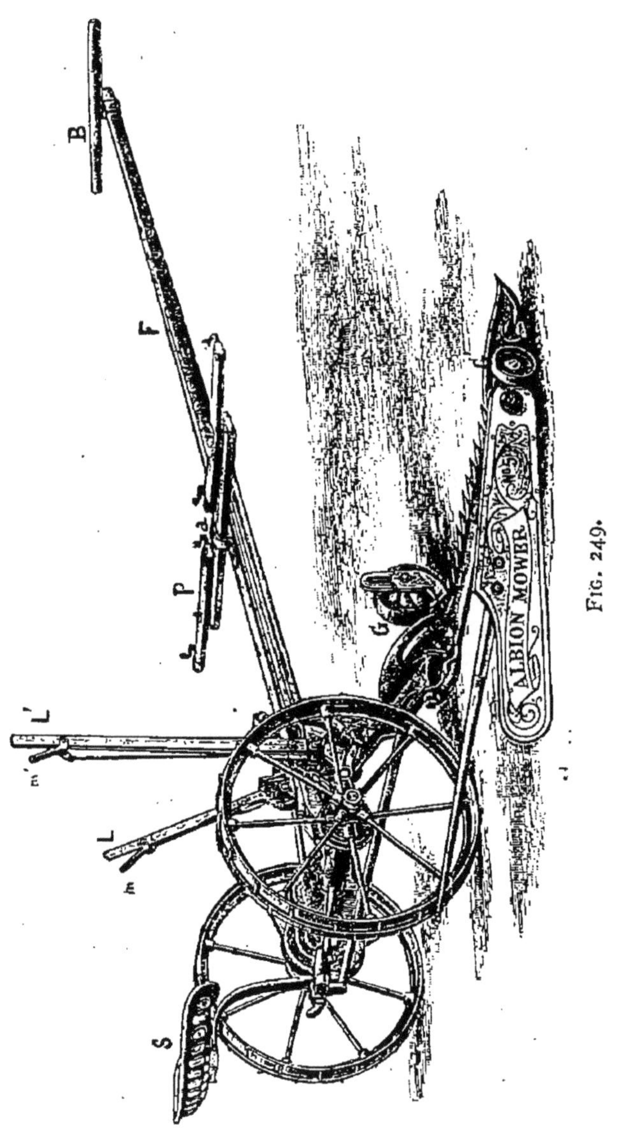

Fig. 249.

titue, dans son ensemble, une excellente faucheuse,

ainsi que l'ont prouvé les essais de Noisiel, organisés à l'occasion de l'exposition universelle de 1889.

Le nombre des constructeurs, tant français qu'étrangers, qui s'adonnent maintenant à la fabrication de ces appareils est maintenant considérable, et l'on peut dire que ces instruments ne diffèrent plus que par certains détails, intéressants sans doute, mais qui n'empêchent pas que toutes les faucheuses construites actuellement ne puissent être employées également dans la pratique agricole.

Parmi ces détails, nous n'en citerons qu'un qui appartient aux faucheuses Albion, de la maison Harrisson Mac Grégor et Cie, et aussi aux faucheuses de Bamlett, et qui consiste à disposer, sur la tête de bielle, un réservoir d'huile de dimensions suffisantes, pour pouvoir servir à la lubrification du bouton de manivelle, pendant une demi-journée, condition importante qui enlève au conducteur de la machine toute préoccupation à cet égard.

En réservant, pour le moment, les questions relatives aux réparations faciles des lames coupeuses et à leur affûtage, questions qui prendront tout naturellement leur place à la suite des moissonneuses qui emploient ces mêmes organes, il nous reste à résumer les nombreux essais qui ont été entrepris, à différentes époques, pour mesurer l'effort nécessaire pour mettre en mouvement les faucheuses mécaniques, et en déduire le travail mécanique employé dans cette opération.

Certains éléments sont indépendants de la nature même de la faucheuse, et si l'on décompose le travail total nécessaire en plusieurs parties, dont l'une, par exemple, concerne la résistance au roulement de la voiture sur le sol, cette résistance, et par suite, le travail correspondant, varie avec l'état du sol.

Si par exemple, le fauchage est interrompu par des pluies abondantes, on remarque que, lors de la reprise des opérations, le travail total dépensé devient plus considérable, pour le même appareil employé, que celui exécuté avant l'interruption des travaux de récolte.

Pour se mettre, autant que possible, à l'abri de ces influences accidentelles, et pouvoir tout au moins les chiffrer, il convient de soumettre chaque appareil à trois essais différents :

1° Essai de la machine, tous les organes transmettant le mouvement à la scie étant débrayés, l'instrument fonctionnant alors comme une véritable voiture à deux roues, roulant sur le sol, dont on a coupé préalablement l'herbe.

2° Essai de la machine, la transmission fonctionnant à vide, c'est-à-dire en faisant rouler l'appareil sur une piste également fauchée.

3° Essai de la machine en travail.

Pour ce dernier essai encore, une précaution doit être prise pour s'assurer, par des témoins irrécusables que la faucheuse a coupé l'herbe sur toute la longueur de la lame coupeuse, et ce résultat est obtenu en obligeant le conducteur de la machine à réserver une ligne d'herbe non coupée, d'assez faible largeur, mais attestant, par sa présence, que la faucheuse a fonctionné en plein, en exigeant, par contre, pour sa mise en mouvement, un travail d'une valeur maximum.

Les essais de ce genre ne peuvent s'effectuer avec quelque exactitude qu'en se servant d'un dynamomètre du genre de celui représenté fig. 135 et 136, page 143, et en l'installant sur la flèche de l'appareil, soit à demeure, soit en lui permettant un léger déplacement. Si, en effet, comme dans la nouvelle faucheuse Wood, par exemple, on veut que, dans l'essai dynamométrique, l'instrument fonctionne exactement dans les mêmes conditions que dans la marche normale, il faut, tout en guidant l'instrument de mesure, par la flèche de la faucheuse, lui laisser une certaine mobilité, et à l'aide d'une glissière fixée à la flèche, d'un coulisseau fixé au dynamomètre, et de barres ou de chaînes de traction, on peut réaliser facilement, et à peu de frais, une installation de ce genre.

Si l'on veut employer une disposition à avant-train, analogue à celle imaginée par M. Ringelmann, on place l'avant-train sous la flèche, que l'on maintient avec l'inclinaison qu'elle doit avoir ordinairement, puis, après avoir attaché le crochet du dynamomètre aux barres de traction de la faucheuse, on attelle les chevaux à l'avant-train, et l'on agit, par cet intermédiaire, sur la faucheuse, pour la déplacer sur le sol.

Pour s'assurer, pendant chaque essai, des conditions de vitesse de l'instrument, pour obtenir, à l'aide du crayon de pointage, sur le tracé dynamométrique, des indications correspondantes au commencement et à la fin de l'expérience, il est utile de piqueter le terrain sur une longueur de 100 à 120 mètres, planter un piquet au point de stationnement des instruments, un autre dix mètres plus loin, un au milieu de la distance à franchir, et deux autres encore, séparés par une distance de dix mètres, à l'extrémité de la piste.

C'est en prenant toutes ces précautions qu'il a été possible de mener à bonne fin, pendant les opérations des concours régionaux agricoles de Langres, en 1873, et d'Auxerre en 1874, et du concours international institué en 1878, pendant l'exposition universelle de Paris, avec essais sur le terrain à Mormant, toute une série d'essais, dont nous donnons, dans le tableau suivant, les principaux résultats.

Lieu des essais.	DÉSIGNATION des MACHINES.	DATES.	Surface du diagr. mesurée au planimètre.	Longueur du tracé.	Ordonnée moyenne.	Effort moyen correspondant.	Largeur de la coupe.	Effort rapporté à 1 mètre de largeur.	Durée du parcours.	Longueur entre les repères.	Vitesse de la faucheuse par 1".	Poids de la machine.	Poids du conducteur.	Poids total.	Coefficient de roulement sur le sol fauché.	Observations.
			mill².	millim.	millim.	kilogr.	mèt.	kilogr.	secondes.	mèt.	mètre.	kil.	kilogr.	kilogr.		
Langres. — 1873. (1)	*Sprague.*															(1) Les essais du 27 Mai ont dû être interrompus par des pluies persistantes qui n'ont permis de les continuer que le 29 Mai, après avoir fait de nouveaux essais avec la faucheuse de Walter Wood, pour apprécier la différence existant dans l'état de la récolte et du terrain avant et après les pluies.
	La faucheuse en plein travail	29 Mai 1873	64220	1841	34.88	129.18	1.23	105.02	74.6	100	1.34	»	»	343.		
	Le mécanisme fonctionnant sans couper		17660	1119	15.78	64.49		52.43	87.2		1.15					
	La scie étant relevée, 1er essai		12100	1107	10.93	48.06		39.12	91.7		1.20				0.140	
	La scie étant relevée, 2me essai		15050	1506	9.99	44.88		36.49	74.1		1.35				0.131	
	Wood.															
	La faucheuse en plein travail, 1er essai. I.	27 Mai 1873	55230	1904	29.00	109.26	1.37	79.76	71.9	100	1.39	»	»	378.		
	La faucheuse en plein travail, 2me essai. II.		57410	2230	25.74	98.22		71.55	87.2		1.15					
	Le mécanisme fonctionnant sans couper		24800	1836	13.51	56.80		41.46	74.6		1.34					
	La scie étant relevée		18860	1699	11.10	48.64		34.77	82.0		1.22				0.128	
	La faucheuse en plein travail, 1er essai. III.	29 Mai 1873	63590	1568	40.55	148.38	1.29	115.02	88.5		1.13					
	La faucheuse en plein travail, 2me essai. IV.		32570	814	40.01	146.55		113.60	87.7		1.14					
	Le mécanisme fonctionnant sans couper		15250	635	24.02	92.40		71.63	82.2		1.22					
	La scie étant relevée		17290	962	17.61	70.69		54.79	82.7		1.21				0.187	
	Samuelson.															
	La faucheuse en plein travail	27 Mai 1873	65220	1754	37.18	136.97	1.30	105.36	77.5	100	1.29	»	»	411.		
	Le mécanisme fonctionnant sans couper		36200	1227	29.50	110.96		85.35	71.9		1.39					
	La scie étant relevée		16310	1031	15.81	64.62		49.71	70.9		1.41				0.157	
Langres. — 1873. (1)	*Hornsby (345).*															
	La faucheuse en plein travail	29 Mai 1873	64120	1210	52.99	190.52	1.17	162.84	82.7	100	1.21	»	»	373.		
	Le mécanisme fonctionnant sans couper		16270	808	20.13	79.22		67.71	76.9		1.30					
	La scie étant relevée, 1er essai		8780	821	10.69	47.25		40.38	69.0		1.45				0.127	
	La scie étant relevée, 2me essai		11090	1245	8.91	41.22		35.23	67.6		1.48				0.111	
	Hornsby (75).															
	La faucheuse en plein travail	27 Mai 1873	71091	1469	48.39	174.94	1.30	134.57	84.7	100	1.18	»	»	436.		
	Le mécanisme fonctionnant sans couper		43340	1491	29.07	109.50		84.23	75.8		1.32.					
	La scie étant relevée		21570	1135	19.00	75.39		57.92	74.6		1.34.				0.173	
Auxerre. — 1874.	*Kirby.*															
	La faucheuse en plein travail, 1er essai	28 Mai 1874	34620	865	40.02	146.59	1.30	112.76	82.7	100	1.21	296	77	373.		
	La faucheuse en plein travail, 2me essai		32100	940	34.15	126.71		97.47	87.2		1.15					
	Le mécanisme fonctionnant sans couper		12540	616	20.36	80.00		61.54	82.7		1.21					
	La scie étant relevée		6270	672.5	9.32	42.61		32.77	81.3		1.23				0.114	
	Wood.															
	La faucheuse en plein travail	27 Mai 1874	26820	699	38.17	140.99	1.29	109.30	80.0	100	1.25	316	71	387.		
	Le mécanisme fonctionnant sans couper		12030	517	23.27	89.86		69.66	78.7		1.27					
	La scie étant relevée		7838	618	12.68	53.99		41.85	76.9		1.30				0.139	
	Hurtu.															
	La faucheuse en plein travail	27 Mai 1874	26010	605	42.99	156.65	1.29	121.43	72.5	100	1.38	387	70	457.		
	Le mécanisme fonctionnant sans couper		22320	755	29.56	111.16		86.17	76.9		1.30					
	La scie étant relevée		6870	590	11.64	50.47		39.19	75.8		1.32				0.110	
	Samuelson.															
	La faucheuse en plein travail	28 Mai 1874	27120	775	34.99	129.55	1.27	102.01	82.7	100	1.21	354	67	421.		
	Le mécanisme fonctionsans couper		18390	732.5	25.11	96.09		75.66	81.3		1.23					
	La scie étant relevée		9480	640	14.81	61.20		48.19	84.0		1.19				0.145	

Lieu des essais.	DÉSIGNATION des MACHINES	DATES.	Surface du diagr. mesurée au planimètre.	Longueur du tracé.	Ordonnée moyenne.	Effort moyen correspondant.	Largeur de la coupe.	Effort rapporté à 1 mètre de largeur.	Durée du parcours.	Longueur entre les repères.	Vitesse de la faucheuse par 1''.	Poids de la machine.	Poids du conducteur.	Poids total.	Coefficient de roulement sur le sol fauché.	Observations.
			mill².	millim.	millim.	kilogr.	mèt.	kilogr.	"	mèt.	mètre.	kil.	kilogr.	kilogr.		
Auxerre. — 1874.	*Hornsby* (959).															
	La faucheuse en plein travail	27 Mai 1874	35550	883	40.26	147.40	1.30	113.38	108.7	100	0.92	319	66	385	0.125	
	Le mécanisme fonctionnant sans couper		14190	626	22.67	87.82		67.56	140.9		0.71					
	La scie étant relevée		7230	663.5	10.90	47.96		36.89	88.5		1.13					
	Hornsby (444).															
	La faucheuse en plein travail	27 Mai 1874	45450	1035.5	43.89	159.70	1.30	122.84	87.7	100	1.14	322	66	388	0.126	
	Le mécanisme fonctionnant sans couper		19140	758.5	25.23	96.49		74.23	82.7		1.21					
	La scie étant relevée		10230	915.0	11.18	48.91		37.62	78.7		1.27					
	Sprague.															
	La faucheuse en plein travail	28 Mai 1874	28170	777	36.25	133.72	1.21	110.51	73.5	100	1.36	281	81	362	0.174	
	Le mécanisme fonctionnant sans couper		18180	625	29.09	109.57		90.55	78.7		1.27					
	La scie étant relevée		8400	549.5	15.29	62.83		51.92	76.9		1.30					
	Peltier jeune.															
	La faucheuse en plein travail	28 Mai 1874	21690	389	55.76	199.90	1.27	157.40	90.1	100	1.11	406	82	488	0.156	
	Le mécanisme fonctionnant sans couper		42160	966	43.60	158.71		124.97	85.5		1.17					
	La scie étant relevée		11550	599	19.28	76.34		60.11	82.7		1.21					

Lieu des essais.	DÉSIGNATION des MACHINES	DATES.	Surface du diagr. mesurée au planimètre.	Longueur du tracé.	Ordonnée moyenne.	Effort moyen correspondant.	Largeur de la coupe.	Effort rapporté à 1 mètre de largeur.	Durée du parcours.	Longueur entre les repères.	Vitesse de la faucheuse par 1''.	Poids de la machine.	Poids du conducteur.	Poids total.	Coefficient de roulement sur le sol fauché.	Observations.
Auxerre. 1874.	*Montarlot.*															La scie est ici remplacée par un plateau horizontal garni de lames de faux.
	La faucheuse en plein travail	28 Mai 1874	25170	674.5	57.32	137.44	»	129.66	80.0	100	1.25	323	59.5	382.5	0.122	
	Le mécanisme fonctionnant sans couper		10200	627	16.27	.15		62.40	6.24		1.60					
	A vide, le mécanisme étant débrayé		7380	701	10.53	46.71		44.06	67.1		1.49					
Mormant. — 1878.	*Aultman-Buckeye.*															(2) Le poids du conducteur a toujours été de 92k, pour cette dernière série d'essais. L'addition de poids marqués complétait le poids propre du conducteur.
	La faucheuse en plein travail	25 Juillet 1878	20900	721	28.99	88.62	1.27	69.78	78.6	110	1.40	325	(2) 92.	417.	0.102	
	Le mécanisme fonctionnant sans couper		19180	1196	16.04	49.03		38.61	99.2		1.11					
	A vide, mécanisme débrayé		16070	1148	14.00	42.80		33.70	95.0		1.16					
	Warder-Mittchell. (Nouveau champion).															
	La faucheuse en plein travail, 1er essai.	25 Juillet 1878	32350	1384	23.38	71.47	1.28	55.84	117.2	110	0.939	258	92.	350.	0.101	
	La faucheuse en plein travail, 2me essai.		22820	880	25.93	79.27		61.93	117.4		0.937					
	Le mécanisme fonctionnant sans couper		18050	1349	13.89	46		33.17	110.2		0.998					
	A vide, mécanisme débrayé		10860	936	11.60	35.46		27.70	98.0		1.120					
	Anson-Wood.															
	La faucheuse en plein travail	25 Juillet 1878	27230	986	27.52	84.13	1.28	65.73	81.2	110	1.122	295	92.	387.	0.106	
	Le mécanisme fonctionnant sans couper		9230	558	16.65	50.90		39.77	74.2		1.482					
	A vide, mécanisme débrayé		15180	1196	13.53	41.36		32.31	83.6		1.316					
	Walter-Wood.															
	La faucheuse en plein travail	25 Juillet 1878	36080	1549	23.29	71.20	1.29	55.19	99.4	110	1.107	254	92.	346.	0.113	
	Le mécanisme fonctionnant sans couper		23970	1363	17.58	53.74		41.66	82.6		1.332					
	A vide, mécanisme débrayé		11470	900	12.74	38.95		30.19	79.0		1.392					

En ayant soin de mesurer, au moment de l'expérience même, la longueur de la scie, pièce facilement démontable et pouvant être remplacée rapidement par une barre coupeuse plus longue ou plus courte, il est possible de comparer les efforts rapportés à un mètre de largeur de scie, et, à ce point de vue, l'effort moyen exigé des machines en travail varie entre :

71k55 et 162k84 pour les essais de Langres;
102k01 et 157k40 pour les essais d'Auxerre;
et 55k19 et 69k78 pour les essais de Mormant.

Mais quoique la résistance à vaincre ne soit réellement proportionnelle, pour le même état du sol, qu'à la section des tiges coupées, on peut avoir une comparaison des difficultés rencontrées, dans la coupe du fourrage, en pesant, pour chaque essai, la quantité d'herbe coupée par chaque instrument, sur un parcours déterminé, et en en déduisant le produit moyen par mètre carré.

A Langres, les résultats obtenus sont compris dans le tableau suivant :

DÉSIGNATION des MACHINES.	Date de l'essai.	Largeur de coupe.	Poids de l'herbe coupée sur une longueur de 10 mètres.	Surface coupée correspondante.	Poids de l'herbe coupée sur un mètre carré.
Sprague	29 mai 1873	1m34	24k	12m² 30	1k951
Walter Wood I, II	27 mai —	1 37	21	13 70	1 533
— III, IV.	29 mai —	1 29	23	12 90	1 783
Samuelson	27 mai —	1 30	20	13 00	1 538
Hornsby (345)	29 mai —	1 17	20	11 70	1 710
Hornsby (75)	27 mai —	1 30	21	13 00	1 615
				Moyenne...	1k 688

A Auxerre, les résultats ont été beaucoup moins considérables :

Désignation des machines.	Poids de l'herbe coupée sur un mètre carré.
Kirby	$0^{k}596$
Walter Wood	0 620
Hurtu	0 640
Samuelson	0 630
Hornsby (959)	0 731
Hornsby (444)	0 577
Sprague	0 702
Peltier jeune	0 433
Montarlot	0 472
Moyenne.	0. 600

A Mormant, la récolte n'a pas été pesée, il s'agissait d'un regain de luzerne d'un rendement assez faible à l'hectare.

Mais, si l'on compare les résultats dynamométriques de Langres et d'Auxerre, on ne trouve pas des différences comparables à ces différences de produits. Il est vrai que le travail employé, pour la coupe de l'herbe, n'est qu'une faible partie du travail total dépensé.

Si l'on prend les deux expériences extrêmes de Langres, par exemple, le travail employé, pour la coupe de l'herbe, étant égal, approximativement, à la différence entre le travail en charge et le travail le mécanisme fonctionnant à vide, on trouve :
pour la machine Walter Wood. II.

$$71.55 - 41.46 = 30^{k}.09$$

et pour la faucheuse Hornsby (345)

$$162.84 - 67.71 = 95^{k}.13$$

résultat trois fois plus considérable, pour le deuxième que pour le premier, ce qui tient évidemment à ce que, dans le deuxième cas, il y a eu bourrage de la matière entre la lame et le porte-lame.

Si l'on passe aux résultats du concours d'Auxerre, les chiffres sont plus comparables :
pour la faucheuse de Samuelson,

$$102{,}01 - 75{,}66 = 26{,}36$$

pour l'instrument de Peltier jeune, qui n'était autre qu'une faucheuse Wood,

$$157{,}40 - 124{,}97 = 32{,}43$$

Trente kilogrammètres environ sont ainsi dépensés, par mètre carré de terrain, pour en couper la récolte.

Quant à la part du travail moteur absorbée par la marche à vide du mécanisme, elle est très variable, suivant les essais, mais elle peut se déterminer toujours par différence entre le travail absorbé par la marche à vide et celui employé pour rouler la voiture sur le sol.

Si l'on compare les chiffres totaux donnant l'effort nécessaire pour traîner cette voiture, dans les différents essais, au poids de la faucheuse y compris celui du conducteur, on obtient, en divisant les deux résultats l'un par l'autre, un nouveau chiffre qui représente le coefficient de roulement de l'instrument sur le sol de la prairie.

Dans les trois séries d'essais, la moyenne de ces chiffres est de :

0,144 pour les essais de Langres,
0,136 pour les essais d'Auxerre,
0,106 seulement pour ceux de Mormant,

et si l'on compare ces chiffres moyens à celui obtenu

par la faucheuse Walter Wood, roulant sur une chaussée empierrée, on trouve une valeur 0,116, tandis que la même faucheuse roulant sur le pré a exigé :

un effort de $48^{k},64$ le 27 mai
et un effort de $70^{k},69$ le 29 —

correspondant à des coefficients de roulement de 0,128 et 0,187 pour ces deux essais.

Le nombre d'éléments, qui entrent dans des expériences de cette nature, est tellement considérable qu'il est assez difficile d'obtenir des résultats absolument certains, et surtout comparables.

L'état du sol, suivant les conditions atmosphériques, les conditions de graissage des différents organes, l'affûtage plus ou moins parfait de la scie, etc., sont autant de circonstances qui, pour une même machine, peuvent influer très notablement sur les résultats, et c'est pour cette raison qu'il nous a paru nécessaire d'indiquer, dans un seul tableau, tous les résultats obtenus dans les trois concours principaux, où le dynamomètre de traction a été appelé à jouer un rôle dans le classement des différentes machines présentées.

Malgré les divergences observées, il est nécessaire de constater que les essais de 1878, ont donné des résultats beaucoup plus faibles, quant au travail exigé des faucheuses, les différences y étaient aussi beaucoup moins accentuées, et l'on peut conclure, de ces derniers essais, que les faucheuses mécaniques se sont beaucoup perfectionnées, depuis leur origine, et que les différences constatées au début, quant au travail exigé pour leur fonctionnement, tendent à disparaître.

A ce point de vue encore, les faucheuses de diverses origines peuvent être employées sans que l'on ait à procéder tout d'abord à un véritable classement des machines proposées maintenant.

Des essais précédents on peut encore déduire deux renseignements intéressants : la vitesse de la scie la plus convenable pour couper les fourrages, et la composition de l'attelage devant traîner la faucheuse.

Si l'on se reporte aux expériences du concours de Langres, on peut dresser le tableau suivant, donnant les vitesses d'un point de la scie des différentes machines, par unité de temps, la seconde.

NOMS des CONSTRUCTEURS.	Nombre de tours du plateau-manivelle		Vitesse de la scie par seconde.
	par tour de roue.	par seconde.	
Sprague.............	$24^t 50$	$13^t 74$	$1^m 90$
Walter Wood........	26.79	13.73	1.84
Samuelson..........	26.50	13.44	2.19
Horsnsby...........	20.30	11.18	1.95

Comme les vitesses des faucheuses en travail ont varié de 1^m,18 à 1^m,39, vitesses se rapprochant plus de l'allure du cheval au pas allongé que celle correspondant au pas ordinaire, il est nécessaire de réduire un peu ces chiffres pour obtenir ceux que l'on peut réaliser, dans la pratique courante, et l'on admet que la vitesse d'un point de la lame, donnant une bonne coupe de fourrage, doit être comprise entre 1^m,90 et 2^m,00 par seconde.

Si, au lieu d'employer des chevaux, on veut traîner la faucheuse avec des bœufs dont l'allure est toujours moins vive, il faudrait modifier le diamètre des engrenages de commande de la scie, pour obtenir, pour cet organe essentiel, la même vitesse que précédemment, la vitesse de transport passant de $0^m,90$ et $1^m,00$ à $0^m,60$ seulement, s'il s'agit d'un attelage composé de bœufs, au lieu de chevaux.

Au point de vue du nombre des éléments composant cet attelage, ce sont encore les expériences précédentes qui pourront servir pour répondre à cette question.

Sans envisager les nombres les plus élevés, représentant les efforts de traction observés dans ces essais, qui tiennent, au moins en partie, à quelques défauts de réglage des appareils expérimentés, on voit que, pour les machines de Wood et de Samuelson, par exemple, les efforts développés par l'attelage, dans les essais du concours régional d'Auxerre, ont été de :

$$140^k,99 \text{ et } 129^k,55$$

et si l'on multiplie ces efforts par le déplacement, par seconde, du point d'application de l'effort, soit :

$$1^m,25 \text{ et } 1^m,21$$

on trouve $176^{\text{klgm}},24$, d'une part, et $156^{\text{klgm}},76$ ce qui, en supposant deux chevaux attelés à ces appareils, exigerait de chacun d'eux

$$88^{\text{klgm}},12 \text{ et } 78^{\text{klgm}},33, \text{ par } 1''$$

Or il est impossible d'admettre que de forts chevaux puissent développer, d'une manière un peu continue, un travail aussi considérable.

Dans les essais de Mormant, le travail par seconde, développé par l'attelage, et pour les différentes faucheuses expérimentées, est indiqué dans le tableau suivant.

DÉSIGNATION des MACHINES.	Effort développé par les chevaux. la faucheuse en plein travail.	Vitesse par 1″.	Travail en kilogrammètres par seconde.
Aultman-Buckeye...	88k62	1m400	124klgm07
Warder-Mittchell....	71.47 et 79.27	0.939 et 0.938	67.11 à 74.36
Anson-Wood........	84.13	1.122	94.39
Walter-Wood........	71.20	1.107	78.82

Nombres beaucoup plus favorables que les précédents, mais qui indiquent qu'il faut encore, avec la meilleure faucheuse, la plus perfectionnée, un attelage composé de deux chevaux, à moins de réduire par trop la longueur de la scie, et par suite la surface que l'on peut préparer par journée de travail.

Dans les opérations horticoles, on peut encore employer la faux, lorsque la surface du gazon que l'on veut tondre n'est pas considérable, et aussi, lorsqu'on peut disposer d'un faucheur suffisamment habile.

Les tondeuses de gazon sont de véritables faucheuses mécaniques, permettant de tondre, de très près, le gazon, et donner ainsi aux pelouses de nos jardins, publics ou privés, un aspect très agréable.

Ces instruments doivent remplir plusieurs conditions : être d'un prix très abordable, et surtout être d'une conduite excessivement facile.

Dans leur construction, on n'a pas pu adopter le système de la scie des faucheuses et moissonneuses, et on a constitué l'appareil coupeur de lames disposées en hélice sur un cylindre à claire-voie.

Si l'on se reporte aux fig. 250 et 251, pages 323 et 324, on voit que l'appareil est formé de deux flasques creuses en fonte, réunies par des entretoises, de manière à laisser entre elles l'emplacement nécessaire pour y loger les lames coupeuses, les roues porteuses de l'appareil, ainsi que les rouleaux presseurs, dont ces tondeuses sont munies ordinairement.

Leur poids varie de 15 à 20 kilogrammes, et la largeur que l'on peut tondre, en une seule opération, est comprise, le plus ordinairement, entre $0^{m},250$ et $0^{m},450$.

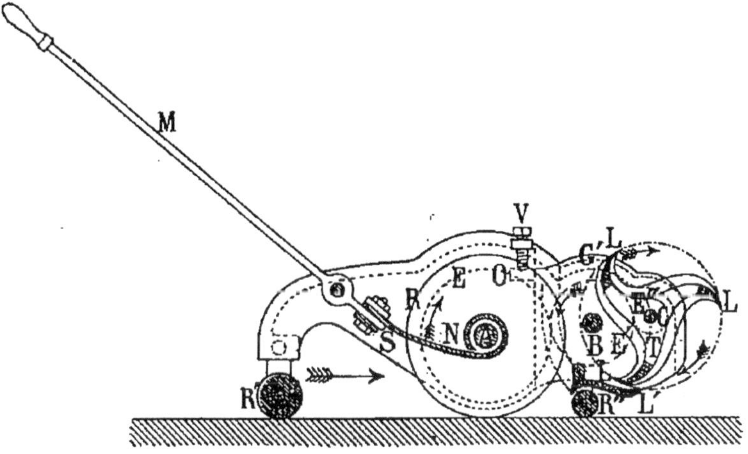

Fig. 250.

Les roues porteuses sont au nombre de deux, d'assez faible diamètre, et cannelées, de manière à présenter une adhérence suffisante sur le sol.

Dans l'exemple représenté fig. 250 et 251, les roues porteuses sont situées à l'arrière des lames coupeuses et sont distantes d'une quantité plus faible que la longueur des lames, de telle manière que les roues viennent rouler sur le sol déjà tondu. Dans d'autres dispositions, au contraire, les roues sont plus écartées, de manière à venir rouler sur le sol non préparé. Il résulte évidemment, de cette seconde disposition, un inconvénient : les roues viennent coucher momentanément l'herbe, sur une certaine largeur, et elle ne se trouve pas partout dans les mêmes conditions, relativement à la position des lames qui doivent en trancher la partie supérieure.

Dans l'exemple précédent, deux roues porteuses R sont montées sur un essieu A, tournant sur lui-même, lors du déplacement horizontal de toute la tondeuse, et se ter-

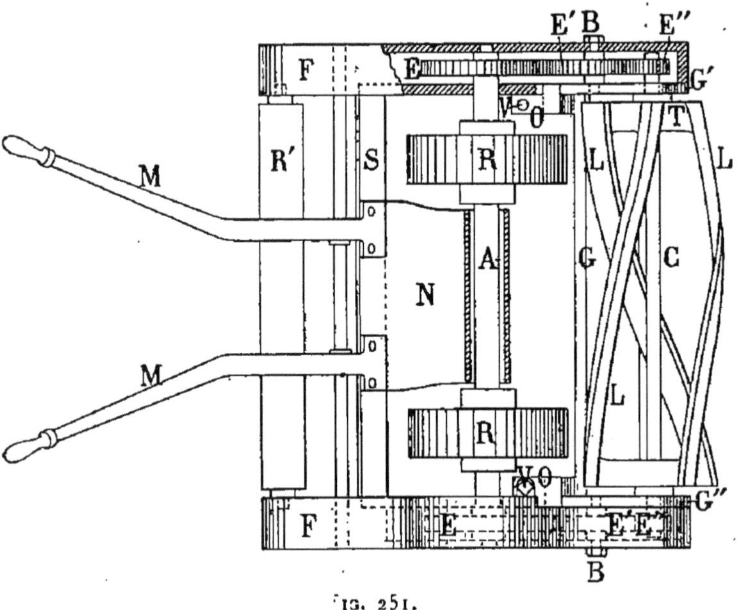

Fig. 251.

minant, en E, E, par deux engrenages droits. En B se trouvent, dans les deux flasques F, des axes portant des engrenages E', E', actionnés par E, E. Enfin, en C, se trouve l'axe du tambour évidé T, portant les trois lames hélicoïdales L. Cet axe C portant, aux deux extrémités, des pignons E'' E'' engrenant avec E', E'.

Dès que, sous l'action de l'homme, poussant tout l'appareil, dans la direction de la flèche, au moyen des mancherons M et M', les roues commenceront à tourner, dans le sens indiqué sur la figure 250, et, par suite de la présence des engrenages E, E' et E'', le mouvement de C sera du même sens que celui de A, mais environ trois fois plus rapide, et les lames coupantes L, en tournant sur elles-mêmes, en même temps que leur axe se déplace horizontalement, viendront agir sur le gazon, pour le tondre, à une certaine hauteur au-dessus du sol. Pour éviter que les herbes ne soient couchées par les lames sans être sectionnées, une contre-lame L' est disposée, à la base de l'appareil, de manière que chacune des tiges soit ainsi comprise, à un moment donné, entre la lame fixe L' et une des lames L, s'en rapprochant, afin qu'une section nette des différents éléments composant le gazon puisse ainsi s'effectuer. Des rouleaux R' et R'', disposés en dessous des flasques, et les réunissant, viennent agir sur le sol pour le comprimer légèrement, afin d'y consolider les racines qui peuvent être ébranlées au moment de l'action des lames coupantes. Leur position peut être modifiée facilement, pour le réglage de l'appareil.

Enfin, pour pouvoir couper à différentes hauteurs, avec le même outil, il suffit d'abaisser l'axe C des lames, par rapport aux autres axes B et A. A cet effet, l'axe C, au lieu d'être maintenu par les flasques F, est porté par une pièce G en forme d'U dont les parties verticales G' et G'' peuvent tourner autour des axes B, B des engrenages intermédiaires E', E'. Des vis V viennent agir sur des oreilles O, O, venues de fonte avec G G' G'', de manière à pouvoir facilement régler la position des lames L et L' par rapport au sol.

Pour éviter que l'herbe, une fois coupée, ne vienne s'enrouler autour de l'axe A, on peut entourer cet axe d'un manchon en tôle N, que l'on vient fixer sur la même traverse S que les mancherons M.

Dans l'appareil représenté fig. 250 et 251, le diamètre

des roues porteuses est de $0^m,16$, le diamètre du cercle décrit par un point des lames est de $0^m,145$.

On peut facilement en déduire la vitesse des lames.

Si l'on admet que la vitesse de déplacement de l'appareil, sur le sol, est de $1^m,00$ par 1″, le nombre de tours de l'axe A sera égal à

$$1,000 \times \frac{1}{\pi \times 0,16} = 1^t,99 \text{ par } 1''$$

celui de l'axe C des lames L sera trois fois plus grand, soit $5^t,97$, et le chemin parcouru par un point de lames sera donné par

$$\pi \times 0,145 \times 5,97 = 2^m,719 \text{ par } 1''$$

Pendant que les organes tournent sur eux-mêmes, ils se déplacent horizontalement, à raison de $1^m,00$ par seconde, l'herbe ne sera donc rencontrée, par les lames tournantes, qu'avec une vitesse relative, égale à la différence des deux premières vitesses, étant donné le sens de rotation de l'axe C.

La vitesse relative à considérer sera donc

$$2^m,719 - 1,000 = 1^m,719.$$

Vitesse un peu plus faible que celle avec laquelle la scie rencontre l'herbe, dans les faucheuses ordinaires à mouvement alternatif.

Fanage. Râtelage. — A moins d'avoir recours aux procédés de l'ensilage des fourrages verts, comme on le fait maintenant journellement pour le maïs coupé en vert, il faut avoir recours au séchage rapide de la récolte, sur place, en procédant de la manière suivante, lorsque cette opération s'effectue par procédés manuels.

Lorsque les conditions climatériques le permettent,

c'est au moyen des opérations successives du fanage et du râtelage que l'on peut sécher rapidement la récolte de fourrage.

Lorsqu'elle est un peu abondante, on étale les andains formés au moment du fauchage, puis, à l'aide de fourches, et en opérant en plein soleil, on projette le foin en l'air, pour le laisser retomber sur le sol, puis, avec le râteau, on rassemble les différents éléments, pour les projeter à nouveau afin d'en continuer la dessiccation.

Si le temps se gâte, si l'on redoute de fortes pluies, ou bien lorsque le fanage n'est pas terminé à la fin de la journée, on rassemble, au râteau, le foin en grands andains, que l'on ouvre le lendemain, pour procéder aux mêmes opérations que la veille.

Le nombre de personnes employées pour ces opérations ne laisse pas que d'être considérable, et l'on admet qu'il faut employer de trois à cinq faneurs pour un faucheur, et comme celui-ci ne peut couper qu'un tiers d'hectare par jour, c'est 15 journées de faneurs dont il faut disposer par hectare.

Pour éviter cette grande main-d'œuvre, on a été conduit à imaginer des appareils mécaniques pouvant, à l'aide d'un homme et d'un cheval, faire le même travail que 18 à 20 personnes employées à ces opérations du fanage et du ratelage. Mais, du moment où le fanage peut s'exécuter mécaniquement, le rassemblage de l'herbe, au moyen des râteaux, ne peut s'effectuer manuellement, sans exiger un personnel qui serait inoccupé, pendant une grande partie du temps ; il faut donc aussi, pour cette opération du râtelage, abandonner les procédés entièrement manuels, et nous avons donc à étudier, d'une part, les machines à faner, désignées ordinairement sous le nom de *faneuses,* et les râteaux mécaniques, connus sous le nom de *râteaux à cheval.*

Dans les contrées humides, où il est difficile de trouver plusieurs jours consécutifs de beau temps, pour pouvoir sécher, en temps voulu, la récolte des fourrages, on emploie un procédé qui consiste en des perches plantées dans le sol, de distance en distance, et dans lesquelles on vient implanter des traverses horizontales servant à y déposer le foin, de manière à constituer une sorte de meulon aérien, sur lequel l'air vient agir, pour en obtenir la dessiccation.

Des installations analogues, désignées sous le nom de

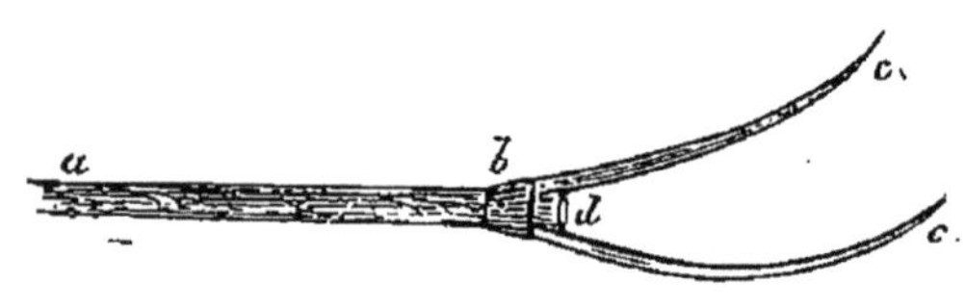

Fig. 252.

cavaliers, porte-trèfle, chevalets, bâtons de perroquet, peuvent être employés pour le même usage, et tout dernièrement, un appareil analogue, dénommé *siccateur*, était expérimenté, sur une grande échelle, dans une exploitation importante de Seine-et-Marne.

Fanage. — Lorsque l'on effectue le fanage par procédé manuel, un seul outil est employé, c'est la fourche en bois à deux dents, dont la forme est indiquée ci-dessus, fig. 252.

Un manche rond *a b* est terminé par deux branches *b c*, maintenues distantes l'une de l'autre, au moyen d'un coin *d*. Une douille, disposée en *b*, empêche que, sous l'action du coin, la séparation du manche en deux parties ne se continue trop loin.

Lorsqu'il s'agit de fourrages secs, ce premier outil peut être remplacé par une fourche en acier, à deux ou trois branches, connue sous le nom de fourche américaine, mais que l'on commence à fabriquer, en France, dans de bonnes conditions.

Faneuses. — Dans presque toutes les dispositions de faneuses mécaniques, les râteaux, remplaçant les fourches, dans le travail à la main, ont leurs bras disposés, suivant les rayons, autour d'un axe tournant rapidement sur lui-même, tout en se déplaçant horizontalement, suivant une direction perpendiculaire. Chacune des pointes dont est armé chacun des râteaux décrira donc une

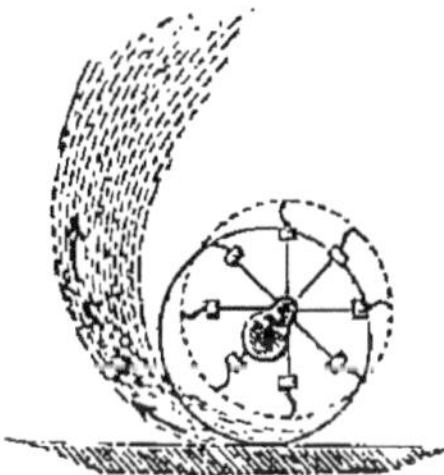

Fig. 253.

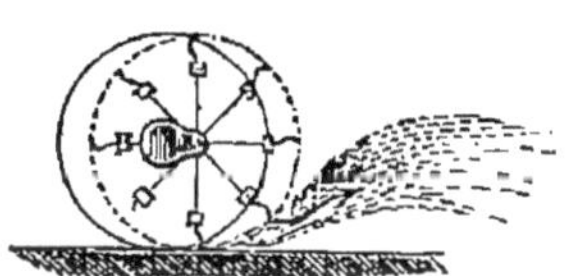

Fig. 254.

cycloïde, en s'approchant du sol, pour saisir les brins d'herbes, et les projeter dans l'espace, soit en arrière de l'appareil, soit en avant, et les figures 253 et 254 montrent comment cette projection se produit sous l'action simultanée de ces deux mouvements de rotation et de translation.

Le mouvement en avant est surtout employé pour l'ouverture des andains, et lorsque l'herbe contient encore une grande quantité d'eau, et le mouvement de projection à l'arrière est surtout destiné à terminer le séchage des fourrages.

Pour des raisons que nous donnerons un peu plus loin, la vitesse de rotation est souvent notablement différente, pour chacun de ces mouvements, et nous aurons donc à examiner à l'aide de quelles dispositions on peut facilement changer le sens du mouvement de rotation et la rapidité de ces mouvements.

Parmi les faneuses les plus renommées, nous citerons, tout d'abord, la faneuse de Nicholson qui, bien que d'invention déjà ancienne, est encore en usage, sur une grande échelle. Elle est représentée fig. 255 à 257 comme vues d'ensemble, et fig. 258 et 259 comme dispositions de détail.

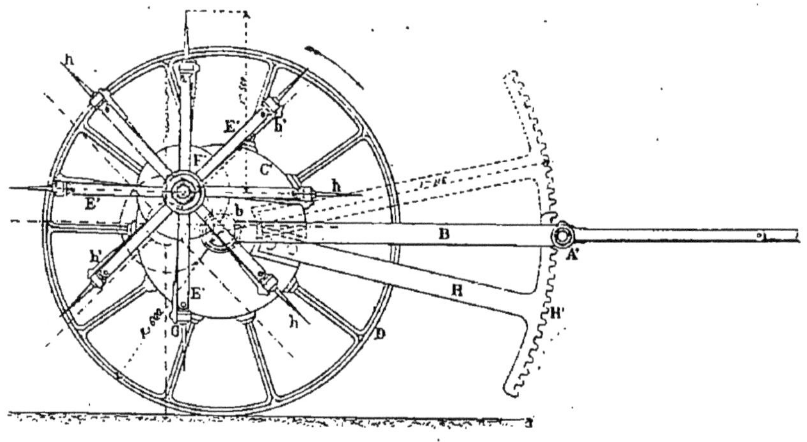

FIG. 255.

L'appareil se compose d'une voiture sans avant-train, dont le châssis B est porté par des roues porteuses D, de grandes dimensions, et traînée par un seul cheval disposé entre les brancards A, assemblés sur une tige en fer creux A', et consolidés par des ferrures *a'*.

Les roues porteuses D sont montées folles sur deux essieux indépendants *b*, de faible longueur, et situés dans le prolongement l'un de l'autre ; les moyeux G sont de grands diamètres, ils sont creux et portent, à leur intérieur, différents organes de transmission. Des couvercles circulaires G', situés en regard l'un de l'autre, ferment ces boîtes, et sont percés chacun d'un orifice cylindrique, excentré par rapport à l'essieu *b*, et dans lequel passe librement l'arbre *d*, portant, au moyen de bras *h'* et de pièces inclinées E et E', des barres sur lesquelles sont

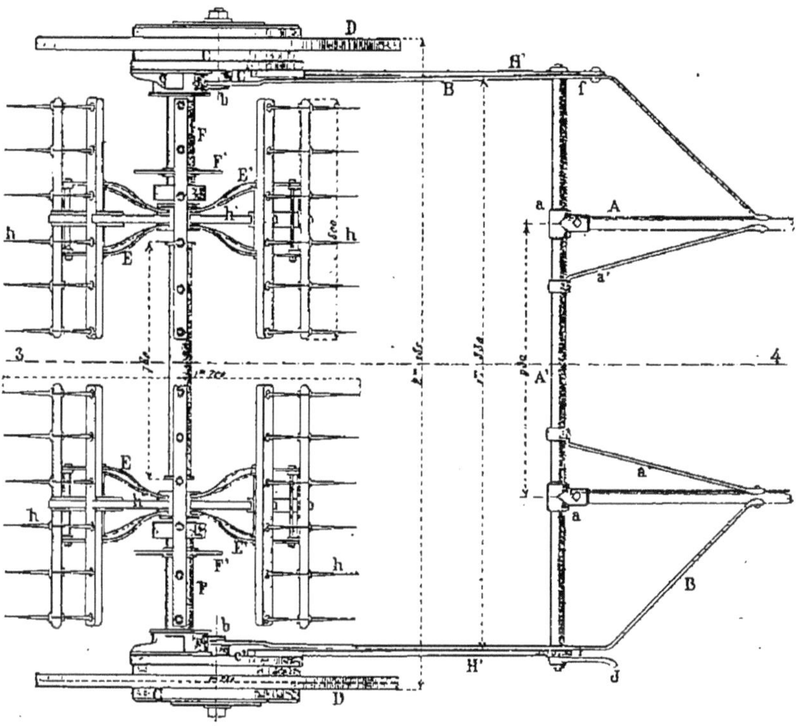

Fig. 256.

implantées, à distances égales les unes des autres, les dents *h* des râteaux rotatifs.

Entre des nervures, venues de fonte avec le couvercle G', on fixe un bras H terminé, en H', par un grand arc denté.

En agissant, au moyen de manivelles J, sur des pignons de faible diamètre engrenant avec les crémaillères circulaires H′, on arrive à faire tourner les couvercles G′, ainsi que les axes *d*, autour des essieux *b*, en abaissant ou en élevant les râteaux par rapport au sol, suivant la hauteur de la couche d'herbe qu'il s'agit de faner, ou lorsqu'on veut passer de la position de travail à celle de transport, ou réciproquement.

Pour permettre une certaine flexibilité des râteaux, pour éviter la rupture de leurs dents, si elles viennent à rencontrer un obstacle, une pierre, par exemple, ou pour placer ces râteaux dans une position perpendiculaire à celle qu'ils présentent dans le travail, lorsqu'on veut transporter l'instrument, sans qu'il puisse occasionner des accidents, si les râteaux venaient à être mis en mouvement, chacune des barres est montée à ressort, sur le bras correspondant *h*, comme cela est représenté fig. 257, ci-contre.

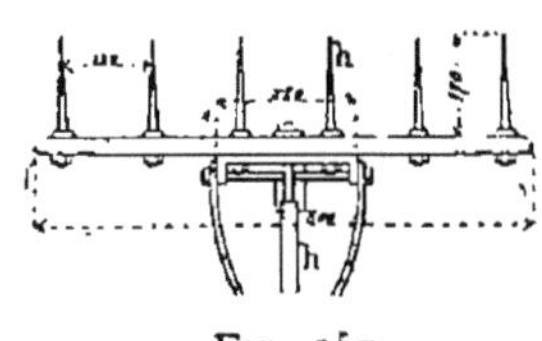

FIG. 257.

Si l'on veut se rendre compte du mode de transmission de mouvement aux râteaux rotatifs, les figures 258 et 259, pages 333 et 334, donnent, à plus grande échelle, les indications nécessaires.

En *f*, se trouve une tige cylindrique réunissant les deux moyeux creux G, et c'est sur cet axe que viennent tourner librement les deux arbres creux *d*, portant, en *h*, les bras des rateaux faneurs.

En F, F′, F″, existe un fourreau entourant cet arbre *d*, sur la plus grande partie de sa longueur.

L'arbre *d* porte à l'une de ses extrémités, en P, un pignon pouvant occuper trois positions différentes, dans l'intérieur du moyeu. Un couvercle demi-cylindrique *g*, forme une partie seulement de la longueur du fourreau F, il peut être manœuvré par une poignée *m*, qui, une fois soulevée, permet le libre déplacement d'une bague cylindrique, venue de forge avec *d*.

Enfin, la boîte G, formant moyeu de la roue porteuse, présente, à son intérieur, deux couronnes dentées, l'une S, constituant un engrenage à denture extérieure, l'autre S', formant un engrenage intérieur.

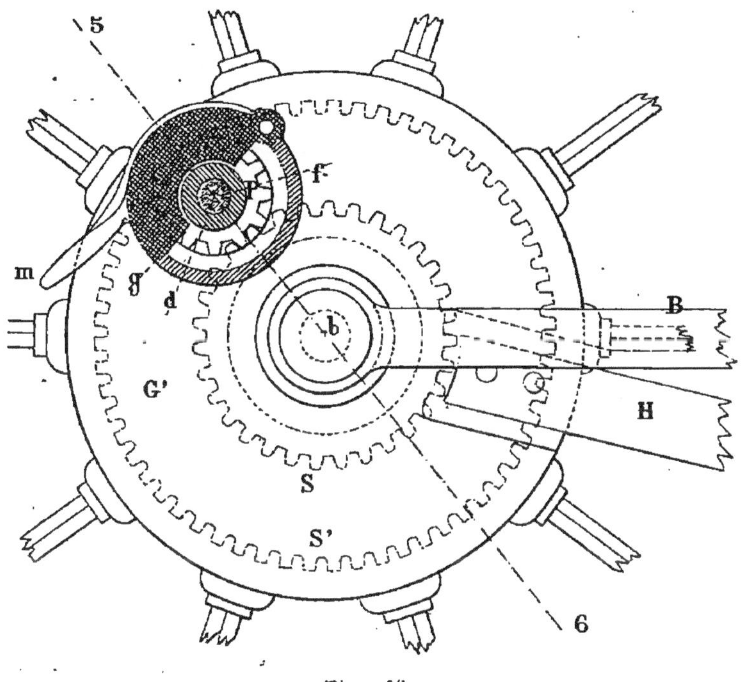

Fig. 258.

Si après avoir soulevé la pièce *g*, on déplace, à la main, l'arbre *d*, dans le sens de sa longueur, de manière à amener le pignon P en contact avec S ou S', le mouvement de rotation des roues porteuses, autour de leur axe *b*, produira la rotation de *d*, et par suite des râteaux, soit en sens inverse du mouvement des roues, soit dans le même sens, mais avec des vitesses différentes, puisqu'un même pignon P peut engrener successivement avec des roues dentées S ou S' de diamètres différents. La position du pignon P, de la figure 259, est celle correspondant au débrayage des râteaux, lorsqu'on veut déplacer l'appareil, sans en obtenir aucun travail.

Il est à remarquer encore que les mouvements de rotation des deux groupes de râteaux sont complètement indépendants, ce qui permet de faire tourner facilement l'appareil, sur lui-même, sans soumettre aucun des organes qui le composent à des glissements ou à des torsions.

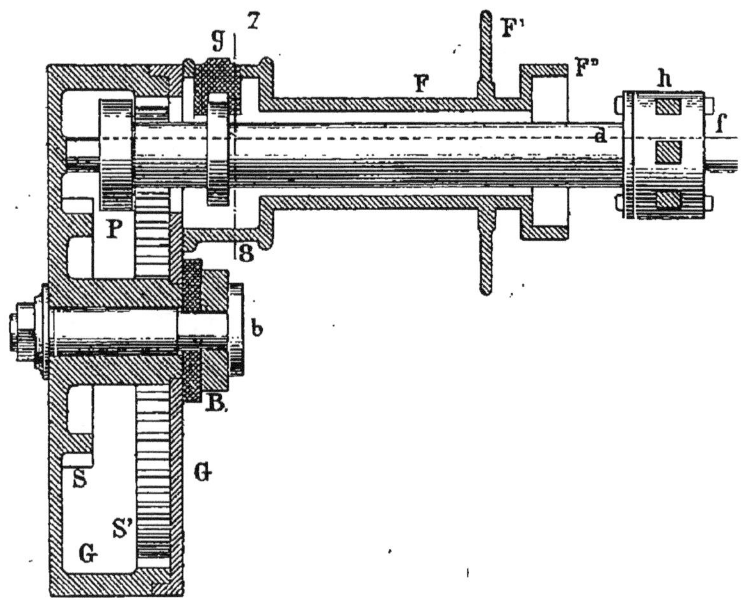

Fig. 259.

En mesurant, avec soin, les dimensions des organes principaux d'une faneuse de Nicholson, on trouve que la circonférence décrite par les pointes des râteaux est exactement de même diamètre que la jante des roues porteuses, et que, pour la marche en avant des râteaux, le rapport des diamètres des engrenages employés, S et P, est égal à 3, tandis que, pour la marche en arrière, le rapport des diamètres des engrenages, S' et P, est plus considérable, et égal à 5.

Il s'ensuit que, pour un mètre de déplacement des roues porteuses sur le sol, le déplacement d'un point de la circonférence des râteaux, autour de leur axe, est, dans le premier cas, égal à $3^m,00$, et dans le second cas égal à $5^m,00$; mais, pendant que les râteaux ont ainsi tourné avec des vitesses différentes, tout l'instrument s'est déplacé sur le terrain de $1^m,00$.

La vitesse relative, la seule à considérer ici, sera donc, dans la marche en avant :

$$V' = V + \nu = 3^m,00 + 1^m,00 = 4^m,00$$

et pour la marche en arrière :

$$V'' = V - \nu = 5^m,000 - 1^m,00 = 4^m,00 \text{ également.}$$

Dans ce premier appareil, la vitesse avec laquelle le rateau viendra rencontrer l'herbe, déposée sur le sol, sera la même quel que soit le sens de la rotation.

Dans d'autres systèmes, au contraire, cette vitesse relative est différente, et il est facile de se rendre compte de ces variations de vitesses relatives, en examinant maintenant la transmission du mouvement aux râteaux d'une autre faneuse, également très employée, la faneuse de Howard.

Dans cet instrument, un seul engrenage extérieur S, fig. 260, page 336, est venu de fonte avec le moyeu de chacune des roues porteuses, et un pignon P', monté sur un axe *a*, engrène constamment avec l'engrenage S, l'axe *d* des râteaux porte un pignon P de même diamètre que P' et situé dans le même plan vertical que les deux autres. A l'aide d'un levier, mu par excentrique, le pignon P peut occuper les trois positions successives P, P_1, P_2.

Dans la position P, fig 261, page 337, la transmission du mouvement s'effectuera par l'intermédiaire des trois engrenages S, P' et P, et les râteaux tourneront dans le même sens que les roues, c'est la marche d'arrière qui est ainsi réalisée.

Dans la position P_1, fig. 260, le contact des engrenages

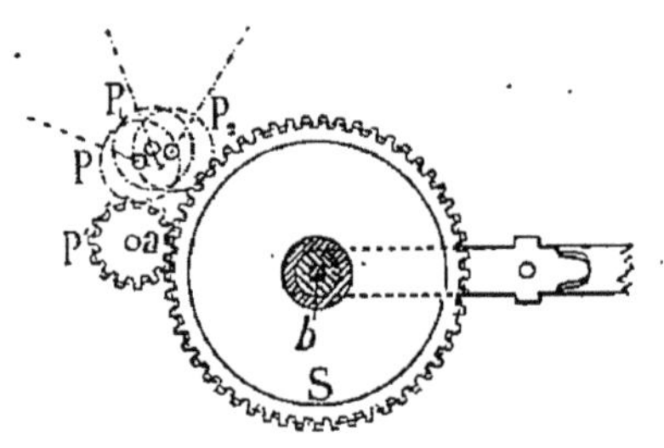

Fig. 260.

P et P' n'existe plus et l'appareil est débrayé.

Enfin, pour la position P_2, fig. 262, page 337, l'engrènement de P_2 et de S est direct, c'est-à-dire que le pignon P_2, et son axe, *d*, tourneront, cette fois, en sens inverse de celui des roues, la marche en avant est obtenue, pour cette nouvelle position P_2 de P.

Comme ce sont les mêmes organes de transmission qui sont employés, la vitesse absolue d'un point extrême de l'une des dents du râteau est la même.

Il est facile de la déterminer, sachant que le diamètre des roues est de $1^m,200$ et que celui de la circonférence décrite par les dents des râteaux est de $1^m,350$, et en prenant le rapport des nombres des dents des engrenages S et P.

Dans l'appareil Howard, ce rapport est :

$$\frac{53}{14} = 3{,}71$$

Et la vitesse à la circonférence décrite par l'extrémité des dents est donnée par :

$$\frac{53}{14} \times \frac{1}{\pi \times 1.20} \times \pi \times 1{,}35 = 3{,}71 \times \frac{1{,}35}{1{,}20}$$
$$= 4^{m}{,}174.$$

Cette vitesse absolue étant la même, quel que soit le

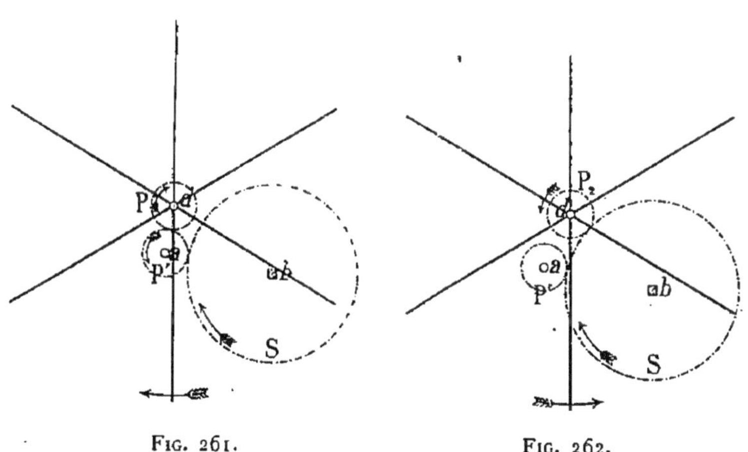

Fig. 261. Fig. 262.

sens du mouvement, la vitesse relative aura pour valeur, dans la marche en avant,

$$V' = V + \nu = 4^{m}{,}174 + 1^{m}{,}000 = 5^{m}{,}174.$$

et dans la marche d'arrière,

$$V'' = V - \nu = 4^{m}{,}174 - 1^{m}{,}000 = 3^{m}{,}174 \text{ seulement.}$$

L'on devra donc adopter la marche des râteaux en avant, c'est-à-dire dans le sens du mouvement de la voiture, toutes les fois qu'il n'y aura pas à craindre qu'un choc par trop violent ne vienne briser l'herbe, au moment de sa rencontre avec le râteau, et l'on emploiera de préférence la marche en arrière lorsque l'effet devra être moins énergique, lorsqu'il s'agira de terminer le fanage du foin des prairies naturelles, ou lorsqu'on aura à faner le produit de prairies artificielles, pour lesquelles les fleurs et graines de trèfle ou de luzerne, par exemple, pourraient être séparées de leurs tiges, par une action trop brutale des râteaux.

Les nombres précédents permettent encore de déterminer à quelle distance les dents de râteaux viennent successivement agir sur le terrain.

Si les râteaux sont au nombre de six, il passera au contact avec le sol, et par tour des roues porteuses :

$$6 \times 3{,}71 = 22{,}26 \text{ dents de râteau}$$

et comme, pendant le développement complet de la roue sur le sol, l'appareil s'est déplacé de

$$\pi \times 1{,}20 = 3^{m}{,}768$$

$\frac{3{,}768}{22{,}26} = 0^{m}{,}17$ donne la distance qui sépare deux coups de râteaux successifs.

Quant à la vitesse avec laquelle les râteaux viennent agir, il est évident qu'elle peut varier, dans une certaine mesure, en passant, par exemple, du pas ordinaire au pas allongé du cheval.

Dans les machines construites actuellement, on tend à supprimer la marche en avant, en constituant une faneuse à simple action, au lieu de la double action, précédemment indiquée, mais on s'arrange pour modifier la vitesse de la marche arrière, pour les raisons mentionnées plus haut.

Lorsque les deux marches subsistent, il est utile de munir l'appareil d'un grillage vertical, protégeant l'attelage.

Bien que les faneuses à mouvement rotatif soient de beaucoup les plus employées, il est nécessaire de mentionner certaines faneuses, à mouvements alternatifs, de construction américaine. A l'arrière du véhicule se trouvent de quatre à six fourches, oscillant librement autour d'un axe horizontal, situé à la partie supérieure de l'instrument, et actionnées par un arbre plusieurs fois coudé, et par des bielles, en nombre égal à celui des fourches. On reproduit ainsi le mouvement de l'homme, mais ces appareils à mouvements alternatifs ne peuvent jamais fonctionner aussi vite que des organes rotatifs; de là la supériorité conservée par ces derniers.

Cependant, les faneuses à mouvements alternatifs tendent à se répandre, et les principaux constructeurs anglais commencent à les adopter; il était nécessaire d'indiquer ici le principe sur lequel elles reposent.

En admettant qu'une faneuse à mouvement rotatif puisse avoir facilement $1^m,60$ de largeur, et en supposant qu'elle puisse se déplacer, sur le sol, à raison de $1^m,00$ de vitesse par seconde, la surface que l'on peut préparer mécaniquement, par heure, est de :

$$1,60 \times 1,00 \times 3600 = 5760^{m^2}.$$

soit environ 60 ares.

Mais, comme la faneuse doit repasser, au moins deux fois, à la même place, comme l'action du râteau à cheval doit remplacer celle de la faneuse, lorsqu'il s'agit de rassembler les éléments éparpillés par le fanage, il est utile de compter sur une faneuse, par faucheuse mécanique employée.

Il est même prudent de compter sur l'emploi de trois faneuses, lorsque deux faucheuses doivent fonctionner en même temps.

Quant au travail mécanique dépensé pour la mise en mouvement de ces appareils, il n'existe, à notre connaissance, qu'une série d'expériences dynamométriques sur ce genre d'appareils.

C'est au concours régional agricole d'Auxerre, en mai 1874, que ces essais ont été tentés.

Le tableau de la page 341 en indique les principaux résultats.

L'on peut déduire, des éléments de ce premier tableau, des indications intéressantes quant au travail mécanique à dépenser par hectare pour faner une récolte de foin, et aussi quant au travail nécessaire pour préparer une quantité de matière donnée, 100 kilogrammes, par exemple. Enfin les éléments de ce même tableau peuvent donner encore le travail exigé, par seconde, de l'attelage.

Ces différents résultats sont résumés ci-dessous.

Désignation des machines.	Travail dépensé pour faner le fourrage sur l'étendue d'un hectare.	Travail dépensé pour faner 100 kil. d'herbes prises à l'état vert.	Travail par seconde exigé de l'attelage.
Nicholson.	305 300 k^{lgm}	$\frac{100 \times 30.53}{1.168} = 2\,614$ k^{lgm}	$49.15 \times 1.190 = 58$ k^{lgm}49
Ransomes.	349 400 —	$\frac{100 \times 34.97}{1.314} = 2\,661$ —	$59.44 \times 1.167 = 69$ k^{lgm}37
Howard...	607 000 —	$\frac{100 \times 60.73}{1.459} = 4\,162$ —	$95.30 \times 1.098 = 104$ k^{lgm}64

Si l'on excepte le dernier appareil qui ne devait pas être évidemment dans de bonnes conditions de montage ou de graissage, au moment des essais, bien que les plus grands chiffres obtenus tiennent en partie à son plus grand poids, on peut admettre, d'après les essais

DÉSIGNATION des MACHINES	Surface du diagramme mesurée au planimètre.	Longueur du tracé	Ordonnée moyenne.	Effort moyen correspondant	Largeur de l'instrument	Effort rapporté à un mètre de largeur	VITESSE par seconde: de la faneuse sur le sol	VITESSE par seconde: absolue des dents pendant le fanage	Poids de la machine et de son conducteur.	Poids de l'herbe fanée sur une surface de 220 mètres carrés	Poids de l'herbe par m.²	OBSERVATIONS
Nicholson (N° 737)	mill.²	mill.	mill.	kilog.	mèt.	kilog.	mèt.	mèt.	kilog.	kilog.	kilog.	
En fanant — 1er essai..	12450	970	12.83	54.50	1.61		1.190	5.873	(1) 465	(3) 257	1.168	(1) Pas de conducteur monté sur la machine.
En fanant — 2me essai..	8430	872	9.67	43.79	»		1.190					
En fanant — moyenne.				49.15	»	30.53						
Le mécanisme fonctionnant à vide....................	8940	1085	8.24	38.95	»	24.19	1.163					
Ransomes (N° 229)												
En fanant — 1er essai..	14670	927	15.82	64.62	1.70		1.184	7.288	(1) 420	(3) 289	1.314	(1) Pas de conducteur monté sur la machine.
En fanant — 2me essai..	4950	388	12.76	54.26	»		1.150					
En fanant — moyenne.				59.44	»	34.94						
Le mécanisme fonctionnant à vide....................	10140	1055.5	9.61	33.59	»	19.70	1.177					
Howard (N° 646)												
En fanant — 1er essai..	31650	1301	24.33	93.45	1.57		1.098	4.554	(2) 672	(3) 321	1.459	(2) Un conducteur d'un poids de 60 kil. était monté sur l'instrument.
En fanant — 2me essai..	25890	1022	25.33	96.84	»		1.098					
En fanant — moyenne.				95.30	»	60.70						
Le mécanisme fonctionnant à vide....................	17580	915.5	19.20	76.07	»	48.41	1.219					

(3) L'herbe n'a été pesée qu'après les essais de râteaux à cheval. Pour rétablir le poids approximatif de l'herbe soumise à l'action de différentes faneuses, on a dû supposer que l'herbe fanée, à plusieurs reprises, avait perdu 20 % de son poids à la fin des opérations.

d'Auxerre, qu'il faut dépenser environ 327 000 kilogrammètres par hectare, ou 2 640 kilogrammètres par 100 kilogrammes d'herbes, dans l'opération du fanage, et qu'un fort cheval est suffisant pour traîner des appareils analogues à ceux expérimentés.

Si l'on compare les travaux mécaniques absorbés par la projection même du foin, travaux qui peuvent être évalués par la différence des travaux en charge et à vide, on trouve que, en moyenne, ces différences ne donnent qu'environ 11 kilogrammètres par mètre carré de surface fanée, nombre assez faible, si on le compare au travail total absorbé dans l'opération du fanage.

Râtelage. — Lorsque le fourrage est répandu sur le sol, soit par l'opération du fauchage, soit après un premier fanage, il est nécessaire d'en rassembler les différents éléments par un râtelage, pour constituer ainsi des andains, permettant au fourrage de supporter une forte rosée, ou même des pluies abondantes, ou de préparer ainsi un nouveau fanage, si les conditions atmosphériques permettent de mener à bonne fin, et sans interruptions, cette opération importante.

Si le fauchage s'effectue à bras d'hommes, il en sera de même des deux opérations annexes, le fanage et le ratelage. Si au contraire, le fauchage s'effectue par procédés mécaniques, si de plus le fanage est obtenu à l'aide des instruments que nous venons de décrire, le râtelage doit aussi s'effectuer rapidement, en utilisant la traction animale, et laissant seulement à l'homme le soin de diriger l'opération. De là deux classes de râteaux, râteaux actionnés par l'homme, et râteaux à cheval.

Râteaux ordinaires. — Les râteaux de fenaison affectent des formes variables. Celui représenté fig. 263, page 344, est employé dans l'est de la France. Il se compose d'une traverse en hêtre, formant, avec un manche en sapin, un angle de 60° environ. Une cheville, en saule, traverse à la fois les deux pièces, de manière à maintenir l'angle voulu, et consolider l'assemblage. Les dents rapportées passent de part en part de la traverse, et l'ensemble constitue un double râteau, à manche commun, extrêmement léger, pouvant se manier avec une grande facilité.

Un autre outil, représenté fig. 264, page 344, est de beaucoup plus grandes dimensions. Il est traîné par un ouvrier et se compose de dents en fer, de forme courbe, implantées dans une traverse reliée au manche par des pièces inclinées réunies entre elles par des entretoises également en bois. Il est surtout employé pour le ramassage du foin, lorsqu'on ne se sert pas d'instruments plus puissants que nous allons maintenant décrire.

Râteaux à cheval. — Sans passer par les intermédiaires qui ont marqué le passage du râteau manœuvré à bras d'hommes au râteau à cheval, de construction moderne, nous décrirons de suite ces derniers, en les divisant en deux groupes distincts.

Les râteaux à cheval à relevage facultatif, à bras d'hommes, et les râteaux à cheval à relevage automatique.

Quel que soit le type que l'on considère, ces appareils sont tous formés de dents métalliques, de forme courbe, indépendantes les unes des autres, s'appuyant par leur poids sur le sol, et se déplaçant horizontalement, sous l'action de l'attelage.

L'ensemble des dents retient le fourrage, disposé sur le sol, et l'entraîne, jusqu'au moment où tout le vide qui existe au-dessous des dents de forme courbe soit rempli de matière ainsi déplacée.

Il suffit de relever l'ensemble des dents, par un effort demandé au conducteur, ou à l'attelage, et au moyen d'organes pouvant varier de forme, pour abandonner la récolte sur le champ, et former ainsi un fort andain,

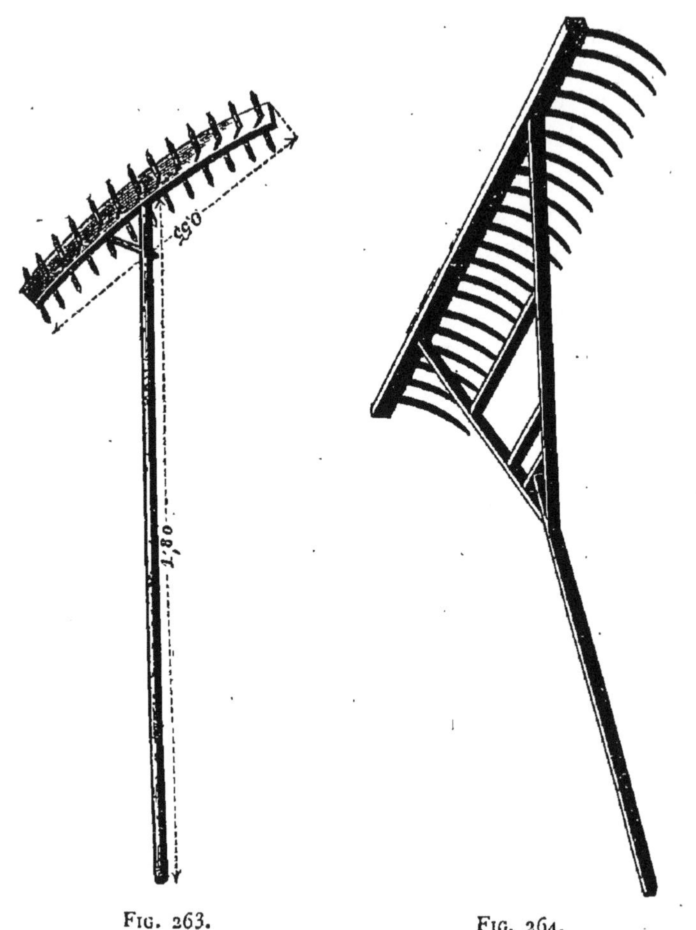

FIG. 263. FIG. 264.

abandonner ensuite les dents à elles-mêmes, pour qu'elles retombent sur le sol, et produire un effet semblable au précédent, et ainsi de suite.

L'un de ces instruments est représenté, en vue perspective, fig. 265, page 346. Il se compose d'un cadre rectangulaire C, porté par deux roues métalliques, et sur lequel se trouvent assemblés, en B, les brancards enserrant l'attelage. Des dents métalliques G, au nombre de 26, dans cet exemple, oscillent librement autour d'un axe horizontal fixé au cadre, et ayant pour longueur la largeur du râteau.

Sous l'action de l'attelage, les différentes dents G entraînent le fourrage, puis, pour former l'andain, un ouvrier, qui suit l'instrument, agit sur un long levier A, en l'attirant vers le sol, de manière à abaisser, par l'intermédiaire d'un étrier D, la barre d'avant d'un autre cadre E, dont la barre d'arrière, se trouvant placée en F, sous la partie supérieure de chacune des dents G, se relève, en relevant celles-ci, et en dégageant l'andain qui s'est formé, par suite du déplacement horizontal du râteau tout entier.

Pour éviter que la masse de foin ne suive le mouvement ascendant des dents de râteaux, plusieurs traverses se trouvent disposées dans le cadre fixe C, et leur présence oblige le fourrage à abandonner le râteau et à retomber sur le sol.

Enfin, une double fourchette H, fixée à C, guide le levier A dans son mouvement de descente, et un crochet, fixé au cadre, peut le maintenir ainsi abaissé, lorsque l'on veut que le râteau reste relevé, pendant son transport, par exemple.

Quelquefois, cet appareil est muni d'un siège pour le conducteur qui, au moyen de l'action d'un de ses pieds sur une pédale, produit le même effet de relevage que l'homme supposé à l'arrière de l'appareil. Le plus souvent, ces deux dispositions existent sur le même instrument, la pédale et le grand levier. Seulement les dispositions de relevage, à la main ou au pied, exigent de l'homme un assez grand effort musculaire, et la fréquence de ces relevages constitue encore une fatigue,

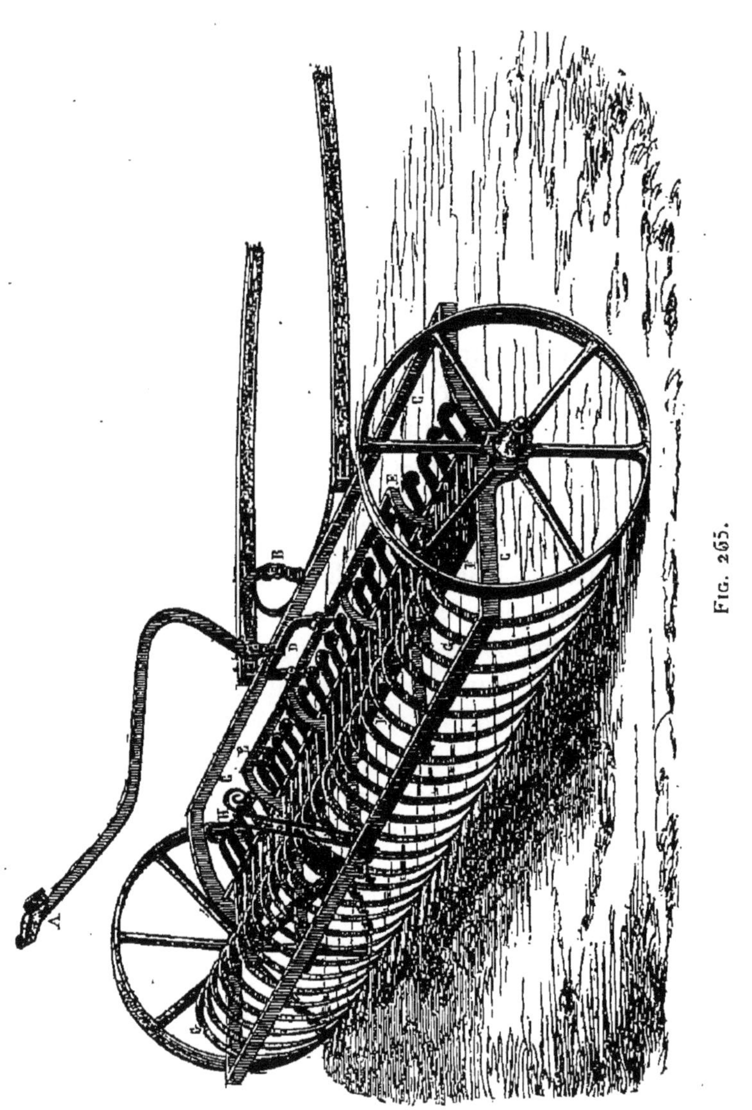

Fig. 265.

avec laquelle il faut compter.

Suivant l'importance de la récolte, les andains peuvent

être plus ou moins espacés, mais on peut compter que toutes les six à huit secondes, c'est-à-dire 450 à 600 fois à l'heure, le même mouvement doit être produit, en dépensant chaque fois un certain travail mécanique.

C'est pour enlever cette fatigue à l'homme que l'on a modifié l'instrument, en constituant le râteau à cheval à relevage automatique, dans lequel le conducteur est maître du moment où le relevage doit s'effectuer, mais ne supporte plus la fatigue de l'opération même. Il ne fait qu'agir sur des organes d'embrayage, et laisse à l'attelage tout l'effort musculaire nécessaire pour effectuer le relevage des dents du râteau.

Nous indiquerons successivement deux dispositions de ces appareils automatiques, le râteau à cheval de Howard et le râteau à cheval de Walter Wood.

Dans le râteau à cheval de Howard, représenté fig. 266 à 270, le relevage automatique est obtenu au moyen de colliers de frein que l'on vient serrer sur des poulies faisant corps avec les moyeux des roues porteuses.

Dans le râteau à cheval de Walter Wood, c'est au moyen de cliquets, sur lesquels viennent agir des engrenages à denture intérieure, solidaires des moyeux, que l'entraînement des râteaux se produit.

La fig. 266, page 348, représente, d'une façon schématique, la disposition, en plan, du râteau à cheval automatique de Howard, et la fig. 267, page 348, donne, en coupe perpendiculaire à l'axe des essieux, la position des différents organes composant cet appareil.

Deux roues porteuses R sont montées aux extrémités d'un arbre fixe A, formant essieu, et portent, en P′, deux poulies de frein.

Des pièces E, E′, J et J réunissent l'arbre formant essieu A aux brancards B de l'attelage.

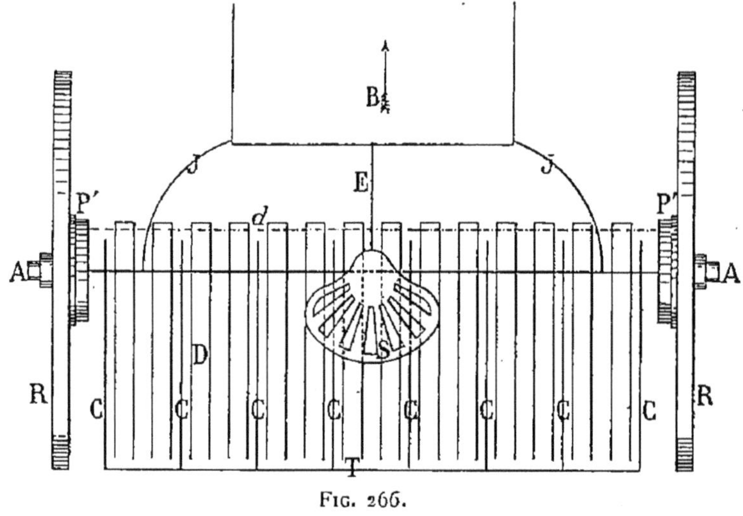

Fig. 266.

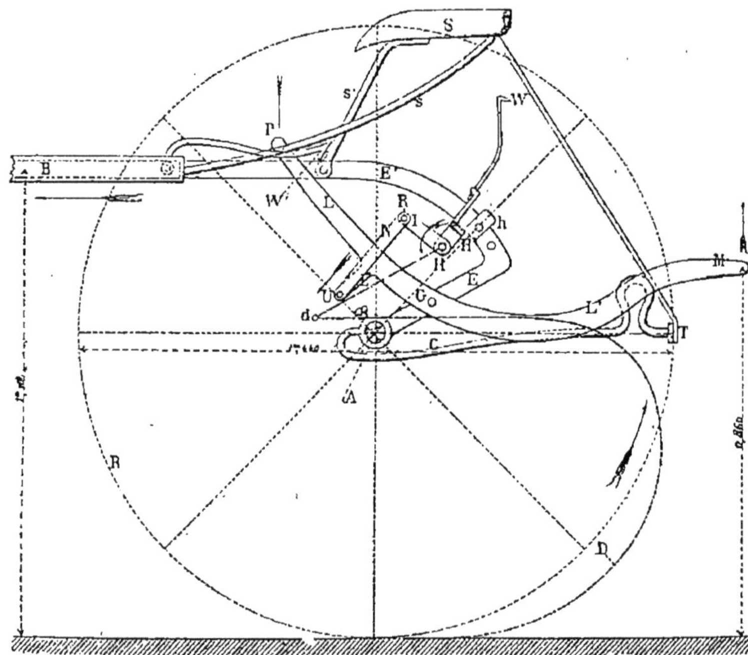

Fig. 267.

Sur une tige *d*, parallèle à A, peuvent tourner, librement, les extrémités de dents D, de forme courbe, disposées deux par deux, comme l'indique la figure 266.

En C, se trouvent fixées, en différents points de A, des tiges de section circulaire venant toutes s'assembler, à l'arrière du râteau à cheval, sur une traverse T et constituant ainsi un cadre, avec traverses intermédiaires, limitant la levée du fourrage, lors du relevage des dents du râteau.

Un siège S, soutenu par différentes ferrures *s*, *s'*, supporte le conducteur de l'appareil qui, au moyen d'une pédale P, doit pouvoir serrer les colliers de frein sur les poulies, et effectuer ainsi le relevage des dents de râteaux.

A cet effet, un levier à deux branches LL' oscille librement autour d'un axe G, situé sur la pièce EE', fixée à l'axe A, et se terminant par les brancards B. Ce levier est venu de forge avec une pièce L'' qui se termine par le point d'attache d'une bielle N, reliée, au point R, avec une manivelle I calée sur une tige H parallèle à A, fig. 267.

Si l'on se reporte maintenant à la fig. 268, page 350, montrant, à plus grande échelle, et avec plus de détails, l'une des roues porteuses R, on voit que la tige H est terminée, à chacune de ses extrémités, par un levier à deux branches égales, et que, en *l* et *l'* de ce levier, se trouvent attachées les extrémités F' et F'' de la bande flexible F, formant collier par rapport à la poulie P', fixée au moyeu de la roue R.

Au moyen de l'action de l'ouvrier sur la pédale P, a tige cylindrique H est obligée de tourner, dans le sens de la flèche, le collier F vient enserrer la poulie P', et par suite de la rotation de la roue R, dans le sens indiqué, sur les figures 267 et 268, la tige H sera obligée de tourner, d'un certain angle, autour de l'axe A. Si donc on réunit

H et *d* par une tige de longueur constante, *d* sera obligé de s'abaisser, et l'extrémité opposée des dents de râteau sera obligée de se relever, en abandonnant le sol,

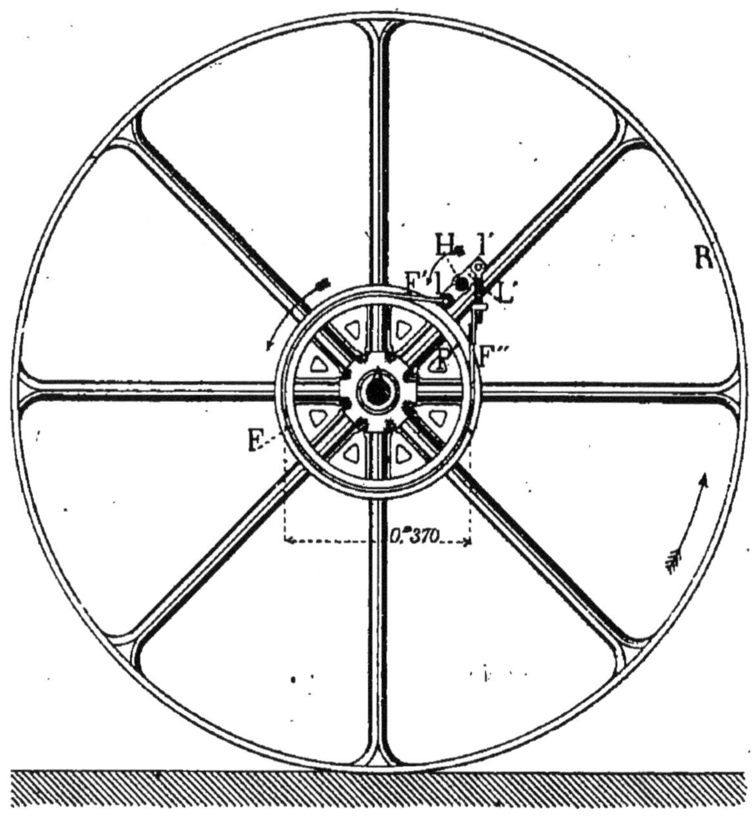

Fig. 268.

chacune des dents étant alors supportée par un point de l'axe A.

Pour maintenir la tige H toujours à la même distance de A, et pour relier H à *d*, on se sert de la disposition représentée fig. 270, page 352.

Un support à deux branches à angle droit, indiqué fig. 270, page 352, maintient un petit axe incliné, terminé, d'une part, par une manivelle, et d'autre part, par une vis sans fin. Cette vis engrène avec un pignon denté dont le moyeu peut tourner librement dans un logement cylindrique ménagé dans l'une des branches du support. En *d*, se trouve excentrée, par rapport à l'axe du pignon, la tige sur laquelle oscillent les extrémités des dents de râteau D, enfin, en H', se trouve une barre rectangulaire, de grande longueur, reliant entre elles un certain nombre de pièces, réglant l'écartement de H et de A.

Si H est obligé de tourner, par l'action des roues R et des freins F, le point *d* s'abaissera, et l'extrémité inférieure des dents D s'élèvera, et cela autant de fois que l'on appuiera sur la pédale.

La transmission, composée de l'axe à manivelle, de la vis sans fin et du pignon, a pour but, tout en reliant H et D, de modifier la position des dents D par rapport au sol. Il suffit de faire varier la position de *d*, en l'amenant, par exemple, en *d'*, pour que l'inclinaison des dents puisse varier notablement.

S'il s'agit de râteler une prairie artificielle, ou des prairies naturelles en terrains très meubles, la direction du dernier élément de la dent doit être horizontale; si, au contraire, il s'agit de prairies naturelles, en terres fortes, c'est la direction un peu plongeante qui convient le mieux.

Enfin, la fig. 269, page 352, indique, en plan, le mode d'assemblage de deux dents successives. Une sorte de tête, en fonte malléable, vient s'emmancher sur la tige *d*, et les deux dents, formées de barres laminées, puis courbées, viennent s'ajuster sur les parois latérales de cette tête et y sont fixées par un boulon de serrage.

Comme l'indique le plan schématique de l'appareil,

fig. 266, les dents sont assemblées, deux par deux, ainsi que le montre, avec plus de détail, la figure ci-dessous :

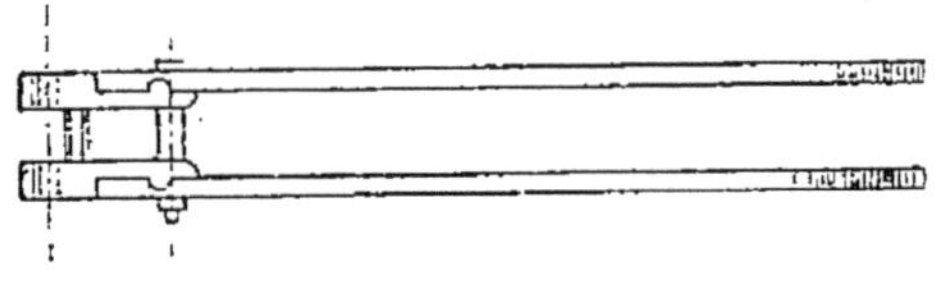

Fig. 269.

Lorsque, dans cet appareil, on veut relever les râteaux, sans se servir de la pédale, on peut, en élevant, à la main,

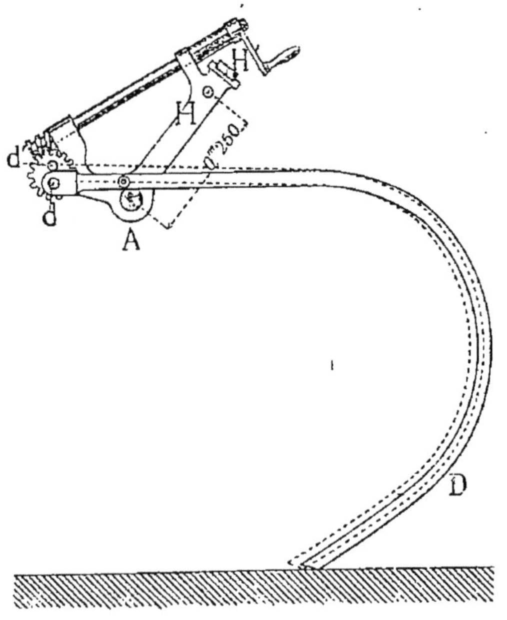

Fig. 270.

l'extrémité M du levier L', produire le même effet du serrage des colliers de frein.

Pour placer les dents D dans la position de transport,

il suffit de rapprocher le crochet W', attaché à H', d'un autre W', fixé à B. Un buttoir *h* fixé en un point de E' reçoit le choc de cette même pièce W, lorsqu'on remettra les râteaux dans leur position de travail (fig. 267).

Si nous passons maintenant à la description du râteau à cheval, à relevage automatique, de Walter Wood, la fig. 271, page 354, représente, en coupe perpendiculaire à l'axe des essieux, l'ensemble de l'instrument, et la fig. 272, page 355, donne, à plus grande échelle, la disposition de l'embrayage, permettant le relevage automatique des râteaux.

Un bâti très léger, en bois, se compose de deux pièces parallèles, de section rectangulaire, celle d'arrière étant reliée, par une pièce de fonte, aux brancards B, entre lesquels on place le cheval.

Des pièces légèrement coniques C, également en bois, forment râteau fixe, pour dégager le foin qui pourrait être entraîné verticalement, avec les dents mobiles D.

Un siège S, soutenu par une pièce inclinée *s* et un ressort *s'*, supporte le conducteur, qui a à sa portée une pédale P'; sur laquelle il vient agir lorsqu'il veut obtenir le relevage des râteaux.

Cette pédale P', montée sur un axe *h*, situé au milieu de l'instrument, actionne, au moyen d'un levier M' et d'une bielle T, une autre pièce métallique N O, dont l'extrémité N est constamment poussée par ûn ressort, dans la direction de bas en haut.

La tige horizontale *a*, sur laquelle se trouve monté le levier NO, a, comme longueur, la largeur de l'instrument, et se termine, à ses deux extrémités, par des manivelles M, venant agir en des points de cliquets G, dont la forme est telle qu'une partie de leur tête puisse venir s'engager dans les dents d'un engrenage intérieur E, faisant corps avec le moyeu des roues porteuses R.

Un contrepoids P est venu de forge avec le levier L, portant G, et oscillant librement autour d'un point de la pièce de charpente de gauche.

Si la pédale P est abandonnée à elle-même, le ressort, situé au-dessous de N, fait tourner NO autour de *a*, les

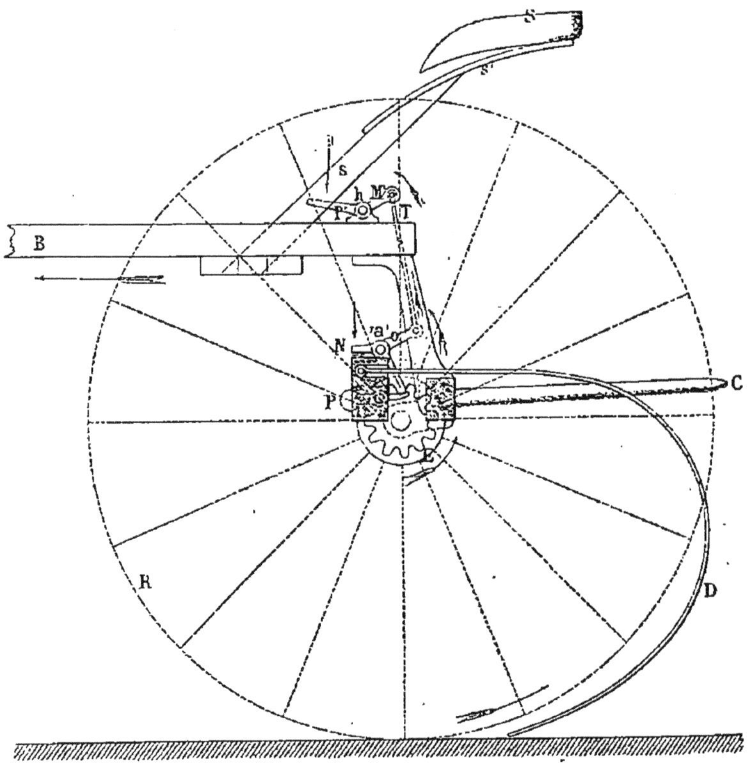

Fig. 271.

deux manivelles M agissent sur les cliquets correspondants G, qui abandonnent les dents des engrenages intérieurs E.

Si, au contraire, la pédale est abaissée, sous l'action du pied du conducteur, les manivelles M abandonnent les cliquets G qui pénètrent entre les dents de E.

Il suffit donc, d'une part, de fixer les points d'oscillation des leviers L sur la pièce de charpente de gauche, et de disposer, dans cette même pièce, les centres d'oscillation des dents de râteaux, pour obtenir le relevage de celles-ci, lorsque l'embrayage est obtenu par le moyen qui vient d'être décrit.

Dans l'appareil de Wood, les dents sont formées de fils métalliques de section circulaire; dans celui d'Howard la section est celle, toutes proportions gardées, d'un rail à double champignon; cette section varie beaucoup avec les constructeurs, et l'on peut citer encore la section elliptique, celles en T et en double T, comme étant en usage.

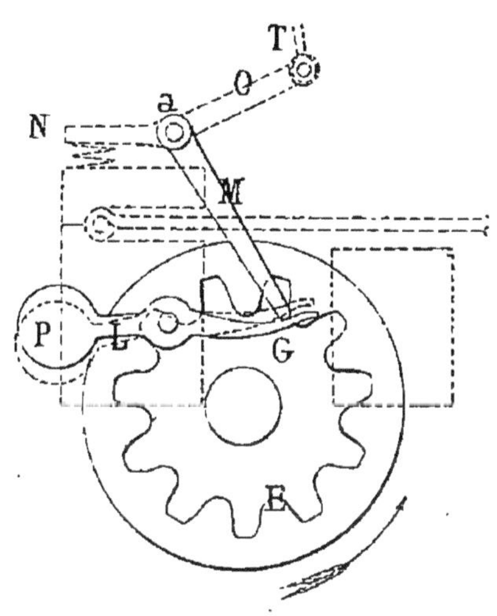

Fig. 272.

Le nombre des dents doit varier avec la largeur de l'instrument, qui est comprise entre 2^{m},00 et 3^{m},00. En disposant les dents à une distance de 7 à 9 centimètres les unes des autres, on peut en placer de 20 à 30 sur la largeur du râteau à cheval.

S'il s'agit de prairies en pays de montagne, cette largeur de 2^{m},00 à 3^{m},00 deviendrait un obstacle à l'emploi de ces appareils. Aussi a-t-on proposé, comme pour les semoirs, de disposer les roues sur les deux grands côtés du cadre, pour obtenir un instrument de petite largeur, pendant son transport, puis de remettre les deux mêmes roues à leurs places ordinaires, lorsque l'on est arrivé à destination.

La surface préparée par le râteau à cheval peut être considérable, elle varie évidemment avec la largeur de l'instrument; mais il est à remarquer que le râteau à cheval ne peut fonctionner d'une manière continue, et que c'est ordinairement le même cheval qui, attelé successivement à la faneuse et au râteau, fournit le travail mécanique nécessaire à ces deux opérations se succédant.

On admet qu'un râteau suffit largement au service d'une faucheuse, et que, si plusieurs faucheuses travaillent en même temps, on peut n'employer que deux râteaux à cheval pour trois faucheuses, par exemple.

Ce même instrument peut encore servir soit à glaner les champs, après la récolte des céréales, soit à réunir, en tas, les feuilles mortes à l'automne, etc.

Quant au travail mécanique demandé aux animaux de trait pour la mise en mouvement de ces instruments, les expériences d'Auxerre, de 1874, peuvent donner quelques renseignements à cet égard. Les principaux résultats de ces essais sont consignés dans les tableaux suivants :

DÉSIGNATION des MACHINES.	Surface du diagramme mesurée au planimètre.	Longueur du tracé.	Ordonnée moyenne.	Effort moyen correspondant.	Largeur de la partie râtelée.	Effort moyen rapporté à un mètre de largeur.	Durée du parcours.	Longueur entre les repères.	Vitesse du râteau par seconde.	Nombre d'andains formés sur le parcours total.	Poids de l'herbe râtelée sur une surface de 220m²	Poids de l'herbe par m²	POIDS de l'instrument.	POIDS du conducteur.	POIDS Total.	Coefficient de roulement.
	mill.²	mill.	mill.	kil.	mèt.	kil.		mètres.	mèt.		kilog.	kilog.	kil.	kil.	kil.	
Ransomes (N° 228)																
Le râteau en travail.	11270	1127	10.00	44.91	1.98	22.68	89″	100.00	1.123	14	257	1.168				
Le râteau roulant à vide, avec dents relevées	3270	590	5.54	29.81		15.65	85″	100.00	1.177				293	64	357	0.0832
Howard (N° 652)																
Le râteau en travail.	11570	1130	13.78	57.71	2.00	28.86	93″	100.00	1.075	14	257	1.168				
Le râteau roulant à vide, avec dents relevées	5700	846	6.74	33.87		16.94	80″	100 00	1.250				283	60	343	0.0987

Des indications contenues dans ce premier tableau, l'on peut déduire la quantité de travail mécanique employée pour râteler un hectare, ou celle qui est dépensée pour râteler 100 kilogrammes d'herbes, par exemple, et enfin le travail mécanique que l'attelage doit fournir par seconde.

DÉSIGNATION des MACHINES.	Travail dépensé pour former sur la surface d'un hectare des andains distants de $\frac{100}{14}$ = 7m14.	Trvail dépensé pour râteler 100 kilog. d'herbes et former des andains à raison de 14 par 100 m.	Travail mécanique demandé, par seconde, à l'attelage.
Râteau Ransomes.	226 800 k^{lgm}	1933 k^{lgm}	50 k^{lgm} 43
Râteau Howard..	288 600 —	2471 —	62 . 04

Le travail mécanique absorbé, par l'opération du râtelage, est donc inférieur à celui que nécessite le fanage, et un seul cheval peut facilement traîner le râteau à cheval sur le sol, sans que l'on ait à exiger de l'attelage un travail mécanique trop considérable.

Ramasseurs et chargeurs de foin. — L'emploi des faneuses et des râteaux à cheval permet de faire la récolte des fourrages, sur de grandes étendues, en utilisant un personnel très restreint, qui peut être dès lors insuffisant, lorsqu'il s'agit de rentrer rapidement la récolte qui se trouve séchée et réunie en andains, sur la prairie même. C'est, pour cette raison, qu'aux États-Unis surtout, l'on a dû employer des appareils spéciaux, connus sous les noms de ramasseurs et de chargeurs de foin. Quoique ces instruments ne soient encore que peu répandus sur notre continent, il est utile d'en indiquer les différentes formes.

On emploie quelquefois le râteau à cheval américain primitif, représenté fig. 273, en le garnissant de claies verticales sur trois faces seulement, de manière à former deux caisses ouvertes qui se garnissent de fourrages, lorsque l'on promène, sur le sol de la prairie, ce double râteau ainsi garni.

Si la distance à franchir est plus considérable, on peut

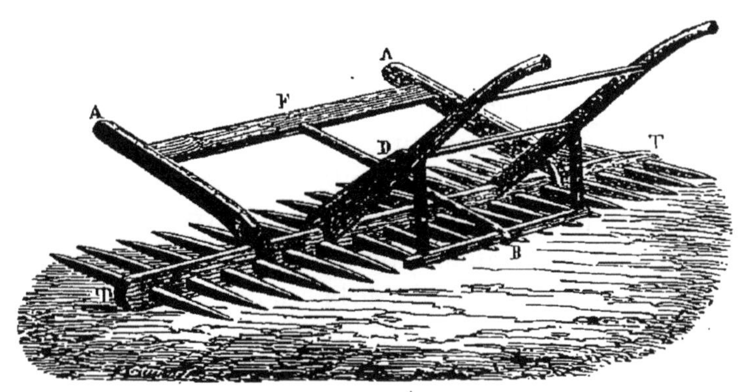

Fig. 273.

employer le *chariot à meulons*, ou *meulonnière*, représenté fig. 274, page 361.

Cet appareil, système Couteau, se compose d'une véritable voiture à deux roues, pouvant contenir le volume d'un meulon de foin ordinaire, qui, décomposé, peut fournir 100 bottes de foin du poids ordinaire, seulement, le fond de la charrette est ici remplacé par une série de chaînes parallèles qui, une fois tendues, composent le fond à claire-voie.

Une barre, située à l'arrière de la voiture, sert à fixer l'une des extrémités de ces chaînes. Un treuil simple, disposé à l'avant, permet l'enroulement des autres extrémités. Il suffit d'en opérer la tension, à l'aide du treuil, de charger la voiture, de la transporter ensuite au point où l'on veut déposer le meulon, de détendre les chaînes progressivement, jusqu'à ce que le meulon touche le sol, enfin, de décrocher les chaînes et de tirer à nouveau la voiture pour laisser le meulon à la place qu'on lui aura assignée.

Chargeurs de foin. — Dans la grande culture, le manque de bras se fait aussi sentir lorsqu'on veut rentrer la récolte de fourrages, et l'on a dû imaginer des appareils que l'on peut placer derrière les chariots de transport, et qui ont pour objet de prendre le foin sur le sol, lorsqu'il y est déposé sous forme d'andain, et de le déverser dans la voiture même. En faisant rouler celle-ci dans la direction de la crête de l'andain, et en relevant le foin, à l'aide de l'appareil fixé à l'arrière, la prairie se trouve ainsi débarrassée rapidement, et sans main-d'œuvre appréciable, de la récolte coupée quelques jours auparavant, et séchée sur place.

L'un de ces appareils est représenté fig. 275, page 363.

Il se compose d'un châssis monté sur deux roues porteuses que l'on vient adapter, dans une position inclinée, et à l'aide d'un crochet, à l'arrière de la voiture à charger le foin.

Les roues porteuses R, du chargeur, mettent en mouvement, avec une vitesse réduite, par la présence d'engrenages retardateurs, l'essieu sur lequel on dispose des roues spéciales dont les jantes portent des encoches dans lesquelles s'engagent des traverses T réunissant deux chaînes sans fin. Des dents métalliques agissent, en tournant avec l'essieu, de manière à relever le foin, et à le déposer sur le tablier sans fin ainsi formé qui, ayant une assez grande longueur, et étant fortement incliné, abandonne le fourrage à son extrémité supérieure E. Il suffit de le prendre à la fourche et de l'égaliser sur la voiture. Une sorte de couvercle à claire-voie D forme, avec les chaînes sans fin et leurs traverses, un couloir dans lequel s'engage le foin, pendant son élévation, de manière

Fig. 274.

que le vent ne puisse avoir aucune action pendant ce temps.

Conservation et transport des fourrages. — Nous avons passé en revue les moyens à l'aide desquels on peut assurer la conservation des fourrages, au moins pendant quelque temps, en cherchant à enlever la plus grande partie de l'eau contenue dans les végétaux, au moment de leur coupe, quantité que l'on peut évaluer aux quatre cinquièmes du poids de l'herbe. Si l'on veut rentrer 4 000 kilogrammes de foin par hectare, il faut évaporer 16 000 kilogrammes d'eau.

Cette évaporation, produite par l'opération du fanage, est la seule réellement pratique, mais en dehors des procédés de séchage de plus longue durée que nous avons indiqués, on a voulu employer de véritables séchoirs; en Angleterre, la question du séchage artificiel du foin a été mise au concours, et les essais de Manchester, de 1869, ont eu lieu en vue de constater les résultats obtenus.

Dans certains appareils expérimentés, la température de l'air devant servir au séchage, et déplacé au moyen d'un ventilateur, était supérieure à 60°, et cet excès de chaleur amenait la détérioration des produits à sécher. Dans d'autres, les produits de la combustion se mélangeaient à l'air et communiquaient au foin une odeur qui l'aurait fait probablement rejeter par les animaux habitués à prendre comme nourriture du foin séché à l'air libre. Enfin, dans tous les cas, l'emploi de ces appareils exigeait un temps beaucoup trop considérable, et occasionnait une dépense beaucoup trop élevée.

Bien que cette question intéresse au plus haut degré les pays septentrionaux, la Société royale d'agriculture d'Angleterre a dû renoncer à distribuer les prix qu'elle avait proposés, le problème n'étant pas résolu d'une manière pratique.

Fig. 275.

Il est vrai que la mise en vert des fourrages en silo, ou la conservation des fourrages verts à l'air libre, en employant soit le procédé Cochard, soit le procédé Reynold et Cie, sont là maintenant pour utiliser les fourrages, lorsque les conditions atmosphériques ne permettent pas d'en obtenir pratiquement le séchage rapide.

Il résulte de ces différentes tentatives que c'est encore le séchage par voie de fanage et de râtelage successifs qui constitue le procédé le plus rationel et qui permet la conservation du fourrage pendant l'hiver, en attendant la récolte suivante. On remarque cependant que si l'on exagérait la durée de cette conservation, le foin, bottelé à la main, et emmagasiné dans les greniers, se dessèche, devient cassant et poussiéreux, et subit un déchet très appréciable, à chaque nouveau déplacement.

D'un autre côté, le foin en bottes ou en vrac occupe un très grand volume, pour un faible poids, son transport par voies ferrées ou par mer devient excessivement coûteux, et par suite, le rayon d'approvisionnement des grands centres de consommation serait assez faible, si l'on ne trouvait le moyen de diminuer le volume de cette matière encombrante, en la comprimant, et en lui donnant, par ce procédé, des propriétés précieuses quant à sa plus grande conservation.

On peut, en effet, amener le fourrage à ne plus occuper qu'un volume trois, quatre, et même cinq fois plus petit que le volume primitif, sans en altérer les qualités, au point de vue nutritif. Sous ce volume plus restreint, le foin se conserve beaucoup mieux, pendant deux années, par exemple, et l'expérience a montré, qu'en cet état de compression, il est à peu près incombustible.

Pour les transports de l'armée, cette compression présente une grande utilité, et les magasins de fourrages sont munis d'appareils qui peuvent amener facilement le foin à occuper un volume environ moitié du volume primitif, soit un poids au mètre cube de 170 kilogrammes au lieu de 90.

Pour les transports maritimes, on va beaucoup plus loin, et on forme des balles de foin comprimé pesant, au mètre cube, 450 kilogrammes, soit une réduction de volume dans la proportion de 1 à 5. Les tarifs des transports sur mer étant réglés au volume, c'est celui-ci qu'il faut réduire le plus possible.

En général, pour que le transport des fourrages, par chemin de fer, soit économique, il faut qu'un wagon, de 36 mètres cubes de capacité, puisse recevoir de 5 à 10 tonnes de fourrages, suivant les tarifs des compagnies, ce qui correspond à une densité de 0,138 à 0,275, ou à un poids, par mètre cube, de 138 k. à 275 k., soit encore à une réduction de volume dans le rapport de 1 à 1,53, ou de 1 à 3,06.

Après avoir cité les botteleuses mécaniques qui permettent de serrer le volume d'une botte de foin et de la lier, ou, à l'aide de disposition très simple, de peser le contenu de la botte, avant d'en opérer le liage, nous allons décrire les principales dispositions de presses à fourrages que l'on a proposées, d'abord pour la compression du foin, et, depuis quelques années, pour la compression de la paille.

Presses à fourrages. — D'après ce qui vient d'être dit, la question de la compression des fourrages intéresse tout à la fois le producteur et le consommateur.

Le producteur, parce qu'il peut alors se débarrasser de sa surproduction, à des prix plus rémunérateurs, et s'approvisionner à meilleur compte, dans les années de disette, en s'adressant aux producteurs de régions plus favorisées.

Le consommateur, parce que, en augmentant ainsi le rayon d'approvisionnement des grands centres, il favorise l'arrivée sur le marché de fourrages de provenances plus éloignées et se met à l'abri de disettes, plus ou moins accentuées, qui tiennent toujours à des influences atmosphériques locales qui n'atteignent jamais toute une région importante.

Dès 1816, dans une note lue à l'Académie des sciences, le 16 mars, le général Arthur Morin, alors tout jeune officier d'artillerie, appelait l'attention du monde agricole sur les avantages que la compression des fourrages, à l'aide de la presse hydraulique, pouvait offrir à l'agriculture, à l'industrie des transports, ainsi qu'au service des approvisionnements des armées.

Chargé, en 1842, de faire une enquête en Angleterre, sur cette même question, il contribua à l'installation de deux grands ateliers de pressage à Bône et à Alger ainsi qu'à Paris, quai de la Râpée.

Il s'occupa ensuite de l'étude d'une presse plus portative, mue à bras d'hommes, permettant d'amener le fourrage sous un volume assez réduit, et il est de toute justice de dire que c'est à l'administration militaire française que l'on doit les premières études, suivies pendant de longues années, qui ont conduit aux solutions actuelles du même problème et que nous allons passer en revue maintenant.

Certaines d'entre elles conviennent indistinctement pour le foin et la paille, d'autres ne conviennent qu'au premier de ces deux produits.

La presse à fourrages du général Morin, dont une vue perspective est donnée fig. 276, se compose d'une forte caisse A en bois, formée de poutres horizontales de fort équarrissage, et posée sur le sol. En dessous de l'appareil, on avait soin de préparer, en M, une fosse à parois verticales, maintenues par des planches jointives, et d'une hauteur suffisante pour qu'un homme pût s'y placer.

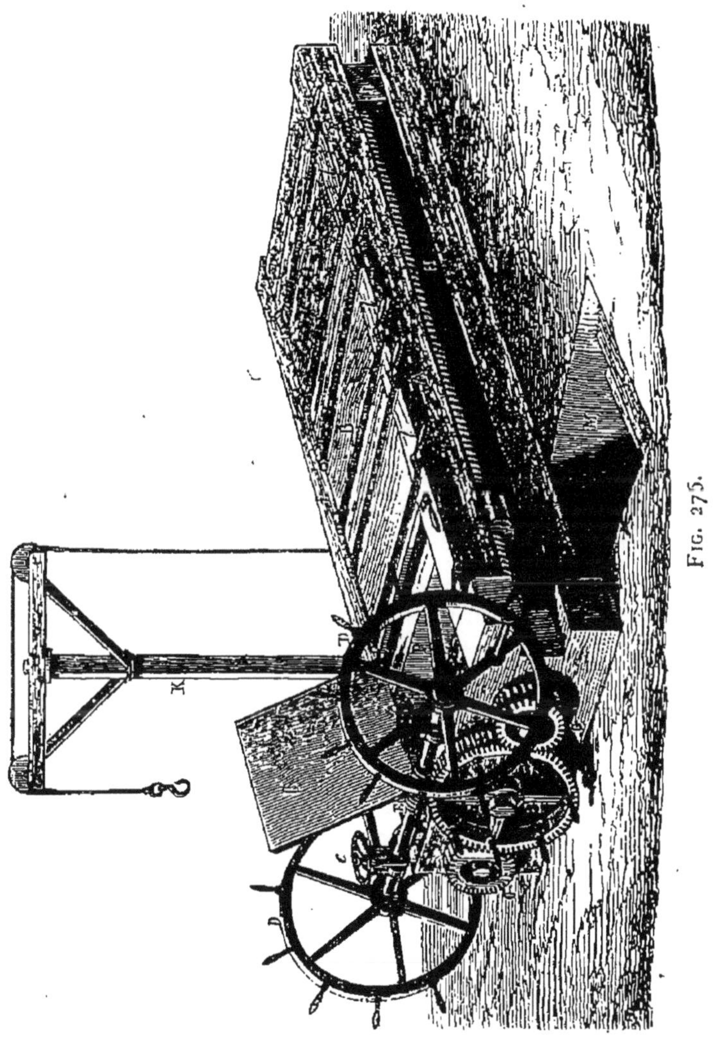

Fig. 275.

La partie supérieure du corps de presse se compose de plusieurs couvercles horizontaux B, dont l'un C est représenté ouvert, pour que l'on puisse voir le piston, de section rectangulaire, P.

Après avoir ouvert la presse, dans toute longueur, à sa partie supérieure, on y place les différentes bottes devant composer la masse comprimée, après avoir eu le soin de les délier, ou en emploie du foin en vrac pour faire le chargement.

Les couvercles B, C, étant refermés et assujettis fortement, au moyen de ferrures, on cherche à déplacer le piston B de la manière suivante :

1° Pour commencer la pression, on agit sur les manettes fixées près de la circonférence d'une roue d'engrenage F située entre deux pignons G, G, ces derniers étant montés aux extrémités de vis sans fin H, situées entre les poutres horizontales principales.

Des oreilles en fonte I, attenantes au piston P, forment écrous par rapport aux vis H. En faisant tourner les deux vis H, sur elles-mêmes, au moyen de la transmission précédente, on obtient le déplacement du piston et, par suite, la compression du fourrage.

Lorsque l'effort nécessaire pour produire cette compression augmente, on emploie une transmission retardatrice composée d'un arbre horizontal portant une vis sans fin E et deux volants à manettes D. En abaissant d'une certaine quantité cet axe au moyen de *e*, *e*, jusqu'à ce que la vis E rencontre les dents de l'engrenage F, celui-ci peut être actionné, mais avec une faible vitesse, de manière à déterminer, sur le piston P, une pression pouvant atteindre 100 000 kilogrammes.

Sous l'action de cette transmission, le piston P se rapproche de l'une des extrémités de la presse, jusqu'à ce que la balle de foin comprimé ait le volume fixé, correspondant à une densité donnée.

Le feutrage des différents éléments comprimés est

assez énergique pour que l'on puisse, sans inconvénient, mais en exerçant des efforts assez considérables pour déplacer les verrous de fermeture, dégager le couvercle C, et lier, au moyen de cordes, comme on le faisait primitivement, ou mieux de liens métalliques, que l'homme, placé au-dessous de la presse, passe dans les rainures ménagées dans le fond de la caisse, et dans les parois verticales du piston P et de la caisse A, et que l'on vient réunir, au dessus de la balle, au moyen de nœuds ou d'agrafes.

Il suffit, dès lors, de donner un léger mouvement d'arrière au piston P, et d'agir au moyen d'une potence K et d'une simple corde, pour dégager la balle comprimée, et la rejeter sur le sol.

Parmi les appareils de constructions plus récentes, dans lesquels la compression s'effectue dans une caisse fermée, pendant la période de compression, nous citerons encore deux dispositions différentes. La première, due à M. P. Guitton, de Corbeil, est montée sur roues, de manière à pouvoir se déplacer très facilement. L'encombrement est faible, par suite de la disposition verticale de l'ensemble de la presse, représenté fig. 277, page 370.

Sur un châssis en madriers, porté sur les roues R, se trouve disposée la caisse de compression, dont deux des parois verticales opposées se composent de deux parties distinctes. Une première B, composée de madriers jointifs, se trouve assemblée solidement avec les autres parties de la caisse, de manière à former un coffre à parois résistantes. Une seconde C, la surmontant, pouvant se rabattre sur la première, en tournant autour d'un axe horizontal *a*. Une traverse horizontale T consolide l'assemblage des divers madriers verticaux qui forment ce couvercle, sa longueur est un peu plus grande, et des anneaux rectangulaires E, maintenus par de fortes ferrures F, peuvent tourner à la main, de manière à venir enserrer les deux extrémités de cette traverse, lorsquelle est relevée pour effectuer la fermeture du coffre. Un plateau horizontal P peut glisser

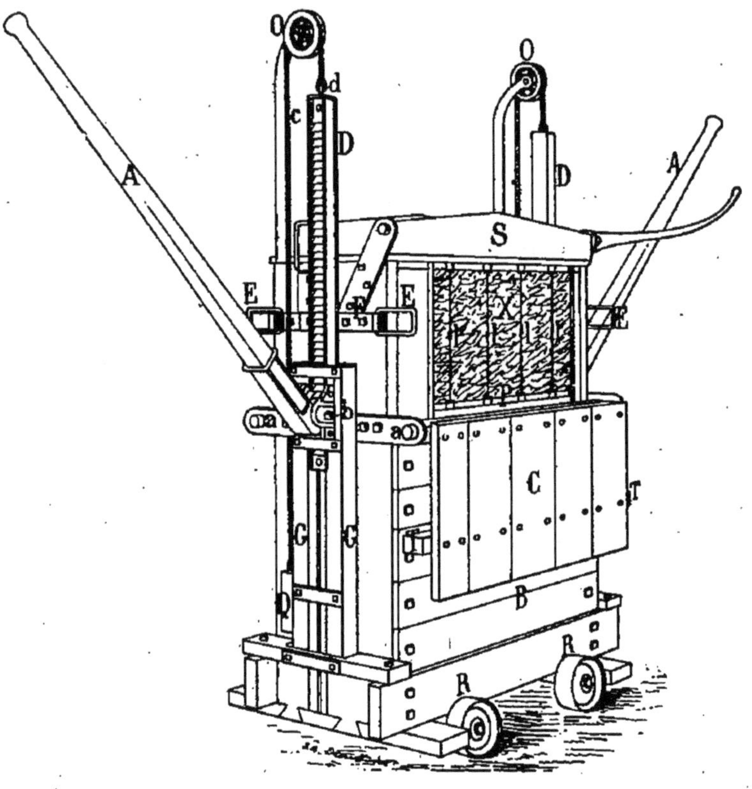

Fig. 277.

librement, dans le coffre vertical, et deux crémaillères verticales D, maintenues verticalement par des glissières G, et réunies au plateau par une traverse, permettent d'élever graduellement le plateau P, en comprimant le fourrage disposé par-dessus.

Deux leviers en bois A, de grande longueur, sont terminés par une pièce métallique, en forme de doigt, qui agit sur la crémaillère, en l'obligeant à s'élever, en entraînant le plateau, dans son mouvement d'ascension. Un cliquet de retenue, monté sur le même axe *b*, empêche tout mouvement de recul des crémaillères, et par suite du plateau.

Des contrepoids Q auxquels sont attachés des cordes *c*, passant sur des poulies de renvoi O, et venant se fixer, en *d*, aux extrémités supérieures des crémaillères, permettent d'équilibrer le poids de celles-ci, ainsi que celui du plateau P.

Pour se servir de cet appareil, il suffit d'abaisser le plateau P, jusqu'au fond du coffre, de disposer le foin au-dessus de ce plateau, après avoir rabattu le couvercle, cette opération étant faite déjà, si l'appareil est en travail continu, de tasser ce foin dans l'intérieur de la caisse B, de manière que tout son volume soit rempli de foin débottelé, de fermer les deux parois verticales C, et d'agir à l'extrémité des leviers A, de manière à presser le fourrage, par l'intermédiaire des crémaillères D et du piston P.

Lorsque les doigts du levier auront agi successivement sur toutes les dents des crémaillères, la réduction de volume demandée sera obtenue.

Il suffit alors d'ouvrir les deux portes C, de passer dans des rainures, ménagées dans le sommier, et dans le plateau, des liens métalliques ou autres *l*, d'en accrocher les deux extrémités, après que chaque lien aura entouré la balle comprimée, de dégager les cliquets de retenue, et de sortir la balle X, en la poussant hors de la caisse, pour pouvoir recommencer l'opération, et ainsi de suite.

Ce genre de presse convient indistinctement pour la compression du foin ou de la paille; seulement, il y a lieu de remarquer que, pour cette dernière matière, l'une des dimensions horizontales de la presse doit avoir la longueur des tiges, soit 1^m,40, et toutes les presses à paille sont constituées ainsi par un plateau rectangulaire ayant pour dimensions 1^m,40, sur une largeur plus ou moins considérable, suivant l'importance de la presse. Celles employées par la Cie générale des Omnibus de Paris permettent d'atteindre le poids de 120 kilogrammes au mètre cube, pour la paille, correspondant à une compression très sensible de la matière, sans produire une détérioration de la paille.

Dans la seconde disposition, le coffre est mobile, sur rails, et est complètement ouvert, à sa partie supérieure, de manière à pouvoir le conduire auprès du grenier à foin, le remplir, et l'apporter sous les organes presseurs. Si l'on dispose de plusieurs coffres semblables, on peut accélérer, dans une certaine proportion, l'opération complète de la compression des fourrages.

Les figures 278 à 280 représentent la presse à fourrages de MM. Wohl et Cie.

Sur des poutres horizontales A, A', sont assemblées des pièces verticales B, B, réunies, à leur partie supérieure, par de fortes pièces de charpente C. Dans l'intérieur du cadre vertical ainsi formé, se trouvent les rails H, servant de chemin de roulement à une caisse E, montée sur roues *h*. Cette caisse est surmontée de hausses U, venant se fixer sur la caisse, au moyen de vis *u*, de manière à pouvoir y placer une plus grande quantité de matière que l'on veut comprimer.

Un plateau P, en fonte, est surmonté par une forte crémaillère O, formant l'élément mobile d'un cric à noix, à engrenages multiples n, r, r'', m, m'', q' et q, renfermés dans une boîte en fonte I. L'un des axes intermédiaires porte un volant à manettes M, permettant de donner un mou-

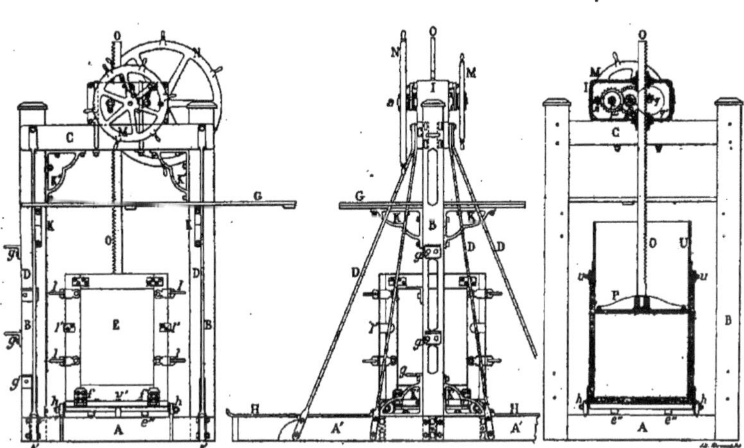

Fig. 278. Fig. 279. Fig. 280.

vement rapide au plateau P. Le premier arbre *a* porte un autre volant à manettes N, de manière que, par la suite des engrenages retardateurs, le plateau P descende avec une grande lenteur, en communiquant à la masse de foin une grande pression.

Les hommes, desservant la presse, montent, au moyen d'échelons *g*, sur une plate-forme G, et agissent, en premier lieu, sur le volant M, puis, pour terminer la pression, sur le volant N.

Pour éviter que cette pression ne soit supportée, tout entière, par les essieux des roues porteuses *h*, des traverses E, de la caisse, viennent reposer, dès que la pression commence à agir, sur le cadre inférieur A, A'.

Cette plate-forme est rendue solidaire du cadre vertical, au moyen de consoles K, et des pièces de même forme consolident les assemblages de B avec A.

Des tirants inclinés D réunissent, en plusieurs points, les semelles A' avec le sommier C.

Lorsque, sous l'action du plateau P, le foin a atteint la compression voulue, on ouvre les différents verrous *l*, formant, avec les ferrures à angle droit *l'*, et les charnières *f*, les moyens d'assemblage des différentes parois, les faces E, fig. 279, peuvent se rabattre complètement, et le liage s'effectue facilement au moyen de liens métalliques, et d'une pince de serrage que nous examinerons dans un instant. Un mouvement de levée du plateau dégage la balle que l'on peut enlever de la caisse, qu'il suffit de refermer, et de repousser sur les rails, pour recommencer une opération semblable à celle qui vient d'être décrite.

Pour effectuer le rapprochement des deux extrémités d'un même lien, afin de fermer la ligature, on se sert d'une sorte de levier, représenté fig. 281.

La mâchoire A est passée dans un anneau terminant

l'une des extrémités *a* du lien *l*, la tringle B est attachée, d'une part, en *b* de l'extrémité du même lien, et en *c* sur le levier L. Un talon T vient s'appliquer contre l'une des parois verticales du plateau P. En agissant sur le levier L, en le relevant, celui-ci tourne autour du centre de rotation D de ce levier, et le serrage est obtenu; il suffit, à l'aide d'un S, de venir réunir *a* et *b*, pour que le lien soit attaché et maintenu sur la balle X. Les principaux parcs militaires français sont munis d'appareils de ce genre. Dans ces applications spéciales, la main-d'œuvre ne fait pas défaut, et il est tout naturel que l'on cherche à l'employer, pour la mise en balles des fourrages destinés aux besoins de l'armée.

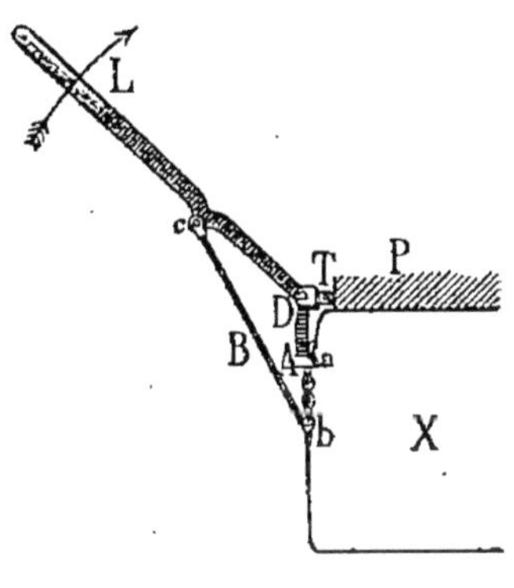

Fig. 281.

Dans les exploitations agricoles importantes, le problème à résoudre est tout autre, la main-d'œuvre fait le plus souvent défaut, et il faut avoir recours aux moteurs animés ou à vapeur, pour actionner ces engins de compression; de plus, la sortie de la balle comprimée présente plus ou moins de difficultés, lorsqu'elle est formée dans une caisse fermée de toutes parts, dont on est obligé d'ouvrir, en partie, les parois, pour effectuer la sortie du fourrage comprimé.

On a donc cherché des dispositions plus mécaniques, plus coûteuses et, par conséquent, ne pouvant convenir que dans de grandes exploitations, évitant une partie des inconvénients qui viennent d'être signalés.

Ces appareils peuvent se ranger dans deux groupes distincts.

Presses à bottelage cylindrique et presses continues.

La presse à bottelage cylindrique, connue sous le nom de presse Chicago, et construite, en France, par la maison Pilter, est basée sur un principe tout différent de ceux employés par les appareils précédents, en ce que la compression se produit sans que la masse de foin soit enfermée dans une enveloppe.

Elle est représentée fig. 282 à 284.

La presse est montée sur quatre roues R dont les deux de droite sont fixées à un avant-train, auquel on vient fixer l'attelage.

En arrière, en K, se trouve un tablier sur lequel on dépose les bottes de foin, après les avoir déliées, et, en B, l'on dispose la bouche de l'alimentation de la presse proprement dite.

Enfin, en P, se trouve le plateau presseur qui est animé de différents mouvements, suivant le mode de transmission qui est employé.

Un arbre A, mis en mouvement par une courroie et une poulie X, porte, en I, I' et I'', trois engrenages droits, engrenant directement avec E et E'', et, au moyen d'un pignon intermédiaire, avec E'. Les manchons M et M' permettent, au moyen de leviers d'embrayage, de débrayer ou d'embrayer chacune de ces transmissions ; mais les dispositions sont prises pour que I et I' ne puissent tourner en même temps, au moyen de l'arbre A.

Les deux engrenages E et E' sont montés sur un même manchon cylindrique W, formant écrou par rapport à la vis V. L'engrenage E'' n'a pas de centre, mais cette couronne dentée tourne librement entre trois galets G, G', G'', dont les axes font partie de la bouche B. Ce même organe de transmission est aussi denté in-

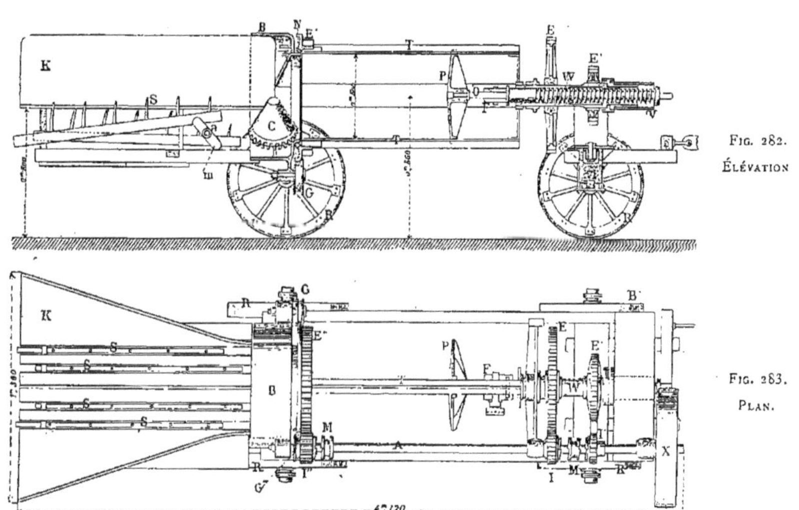

Fig. 282.
Élévation

Fig. 283.
Plan.

térieurement, en N, et ce second engrenage, de forme conique, solidaire du premier, actionne deux roues dentées N' N', fixées à la base de deux troncs de cône C, C', fermant en partie la bouche B.

Des râteaux S, au nombre de quatre, sont actionnés par des manivelles *m*, formant, par leur ensemble, un arbre coudé *a*, et amènent le foin, déposé sur le tablier K, vers les cônes d'entraînement C et C', de manière que la matière première passe en D, D, sous forme de deux nappes, de section rectangulaire, qui viennent s'attacher, au début de l'opération, au plateau P.

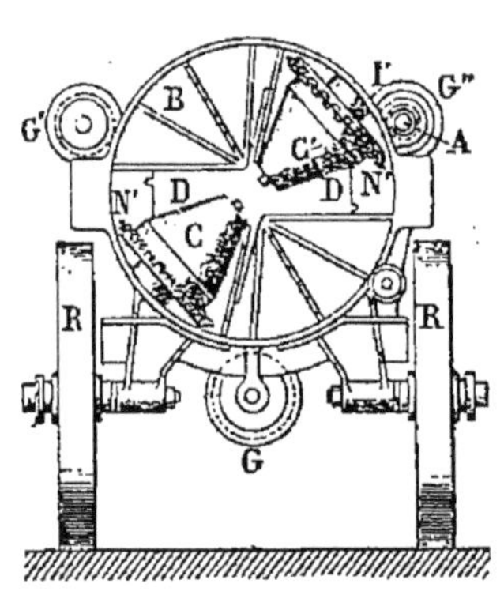

Fig. 284.

En TT, se trouvent des fers cornières, fixés à E'', passant dans des encoches préparées sur le plateau P, et réunis, à leur autre extrémité, par des rayons métalliques entourant W.

Le plateau P est monté sur une tige de section carrée O, passant à travers des machoires F, formant frein, et ensuite dans toute la longueur de la vis V.

En même temps que I'' est embrayé et entraîne E'', l'engrenage I est obligé de tourner, sous l'action de l'arbre A et du manchon M, de manière que la vis V, entraînée par P et O, tourne en même temps que l'écrou W; la vis V ne se déplace donc pas, dans le sens de sa longueur, et c'est le plateau P qui, tout en tournant, recule sous l'action du foin qui presse sur lui, en se chargeant ainsi de couronnes successives de foin comprimé, plus ou moins, suivant l'énergie du serrage des mâchoires F, sur la tige carrée O.

Lorsque le plateau P a été ainsi repoussé successivement et est arrivé, vers la droite de la machine, dans sa position extrême, le manchon M se déplace sur A, de manière à embrayer l'engrenage I', en même temps que les engrenages E'' et N se trouvent arrêtés, par suite du débrayage de M', le plateau P ne tournant plus, ainsi que la vis V, l'écrou W tournant en sens inverse du premier mouvement, la vis V est repoussée, vers la bouche d'alimentation B, en comprimant la masse de foin entre P et B.

Il suffit de continuer ce mouvement, pour atteindre la compression voulue, puis faire tourner W, en sens inverse, à l'aide des engrenages I, E, pour dégager la balle comprimée, après l'avoir liée, et la rejeter sur le sol, en dégageant ainsi la machine.

On obtient ainsi des balles cylindriques, d'un poids de 100 à 125 kilogrammes, que l'on peut rouler, à la façon d'un tonneau, et qui se placent facilement, les unes à côté des autres, de manière à former un chargement assez dense.

Dans les essais de Noisiel (concours international de 1889) le poids au même cube a été, avec cette machine, de $342^k,45$, chiffre très suffisant, en pratique courante.

L'autre groupe comprend les différents genres de presses continues.

Que l'on adopte les dispositions à caisses fermées de toutes parts, ou celle n'exigeant pas d'enveloppe, qui vient d'être décrite, il faut toujours dépenser une partie notable du temps total, pour enlever le produit comprimé, et ramener les organes dans la position correspondante à un nouveau chargement de la presse.

Dans les presses continues, au contraire, le chargement est continu, et l'enlèvement des balles comprimées s'effectue à intervalles réguliers, sans que ces deux opérations occasionnent aucune perte de temps.

C'est à l'exposition universelle de Paris de 1878, que ces presses continues ont été présentées, pour la première fois, en même temps que la presse Chicago, qui vient d'être décrite.

La fig. 285 représente une presse continue de Dederick, d'invention américaine, et construite, en France, par la maison Albaret, de Liancourt.

Dans ces presses à action continue, le foin est plié en deux, par un organe de forme spéciale, et repoussé, ainsi plié, dans un couloir de section rectangulaire, laissé complètement ouvert à son extrémité opposée. Les différents feuillets, ainsi juxtaposés, éprouvent, de la part des parois du couloir, une certaine résistance qui s'oppose à leur déplacement, de là une pression assez grande que les feuillets ont à subir avant de constituer la balle comprimée.

Cette compression graduelle est bien plus favorable au bon emploi du travail mécanique dépensé que la compression en masse que l'on est obligé d'effectuer en se servant des autres appareils.

Le foin transmet très mal la pression qui lui est donnée, et il faut comprimer très fortement les couches, en contact direct avec le plateau presseur, pour obtenir une compression suffisante des autres parties de la masse.

C'est le même effet qui se produit dans les différents genres de pressoirs, là encore, la pression se transmet très mal, certaines parties sont trop fortement pressées, au grand détriment de la valeur du produit moyen que l'on obtient.

La compression par feuillets présente encore un avantage tout spécial, dans le cas actuel.

La division de la balle, lorsqu'on enlève les liens, s'effectue suivant les parties séparatives des feuillets

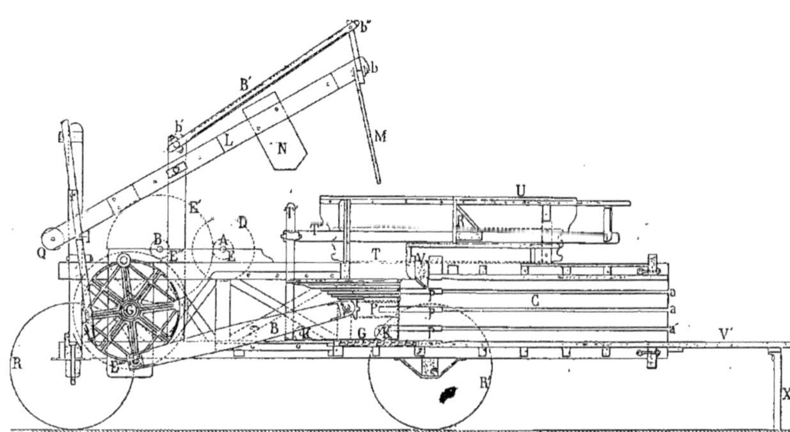

Fig. 285.

mêmes, de sorte que, si ces feuillets constituent, chacun, un poids de fourrage correspondant à la ration d'un animal, la distribution du fourrage est bien facilitée de cette manière.

L'appareil de Dederick se compose d'une sorte de couloir horizontal C, monté sur roues R, R'.

En T, se trouve une trémie largement ouverte, dans laquelle s'engage le foin à presser. Le foin arrive donc en T, et s'échappe comprimé vers la droite de l'appareil, en venant se placer sur une table horizontale V', retenue par un pied X.

A l'aide d'une transmission, composée d'un premier axe A, portant une poulie D et un pignon E, d'un arbre intermédiaire B, sur lequel se trouvent calés un engrenage E' et deux pignons E'', ces derniers engrenant avec des engrenages E''', montés sur l'axe G, on peut, à l'aide d'une bielle en bois de grande longueur, agir sur une sorte de piston P, qui se meut dès lors d'un mouvement de va et vient. Ce mouvement est facilité par la présence de galets K, fixés à P, et qui viennent rouler sur le fond du couloir C.

Le piston P est relié par des pièces de charpente T' et T'', de telle manière que la paroi R, de droite, d'une trémie supplémentaire, surmontant la première, vienne se rapprocher de la partie fixe de gauche, lorsque le piston P recule, en se mouvant de droite à gauche.

Le foin, pris en U, et jeté par les hommes dans la trémie, se trouve déjà plié, en partie, par ce déplacement de l'une des faces de la trémie. Ce pliage se trouve accentué, par la présence d'une sorte de pelle en bois M, articulée en *b* d'un levier L, et prolongée jusqu'en *b''*, pour venir s'assembler avec une bielle B' oscillant autour de *b'*, point d'articulation emprunté à l'une des parties fixes du bâti de l'appareil.

Un contrepoids Q termine ce levier L, au delà de son point d'articulation, pris sur le même support, et ce levier est mis en mouvement à l'aide de la transmission précédente, qui agit, une fois par tour, sur l'extrémité inférieure d'une barre F, portant une mortaise dans laquelle s'engage une partie de L.

Si donc, l'on suppose que le piston P s'approche de sa position extrême d'arrière, la pelle M vient agir sur la masse de foin, pour en compléter le pliage, et conduit ce feuillet jusque dans le couloir C, derrière le piston P.

Celui-ci, en avançant à nouveau, déplace le feuillet, soulève une sorte de verrou incliné V, et réunit la matière pliée et déplacée aux autres feuillets, déjà situés dans le couloir. Le verrou V a pour mission d'empêcher tout retour en arrière du foin ainsi comprimé.

Pour diviser la masse de foin comprimée en balles d'égal poids, il suffit de placer dans le couloir, et par la trémie T, une planchette, toutes les fois qu'un nombre déterminé de feuillets se trouvent ainsi formés.

Reste à procéder à l'opération du liage, qui doit s'effectuer, pendant la marche de la balle dans le couloir, et sans arrêter le mouvement général de la machine.

En *a*, les parois verticales du couloir C sont séparées en quatre parties distinctes, dans le sens de la hauteur. Il suffit donc de passer, dans ces rainures *a*, des liens, et de venir en rapprocher les extrémités pour que la balle se trouve liée, avant de sortir même du couloir.

Enfin, en G, le couloir porte une grille, par laquelle les poussières contenues dans le foin peuvent s'échapper, au moment de son pliage, et en *p*, le piston porte des prolongements venant recouvrir les rainures *a*, jusqu'au moment où le fourrage, par suite de sa compression, n'aura plus une tendance à s'échapper par ces orifices rectangulaires de faible hauteur.

Ce même principe de la presse à action continue se retrouve dans un autre appareil exposé, en 1889, par la Whitman Agricultural C°, avec certaines différences dans les organes de la transmission du mouvement, et aussi des organes spéciaux de débrayage.

La poulie de commande, au lieu d'être calée sur son axe, est folle, et n'entraîne l'arbre que par la présence de ressorts en demi-cercles, qui cessent d'agir efficacement, en dessous de la jante de la poulie, lorsque la pression, pour laquelle la machine a été calculée, se trouve notablement dépassée.

La commande du plongeur a aussi subi, dans cette machine, une modification, qui consiste à effectuer cette commande au moyen d'une came et d'une coulisse, cette came étant tracée de telle manière que la descente du plongeur est lente par rapport à son mouvement de retour.

La même compagnie américaine construit aussi des presses à fourrages à action continue, actionnées par des animaux de trait, au lieu d'employer la vapeur, et M. Tritschler, de Limoges, s'est aussi adonné au même genre de construction.

Au lieu de donner, aux organes moteurs du plateau presseur, des mouvements de rotation, analogues à ceux qui viennent d'être décrits, on ne leur fait décrire qu'une portion de circonférence, puis on change le sens du mouvement, de telle manière qu'un mouvement circulaire alternatif, du point d'attache des bœufs ou des chevaux, est transformé facilement en un mouvement rectiligne alternatif du piston, de forme rectangulaire, qui se meut dans une caisse horizontale, de section rectangulaire également, et dans laquelle le fourrage est amené au degré de compression voulu.

Un levier L, de grande longueur, $4^m,40$, fig. 286, est

terminé, en *a*, par le point d'attache des animaux de trait. A l'autre extrémité, ce même levier L porte, en B, une tête métallique pouvant tourner librement autour d'un axe vertical A. Sur ce même axe peut tourner une pièce, de forme particulière D, portant en *b'*, *b'*, des trous cylindriques dans l'un desquels peut passer une cheville que l'on peut déplacer à la main, et qui, passant également dans un des trous *b*, *b*, de la pièce B, rend solidaires les

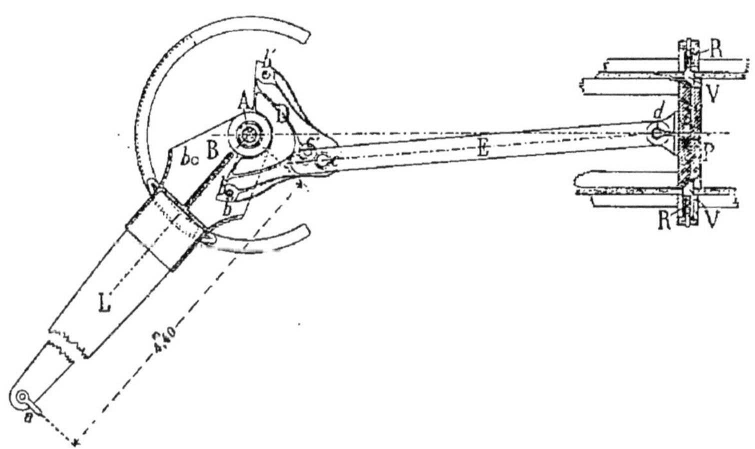

Fig. 286.

mouvements du levier L et de la pièce D. Enfin, en un point de D, se trouve articulée, en *c* ou *c'*, une bielle E dont l'autre extrémité *d* est assemblée avec le plateau presseur P.

Suivant la course que l'on veut donner à ce piston, pour un même déplacement de *a*, le point *c* ou *c'* d'articulation de la bielle E est disposé à une plus ou moins grande distance de l'axe vertical A.

Pendant qu'une paire de bœufs, attelés en *a*, décrit un tiers de circonférence, de rayon égal à $4^m,40$, le piston ne se sera déplacé que de $0^m,50$, si donc l'on suppose que cet attelage peut produire, en s'arc-boutant, au moins 200 kilogrammes d'effort, le travail moteur correspondant sera égal à

$$\frac{216 \times 4{,}40}{3} \times 200 = 200 \times 9{,}22 = 1844$$ kilogrammètres qui, employés, presque intégralement, à la compression du foin, permettent de développer, sur le plateau presseur, une pression allant en augmentant, à mesure que le piston s'approche de l'extrémité de sa course, et conduisant à une pression finale suffisante pour amener la masse du foin à la densité voulue.

Au commencement de l'opération, lorsque le couloir n'est pas encore rempli de foin comprimé, on est obligé de relier les deux pièces B et D par la broche verticale, comme il vient d'être décrit, mais lorsque l'appareil est en marche continue, au moment où le plateau presseur abandonne le foin comprimé, celui-ci se détend, en partie, en imprimant au plateau une marche en arrière, et en faisant tourner sur elle-même la pièce D. La tête B manœuvrée par le levier L, rejoint, dans sa marche en sens contraire, la pièce D, et la compression nouvelle se produit dès que ces pièces sont en contact, et lorsqu'après un déclanchement du couvercle de l'appareil, une nouvelle charge de foin se trouve placée en avant du piston ainsi repoussé.

Pour éviter que le foin comprimé ne suive le plateau presseur dans sa marche d'arrière, les deux parois verticales du couloir portent, dans un même plan vertical, une série de verrous V, repoussés, vers l'axe et la caisse, par des ressorts R, de manière que le plateau presseur puisse repousser ces verrous, dans la marche en avant, et qu'aussitôt que ces verrous se trouvent dégagés, par une marche en arrière du piston, ils puissent reprendre leurs positions primitives, et empêcher le foin comprimé de suivre ce mouvement de recul.

Dans la presse Tritschler, on peut, au moyen de vis, manœuvrées à la main, par des volants, modifier la hauteur du couloir vers la droite, suivant le degré de compression que l'on désire obtenir, et c'est encore là une particularité qui mérite d'être signalée.

Quel que soit le genre des presses adopté, on ne peut se départir d'une précaution générale, lorsqu'il s'agit de comprimer du foin, afin de l'amener à avoir une densité plus ou moins considérable.

La conservation du foin dépend surtout de son état hygrométrique, au moment où doit s'effectuer sa compression.

Si le fourrage provient d'une prairie mal soignée, contenant beaucoup de mauvaises herbes, arrivées à l'état de maturité avant les autres, ces herbes mortes, mélangées à celles dont la végétation n'est pas arrêtée, au moment de la coupe, conservent de l'humidité que les opérations du fanage et du râtelage peuvent difficilement enlever complètement, et elles peuvent apporter des germes de moisissure ou de pourriture qui, en se développant, pourraient nuire à la conservation de la masse tout entière.

Pour éviter cet effet, il faut mettre le foin en tas, le fourrage augmente de température, et des vapeurs d'eau s'en dégagent. Il suffit de surveiller cet échauffement, d'ouvrir le tas, et de former, avec plusieurs tas ainsi défaits, un meulon plus gros dans lequel l'échauffement se continue sans danger. L'on peut alors procéder à la compression, soit en pressant le fourrage tel qu'il est ainsi traité, soit en mélangeant, lorsque cela est possible, du foin neuf avec du foin vieux, et par parties égales.

DEUXIÈME DIVISION

RÉCOLTE DES CÉRÉALES

La récolte des céréales est relativement plus facile que celle des fourrages, mais l'époque à laquelle la moisson doit s'effectuer est bien déterminée, et l'enlèvement de la récolte ne saurait se faire attendre, sous peine de perdre une partie notable des grains contenus dans les épis, qui, en s'égrenant, en laissent tomber une certaine quantité. Pour éviter cette perte, on a même l'habitude de couper la récolte quelques jours avant la maturité complète, puis de réunir un certain nombre de gerbes pour former des moyettes, dans lesquelles le grain est soustrait à l'action d'un soleil trop ardent, dans les derniers jours de sa maturité, et l'on peut ainsi perfectionner le grain, en le mettant à l'abri de la pluie et des coups de soleil.

La récolte devant se faire à une époque déterminée, variable cependant avec les conditions atmosphériques, devant se poursuivre très rapidement pour éviter une trop grande maturité, sur pied, des dernières portions à récolter, le personnel ordinaire d'une ferme devient complètement insuffisant, et bien que l'on ait recours, à l'époque de la moisson, à tous les bras disponibles, il faut encore employer un grand nombre d'étrangers, des ouvriers belges, le plus ordinairement, qui descendent, par les voies rapides, dans les départements du midi de la France, là où la moisson se fait de cinq à six semaines plus tôt que dans des régions plus tempérées, puis remontent à petites journées, en offrant leurs services, et viennent ainsi en aide au manque de bras qui se fait oujours sentir au moment de la moisson.

Pour ce travail à la main on peut employer trois

outils différents, la faucille, la sape, et la faux, et l'on admet :

Qu'avec la faucille il n'est possible de couper la récolte que sur 15 ou 18 ares, au plus.

Qu'en employant la sape on peut abattre 30 ares, et qu'en adoptant la faux, un faucheur, aidé d'une femme, peut préparer une surface de 50 ares par journée de travail.

Si l'on met en regard de ces chiffres ceux que l'on observe, en employant les moissonneuses mécaniques, il est facile de comprendre tout l'avantage que l'on trouve à employer ces dernières, permettant, à l'aide d'un homme et d'un attelage de deux chevaux, de couper la récolte sur une étendue de quatre à sept hectares, par journée de travail, et nous aurons à étudier, plus loin, les catégories assez nombreuses de ces moissonneuses, dans lesquelles on s'est proposé de couper la récolte, en la déposant sur le sol, sous forme d'andain continu, ou bien de déposer les céréales coupées par la machine, en javelle, c'est-à-dire en tas suffisamment gros pour former une gerbe d'un poids de 7 à 8 kilogrammes, par exemple, ou bien encore de lier les gerbes sur la machine même, de les rejeter sur le sol, soit isolément, soit par groupes de quatre, par exemple, pour que l'on puisse en former, sans aucun déplacement supplémentaire des gerbes sur le sol, des moyettes permettant au grain d'y mûrir lentement et de s'y perfectionner.

Malgré tous les avantages que nous venons de rappeler rapidement, les moissonneuses mécaniques, tout en se répandant de plus en plus, ne sont encore employées que dans les exploitations de quelque importance, et c'est encore aux procédés entièrement manuels que l'on a recours dans les petites exploitations agricoles.

Emploi de la faucille. — Bien que cet instrument soit remplacé par la sape ou la faux, il est nécessaire d'indiquer quelle est sa forme, et comment on en fait usage, comme instrument de récolte.

La figure 287, donne la forme générale d'une faucille à tranchant uni, quelquefois cette partie tranchante est remplacée par une partie dentée, disposée comme l'indique la figure 288, mais il est à remarquer que cette dernière forme arrache, plutôt qu'elle ne coupe réellement, de sorte que les indications qui vont suivre sont surtout relatives à la faucille à tranchant uni de la figure 287.

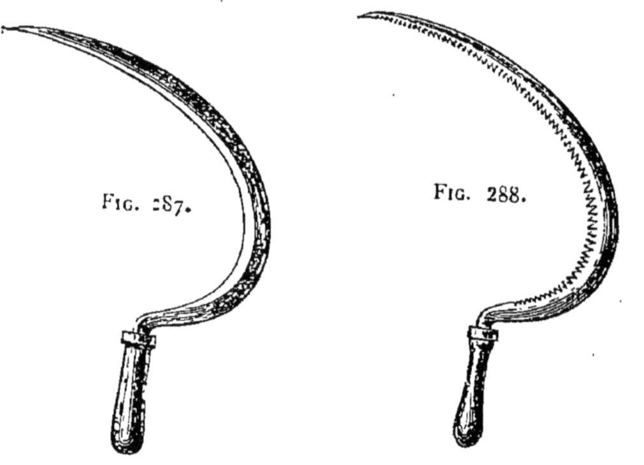

Fig. 287. Fig. 288.

Pour se servir de cet outil, l'ouvrier tient la faucille, de la main droite, et saisit, de la main gauche, une poignée de tiges, qu'il tire légèrement, en les appuyant en même temps contre le blé non coupé. En ramenant à lui sa main droite, en agissant sans choc, le tranchant vient scier les tiges, toujours tenues par la main gauche, et ces tiges sont déposées immédiatement sur le sol, pour composer une partie de l'andain.

Pour que la coupe s'effectue, sans que l'ouvrier ait à développer un grand effort, il faut que la direction de l'effort fasse, avec le tranchant, et en un point quelconque de sa longueur, un angle aigu que l'expérience indique comme devant être de 51°.

Si donc les lignes *o a*, *o b*, ... *o h*, représentent les directions successives de l'effort exercé par l'ouvrier, si l'on mène (fig. 289) les tangentes au tranchant, aux points *a*, *b*, *c*,..... *h*. les angles formés par ces tangentes et les lignes *oa*, *ob*,... *oh* seront tous d'égale valeur, si l'on adopte la forme du tranchant représenté ci-contre.

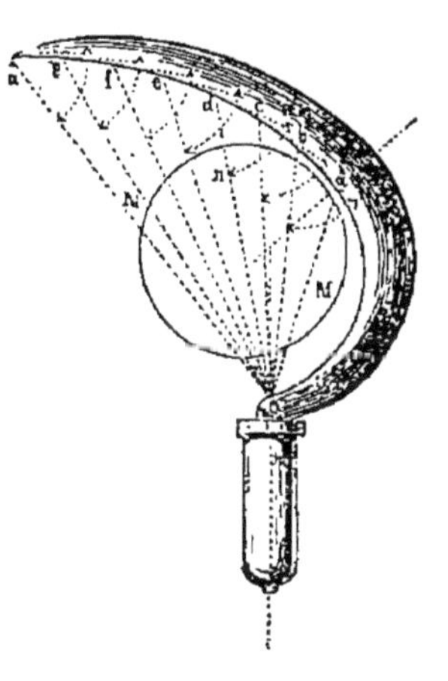

Fig. 289.

Quelle que soit la forme du tranchant de l'outil employé, la faucille présente toujours l'inconvénient de ne permettre qu'une coupe un peu haute de la récolte. On laisse, en effet, en employant la faucille, environ douze centimètres de chaume, ainsi perdus pour former la paille, et qui présentent un inconvénient sérieux, lors du déchaumage, en ce que ce long chaume s'oppose au retournement facile de la terre.

Emploi de la sape. — La sape, représentée fig. 290, page 392, employée surtout par les ouvriers belges, venant faire la récolte en France, se compose d'une lame plus courte et plus large que la faux ordinaire, assemblée avec un manche assez court, coudé à son extrémité libre. Souvent ce manche est muni d'une courroie en cuir, vers la moitié de sa longueur, de manière à le saisir plus solidement.

Cet outil ne peut servir que concurremment avec un autre, portant le nom de crochet, représenté fig. 291, et qui se compose d'une pièce coudée en fer, formant crochet, et d'un manche cylindrique en bois, d'une longueur d'environ un mètre.

Ce crochet, tenu de la main gauche, sert à maintenir le chaume, pendant que le sapeur, de sa main droite,

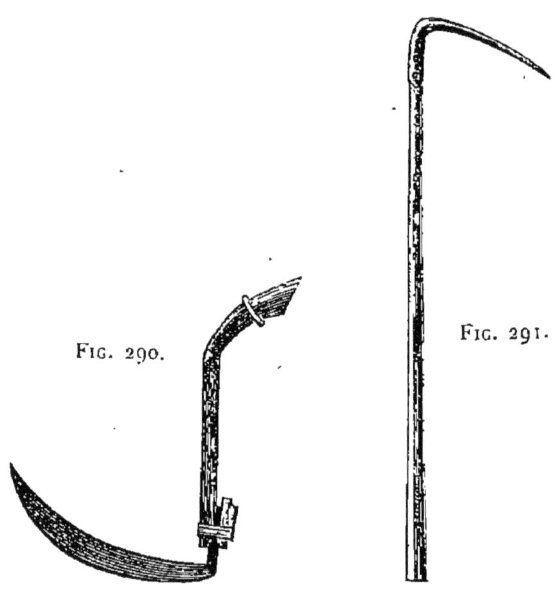

Fig. 290.

Fig. 291.

fait agir la sape. La gerbe ainsi coupée, et dont les éléments sont retenus par le crochet, est ensuite déposée sur le sol, et forme ainsi la javelle, que l'on vient lier, plus tard, pour former la gerbe.

Par suite de la forme de la sape, la section des tiges est faite en des points beaucoup plus rapprochés du sol, qu'en employant la faucille, et l'on admet que cette section peut s'effectuer à six centimètres environ du sol.

Emploi de la faux. — Lorsque la récolte est en

partie versée, c'est la sape qui permet d'en tirer un bon parti, malgré ces difficultés spéciales; mais lorsque la récolte est restée bien droite, jusqu'au moment de la coupe, la faux faisant plus de besogne, pouvant couper aussi bas que la sape, est maintenant l'outil le plus employé, lorsque la récolte est faite à bras d'hommes.

C'est le même outil que celui employé pour la coupe des fourrages, avec cette différence que la faux est armée, comme l'indique la figure 292.

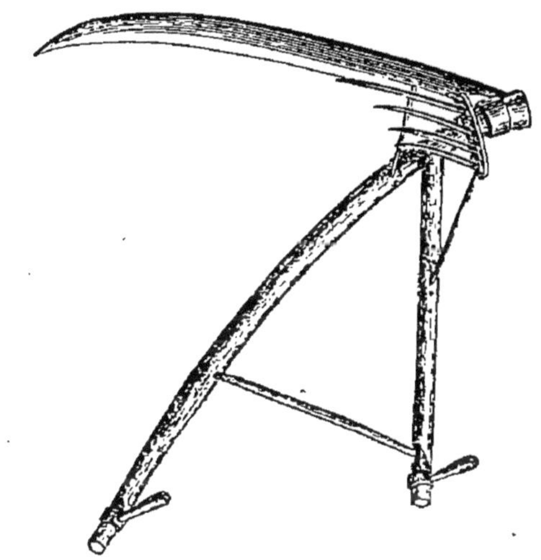

Fig. 292.

L'armature consiste en quatre dents fixées sur une pièce de bois, assemblée avec les deux manches de la faux, au moyen de tiges, en fixant la position, l'une d'elles traverse le petit manche et y est maintenue, à longueur variable, par un écrou.

La lame, d'environ $1^{m},04$ de longueur, est fixée au manche par un anneau serrant la queue de la lame sur le manche, dont la partie de gauche a $1^{m},220$ de longueur, et la partie de droite $0^{m},914$ seulement.

Les tiges, coupées par la faux, sont supportées par les dents de l'armature, à la fin de la coutelée, lorsque le faucheur relève le talon de l'outil et oblige ainsi les tiges de blé à rester sur la faux, pour ensuite être rejetées sur le sol. Derrière chaque faucheur se trouvent ordinairement deux femmes, qui sont occupées à réunir les andains pour former les javelles, qu'elles lient ensuite pour former les bottes ou gerbes.

Moissonneuses mécaniques. — La nécessité d'effectuer les opérations de la moisson aussi rapidement que possible se faisait sentir déjà du temps des Gaulois. Pline et Palladius indiquent, très nettement, comment était constitué le char gaulois servant à effectuer la récolte des céréales.

Pline s'exprime ainsi : « Dans les vastes domaines des Gaules, une grande caisse dont le bord est armé de dents, et que portent deux roues, est conduite, dans le champ de blé, par un bœuf qui la pousse devant lui ; les épis arrachés par les dents tombent dans la caisse. Ailleurs on coupe les chaumes par le milieu à l'aide d'une faucille, et on détache les épis entre deux merges. Ailleurs on arrache le blé avec la racine, et ceux qui emploient ce procédé prétendent que par là ils donnent au sol une espèce de labour, tandis qu'ils ne font qu'en ôter le suc » (livre XVIII, chap. LXXII).

Palladius donne une description plus étendue de cette même machine. « Les habitants des pays plats de la Gaule ont une méthode de moissonner qui épargne la main-d'œuvre, puisqu'elle n'exige que la journée d'un bœuf pour expédier tout un canton. Ils ont un chariot monté sur deux petites roues. La surface du chariot, qui est carrée, est garnie de planches renversées en dehors, de sorte que sa partie supérieure est plus large que l'inférieure. Les planches sont moins hautes sur le devant du chariot que par derrière. Sur ces planches sont distribuées, par ordre, de petites dents clairsemées, dont le nombre est proportionné à la quantité des épis. Les dents sont recourbées par en haut. On adapte au derrière de ce chariot deux brancards très courts, semblables à ceux des litières dans lesquelles les femmes se font porter; et l'on attelle à ces flèches, à l'aide d'un

Fig. 293.

joug et à l'aide de courroies, un bœuf qui a la tête tournée vers le chariot. Il faut, sans contredit, que ce bœuf soit doux, et qu'il n'aille pas plus vite qu'on ne le pousse. Le bœuf promenant ce chariot à travers la moisson, tous les épis se trouvent saisis par les petites dents dont il est garni, et s'accumulent, par conséquent, dans le chariot, en se séparant de la paille, qui reste en dehors. Le bouvier, qui suit par derrière, dirige la marche du chariot, en l'élevant ou en le baissant, suivant l'exigence des cas; et il ne faut que quelques heures d'allées et venues pour expédier toute une moisson. Cette méthode est bonne pour les pays plats et dont le terrain est égal, ainsi que pour ceux où l'on ne considère pas la paille comme objet de nécessité. » (Livre VIII, chap. XI).

La moissonneuse gauloise a pu être reconstituée, d'après ces descriptions, et la fig. 293, page 395, en donne une vue d'ensemble.

En élevant ou en abaissant la dossière de l'animal poussant le char, on pouvait abaisser ou élever le système des rateaux, suivant la hauteur de la récolte. Pour les dégager, l'homme agissait, au moyen d'un petit râteau à main, sur les épis détachés pour les répartir sur toute la surface horizontale du chariot.

Il est évident qu'un appareil aussi grossier, arrachant seulement les épis, et laissant en place les tiges, devait les coucher, par suite du déplacement du chariot, et par conséquent, les détériorer, soit par roulage, soit par piétinage, ne remplissait que bien imparfaitement le but que l'on s'était proposé, dès cette époque.

C'est probablement pour cette raison que les Romains ne l'ont jamais adopté, et que ce premier essai de moissonnage mécanique a été, par la suite, complètement oublié, et c'est à Bell, en 1827, que revient l'honneur d'avoir fait fonctionner une machine à moissonner réellement pratique.

Des organes rotatifs, composés de lames de faux ou de scies circulaires, avaient été proposés, d'abord par Boyce, en 1799, puis par Plucknet, Gladstone, Salmon, Scott et enfin Smeath qui, en 1814, obtint, de la Société de Dalkeith, un encouragement de 50 guinées, et ce n'est qu'en 1821 que Jeremiah Baily, du comté de Chester, aux États-Unis d'Amérique, Henri Ogles, du Northumberland, en 1822, Brown, d'Anlwick, du même comté, en 1828, Patrick Bell du comté de Forfar, en Écosse, et enfin, en 1832, Joseph Maun, du Cumberland, ont fait faire un grand pas à la question, et de toutes ces tentatives, la moissonneuse de Patrick Bell, après avoir reçu, en 1830, un prix de la Société d'Agriculture d'Écosse, après avoir été employée, dès 1832, pour effectuer la récolte de la ferme de Inch Michael, du comté de Perth, se répandit en Angleterre, et même aux États-Unis.

La moissonneuse de Bell était mise en mouvement, comme le char gaulois, par des animaux poussant l'appareil, des chevaux, de préférence, de manière à pouvoir disposer d'une allure plus rapide. Cette disposition, conservée par Bell, avait pour but de ne faire marcher l'attelage que sur un terrain sur lequel la récolte avait été coupée.

Mais ce sont certainement Ogles et Brown qui, en 1822, ont imaginé l'attelage latéral, tel qu'il est adopté universellement maintenant. Seulement, cette première machine, dans laquelle on trouve déjà le volant rabatteur des machines plus modernes, n'avait, comme organe coupeur qu'une lame droite, animée d'un mouvement rapide de va et vient, au lieu de la lame actuelle en dents de scie.

Bell, en inventant son système d'appareil coupeur, a rendu la moissonneuse mécanique immédiatement utilisable, et cet appareil put entrer presque immédiatement dans la pratique agricole.

La figure 294, page 398, représente, en plan, l'ensemble de la machine de Bell, et la figure 295, page 400, donne, en vue perspective, la disposition de la machine en travail, en la supposant poussée par deux chevaux.

L'appareil se composait (fig. 294) d'une série de lames L, assemblées, au nombre de treize, sur une barre fixe disposée horizontalement. En dessous de ces premières lames, se trouvaient les lames mobiles K, fixées sur une traverse J J J, animée d'un mouvement rapide de va-et-vient. Ces lames, formant une série de ciseaux, constituaient la partie la plus importante de l'invention de Bell, qui voulut, paraît-il, expérimenter, par lui-même, cette partie de la machine qu'il ne fit connaître qu'après que cet essai préparatoire lui eut démontré qu'il avait

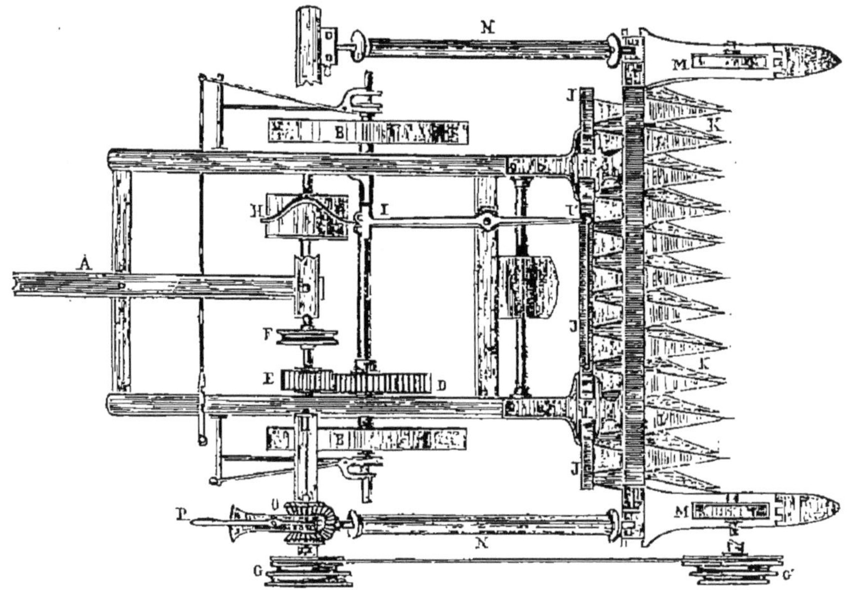

Fig. 294.

enfin trouvé l'organe essentiel de toute moissonneuse.

Deux roues porteuses B, des galets M, et un autre situé sur l'axe de la machine, constituaient cinq points d'appui sur le sol.

Deux séparateurs, situés en avant des couteaux, limitaient la partie que la machine devait moissonner, et un tablier sans fin, disposé à 45°, derrière les ciseaux, devait recevoir les tiges coupées, et les amener en dehors du châssis, pour les abandonner et les déposer sur le sol.

Un volant rabatteur (fig. 295), situé en avant des lames, et disposé à une certaine hauteur au-dessus du sol, avait pour mission de repousser les tiges sur les couteaux, et éviter que, sous l'action de ces derniers, les tiges se trouvent, en fléchissant, en dehors de la portée des lames coupantes. Les différents mouvements étaient pris sur l'axe des roues porteuses B. Un arbre parallèle à l'essieu portait un engrenage droit E qui, actionné par D, communiquait, à cet arbre intermédiaire, un mouvement assez rapide. Sur cet arbre se trouvait, en H, un tambour avec nervure ondulée qui venait agir sur l'extrémité du levier I I', dont l'extrémité I' actionnait la barre J J J, et donnait le mouvement de va-et-vient aux lames K.

Le même arbre intermédiaire portait une poulie à gorge F qui, au moyen d'une corde et d'une autre poulie, communiquait un mouvement de rotation à un autre arbre placé au-dessus du premier.

En O, se trouvaient trois engrenages coniques, permettant de faire tourner, sur lui-même, un des axes N des rouleaux, sur lesquels une toile sans fin se trouvait placée, et de déplacer cette toile, soit dans un sens, soit dans l'autre, mais dans une direction perpendiculaire à celle suivie par l'attelage. Enfin, ce même axe portait, à l'une de ses extrémités, une poulie à gorges G, qui, au moyen d'une corde, et d'une autre poulie G', actionnait l'axe des râteaux rabatteurs.

Il suffisait d'attacher, en un point de la flèche A, un double palonnier, pour que les chevaux, situés entre ce palonnier et l'instrument, poussassent celui-ci et le déplaçassent sur le sol.

La figure 295 indique la position, fortement inclinée, du châssis de l'appareil, qui porte, en avant, l'appareil coupeur, et sur lequel on fixe l'appareil servant au transport des tiges, pour les amener toutes vers l'un des bords de la machine. La toile du tablier sans fin a été supposée enlevée, dans ces deux figures, pour laisser

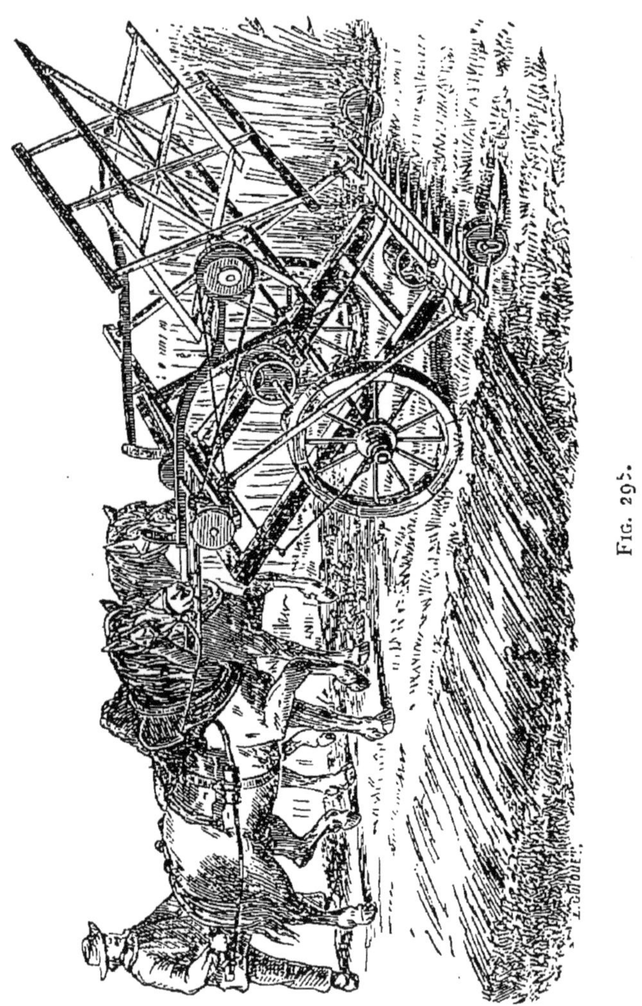

Fig. 295.

voir les différents organes composant le mécanisme de cette moissonneuse.

Le pied des tiges venant rencontrer le sol, dès qu'elles

quittent le tablier incliné à 45°, se déplaçant, ainsi que les tiges, avec une vitesse d'environ 1 mètre par seconde, dans une direction perpendiculaire à celle de la scie, celles-ci se redressent d'abord, puis tombent, sur le côté de la machine, pour former un andain continu, comme le représente la figure 295.

D'autres inventeurs ont ensuite repris l'idée d'Ogles et Brown, en ce qui concerne la position de la barre coupeuse, et la disposition d'un tablier situé en arrière,

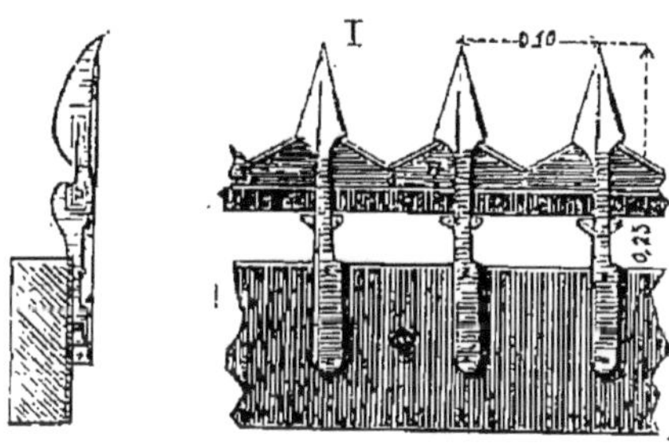

FIG. 296 et 297.

sur lequel les tiges venaient tomber immédiatement, après la coupe, sous l'action du rabatteur, en forme de volant, que nous avons déjà trouvé dans l'invention de Bell, et les machines de Mac-Cormick et de Hussey, exposées à Londres, en 1851, lors de la première exposition universelle, ont appelé, à nouveau, l'attention du monde agricole sur cette question des moissonneuses mécaniques.

Mac-Cormick, que nous retrouverons dans toutes les étapes successivement franchies, avait pris un premier brevet, dès 1831, pour une machine à moissonner, et cet inventeur peut être considéré, à juste titre, comme le créateur de la barre coupeuse que l'on emploie encore aujourd'hui, avec quelques modifications de détail.

L'organe coupeur, au lieu d'être rectiligne, était composé de dents de scie montées sur une même barre, et les figures 296 et 297, page 401, donnent la disposition de la barre coupeuse adoptée par Mac-Cormick, à cette époque. Dans cet exemple, la saillie des dents est beaucoup plus faible que celle que l'on observe aujourd'hui.

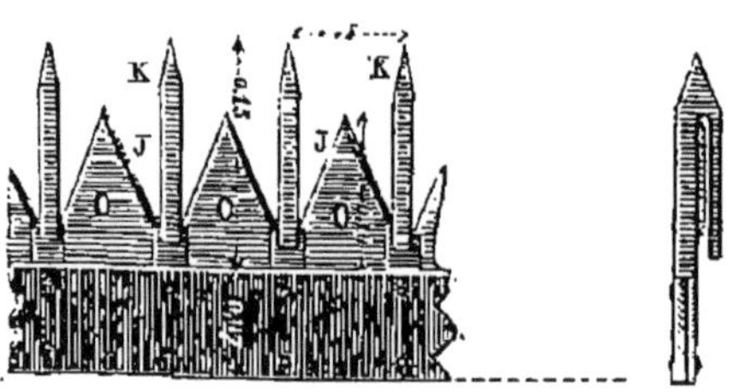

Fig. 298 et 299.

Hussey s'était rapproché davantage des ciseaux de Bell, en adoptant la disposition représentée fig. 298 et 299,

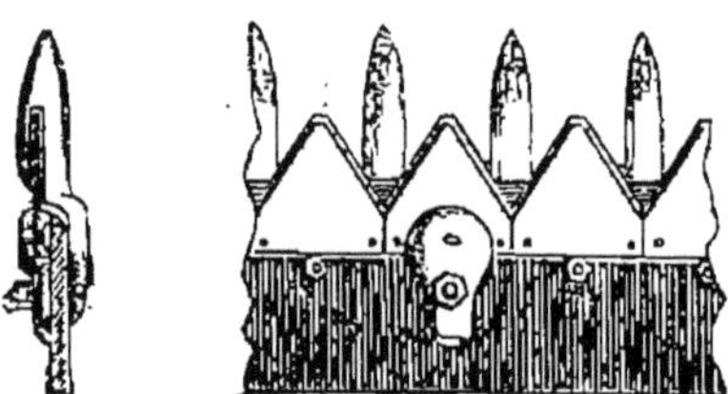

Fig. 300 et 301.

mais cette disposition de couteaux très aigus n'a pas prévalu, et, dans les machines actuelles, les dents de scie, rapportées sur la barre, ont la forme d'un triangle équilatéral, dans lequel le sommet se trouve quelquefois coupé, fig. 300 et 301.

On peut dire qu'à la suite de l'exposition universelle de 1851, ces trois types de machines, Bell, Mac-Cormick et Hussey, ont commencé à se répandre, surtout en Angleterre et en Écosse, pour suppléer au manque de bras qui se faisait de plus en plus sentir à l'époque de la moisson.

Fig. 302.

Dans l'appareil de Burgess et Key, dont nous donnons une vue d'ensemble, fig. 302, les tiges tombaient sur un tablier, légèrement incliné par rapport à l'horizontale et y étaient retournées et déplacées à angle droit, au moyen d'organes spéciaux qu'il est utile de décrire maintenant.

Sur le tablier P se trouvaient disposés trois cylindres M, N et O, portant des hélices de pas allant en croissant, depuis celle disposée sur le cylindre M, jusqu'à celle portée par le cylindre O. En mettant en mouvement ces différents cylindres, dans le même sens, et en supposant que des tiges de céréales viennent tomber entre les spires d'hélices ainsi formées, la tête de ces différentes tiges se déplacera plus rapidement que leur pied, et il se produira un véritable retournement des tiges coupées sur ce tablier. Ces hélices continuant à tourner sur elles-mêmes, les tiges sont rejetées en dehors du tablier, pour venir former un andain continu.

Pour obliger les tiges de céréales à se trouver en contact avec les hélices, qui doivent en changer la direction, un cône cannelé H, situé dans le prolongement du séparateur I, et mis en mouvement par une transmission prise sur le mouvement de la roue porteuse, oblige les tiges à venir se rabattre sur le tablier, et à être entraînées par les cylindres à hélices saillantes. Dans cet instrument, on avait déjà eu l'idée d'adopter une roue porteuse unique A, supportant la plus grande partie du poids de l'appareil, le galet J était disposé pour éviter que le tablier ne frottât sur le chaume, et son réglage avait pour but de permettre une modification dans la hauteur de coupe, suivant les besoins.

Une transmission par courroies partait d'une poulie B, montée sur la roue A, et aboutissait en C, poulie montée sur l'axe horizontal du volant rabatteur E. En F, extrémité opposée de ce volant, se trouvait le point de départ d'une transmission par courroie G, mettant en mouvement le cône H. Les cylindres M, N et O étaient mis en mouvement par des organes retardateurs, engrenages et courroies, disposés de l'autre côté du tablier.

Enfin, l'arrière du tablier était soutenu par une chaîne D, variable de longueur, suivant l'inclinaison que l'on voulait donner au tablier, et qui venait s'attacher, d'autre part, à l'un des supports du rabatteur.

Dans cet exemple, et par suite de la disposition de la scie, l'attelage était disposé sur le côté de la machine, et un siège, fixé au bâti mobile, supportait le conducteur.

Cette machine, encore bien différente des types actuels, a été considérée, par le jury du concours international de 1859, comme méritant la plus haute récompense, le prix d'honneur, consistant en une grande médaille d'or, et bien que le principe sur lequel elle était basée, quant au déplacement des tiges coupées sur le tablier, ait été abandonné depuis cette époque, ce principe doit être considéré comme fort ingénieux, et les résultats du travail de cette machine ont été fort appréciés, à cette époque.

Mais, ces premiers résultats atteints, on vint demander à la machine de compléter le travail, en ne disposant plus la récolte coupée suivant un andain continu, mais sous la forme de javelles distinctes, et le concours international de Fouilleuse de 1859 permit de montrer, aux agriculteurs, toute une série de machines dans lesquelles cette division de la récolte en javelles pouvait s'effectuer immédiatement après la coupe, et sur le tablier même de la moissonneuse, recevant les tiges, dès qu'elles se trouvaient sectionnées par la scie.

Les machines de Mac-Cormick, de Walter Wood, de Manny, de Hussey, parmi les machines de fabrication étrangère, celles de Mazier, de Lallier, de Legendre et de Cournier, toutes machines françaises, présentées au concours de 1859, remplissaient cette condition, mais d'une manière très incomplète, en ce sens qu'un ou-

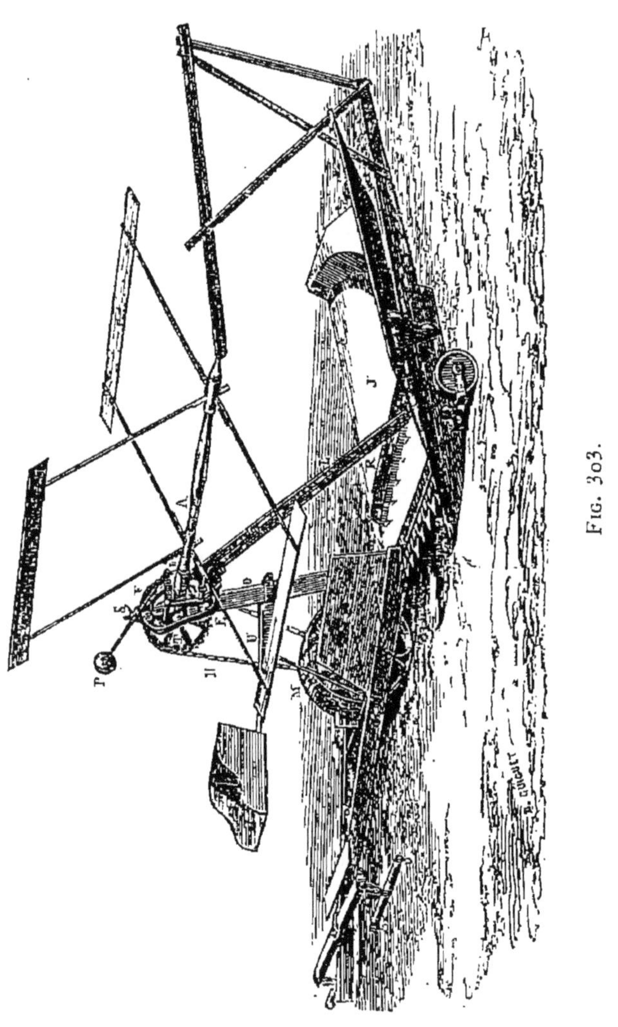

Fig. 303.

vrier spécial, placé le tablier de la moissonneuse, ou supporté par un siège attaché au bâti mobile, devait, au moyen d'un râteau à long manche, rassembler les tiges sur le tablier, et rejeter la javelle, ainsi formée, sur le sol, d'un seul coup de râteau.

Une seule, celle de Cournier, était munie d'un mécanisme spécial, qui, mu à bras d'hommes, venait rassembler les tiges et les rejeter sur le sol, mais parallèlement à la direction du mouvement.

C'est encore Mac-Cormick qui inventa un mécanisme automatique permettant de rassembler les tiges, de les faire tourner sur un tablier, en forme de quart de cercle, et de les rejeter sur le sol, sans l'intervention de l'homme. La moissonneuse javeleuse, tirée par deux chevaux, et dirigée par un seul homme, était enfin trouvée, et ce premier exemple de moissonneuse javeleuse est représenté fig. 303.

Le bâti en bois, remplacé, plus tard, par une construction métallique, se composait, comme dans les machines similaires, d'un châssis entourant la roue porteuse, d'un tablier J, ajusté en forme de quart de cercle, dans cet exemple, et de supports O, permettant de soutenir, à une certaine distance du sol, l'axe A du volant rabatteur E. Un râteau R, assemblé avec un grand levier L, venait, une fois par tour de l'axe A, rencontrer les tiges coupées et rassemblées sur le tablier J, et les repoussait, par leur pied, pour débarrasser le tablier, et déposer les javelles sur le sol.

Dans la disposition originale de Mac-Cormick, l'un des quatre bras du rabatteur était remplacé par ce levier L, assemblé avec l'axe A au moyen d'un cadre en fonte F.

Le mouvement de rotation de l'axe A était pris sur la roue porteuse, au moyen d'engrenages, dont l'un T était fixé à l'extrémité de A, et d'une chaîne à larges maillons H, réunissant la roue M à l'axe A.

Plus tard encore, l'emploi de ces râteaux javeleurs a

été appliqué aux différents types de moissonneuses, mais, au lieu d'avoir deux organes distincts, rabatteurs et javeleurs, ce sont les mêmes outils qui servent à la fois de rabatteurs et de javeleurs, en leur donnant une forme différente, et en les commandant toujours par une transmission ayant pour point de départ la roue porteuse, mais actionnant un arbre légèrement incliné sur la verticale, au lieu de l'arbre horizontal des premiers systèmes de volants rabatteurs.

Ces machines, de types nombreux, soumises à l'appréciation des jurys des concours régionaux agricoles, et des concours spéciaux, organisés à différentes époques, ont dû subir des modifications résultant des exigences toujours croissantes de ces juges divers, que les inventeurs et constructeurs ont cherché à satisfaire successivement.

C'est ainsi que l'on a demandé à ces machines, de suspendre le javelage dans les tournants, pour que les javelles soient bien disposées sur les rives du champ, de réduire ou d'augmenter le nombre des javelles, à la volonté du conducteur, dès qu'il s'aperçoit que telle partie du champ en travail est plus clairsemée ou plus fournie, etc.

Les ressources actuelles de la mécanique industrielle permettent, assez facilement, de répondre à ces demandes successives, mais c'est toujours au prix d'une complication, de plus en plus grande, élevant, dans une certaine mesure, les dépenses d'achat de l'engin.

Il y a une vingtaine d'années, l'on ne pensait qu'à perfectionner les moissonneuses javeleuses, lorsque les exigences toujours croissantes des ouvriers agricoles, nécessaires pour lier les javelles, pour les réunir et en former les moyettes, ont fait penser, surtout en Amérique, à disposer les machines de telle façon que la récolte puisse être liée sur la machine même, d'une manière complètement automatique, et rejetée sur le sol, sous forme de gerbes que l'on n'avait plus qu'à grouper.

C'est à l'exposition universelle de Vienne, en 1873, que Walter Wood exposa sa moissonneuse-lieuse, et bien que ce constructeur se soit contenté, à cette époque, d'en indiquer le fonctionnement, en liant des paquets de journaux, sans vouloir s'exposer encore à de véritables essais sur le terrain, M. Tisserand, alors inspecteur général de l'agriculture, faisait pressentir, dans son rapport, tout le succès que l'on pouvait attendre de ces nouveaux instruments de récolte.

L'exposition universelle de Paris de 1878 est venue confirmer ces prévisions, et les essais sur le terrain, organisés pendant cette exposition, ont permis de constater le bon fonctionnement de ces machines, présentées par un assez grand nombre de constructeurs. Cependant, un reproche leur était déjà adressé; le liage, au moyen de un ou de deux fils de fer, tordus pour effectuer la ligature, pouvait présenter certains inconvénients, sur lesquels nous aurons à revenir plus loin, et déjà, à cette époque, l'on cherchait à remplacer le liage au fil de fer par le liage à la ficelle. Une machine de ce genre était exposée, en 1878, par la Johnston Harvester Company, mais n'a pas fonctionné dans les essais officiels. Elle était là, comme la machine de Walter Wood de 1873, pour prendre date, en attendant les perfectionnements, et la consécration d'une pratique courante.

En 1889, il n'y avait plus une machine à lier les gerbes au fil de fer. Toutes liaient à la corde, et les essais de Noisiel ont prouvé que ces machines fonctionnent parfaitement bien.

En dehors de ce perfectionnement, toutes les moissonneuses lieuses étaient munies d'un organe particulier, le porte-gerbes, permettant de réunir, sur la machine même, un ensemble de gerbes, qui, déposées en même temps sur le sol, pouvaient fournir sur place les éléments de constitution d'une moyette.

Là ne devait pas se borner encore les perfectionnements apportés à ces engins, et Walter Wood présentait, à cette même exposition de 1889, une moissonneuse dans laquelle un lien en paille, préparé sur la machine même, remplaçait le lien en ficelle des autres machines. Cette machine était là plutôt pour prendre date que pour concourir sérieusement, et rivaliser avec le bon fonctionnement des lieuses à ficelle, mais elle voulut prouver, par sa présence, comme l'avait fait la lieuse à fil de fer de 1873, et la machine Johnston de 1878, que ces engins sont encore susceptibles de perfectionnements, et qu'il est possible d'admettre que nous assisterons encore à de nouvelles transformations de ces instruments de récolte.

Mac-Cormick, mort quelque temps avant l'exposition universelle de 1889, Walter Wood, décédé depuis, en 1891, ont amené les moissonneuses à un grand degré de perfection. Suivis de près par d'autres constructeurs, ils ont vulgarisé l'emploi de ces appareils de récolte, et si l'on suit tout le chemin parcouru, depuis les essais d'Ogles, de Brown et de Bell, jusqu'à l'époque actuelle, on est étonné des progrès accomplis, et l'on se trouve bien loin du char gaulois que citent les auteurs anciens, comme réalisant un progrès déjà considérable, sur les procédés manuels, encore en usage dans les petites cultures.

Il n'était pas possible de donner une description de ces machines, sans avoir indiqué, au préalable, et aussi rapidement que possible, l'historique de la question que nous allons préciser davantage, en entrant dans quelques détails sur la construction des machines à moissonner, adoptées maintenant sur une très grande échelle.

Différents types de moissonneuses. — Les moissonneuses peuvent être divisées en cinq groupes, qui sont les suivants :

1° *Faucheuses-moissonneuses*, constituées par des faucheuses auxquelles il est possible d'adapter un tablier mobile, permettant de déposer la récolte sur le sol, sous forme d'andains discontinus.

2° *Moissonneuses-javeleuses* permettant, comme leur nom l'indique, de couper la récolte, de former automatiquement les javelles, et de les rejeter sur le sol.

3° *Moissonneuses combinées,* pouvant transformer, par l'addition d'un certain nombre de pièces, la faucheuse en moissonneuse-javeleuse.

4° *Moissonneuses-lieuses*, dans lesquelles la récolte est coupée, puis relevée sur un tablier, séparée en javelles, que l'on vient lier automatiquement, sur la machine même, soit à l'aide d'un fil de fer, d'un lien en ficelle, ou même d'un lien en paille.

5° *Lieuses indépendantes* permettant de reprendre la récolte déposée, en javelles, sur le sol, de les lier, et de rejeter les gerbes sur le sol.

Faucheuses-moissonneuses. — Lorsque l'on veut couper la récolte, et la rejeter, sous forme d'un andain continu, sans déplacement latéral des tiges, qui restent alors dans la direction du chemin suivi par l'attelage, on peut produire ce résultat en se servant d'une simple faucheuse, à laquelle l'on vient ajouter un certain nombre d'organes spéciaux, que nous allons décrire, en nous servant de la figure 304, page 412, donnant l'ensemble d'une faucheuse-moissonneuse du système Philip Pierce et Cie, de Wexford (Irlande).

Dans ces faucheuses moissonneuses, on dispose, derrière la barre coupeuse, un tablier mobile, formé d'une traverse portant la charnière, et de tiges en bois de direction perpendiculaire.

L'ouvrier conducteur de la machine est supporté par un siège S, attaché au bâti, et a à sa disposition les leviers ordinaires de manœuvre. Un autre siège S', placé en avant du premier, soutient un autre ouvrier qui, à l'aide d'un de ses pieds, agit sur un levier de forme courbe L, attaché au tablier mobile T, ce qui permet d'en varier l'incli-

Fig. 304.

naison. Ce second ouvrier a entre les mains un râteau, avec lequel il vient agir sur les tiges, coupées par la scie, et renversées sur le tablier.

En abaissant le tablier T à l'aide du pied, et poussant, en même temps, le pied des tiges, au moyen du râteau, on débarrasse la machine des tiges coupées, et en répétant cette opération un grand nombre de fois, dans une même journée de travail, on dispose la récolte sous forme d'andains discontinus.

Seulement cette opération doit être suivie immédiatement par celle de la formation des javelles et de leur liage, afin de débarrasser la piste, qui devra être suivie par la faucheuse-moissonneuse, lorsqu'elle viendra effectuer une coupe parallèle à la première, et un nombre assez considérable de personnes se trouvent dès lors employées dans cette opération annexe de la première. Si l'on considère, de plus, la quantité de travail musculaire qui est demandée à l'ouvrier supplémentaire, par journée de travail, on est conduit à repousser, de plus en plus, cette solution mixte, en adoptant les moissonneuses-javeleuses qui n'exigent plus le même personnel.

Moissonneuses-javeleuses. — On peut, en effet, en adoptant ces dernières, moissonner et javeler, en n'employant que deux chevaux et leur conducteur, mais il faut avoir recours encore à un certain nombre d'ouvriers supplémentaires pour lier les javelles, et constituer ainsi les gerbes devant former les moyettes. Ces opérations exigent encore un certain nombre de travailleurs, mais, par suite de la constitution même de la moissonneuse-javeleuse, ce travail supplémentaire ne doit pas suivre immédiatement la coupe, puisqu'une piste se trouve ouverte par la machine même, et les javelles, disposées régulièrement sur le sol, peuvent y rester un temps plus ou moins long, sans gêner aucunement le fonctionnement de la moissonneuse.

Nous avons représenté, fig. 305 et 306, pages 415 et 416, les vues d'ensemble d'une moissonneuse système Samuelson, et fig. 307 à 318 les organes divers de cette machine. Bien que ces différentes vues de détail ne soient pas relatives au dernier type de ces appareils, elles peuvent néanmoins servir à expliquer tout le mécanisme, et nous donnons ensuite (fig. 319) une vue perspective du type le plus récent du même constructeur.

Rappelons d'abord, en quelques mots, quelles sont les

conditions demandées, pour constituer un appareil complet de ce genre.

1° Coupe des tiges de céréales à des hauteurs pouvant varier, dans de certaines limites.

2° Arrêt de la scie, à la volonté du conducteur.

3° Recul possible de l'appareil, sans couper.

4° Emploi de râteaux rabatteurs pour empêcher la flexion des tiges, au moment où leur section doit s'effectuer.

5° Disposition d'un tablier, en forme de quart de cercle, recevant les tiges qui viennent d'être coupées.

6° Emploi de râteaux javeleurs venant repousser les tiges coupées, par leurs pieds, et les rejeter sur le sol, dans une direction perpendiculaire au chemin parcouru par la machine.

7° Arrêt possible de la marche des râteaux javeleurs, lorsque l'on veut conserver, pendant quelque temps, la javelle sur le tablier, dans les tournants, par exemple.

8° Enfin modification apportée dans la grosseur des javelles, soit avant de procéder à la moisson, soit pendant la marche de la machine, lorsque le conducteur s'aperçoit que la récolte est faible ou abondante, en différents points d'un même champ.

Comme dans les types les plus modernes, tout l'appareil est porté par une seule roue, et le conducteur, soutenu par le siège M, situé du côté opposé au tablier S, peut équilibrer, par son poids, une partie de ce tablier mobile.

Un galet X, situé à l'extrémité du tablier, est destiné à rendre la barre coupeuse parfaitement horizontale, en agissant sur une manivelle Y, calée à l'extrémité supérieure d'une vis, agissant sur le coussinet entourant l'axe de ce galet porteur X.

Une flèche F, sur laquelle on peut atteler les deux chevaux, est placée en avant de la roue porteuse, de telle façon que les râteaux javeleurs et rabatteurs ne viennent toucher ni à l'attelage, ni au conducteur, placé sur son siège M.

Par suite de la présence de ces deux obstacles, le con-

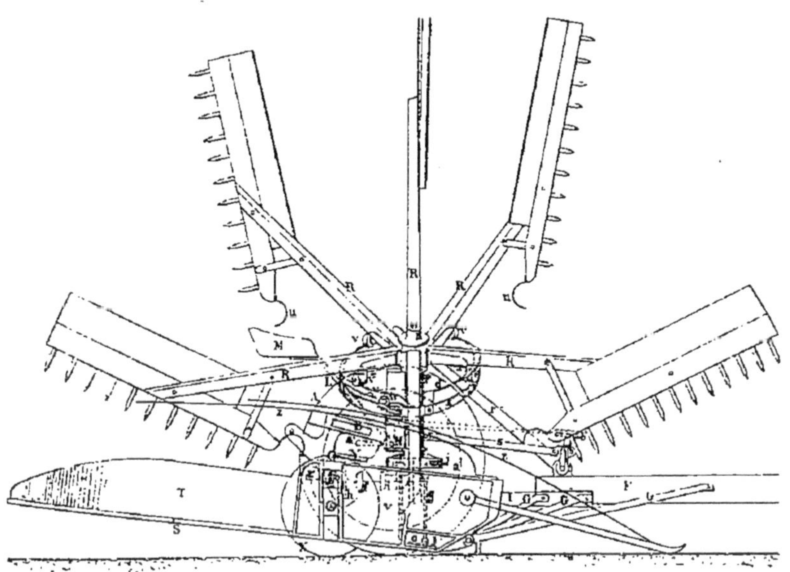

FIG. 305.

ducteur d'une part, l'attelage de l'autre, les râteaux R, articulés en un point d'un arbre vertical P, doivent pénétrer dans la récolte, pour en séparer une tranche, pousser cette tranche vers la scie, et faire, lorsqu'on le veut, l'office de râteau javeleur, puis doivent se relever, à leur sortie du tablier, pour éviter le conducteur, et ensuite les chevaux, et pénétrer ensuite dans la récolte, pour en séparer une nouvelle tranche, et ainsi de suite.

Ces râteaux à double fonction remplacent maintenant,

dans toutes les moissonneuses, les volants rabatteurs, qui n'ont été conservés que dans les moissonneuses-lieuses, que nous examinerons un peu plus loin.

Si ces râteaux, au lieu de s'approcher du tablier, lors-

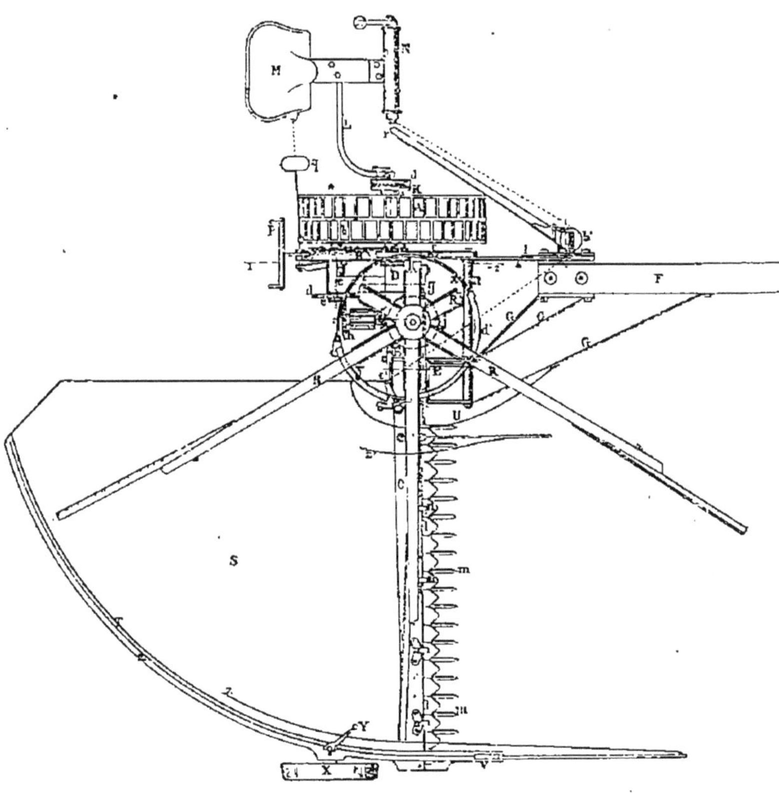

Fig. 306.

qu'ils jouent le rôle de javeleurs, passent au-dessus du tablier, mais à une certaine hauteur, en laissant un espace suffisant, occupé par les tiges coupées, la javelle n'est plus formée, et les tiges s'accumulent sur le tablier jusqu'à ce que le conducteur, par un mouvement donné par l'un de ses pieds, modifie la position du râteau rabatteur, en l'abaissant, pour constituer, avec le même organe, un rabatteur d'abord, et un javeleur immédiatement après.

Si l'on se reporte à la figure 307, ci-dessous, on voit que chacun des bras R des râteaux est assemblé, à l'aide de deux boulons, avec une pièce métallique articulée sur un plateau horizontal monté sur P. Sur cette même pièce se trouve fixé, au moyen d'une vis de pression, le support de l'axe d'un galet V; la figure 308 donne, en coupe, suivant la direction 9-10 de la figure précédente, le mode d'emmanchement de ces différentes pièces.

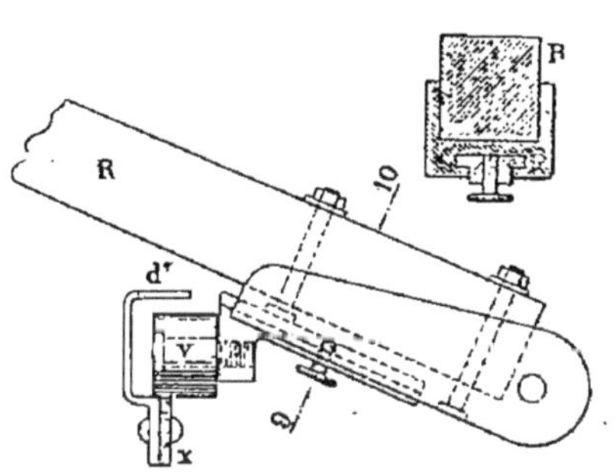

FIG. 307 et 308.

A l'aide d'un changement de voie, dont nous indiquerons les principaux éléments, le galet V peut être appelé à rouler, soit sur un chemin circulaire X, soit sur un chemin, également circulaire, *d*, en obligeant ainsi le bras R à changer d'inclinaison suivant le chemin que le galet se trouve obligé de prendre.

Si donc, le râteau doit faire office de rabatteur seulement, c'est le chemin supérieur que le galet doit suivre; si au contraire, le râteau doit faire office de rabatteur et ensuite de javeleur, le galet doit être conduit sur le chemin inférieur, correspondant à la position la plus basse du râteau correspondant.

Ce changement de direction du galet V doit être obtenu par le conducteur qui, au moyen du pied, peut faire tourner un axe horizontal N, lequel se termine, à son autre extrémité, par une manivelle à laquelle on vient attacher une chaîne passant sur la poulie horizontale *b'*, pour venir s'attacher à l'extrémité d'un levier à deux branches *c'*, pouvant tourner librement autour d'un axe vertical, fixé au bâti.

Les fig. 309 à 311 montrent la disposition de ce changement de voie, composé d'une pièce W, que l'on peut avancer et reculer, suivant que le soulèvement du galet

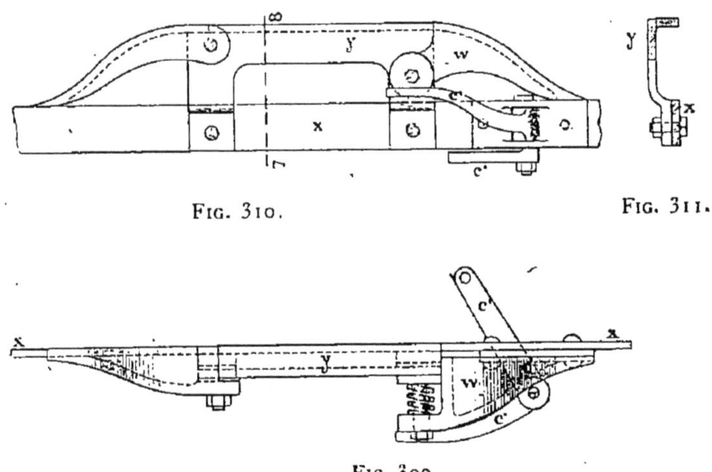

Fig. 310. Fig. 311.

Fig. 309.

doit s'effectuer sur le chemin inférieur, ou sur le chemin disposé à une plus grande hauteur.

Pour la commodité de la représentation, les chemins circulaires ont été développés en ligne droite, de sorte que les chemins X et Y originairement courbes, sont ici représentés par des lignes droites.

Si l'on cesse d'agir, au moyen du pied de l'ouvrier, et par l'intermédiaire de la chaîne, sur le levier *c'*, celui-ci tournera autour de son axe, sous l'influence de la détente d'un ressort à boudin (fig. 309) pour amener le changement de voie W dans la position indiquée sur cette figure ; le chemin X étant libre, le galet le suivra, et le râteau fera l'office de javeleur.

Si, au contraire, on agit sur *c'*, le changement de voie W vient se placer à côté d'une partie du chemin X, et le galet vient, en roulant, rencontrer le plan incliné, s'élève successivement, jusqu'à venir se placer sur le chemin supérieur Y, pour en redescendre ensuite sur le plan incliné, situé à l'autre extrémité de ce chemin. Ce plan incliné est à charnières, de manière à pouvoir se relever, sous l'action du galet, lorsque celui-ci continue à rouler sur le chemin inférieur X.

Le conducteur de la moissonneuse peut donc, à volonté, suspendre l'action d'un ou de plusieurs râteaux javeleurs, qui ne jouent alors que le rôle de rabatteurs, et cet effet peut être maintenu tant que l'ouvrier appuie sur la pédale.

Si l'on juge que la récolte est trop faible pour que tous les râteaux servent de javeleurs, il suffit de modifier légèrement la position du galet V sur le bras R pour obliger le galet à venir rouler sur le changement de voie, quelle que soit sa position, par rapport au chemin de roulement X, et l'on sera assuré que le râteau correspondant ne pourra jamais servir que de rabatteur, jusqu'au moment où un nouveau changement de position de ce galet permette d'agir utilement sur ce galet pour lui faire changer de direction.

Ce système de râteaux rabatteurs et javeleurs est maintenant adopté, d'une manière générale, et a remplacé complètement les volants rabatteurs des premières moissonneuses, qui ne sont plus adoptés que dans les moissonneuses lieuses, dans lesquelles la position du conducteur et de l'attelage est telle, que le volant rabatteur peut tourner librement autour d'un axe horizontal parallèle à la barre coupeuse.

C'est toujours une piste circulaire, formée par un rail, de section ordinairement rectangulaire, dont les différents points sont à des hauteurs différentes, par rapport au sol, qui constitue le chemin de roulement des galets portés par les bras des râteaux rabatteurs et javeleurs, et qui permet le relevage des râteaux, lorsqu'ils ont agi utilement pour repousser la javelle, en dehors du tablier. Les appareils à changement de voie, adaptés à ces chemins circulaires, présentent les avantages qui viennent d'être signalés, mais constituent des complications d'organes dont on pourrait facilement se passer, si l'on voulait établir une moissonneuse javeleuse, relativement simple et pouvant rendre, à peu près, les mêmes services.

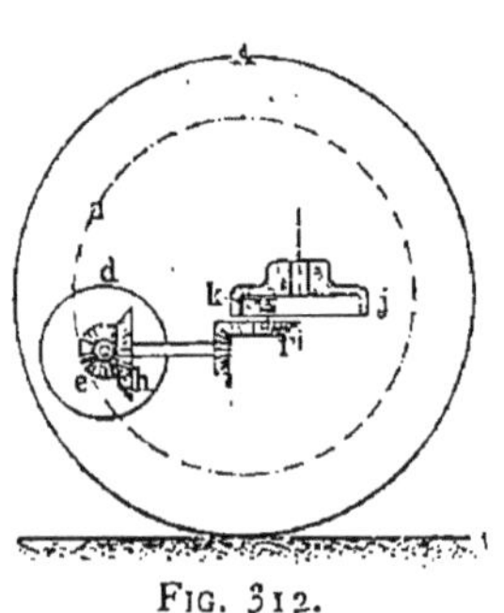

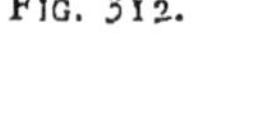

Fig. 312.

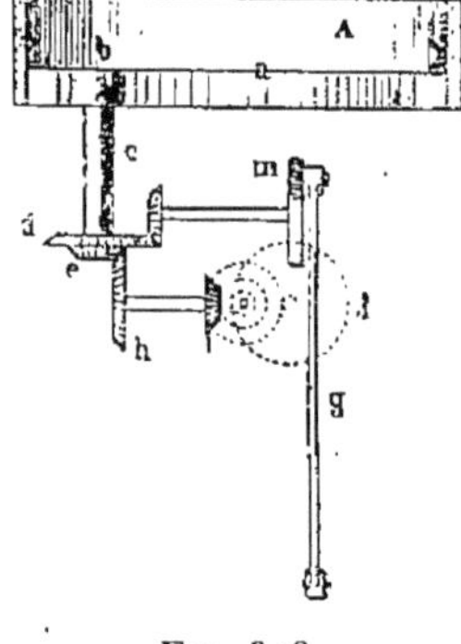

Fig. 313.

Quant à la mise en mouvement de ces râteaux, elle est obtenue par le roulement de la roue porteuse sur le sol, et à l'aide d'organes communs, en partie, avec la transmission de mouvement à la scie.

Les figures 312 à 315 donnent la disposition de ces organes de transmission de mouvement.

Une roue *a*, dentée intérieurement, est venue de fonte avec la roue porteuse A, et un pignon *b* est disposé à l'extrémité d'un arbre *c*, de direction perpendiculaire à la direction du mouvement. Enfin, deux pignons coniques *d* complètent cette première partie de la transmission de mouvement, en imprimant au plateau-manivelle *m* une rotation assez rapide. Le mouvement rectiligne alternatif est donné à la scie, par l'intermédiaire d'une bielle inclinée *g*, reliant l'extrémité de la scie à un point du plateau manivelle *m*.

Pour actionner les râteaux, le même pignon *d* est venu de fonte avec un autre pignon *e*, lequel, au

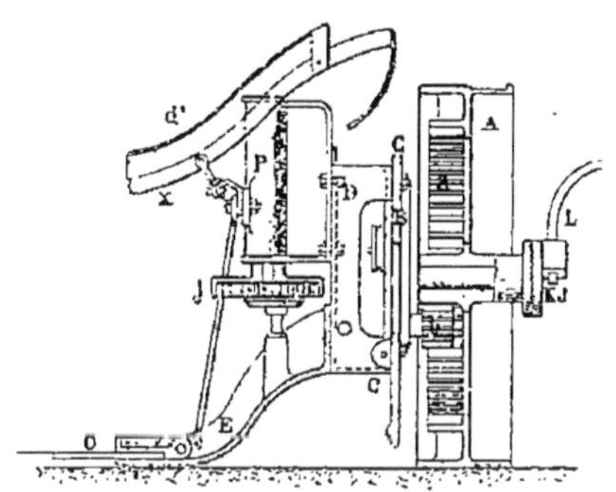

FIG. 314.

moyen d'engrenages coniques *n*, *i* et *i*, du pignon droit *k*, et de l'engrenage à denture intérieure *j*, donne un mouvement de rotation assez lent à un axe vertical, disposé dans un manchon P, fixé au bâti D de la moissonneuse, fig. 314. C'est à ce même manchon P que sont attachés les chemins courbes X et *d'*, devant être successivement suivis par les galets fixés aux manches des râteaux rabatteurs et javeleurs.

La même figure 314 montre comment le siège du conducteur est soutenu, sur le bâti à l'aide d'une barre courbe L, et comment l'extrémité de la scie *o* est disposée par rapport à la pièce E fixée au bâti D.

Le conducteur, assis sur le siège M, figure 306, peut manœuvrer facilement une tige terminée par une poignée *q*, de manière à venir agir sur un débrayage, représenté à part, fig. 311, ci-dessous. Le pignon *b*, actionné par la roue *a*, n'est pas calé, à demeure, sur l'arbre *e*, mais peut entraîner celui-ci, par le moyen d'un goujon cylindrique qui y est implanté, et d'une encoche réservée dans le moyeu du pignon (fig. 315). Il suffit de faire glisser le pignon *b* sur l'arbre *c*, pour dégager le goujon, et empêcher que le mouvement de rotation du pignon *b* ne soit

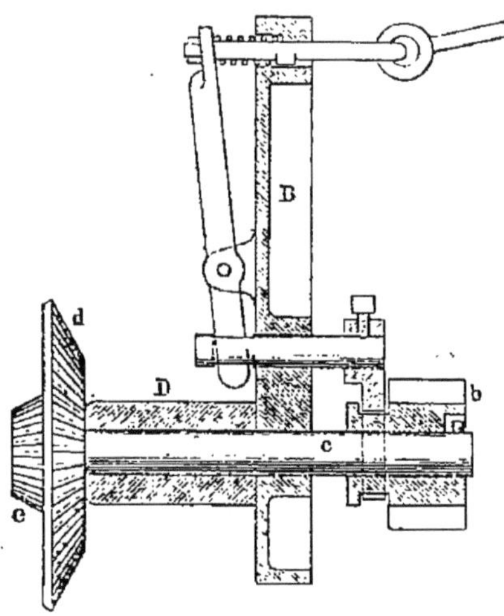

Fig. 315.

transmis aux autres organes de la transmission, soit de la scie, soit des râteaux. Le déplacement de *b* peut s'effectuer facilement par le conducteur qui, en agissant sur la poignée *q*, fait osciller un levier à deux branches inégales tournant librement autour d'un axe fixé au support B, lequel déplace, à son tour, une tige cylindrique terminée par un bras entourant une gorge préparée sur le moyeu de *b*.

Les figures 316 et 317 donnent, en plan et en coupe verticale, la disposition de la barre coupeuse *o*, sur laquelle peut glisser la scie entre les doigts *m* séparant la récolte en bandes assez étroites et servant de support aux tiges pendant leur section. Des pièces *n*, rapportées sur la barre *o*, empêchent tout mouvement vertical de la scie qui ne peut dès lors se mouvoir qu'horizontalement, sous l'action de la bielle *g* et du plateau manivelle.

La coupe, fig. 317, est faite suivant la ligne 5-6 du plan, fig. 316.

Enfin la figure 318, page 424, indique les moyens de réglage de la position du bâti de la moissonneuse, par rapport à l'axe de la roue porteuse, et par conséquent, par rapport au sol, de manière à pouvoir disposer la barre coupeuse à différentes hauteurs au-dessus du sol, suivant qu'il s'agira de moissonner un champ bien épierré, ou offrant des obstacles tels qu'il faut se contenter de couper un peu haut la récolte, à l'aide de cet instrument.

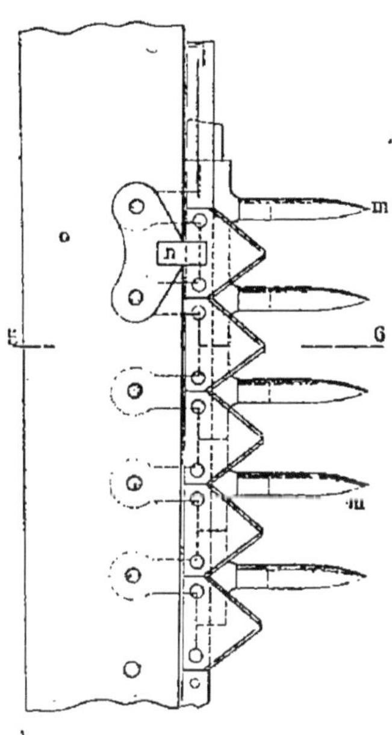

Fig. 316.

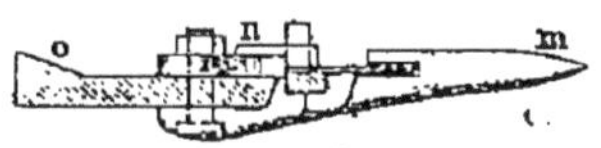

Fig. 317.

En agissant sur un grand levier P, le conducteur peut, de son siège, déplacer horizontalement les différents points d'une bielle S, et par conséquent faire tourner tout le bâti B autour de l'extrémité d'une barre I formant le prolongement de la flèche F.

En agissant sur un levier à manettes *p*, de manière à

déplacer l'écrou d'une vis manœuvrée par ce levier, on élèvera ou abaissera la partie postérieure D du bâti E, en modifiant ainsi la hauteur de D par rapport au sol.

La même figure indique également les positions relatives de la roue A, de l'engrenage *a*, venu de fonte avec cette roue, et du pignon *b* transmettant le mouvement aux différents organes de la moissonneuse.

Pour compléter encore cette description, nous donnons,

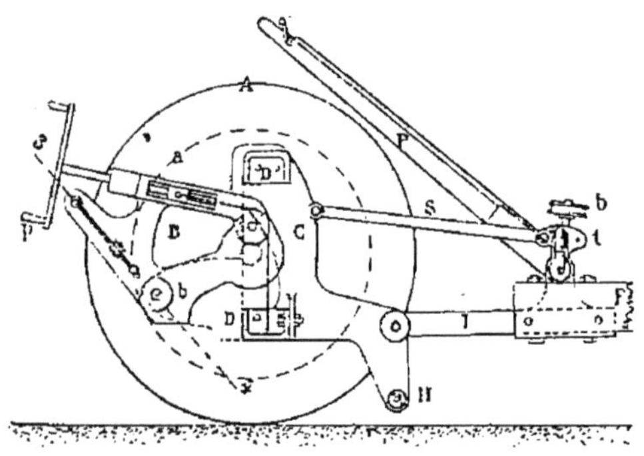

Fig. 318.

fig. 319, une vue perspective d'une moissonneuse javeleuse du même constructeur, mais de construction plus récente. L'examen de cette figure montre que, d'une manière générale, la disposition des différents organes est restée la même.

L'un des râteaux est représenté au moment où, après avoir fait l'office de rabatteur, il vient rencontrer le tablier en quart de cercle et glisser à sa surface, pour entraîner les tiges de céréales qui y étaient tombées. Le râteau, qui avait agi précédemment, est déjà relevé, mais il doit atteindre encore une autre position presque verticale, comme l'indique la position du troisième râteau, pour éviter le conducteur, disposé sur la machine même, enfin le quatrième est déjà dans la période descendante, et prêt à agir, à nouveau, comme rabatteur.

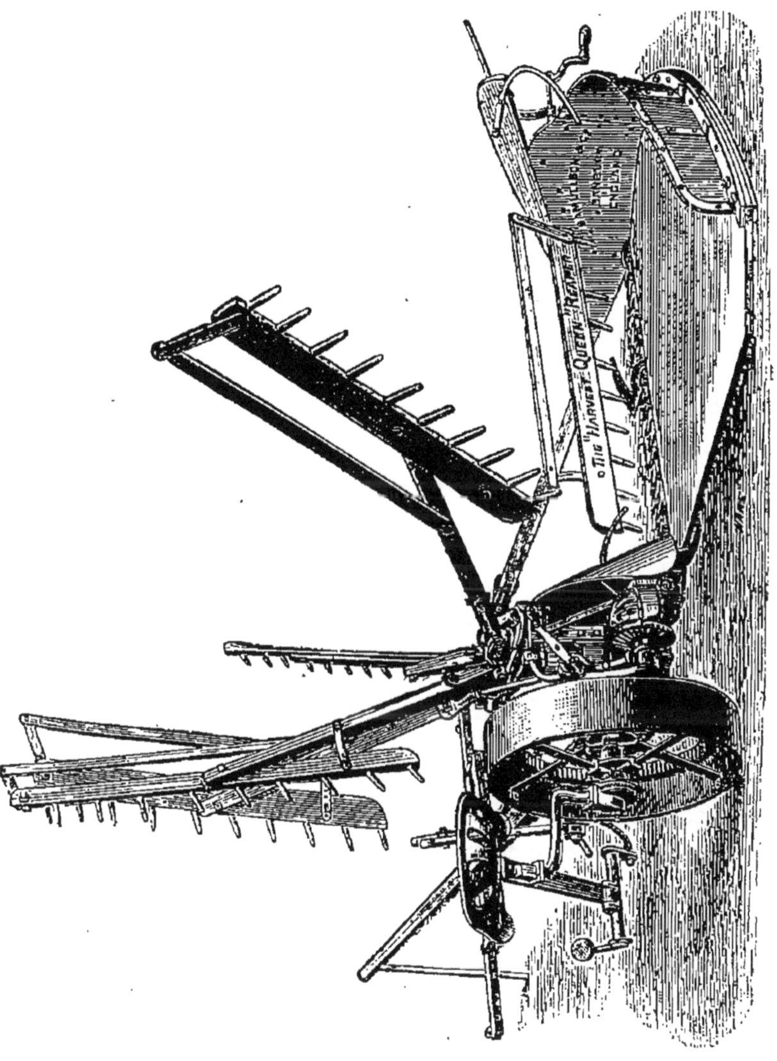

Fig. 319.

Le changement de voie est suffisamment indiqué sur cette figure pour que l'on puisse suivre la marche des râteaux dans leurs deux fonctions distinctes de rabatteur et de javeleur.

Des feuilles de tôle, de forme courbe, protègent les différents engrenages, en empêchant que des pailles ou des épis ne viennent en contact avec les différents engrenages et ne les empêchent de tourner librement sur eux-mêmes.

Le conducteur, assis sur un siège, attaché sur l'essieu fixe de la roue porteuse, au moyen d'une tige recourbée, dont on peut faire varier l'inclinaison par rapport à la verticale, a à sa disposition différents organes de débrayage : la pédale permettant de modifier la direction des râteaux pendant leur rotation autour de l'axe vertical sur lequel leurs bras sont articulés, la chaîne agissant sur le débrayage du pignon de commande, le levier permettant de relever la barre coupeuse, en faisant tourner tout le bâti autour d'un axe horizontal, enfin la double manette, disposée à l'arrière de la machine, et qui permet de modifier la hauteur de coupe..

Si l'on ajoute que c'est le même homme qui a encore la direction de l'attelage, on conçoit facilement qu'il est très occupé par ses différentes fonctions, et qu'il faut encore acquérir une assez grande habitude de ces différentes manœuvres, avant de pouvoir conduire une moissonneuse javeleuse complète, avec l'habiletéque l'on rencontre chez certains conducteurs de ces machines.

La maison Walter Wood construit actuellement un type se rapprochant de la construction précédente et qui est représenté, en vue perspective, fig. 320.

Dans cette disposition, le conducteur est placé sur un siège fixé sur l'essieu de la roue porteuse et a à sa portée les différents organes de débrayage, ainsi que ceux à l'aide desquels il peut modifier les conditions de fonctionnement des râteaux rabatteurs qui deviennent jave-

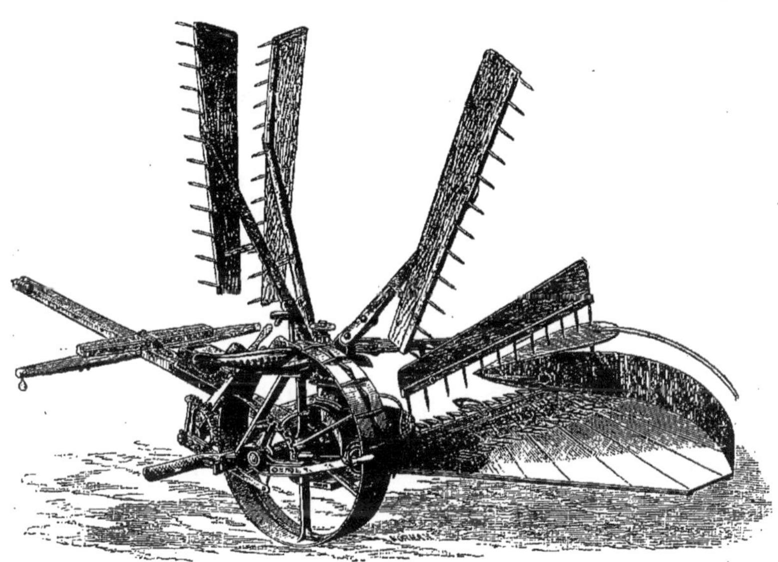

Fig. 320.

leurs à volonté. En agissant sur une pédale, ou en manœuvrant à la main une tige recourbée, dont la position peut être assurée dans cinq encoches préparées dans une même pièce métallique, on peut déplacer un manchon entourant un axe horizontal et portant des cames, de formes différentes, pouvant agir successivement sur une même barre, de manière à modifier le chemin parcouru par chacun des râteaux, au nombre de quatre, comme dans la disposition précédente.

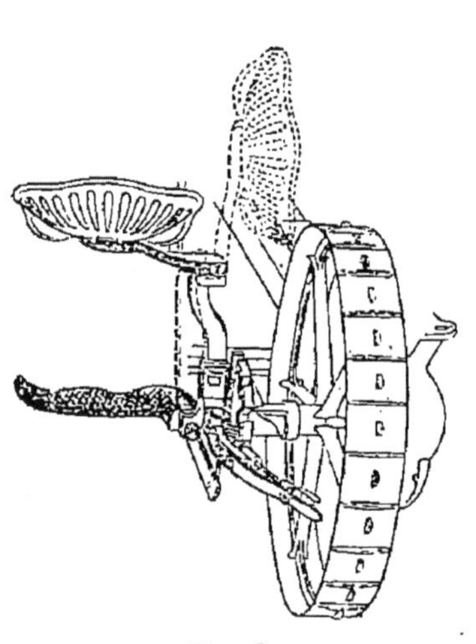

Fig. 321.

Pour permettre à cette moissonneuse de passer dans des chemins très étroits, on peut relever le siège du conducteur, lequel est monté à ressort, et relever également la pédale, comme le représente la fig. 321, qui indique, en même temps, comment cet ensemble peut être fixé à l'une des extrémités de la roue porteuse.

Le tablier lui-même peut être relevé, et, en déplaçant le galet supportant l'extrémité du tablier, et en le montant sur un axe disposé à demeure en dessous du tablier, on peut faciliter le déplacement de la moissonneuse javeleuse qui, ainsi disposée, peut passer par des chemins excessivement étroits. Cette disposition de montage est représentée fig. 322.

Sans nous étendre davantage sur les modifications de détails que l'on peut apporter à ces appareils, pour en constituer les différents types actuels, il est utile de résumer ici les expériences, faites à différentes reprises, sur ce genre de machines agricoles.

C'est encore le dynamomètre de traction qui doit être employé, pour évaluer le travail mécanique qu'il faut dépenser pour produire un effet donné, et si l'on compare les résultats trouvés dans une même série d'essais, on est frappé des différences considérables trouvées dans les premières expériences entre le travail exigé par chacun des appareils expérimentés. A mesure que les perfec-

FIG. 322.

tionnements étaient apportés, soit dans la construction, soit dans les dispositions des organes composant ces instruments, les différences devenaient moins sensibles, et les expériences de 1889, faites à Noisiel, et relatées dans le tableau général suivant, indiquent très nettement ce fait.

C'est ainsi qu'il était nécessaire de choisir avec soin, pour certaines machines, les deux chevaux de l'attelage, de manière qu'ils pussent, sans fatigue apparente, traîner la moissonneuse pendant de longues heures, et que maintenant ce choix devient à peu près inutile.

Lieu des essais.	DÉSIGNATION des MACHINES.	DATES.	Surface du diagramme mesurée au planimètre.	Longueur du tracé.	Ordonnée moyenne.	Effort moyen correspondant.	Largeur de coupe.	Effort rapporté à un mètre de largeur.	Durée du parcours.	Longueur entre les repères.	Vitesse de la moissonneuse par 1".	Poids de la machine.	Poids du conducteur.	Poids total.	Coefficient de roulement sur le sol chaumé.	Observations.
			millim.²	millim.	millim.	kilogr.	mèt.	kilogr.	secondes.	mèt.	mèt.	kil.	kil.	kil.		
Petit-Bourg. — 1870.	*Samuelson.*															
	La moissonneuse en plein travail.........	6 Juillet 1870	21 380	2 735	7.82	62.76		41.85	90	141	1.57					
	Le mécanisme fonctionnant sans couper.....		14 090	2 044	6.89	55.29	1.50	36.86	80	141	1.76	»	»	»		
	Les différentes transmissions étant au repos..		11 780	2 862	4.12	33.06		22.04	94	141	1.50				»	
	Progress de Hornsby and sons.															
	La moissonneuse en plein travail.........	6 Juillet 1870	15 790	1 909	8.22	65.97		43.12	50	120	2.40					
	Le mécanisme fonctionnant sans couper.....		4 590	680	6.75	54.17	1.53	35.45	60	141	2.35	»	»	»		
	Les différentes transmissions étant au repos..		10 410	2 510	4.01	32.18		21.03	55	141	2.56				»	
	La New-Yorkaise de Morgan-Durand.															
	La moissonneuse en plein travail.........	6 Juillet 1870	8 210	312	26.34	79.02		54.50	70	120	1.70					
	Le mécanisme fonctionnant sans couper.....		12 040	701	17.17	51.51	1.45	35.52	120	120	1.00	»	»	»		
	Les différentes transmissions étant au repos..		8 380	761	11.01	33.03		22.78	100	120	1.20				»	(1) La moissonneuse Matisson était une faucheuse-moissonneuse. Le javelage s'effectuait à bras d'hommes.
	Mattisson. (1)															
	La moissonneuse en plein travail.........	6 Juillet 1870	23 310	2 312	10.08	80.89		57.78	90	141	1.57					
	Le mécanisme fonctionnant sans couper.....		11 660	1 945	6.01	48.23	1.40	34.45	80	141	1.76	»	»	»		
	Le mouvement de la scie étant arrêté......		6 640	1 718	3.87	31.06		22.19	75	141	1.88				»	
Petit-Bourg. — 1870.	*Faitot.*															
	La moissonneuse en plein travail.........	6 Juillet 1870	16 780	576	29.13	87.39		60.27	110"	120	1.10					
	Le mécanisme fonctionnant sans couper.....		13 300	626	21.24	63.72	1.45	43.95	102	120	1.18	»	»	»		
	Les différentes transmissions étant au repos..		12 810	574	22.30	66.90		46.14 (2)	97	120	1.24				»	(2) Les transmissions n'avaient pas été débrayées.
	Howard.															
	La moissonneuse en plein travail.........	6 Juillet 1870	I. 15 120 II. 15 530	375 424	40.32 36.63	120.96 109.89 (4m.43)		84.88	112"	120	1.08					
	Le mécanisme fonctionnant sans couper.....		11 540	420	27.48	82.44	1.36	60.62	95	120	1.27	»	»	»		
	Les différentes transmissions étant au repos..		7 490	321	23.33	69.99		51.46	100	120	1.20				»	
Chaume-Girard, près Châteauroux. — 1874.	*Wood.*															
	La moissonneuse en plein travail.........	14 Juillet 1874	36 480	1 346	27.10	78.32		51.36	»	»	1.23					
	Le mécanisme fonctionnant sans couper.....		21 480	1 127	19.04	55.03	1.525	36.08	»	»	1.24	»	»	460		
	Les différentes transmissions étant au repos..		13 710	925	14.82	42.83		28.08	»	»	1.42				0.093	
	Kirby.															
	La moissonneuse en plein travail.........	14 Juillet 1874	28 000	906	30.90	89.30		62.89	»	»	1.21					
	Le mécanisme fonctionnant sans couper....		21 000	1.147	18.31	52.92	1.420	37.27	»	»	1.37	»	»	500		
	Les différentes transmissions étant au repos..		9 630	819	11.76	33.99		23.93	»	»	1.40				0.068	
	Albaret.															
	La moissonneuse en plein travail.........	14 Juillet 1874	45 480	1.322	34.40	99.42		66.28	»	»	1.21					
	Le mécanisme fonctionnant sans couper,....		19 830	761	26.06	75.31	1.500	50.21	»	»	1.25	»	»	650		
	Les différentes transmissions étant au repos..		17 630	896	19.67	56.88		37.92	»	»	1.22				0.088	

Lieu des essais.	DÉSIGNATION des MACHINES.	DATES.	Surface du diagramme mesurée au planimètre.	Longueur du tracé.	Ordonnée moyenne.	Effort moyen correspondant.	Largeur de coupe.	Effort rapporté à un mètre de largeur.	Durée du parcours.	Longueur entre les repères.	Vitesse de la moissonneuse par 1"	Poids de la machine.	Poids du conducteur.	Poids total.	Coefficient de roulement sur le sol chaumé.	Observations.
			millim.²	millim.	millim.	kilogr.	mèt.	kilogr.	secondes.	mèt.	mèt.	kil.	kil.	kil.		
Chaume-Girard, près Châteauroux. — 1874.	*Burdick.*															
	La moissonneuse en plein travail	14 Juillet 1874	43 140	1 158,5	37.10	107.22		70.31	»	»	1.42					
	Le mécanisme fonctionnant sans couper		25 590	1 060	24.14	69.76	1.525	45.75	»	»	1.44	»	»	505		
	Les différentes transmissions étant au repos		13 620	639	21.31	61.59		40.38	»	»	1.57				0.120	
	Hornsby-Spring-Balance.															
	La moissonneuse en plein travail	14 Juillet 1874	71 420	1 567	45.58	131.73		83.93	»	»	1.15					
	Le mécanisme fonctionnant sans couper		34 050	1 351	25.20	72.83	1.570	40.39	»	»	1.58	»	»	510		
	Les différentes transmissions étant au repos		24 540	1 045	23.48	67.86		43.22	»	»	1.42				0.133	
Colonie de Mettray. — 1875.	*Johnston.*															
	La moissonneuse en plein travail	22 Juillet 1875	6 420	768	8.36	87.36		58.55	»	»	1.389					(1) Ce premier ai a dû être recommencé, par suite d'un défaut dans le mode d'attelage des chevaux.
	Le mécanisme fonctionnant sans couper		5 010	859	5.83	60.92	1.492	40.83	»	»	1.429	502	65	567		
	Les différentes transmissions étant au repos		4 650	932	4.99	52.15		34.85	»	»	1.515				0.0920	
	Walter-Wood.															
	La moissonneuse en plein travail	21 Juillet 1875	I. 2 970 II. 10 470	399 1 177	7.44 8.75	77.75 (1) 91.44		60.72	»	»	1.177 1.177					(2) Un peu de chaume coupé dans cet essai à vide, le mécanisme embrayé.
	Le mécanisme fonctionnant sans couper		4 980	640	7.78	81.30 (2)	1.506	53.98	»	»	1.539	506	68	574		
	Les différentes transmissions étant au repos		1 980	312	6.15	64.27		42.67	»	»	1.410				0.1120	

Lieu des essais.	DÉSIGNATION des MACHINES.	DATES.	Surface du diagramme mesurée au planimètre.	Longueur du tracé.	Ordonnée moyenne.	Effort moyen correspondant.	Largeur de coupe.	Effort rapporté à un mètre de largeur.	Durée du parcours.	Longueur entre les repères.	Vitesse de la moissonneuse par 1"	Poids de la machine.	Poids du conducteur.	Poids total.	Coefficient de roulement sur le sol chaumé.	Observations.
Colonie de Mettray. — 1875.	*Samuelson-Omnium.*															
	La moissonneuse en plein travail	21 Juillet 1875	9 720	1 064	9.49	99.17		66.42	»	»	1.205					
	Le mécanisme fonctionnant sans couper		5 550	849	6.54	68.34	1.500	45.87	»	»	1.053	574	68	642		
	Les différentes transmissions étant au repos		5 550	906	6.13	64.02		43.00	»	»	1.250				0.0997	
	Hornsby (double centre).															
	La moissonneuse en plein travail	21 Juillet 1875	I. 12 030 II. 7 590	1 190 722	10.11 10.51	105.65 109.83 } 107.74		72.69	»	»	1.111 1.333					
	Le mécanisme fonctionnant sans couper		5 760	853	6.75	70.54	1.482	47.63	»	»	1.337	521	68	589		
	Les différentes transmissions étant au repos		4 800	856	5.61	58.62		39.56	»	»	1.408				0.0995	
	Henry L'Abillienne.															
	La moissonneuse en plein travail	21 Juillet 1875	10 500	852	12.32	128.74		86.75	»	»	1.350					
	Le mécanisme fonctionnant sans couper		9 960	914	10.90	113.91	1.484	76.76	»	»	1.529	625	60	685		
	Les différentes transmissions étant au repos		2 880	388	7.42	77.54		52.25	»	»	1.534				0.1132	
	Howard (petite internationale).															
	La moissonneuse en plein travail	22 Juillet 1875	10 290	773	13.31	139.09		92.79	»	»	1.274					
	Le mécanisme fonctionnant sans couper		4 380	536	8.17	85.38	1.500	56.96	»	»	1.053	570	68	638		
	Les différentes transmissions étant au repos		5 310	740	7.18	75.03		50.05	»	»	1.471				0.1176	
Mormant. — 1878.	*Johnston Harvester Co. (3)*															(3) Cette seule moissonneuse simple a été choisie pour servir de point de comparaison avec les moissonneuses-lieuses, expérimentées le même jour.
	La moissonneuse en plein travail	25 Juillet 1878	10 960	1 115	9.83	103.15		68.77	»	»	1.236					
	Le mécanisme fonctionnant sans couper		6 290	1 002	6.28	65.90	1.500	43.93	»	»	1.305	458	92	550		
	Les différentes transmissions étant au repos		5 550	1 055	5.26	55.20		36.80	»	»	1.372				0.1004	

Lieu des essais.	DÉSIGNATION des MACHINES.	DATES.	Surface du diagramme mesurée au planimètre.	Longueur du tracé.	Ordonnée moyenne.	Effort moyen correspondant.	Largeur de coupe.	Effort rapporté à un mètre de largeur.	Durée du parcours.	Longueur entre les repères.	Vitesse de la moissonneuse par 1"	Poids de la machine.	Poids du conducteur.	Poids total.	Coefficient de roulement sur le sol chaumé.	Observations.
			millim.²	millim.	millim	kilogr.	mèt.	kilogr.	secondes.	mèt.	mèt.	kil.	kil.	kil.		
Noisiel. — 1889.	*Rigault. Excelsior n° 3 Moissonneuse combinée.*															
	La machine en plein travail...............	22 Juillet 1889	4 210	343	12.31	127.85	1.270	100.67	84	100	1.190	480	73	553	»	
	Johnston. — La Merveilleuse combinée.															
	La machine en plein travail...............	22 Juillet 1889	9 640	727.5	13.25	138.74	1.600	86.71	88	100	1.136	550	74	624	»	
	Harrisson Mac Gregor and C°. Albion n° 4.															
	La machine en plein travail...............	22 Juillet 1889	10 870	957.5	11.35	118.85	1.500	79.23	92	100	1.087	530	59	589	»	
	Albaret. — Moissonneuse à cinq rateaux.															
	La machine en plein travail...............	22 Juillet 1889	9 350	764.0	12.24	128.17	1.520	84.32	100	100	1.000	600	66	666	»	
	Bradley. — Moissonneuse n° 4.															
	La machine en plein travail...............	22 Juillet 1889	9 860	865	11.40	119.37	1.430	83.41	94	100	1.064	375	79	454	»	

Les tableaux des pages 430 à 434 renferment les résultats obtenus dans plusieurs des concours organisés par la Société des Agriculteurs de France, ceux de 1870 et 1875, par exemple, ceux obtenus, en 1874, au concours international de Châteauroux, et enfin ceux qui résultent des essais sur le terrain, soit à Mormant, soit à Noisiel, pendant les expositions universelles de 1878 et de 1889.

Dans ces différents essais, il s'est agi surtout de comparer les moissonneuses javeleuses présentées, et ce n'est que tout exceptionnellement que l'on a eu à expérimenter, dans l'un de ces concours, en 1870, à Petit-Bourg et à Senlis, des machines moins complètes dans lesquelles l'opération du javelage s'effectuait encore à bras, au moyen d'un homme spécial monté sur le bâti de la moissonneuse.

Sans donner en détail la description de la méthode employée, lors de ces divers essais, méthode en tout semblable à celle adoptée pour l'essai des faucheuses, il suffira de dire que l'on s'est toujours arrangé pour que tout l'effort de traction soit transmis par l'intermédiaire du dynamomètre, et pour que la machine coupât la récolte en plein, en laissant, sur le bord, une rangée de tiges non atteintes par la lame coupeuse.

De l'examen des chiffres de ce premier tableau, on peut déduire le travail mécanique employé pour couper la récolte sur un hectare en la disposant en javelles.

En 1870, à Petit-Bourg, la récolte était faible, mais bien droite, et le terrain parfaitement sec; et les résultats extrêmes ont été : 41 850 et 84 880 kilogrammètres.

En 1874, à Chaume-Girard, près Châteauroux, la

récolte a pu être évaluée, ainsi que l'indiquent les chiffres du tableau suivant, et il a été dès lors possible de déterminer, pour chacune des machines expérimentées, à côté du travail dépensé par hectare, celui nécessaire pour couper et ranger en javelles 1 000 kilogrammes de tiges, par exemple :

Désignation des machines.	Récolte moyenne, en kilogrammes, rapportée à l'hectare.
	kil.
Wood	5 760
Kirby	6 120
Albaret	6 270
Burdick	5 140
Hornsby	5 380
Moyenne	5 734 k.

Désignation des machines.	Travail dépensé pour couper la récolte sur un hectare.	Travail dépensé par 1 000 kilogrammes de blé coupé
	klgm.	klgm.
Wood	513 600	89 170
Kirby	628 900	102 761
Albaret	662 800	105 710
Burdick	703 100	136 800
Hornsby	839 300	156 000

Pour ces essais de Châteauroux, la température était très élevée, et le coefficient de roulement des moissonneuses sur le sol a été trouvé relativement assez faible. Il a varié, suivant les machines, de 0,068 à 0,133.

En 1875, à Mettray, la récolte était assez belle, mais le sol était resté humide; les nombres extrêmes ont été les suivants :

585 500 et 927 900 kilogrammètres.

Le coefficient de roulement sur le sol chaumé a varié de 0,0920 à 0,1176, suivant les machines expérimentées.

Enfin, en 1889, à Noisiel, il a été possible d'évaluer la récolte à l'hectare, et les deux tableaux suivants donnent les indications relatives à l'importance de la récolte et au travail dépensé dans l'opération du moissonnage mécanique.

DÉSIGNATION des MACHINES.	Nombre de javelles sur un parcours de 100m.	Poids total des gerbes.	Poids moyen.	Récolte par hectare.	Hauteur de coupe.	Observations.
(1) Rigault. Excelsior n° 3...	18	73k0	3k83	5 748k	0m09	(1) Ces deux premiers instruments étaient du genre des moissonneuses combinées.
(1) Johnston. Merveilleuse.	18	88.0	4.89	5 500	0.10	
Harrisson..........} Albion Mac Grégor and Co} n° 4	23	81.5	3.54	5 434	0.11	
Albaret..................	23	81.5	3.54	5 362	0.07	
Bradley. N° 4............	24	79.0	3.29	5 525	0.10	

DÉSIGNATION des MACHINES.	Travail dépensé pour couper la récolte sur un hectare.	Travail dépensé pour 1000 kilogrammes de blé coupé.
Rigault. Excelsior n° 3...	1 006 700 klgm	175 137 klgm
Johnston. Merveilleuse..	867 110	157 659
Harrisson........} Albion Mac Grégor and Co} n° 4	792 300	145 399
Albaret..................	843 200	169 706
Bradley. N° 4...........	834 100	151 101

Bien que le travail rapporté aux mille kilogrammes de récolte coupée tienne compte évidemment du poids des tiges, et par suite de leur hauteur, tandis que c'est, en réalité, la somme des sections de ces tiges qui intervient pour exiger une plus ou moins grande quantité de travail, il nous a semblé que ces nombres constituaient une indication intéressante que l'on peut déduire des résultats des essais, lorsqu'il a été possible d'évaluer l'importance de la récolte.

Les résultats indiqués, dans le tableau général précédent, permettent encore de déterminer le travail demandé à chacun des éléments constituant l'attelage, pour juger de leur fatigue, après un certain temps de travail continu, et, à ce point de vue, il est peut-être utile de déduire, des premiers chiffres donnés directement par l'expérience, ceux relatifs à une vitesse de 1m,30, égale à la moyenne de toutes les vitesses observées pendant la marche des moissonneuses en travail normal. Ces différentes déterminations sont contenues dans le tableau de la page 439.

Si l'on examine les différents chiffres contenus dans la dernière colonne de ce tableau, on est frappé de l'importance de certains de ces chiffres, montrant que les animaux de trait sont réellement surmenés lorsque l'on veut les faire marcher à une allure un peu vive, en leur faisant traîner une moissonneuse-javeleuse en travail.

On peut donc dire que, dans tous ces essais, les constructeurs, ou représentants de ces machines ont eu le grave défaut de vouloir faire fonctionner les moissonneuses-javeleuses à des vitesses que l'attelage ne pourrait pas soutenir pendant un temps assez considérable. Ils ont eu surtout en vue de montrer qu'une quelconque de ces machines est capable de débarrasser très rapidement les champs de la récolte, sans s'inquiéter suffisamment de ce fait, que le travail demandé aux animaux de trait est tout à fait anormal.

Si, au contraire, on admettait, comme vitesse normale,

LIEU des ESSAIS.	DÉSIGNATION des MACHINES.	EFFORT développé.	VITESSE par 1″.	TRAVAIL DÉVELOPPÉ correspondant à la vitesse observée — par l'attelage.	TRAVAIL DÉVELOPPÉ correspondant à la vitesse observée — par cheval.	TRAVAIL DÉVELOPPÉ correspondant à une vitesse moyenne de 1m.30 — par l'attelage.	TRAVAIL DÉVELOPPÉ correspondant à une vitesse moyenne de 1m.30 — par cheval.
		kil.	m.	klgm.	klgm.	klgm.	klgm.
Petit-Bourg. 1870.	Samuelson	62.76	1.570	98.53	49.27	81.59	40.80
	Hornsby	65.97	2.400	158.33	79.17	85.76	42.88
	Morgan-Durand	79.02	1.700	134.33	67.17	102.73	51.37
	Mattisson	80.89	1.570	127.00	63.50	105.16	52.58
	Faitot	87.39	1.110	97.00	48.50	113.61	56.81
	Howard	115.43	1.080	124.66	62.33	150.06	75.03
Châteauroux. 1874.	Wood	78.32	1.230	96.33	48.17	101.82	50.91
	Kirby	89.30	1.210	108.05	54.03	116.09	58.05
	Albaret	99.42	1.210	120.30	60.15	129.25	64.63
	Burdick	107.22	1.420	152.25	76.13	139.39	69.70
	Hornsby	131.73	1.150	151.49	75.75	171.25	85.63
Mettray. 1875.	Johnston	87.36	1.389	121.34	60.67	113.57	56.79
	Walter Wood	91.44	1.177	107.62	53.81	118.87	59.44
	Samuelson	99.17	1.205	119.50	59.75	128.92	64.46
	Hornsby	105.65 / 109.83 } 107.74	1.111 / 1.333	117.38 / 146.40 } 131.89	58.59 / 73.20 } 65.95	140.06	70.03
	Henry	128.74	1.330	171.22	85.61	167.36	83.68
	Howard	139.09	1.274	177.20	88.60	180.82	90.41
Mormant. 1878.	Johnston	103.15	1.236	127.49	63.75	134.10	67.05
Noisiel. 1889.	Rigault	127.85	1.190	152.14	76.07	166.21	83.11
	Johnston	138.74	1.136	157.60	78.80	180.36	90.18
	Harrisson Mac Grégor	118.85	1.087	129.19	64.60	154.51	77.26
	Albaret	128.17	1.000	128.17	64.09	166.62	83.31
	Bradley	119.37	1.064	127.01	63.51	155.18	77.59

0m,90 à 1m,00, correspondant au pas ordinaire d'un cheval, les travaux correspondant à cette allure normale seraient compris, pour la dernière série, par exemple : (essais de 1889, Noisiel) entre :

107 et 125 kilogrammètres par seconde, pour la vitesse de 0m.90
119 — 139 id. id. id. 1m.00

nombres beaucoup plus acceptables que les précédents et qui montrent qu'il faut se tenir dans ces limites de vitesse, si l'on veut que l'attelage puisse servir à la mise en mouvement d'une moissonneuse javeleuse pendant un temps assez considérable.

Étant données ces vitesses, que l'on ne peut pas dépasser, sans grands inconvénients, il est facile d'en déduire la vitesse de translation de la scie, vitesse notablement plus faible, en ce qui concerne la coupe des céréales, qu'en ce qui concerne la coupe mécanique des fourrages.

Le tableau de la page 441 résume les renseignements qu'il est possible de donner à cet égard, en se reportant aux essais de Chaume-Girard, près Châteauroux, et de Mettray.

Pour nous résumer, nous dirons que le moissonnage mécanique à l'aide des moissonneuses-javeleuses, peut s'effectuer au moyen d'un attelage composé de deux chevaux, à la condition de ne pas les faire travailler à une allure trop vive, et que le travail mécanique nécessaire pour opérer la coupe de la récolte, en même temps que sa disposition en javelles, est évidemment variable avec l'intensité de la récolte, mais peut être compris entre

80 000 et 100 000 kilogrammètres par hectare.

Lieu des essais.	DÉSIGNATION DES MACHINES.	ROUES MOTRICES		NOMBRE DES DENTS DE :				Course de la scie.	Vitesse de translation de la moissonneuse.	VITESSE DE LA SCIE	
		Diamètre.	Circonférence.	Engrenage faisant corps avec la roue ou monté sur l'axe de la roue motrice.	Pignon correspondant.	Engrenage monté sur l'arbre intermédiaire.	Pignon monté sur l'arbre commandant la scie.			Correspondante.	la moissonneuse se déplaçant à raison de 1m00 par seconde.
Châteauroux 1874.	Wood	0.935	2.937	91	17	45	11	0.066	1.230	1.218	0.990
	Kirby	0.780	2.450	75	12	34	11	0.089	1.210	1.668	1.400
	Albaret	0.830	2.608	59	14	34	11	0.162	1.210	1.842	1.522
	Burdick	0.840	2.639	81	13	37	14	0.083	1.420	1.463	1.031
	Hornsby	0.760	2.388	70	19	39	13	0.140	1.150	1.666	1.449
Mettray 1875.	Johnston. (La Merveilleuse.)	0.900	2.827	91	15	26 45	12 11	0.073	1.300	0.880 1.667	0.677 1.282
	Wood	0.920	2.890	91	17	45	11	0.068	1.177	1.213	1.031
	Samuelson. (Omnium.)	0.840	2.639	78	14	44	18	0.131	1.205	1.605	1.332
	Hornsby. (Spring Balance.)	0.750	2.356	37	19	46 (1)	13	0.136	1.111 1.333	1.452 1.742	1.307
	Henry. (L'Abilienne.)	0.900	2.827	92	15	26 45	12 12	0.080	1.300	0.971 1.846	0.747 1.420
	Howard. (Petite internationale.)	0.740	2.325	61	12	32	11	0.103	1.274	1.669	1.310

(1) Dans la moissonneuse de Hornsby (Spring Balance), le premier arbre intermédiaire était suivi d'un autre avec transmission accélératrice par engrenage et pignon de 23 et 14 dents.

Moissonneuses combinées. — Dans ces appareils, c'est le même bâti qui doit former la partie principale d'une faucheuse et, avec l'addition d'un certain nombre d'organes, une moissonneuse-javeleuse.

Malgré l'inconvénient qui résulte de ce démontage partiel de la machine, du remisage de ces organes supplémentaires, pendant tout le temps que la machine est disposée sous la forme d'une faucheuse, par exemple, ces instruments à deux fins sont appréciés dans les exploitations de faible importance; là où il serait difficile de faire l'acquisition d'une faucheuse et d'une moissonneuse, en raison du faible produit de l'exploitation. La faucheuse ayant ordinairement deux roues porteuses et motrices, la moissonneuse combinée sera également supportée par deux roues; et en même temps que l'on viendra y disposer les organes supplémentaires destinés au javelage, tablier en quart de cercle et râteaux rabatteurs et javeleurs, que l'on modifiera la vitesse de la scie, il faudra déplacer le siège du conducteur pour qu'il soit à l'abri des mouvements des râteaux, ou bien préparer sur le bâti, deux sièges distincts, l'un, situé dans le même plan vertical que la flèche, servant dans le cas de la transformation de l'appareil en faucheuse, l'autre, disposé sur le côté, et devant porter le conducteur lorsque la machine devra servir de moissonneuse.

La figure 323, représente une moissonneuse combinée de M. Rigault qui a été expérimentée au concours international de 1889, et à laquelle il a été décerné un deuxième prix, à la suite de ce concours.

Cette machine, Excelsior n° 3, est disposée, sur la figure, sous la forme de moissonneuse javeleuse qui peut être transformée en faucheuse, en supprimant le tablier en quart de cercle, en enlevant tout le système des râteaux, en modifiant la vitesse de la scie au moyen d'un engre-

Fig. 323.

nage supplémentaire, que l'on vient placer dans la boîte contenant tout le mécanisme accélérateur du mouvement, et enfin en modifiant la position du siège du conducteur.

Moissonneuses-lieuses. — Pour les raisons que nous avons déjà données, relativement aux exigences croissantes des ouvriers agricoles qui étaient arrivés à demander, pour le liage simple des javelles, la moitié du prix qu'ils exigeaient pour effectuer complètement la récolte, les constructeurs américains d'abord ont cherché à perfectionner les moissonneuses javeleuses, en leur demandant d'effectuer le liage des gerbes et, plus tard, leur réunion par groupes, de manière à rejeter à la fois sur le sol toute la matière devant constituer une moyette.

Le problème, résolu par Walter-Wood, dès 1873, était suffisamment étudié, lors de l'exposition universelle de 1878, pour que quatre constructeurs de ces machines aient affronté les essais publics de Mormant qui ont démontré complètement que, dès cette époque, le problème du liage des gerbes sur la moissonneuse même était parfaitement résolu.

Quatre moissonneuses-lieuses ont pu être expérimentées à Mormant, et trois d'entre elles, ayant résisté aux différentes épreuves que la Commission d'examen leur a fait subir, ont été essayées au dynamomètre. Nous rendrons compte un peu plus loin de ces essais spéciaux.

Ces machines sont celles de Mac-Cormick, Osborne et Walter-Wood. Elles avaient déjà été exposées à Philadelphie, en 1876, et soumises, en 1877, à des essais sur le terrain, au concours de la Société Royale d'Angleterre d'Aigburth-Liverpool (17 août 1877).

Le lien flexible employé était alors le fil de fer, dont on a reconnu les inconvénients, et que l'on remplace maintenant par de la ficelle, et les combinaisons employées, pour rassembler les tiges de céréales devant constituer la javelle, pour les entourer du fil de fer, pour tordre ce fil afin de former la ligature, pour couper le fil, et rejeter la javelle sur le sol, sont extrêmement intéressantes.

Bien que la ficelle ait remplacé ce lien en fil de fer, nous croyons utile de donner une description, au moins sommaire, des dispositions adoptées par ces trois constructeurs des moissonneuses-lieuses, telles qu'elles avaient été présentées à l'exposition universelle de 1878.

Les machines d'Osborne et de Walter-Wood effectuaient le liage avec un seul fil qui restait pincé entre des organes de serrage, pour pouvoir commencer une nouvelle opération de liage immédiatement après qu'une javelle se trouvait terminée et rejetée sur le sol.

Dans la machine de Mac-Cormick, au contraire, une ligature double était produite, et la section du lien était obtenue au milieu de la boucle ainsi formée, de sorte que le fil ne pouvait pas s'échapper et se trouvait toujours dans les mêmes conditions, au commencement de chaque nouveau liage.

Les figures 324 à 331 sont relatives à la moissonneuse-lieuse de Walter-Wood, la figure 324, page 447, donnant, à petite échelle, l'ensemble de cette machine, vue en avant, c'est-à-dire en regardant la scie.

Dans toutes les moissonneuses-lieuses, on peut distinguer cinq parties principales.

1° Le rabatteur, composé, comme dans la première moissonneuse de Bell, d'un moulinet, ordinairement à quatre bras, tournant autour d'un axe horizontal mis en mouvement par une transmission par chaîne ayant pour point de départ la roue porteuse de la machine.

2° La scie, dont le support mobile est terminé par les séparateurs.

3° Le tablier sans fin horizontal, remplaçant le tablier sans fin incliné de Bell.

4° L'élévateur des tiges coupées, composé ordinairement de toiles sans fin, ou de bandes élastiques, amenant les tiges sur un plan incliné terminé par le lieur.

5° Enfin les organes servant au liage de la javelle, amenée sur ce plan incliné.

Si l'on se reporte à la figure 324, R indique la position de la roue motrice, la barre coupeuse étant soutenue, à son autre extrémité, par un galet R' analogue à celui disposé à l'extrémité du tablier, en quart de cercle, des moissonneuses javeleuses.

La scie se trouve en I, et autour d'un axe horizontal N peut tourner librement le volant rabatteur M' M".

Un tablier horizontal, T, amène les tiges coupées à la base de l'élévateur, T' qui déverse les tiges sur le plan incliné T", terminé par une partie de forme cylindrique, sur laquelle le liage de la javelle s'effectue.

Deux bras, O et O', viennent enserrer les tiges jusqu'au moment où un levier L, terminé par une aiguille Y, vient à son tour saisir la gerbe, l'entourer d'un fil de fer qui se trouve tordu sur lui-même, puis coupé, de manière que la gerbe, entraînée par le mouvement continu de rotation du levier L et du bras O, soit rejetée sur le sol, en même temps qu'une nouvelle quantité de tiges est de nouveau amenée sur le tablier, pour y être liée à son tour, et ainsi de suite.

Les différentes fonctions des organes du lieur de Walter-Wood seront mieux comprises, en se reportant aux figures 325 et 326, page 449, représentant, à plus grande échelle, la position de ces mêmes organes au moment où le liage va commencer à s'effectuer (fig. 325), et au moment où la gerbe est sur le point d'être abandonnée par la moissonneuse (fig. 326).

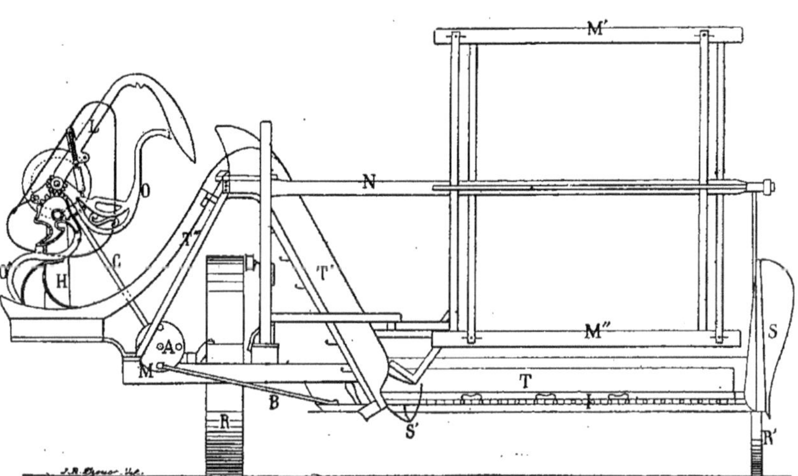

Fig. 324.

Nous retrouvons d'abord, dans ces deux figures, le tablier T'', terminé, à sa partie supérieure, par une barre métallique *t*, et venant reposer sur une traverse horizontale assemblant ainsi le tablier du lieur avec le bâti de la moissonneuse.

Ce tablier T'' porte, en son milieu, une rainure suffisamment large pour que le bras porte-aiguille L puisse s'y déplacer librement, en tournant autour de son axe D, qui est mis en mouvement par une transmission partant de A, arbre commandant la scie. Deux pignons coniques *p*, *p'*, un arbre incliné C, un embrayage E, à la disposition du conducteur, un pignon conique *p''* et un engrenage *p'''* donnent un mouvement suffisamment ralenti à l'axe D, et par suite au levier L. L'arbre D est soutenu, à une certaine hauteur au-dessus du tablier T'', par une colonne métallique H.

Un premier bras O, tournant autour de D, est entraîné par le mouvement continu du levier L, au moyen d'une tige montée sur un ressort R', de manière à rendre l'attaque des tiges, par l'extrémité de ce bras, aussi douce que possible.

Par suite de la présence des arcs dentés *e* et *e'*, le bras O' tourne en sens inverse de O, et vient s'appliquer sur l'ensemble des tiges devant composer la gerbe, au moyen d'un ressort O''. Il se produit donc une certaine compression de ces tiges, entre ces deux bras, se rapprochant l'un vers l'autre, compression qui continue de s'exercer sur la masse X, jusqu'au moment où le liage vient à se produire.

Le levier L, tournant dans le sens de la flèche, porte, en *x*, le point d'attache d'un fil de fer, provenant d'une bobine F, passant sur un tendeur *f*, et obligé de suivre les différentes directions *x''* *x'*$_1$, et *x'*, avant de s'attacher, en *x*, sur l'aiguille Y. La pointe de cette aiguille Y péné-

Fig. 325.

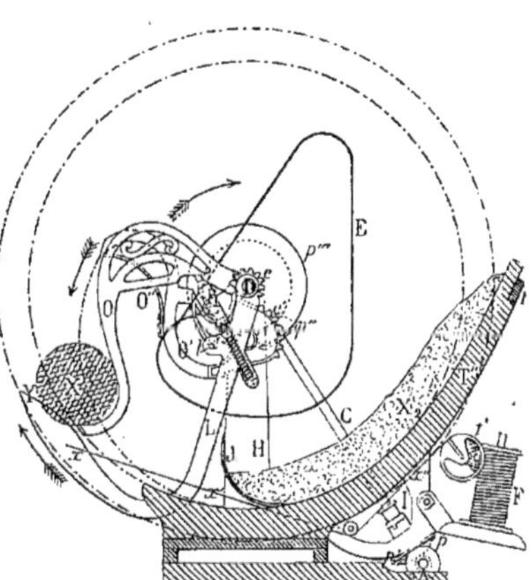

Fig. 326.

tre dans la masse de tiges X, en obligeant le fil de fer à en entourer la plus grande partie, puis, en passant dans la rainure, ménagée dans le tablier T'', les deux parties du même fil se rencontrent, peuvent se tordre sur elles-mêmes, à l'aide d'organes particuliers, et former ainsi la ligature. Il suffit de couper le fil, en dehors de cette ligature, de le pincer, en même temps que cette section est obtenue, pour que le fil restant, attaché à nouveau en *x* du levier L, le suive dans son mouvement et permette d'entourer les éléments d'une nouvelle gerbe, et ainsi de suite.

Pendant que l'aiguille remplit cette fonction, les deux arcs dentés *e* et *e'* cessent d'être en contact, un goujon *l*, fixé à L, vient rencontrer une came C' fixée à O' qui est ainsi forcé de reculer, sans créer d'obstacle au mouvement continu de la gerbe X, puis retombe, pour que les deux arcs dentés *e* et *e'* engrènent à nouveau et produisent le rapprochement des deux bras O et O', enserrant une nouvelle gerbe.

Celle-ci arrive ainsi dans la position de la figure 326, et n'étant plus soutenue qu'en un point de sa longueur, elle bascule en raison du poids prépondérant de la partie inférieure des tiges et vient tomber sur le sol, en dégageant ainsi la machine.

Pendant ce temps, la surface du tablier T'' s'est chargée à nouveau de tiges disposées en X_2, ces tiges venant glisser sur le tablier en restant parallèles à elles-mêmes et étant arrêtées, dans ce mouvement de descente, par des ressorts J fixés en différents points du tablier.

Une barre, E, de forme courbe, est fixée au support H, de manière à guider les tiges et à ne pas encombrer le mécanisme si elles arrivaient en trop grande quantité sur le tablier T''.

L'aiguille elle-même mérite d'être décrite et les figures 327 à 331 montrent les différents éléments dont elle est constituée.

Cette aiguille porte l'appareil servant à opérer la torsion des deux brins de fil de fer, d'en opérer la section, et de pincer fortement l'extrémité coupée attenante à la bobine, servant de magasin, pour pouvoir obtenir le liage suivant.

Les figures 327 à 329, pages 452 et 453, représentent l'ensemble de cette aiguille qui est attachée au bras mobile, à l'aide de boulons.

La figure 327 est une vue de l'aiguille perpendiculaire à l'axe de rotation.

Les figures 328 et 329 sont des vues de la même aiguille, prises perpendiculairement à cette direction.

A représente la pointe de l'aiguille dans laquelle on a ménagé un évidement pour y loger les organes qui servent spécialement à la torsion et à la section du fil, ainsi qu'à son arrêt dans l'aiguille; ils sont représentés, à part, figure 330 et 331, page 454.

B est une plaque de fer, de peu d'épaisseur, qui relie les deux extrémités de la pièce A, et ferme ainsi, en partie, le vide ménagé dans cette pièce.

Cette même pièce A présente deux portées *a b*, *c d*, sur lesquelles vient se fixer, au moyen de vis, la pièce en fonte D, sur laquelle sont fixés les organes servant à la torsion du fil et à son coupage.

En C, se trouve une pièce qui présente une partie arrondie servant à guider le fil de fer, lors de son introduction dans l'aiguille.

La pièce D, figure 330, porte, sur l'une de ses faces, une sorte de cisaille E, dont nous examinerons le fonctionnement dans un instant, et de l'autre côté, fig. 331, un pignon F, tournant librement autour d'un axe H.

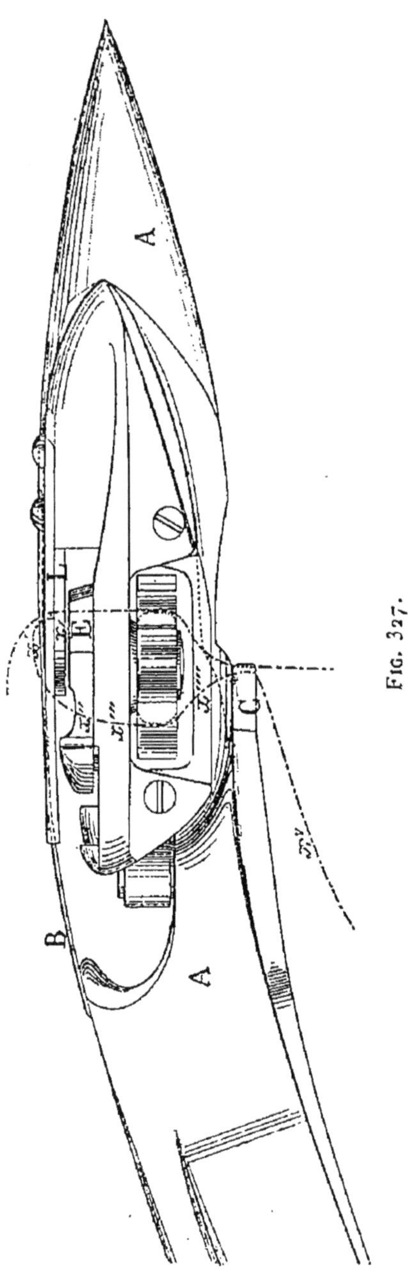

Fig. 327.

La cisaille E peut, en tournant autour d'un axe I, occuper trois positions successives :

1° Une première, tracée en ligne ponctuée........, représente l'une des positions extrêmes, la cisaille étant ouverte.

2° La deuxième, représentée en ponctués ·—·—·—·—·—, montre la cisaille E dans la position précédant immédiatement la section du fil.

Enfin la troisième, en ponctués—··—··—, indique la position de cette même pièce, la section du fil étant effectuée.

Lorsque le levier L, tournant autour de l'axe D, fig. 324 à 326, passe dans la rainure ménagée dans le tablier T″, les talons F et G de la pièce E viennent rencontrer des buttoirs préparés dans cette rainure, et

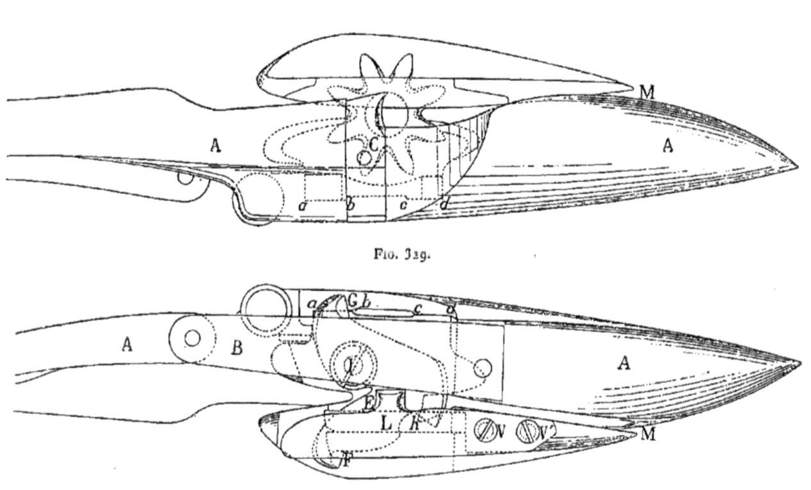

Fig. 329.

Fig. 328.

le mouvement de E autour de l'axe I s'ensuit, en amenant successivement la cisaille dans les trois positions qui viennent d'être indiquées.

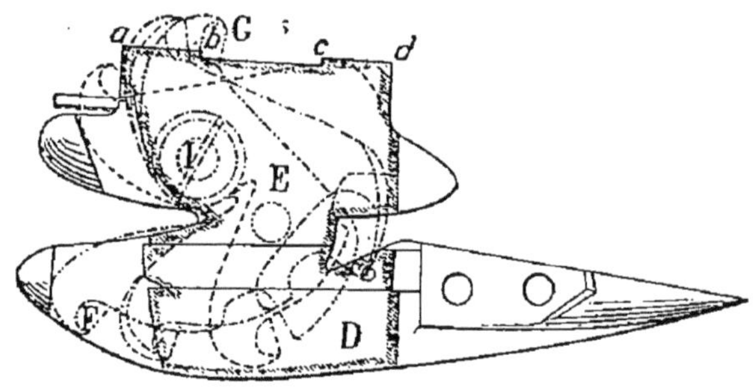

Fig. 330.

Du côté opposé à celui sur lequel se trouvent disposés les buttoirs, on fixe une portion de crémaillère circulaire sur laquelle vient se développer le pignon F,

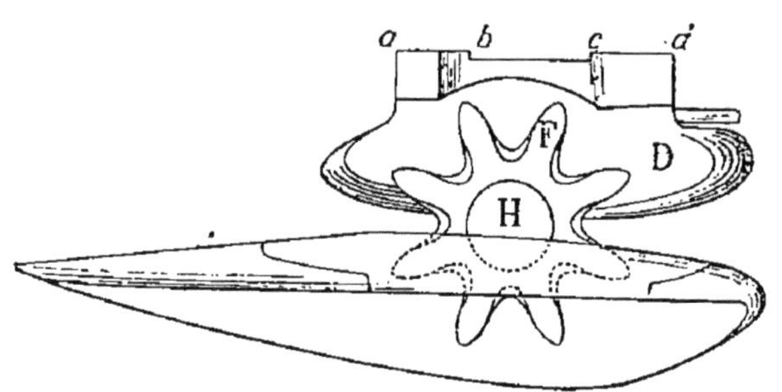

Fig. 331.

lequel, en tournant sur lui-même, amène la torsion des deux fils, et forme la ligature.

Une pièce L, fig. 327 et 328, maintenue, à l'une de ses extrémités seulement, par deux vis *v* et *v'*, sert à guider le fil et à le pincer, aussitôt après qu'il aura été coupé.

Dans la figure 328, la pièce E se trouve dans la position correspondant à la section du fil. Ce fil est poussé dans l'encoche *h* de la lame fixe E' de la cisaille, et tout nouveau mouvement de la pièce mobile E entraîne la section du fil, et son pinçage entre E et L. Cette opération suit donc immédiatement celle de la section du fil.

Si nous nous reportons à la figure 327, le fil, pincé entre E et L, est entraîné par le bras portant l'aiguille, passe dans l'aiguille, suivant la direction x, x', x'', x''' x'''', x^{v}, et est entraîné ainsi dans la rotation complète du bras porte-aiguille, l'autre bout du même fil étant tendu par le tendeur spécial, disposé sur son parcours, en arrière de la bobine magasin.

Le fil de fer vient entourer les tiges devant former la gerbe, et l'aiguille, en continuant son mouvement de rotation, vient rencontrer le fil tendu qui vient se placer contre les dents du pignon F.

Dans cette position, représentée fig. 327, les deux extrémités du même fil rencontrent le même pignon F, aux deux extrémités d'un même diamètre.

Si donc, le pignon F vient à tourner, sous l'action des dents de la crémaillère circulaire fixée au tablier, et que ce pignon fasse ainsi de quatre à cinq tours sur lui-même, les deux fils seront tordus quatre à cinq fois, et la ligature continuera à se produire jusqu'à ce que la cisaille E, mise en action par les buttoirs, vienne sectionner le fil et le pincer à nouveau, en forçant l'aiguille à abandonner la gerbe formée, après cette ligature terminée.

On voit donc, qu'à l'aide de ce mécanisme, porté, pour la plus grande partie, par l'aiguille elle-même, les opérations successives nécessaires sont effectuées, savoir :

1° Pinçage du fil dans l'aiguille.

2° Enroulement du fil autour des tiges devant former la gerbe.

3° Rapprochement des deux extrémités du fil.

4° Torsion de ces deux extrémités réunies.

5° Section du fil, dégagement de la gerbe, et pinçage à nouveau, dans l'aiguille, de l'extrémité du fil restant.

Dans la moissonneuse-lieuse de Osborne, c'est encore

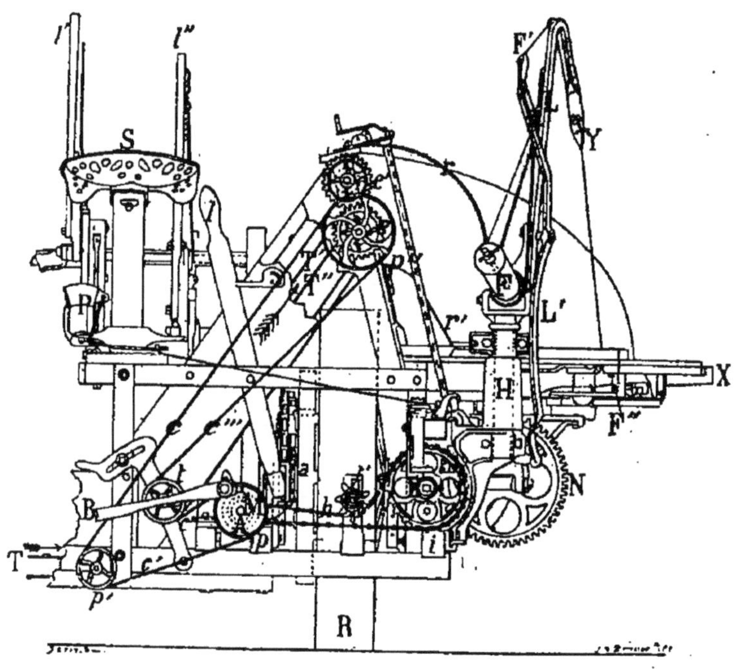

FIG. 332.

un seul fil de fer qui est employé et dont les deux extrémités sont réunies, par voie de torsion, après avoir entouré les tiges de céréales.

Les figures 332 et 333 indiquent la disposition d'ensemble de cette machine.

La fig. 332 représente la moissonneuse vue de face, en regardant la scie.

La fig. 333 est une vue latérale, prise du côté de l'appareil lieur.

Une seule roue porteuse R donne le mouvement à la scie, au volant rabatteur, au tablier horizontal et à ceux inclinés, servant au transport des tiges coupées, enfin

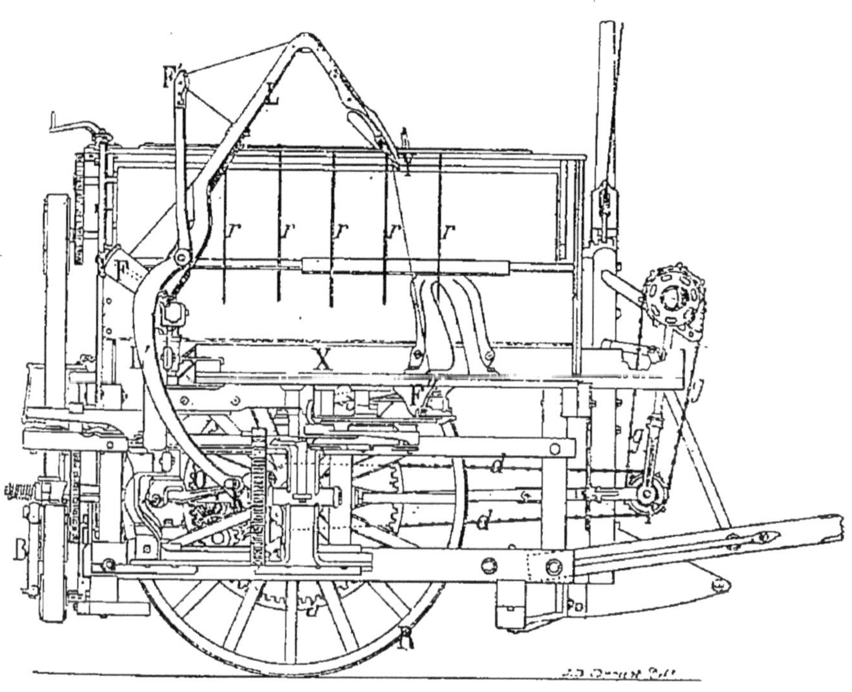

FIG. 333.

à l'appareil de liage, au moyen de différentes transmissions que nous examinerons successivement.

1° Mise en mouvement de la scie.

Une roue dentée intérieurement *a* est fixée à la roue porteuse R, et des pignons coniques *b* permettent de mettre en mouvement de rotation un axe A, de direction perpendiculaire, qui porte, à l'une de ses extrémités, un plateau manivelle M agissant, à son tour, sur une bielle B commandant la scie.

2° Rotation du volant rabatteur.

Une première chaîne sans fin *d* est commandée par la roue porteuse R et met en mouvement un arbre horizontal *f*, placé en avant de la machine, lequel, par l'intermédiaire d'une seconde chaîne sans fin *g*, commande l'axe horizontal D du volant rabatteur.

3° Déplacement des tiges coupées.

Les tiges de céréales, une fois coupées, tombent sur un tablier sans fin T qui les amène à la partie inférieure d'un double tablier incliné T′ et T″, entre les deux toiles sans fin duquel les tiges sont enserrées, et remontées ainsi à une certaine hauteur, pour retomber ensuite, en étant guidées par des sortes de dents de râteaux, *r*, *r′*, sur une table X, sur laquelle doit s'effectuer le liage des gerbes.

Une transmission, composée d'une courroie sans fin, *c*, *c′*, *c″*, *c‴*, passant sur des poulies *p*, *p′*, *p″* et sur le tendeur *t*, met en mouvement le tablier sans fin horizontal T, ainsi que l'un des tabliers T″, le mouvement du tablier T′ est commandé par le premier, au moyen de deux engrenages de même diamètre *e*, *e′*.

4° Mise en mouvement de l'appareil lieur.

A l'aide d'une chaîne sans fin *h* et d'un engrenage droit *i*, le mouvement de rotation de l'axe A, portant le plateau manivelle M, est transmis, avec un ralentissement notable de vitesse, à un arbre horizontal E. Un tendeur *t′*, dont on peut régler la position, agit sur cette chaîne *h* et l'oblige à engrener avec les deux pignons extrêmes.

Le mouvement de l'arbre E est encore ralenti, de manière que l'engrenage N, monté sur un arbre parallèle au premier, tourne sur lui-même.

C'est de cet engrenage que partent les différents mouvements à donner à l'aiguille Y, pour qu'elle effectue le liage de la gerbe, et le rejet de la botte, une fois liée.

Cette aiguille Y est montée à l'extrémité d'un grand bras de levier L, de forme courbe, soumis à un mouvement d'oscillation autour d'un axe vertical H, en même temps que son extrémité peut s'élever ou s'abaisser, pour effectuer le liage.

L'axe vertical passe au centre de la colonne fixée au bâti de la machine, et est commandé par un levier O, relié à l'axe par un joint de cardan, et venant, à l'autre extrémité, s'appuyer sur une came K, fixée à la roue d'engrenage N. Cette même came agit, en même temps, sur l'extrémité inférieure d'un levier courbe de grande longueur L', venant s'assembler avec le levier L.

Le fil de fer servant au liage, emmagasiné sur une bobine F, passe sur une sorte de tendeur F', suit ensuite le levier, dans une partie de sa longueur, traverse l'aiguille Y, et vient se pincer, en F'', au dessous de la table X.

Lorsque les tiges à lier sont disposées sur la table X, le double mouvement donné au levier L, a pour effet d'entourer ces tiges par le fil de fer attaché, au préalable, sous la table X, puis ce fil, fortement tendu, à l'aide du mouvement donné au levier L', est obligé de suivre l'aiguille, pour revenir sous la table, où il est tordu, avec le premier, pour former la ligature de la gerbe.

Une cisaille coupe alors le fil, dont la partie attenante à l'aiguille est maintenue dans la pince située sous la table, de manière à pouvoir servir, à nouveau, au liage d'une seconde gerbe, et ainsi de suite.

Le conducteur, assis sur le siège S, a à sa disposition différents organes de débrayage, savoir :

1° Un levier *l*, servant au débrayage du mouvement de la scie.

2° Un levier *l'*, également en bois, pour pouvoir modifier la position du volant rabatteur.

3° Un autre levier *l''*, pour modifier la hauteur de la coupe.

4° Une pédale P, permettant, au moyen d'une tringle en fil de fer, d'agir sur les organes du lieur pour suspendre ou activer leur action et former ainsi des javelles plus ou moins grosses.

Il est à remarquer que l'ensemble des organes de la moissonneuse-lieuse est réparti à peu près également de part et d'autre de l'axe de la roue porteuse; toute la machine pouvant ainsi osciller autour du point de contact de la roue porteuse avec le sol.

D'après ces deux premiers exemples, l'ensemble d'une moissonneuse-lieuse est toujours formé de la même manière, quel que soit le type adopté, et nous nous bornerons à indiquer, en ce qui concerne la troisième disposition, celle de Mac-Cormick, les particularités que présente cette machine, par rapport au mode de liage adopté.

Au lieu d'employer un seul fil de fer, provenant d'une bobine magasin, située sous le tablier, Mac-Cormick a employé deux fils de fer provenant chacun d'une bobine magasin distincte, l'une située en dessous du tablier, l'autre située en dessus.

Par un mécanisme fort ingénieux, ces deux fils, de provenances différentes, sont tordus ensemble, pour obtenir leur liaison, et, au moment où la gerbe est entourée, et qu'une nouvelle ligature se produit, par voie de torsion, les deux fils sont tordus en même temps sur eux-mêmes pour constituer un nouveau point d'attache. Si donc, l'ensemble des deux fils se trouve sectionné, par une sorte de cisaille, au milieu d'une boucle ainsi formée, entre les deux ligatures, la gerbe se trouve séparée de la machine, immédiatement après la ligature, et les deux fils sont réunis, en même temps, à nouveau, pour constituer un nouveau point de jonction des deux fils devant ensemble entourer la nouvelle gerbe.

On évite ainsi l'emploi de pinces devant retenir l'extrémité du fil unique, pinces devant être l'objet d'un réglage un peu minutieux, pour que leur action soit absolument certaine.

Les figures 334 à 340 sont relatives à ce mode particulier de liage, adopté dans la construction de la moissonneuse-lieuse de Mac-Cormick.

La figure 334, page 462, indique les deux bras B et C rapprochés, en enserrant la gerbe, et les deux fils de fer liés, par voie de torsion, en *a*, entourant également la gerbe et rapprochés l'un vers l'autre, en E, l'aiguille, portant l'un des fils, étant dans sa position la plus basse.

La figure 335 montre les bras dans la même position, mais les deux fils s'étant croisés, en E et en F, pour commencer ainsi leur double torsion.

La figure 336 montre la torsion terminée en I et H, et la boucle formée coupée en son milieu.

Cette boucle coupée est reproduite, en vraie grandeur, fig. 337, page 463. Enfin la figure 338 de la page 464 montre le mode de commande des pignons produisant la torsion, en même temps que la section des fils, et les figures 339 et 340, de la même page, le mode de montage de ces pignons, sans qu'ils soient portés par un axe de rotation, comme on le fait ordinairement.

Comme le représentent les figures 334 à 336, les deux fils qu'il s'agit de réunir, par voie de torsion, sont disposés de chaque côté d'un même diamètre d'un double pignon à axe vertical, lequel, tournant sur lui-même,

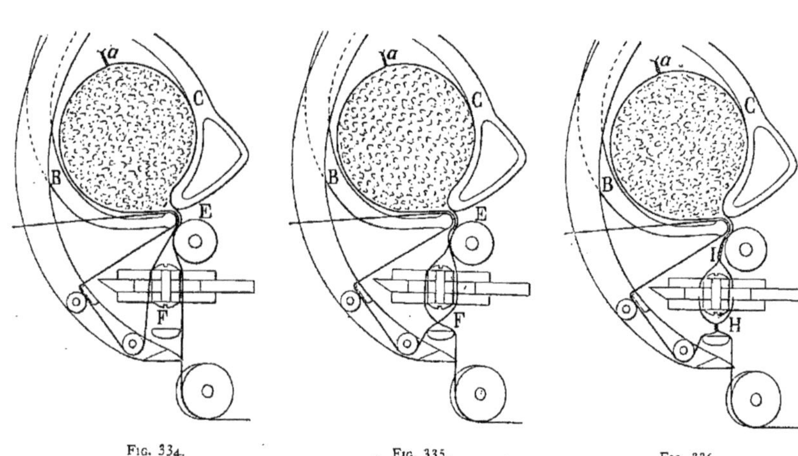

Fig. 334. Fig. 335. Fig. 336.

au moyen d'une transmission par engrenages, obligera la double torsion de se produire, et c'est ainsi qu'en passant de la fig. 334 à la fig. 336, il est possible de suivre toutes les phases de cette double torsion.

Pour amener, à la fin de cette torsion, la section des fils, il suffit de préparer les pignons N et N', avec faces coupantes, situées en regard, et de déplacer l'un d'eux, celui N', par exemple, plus rapidement que le pignon N (fig. 338).

Fig. 337.

A cet effet, les deux pignons N et N' ont même nombre de dents (10), mais l'engrenage M, situé en regard de N, a 48 dents, tandis que M', commandant N', en a 49.

Il se produit donc, pour les deux pignons N et N', montés tous les deux fous sur le même axe, un déplacement angulaire qui sera d'une dent complète, pour le pignon N', lorsque l'ensemble de ces deux organes aura tourné de 4.8 tours, correspondant, par conséquent, à une torsion suffisante des deux fils en contact. Les bords, taillés à vif, de ces engrenages produiront l'effet d'une véritable cisaille, et les deux fils seront sectionnés en même temps.

Mais, pour que cette torsion ne soit pas gênée, par la présence d'un axe de rotation, ces deux pignons N et N' sont montés d'une manière toute particulière.

Cette disposition du montage des pignons est représentée fig. 339 et 340.

Deux plaques S T, Q R, sont fixées en dessous du tablier, sur lequel on lie la gerbe, elles présentent chacune un évidement demi-circulaire, qui, par leur réunion, forme un orifice circulaire dans lequel s'engagent des portions cylindriques attenantes aux deux pignons N et N'.

Les dents de ces pignons sont fortement découpées de manière à laisser, entre elles, des vides, en forme de triangles curvilignes, dans deux desquels peuvent passer les fils de fer.

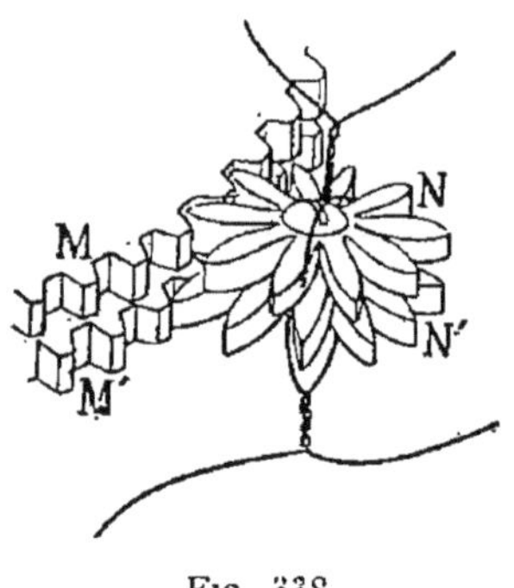

Fig. 338.

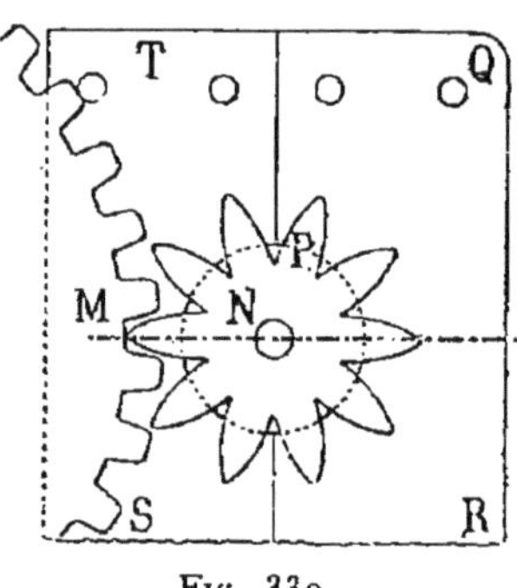

Fig. 339.

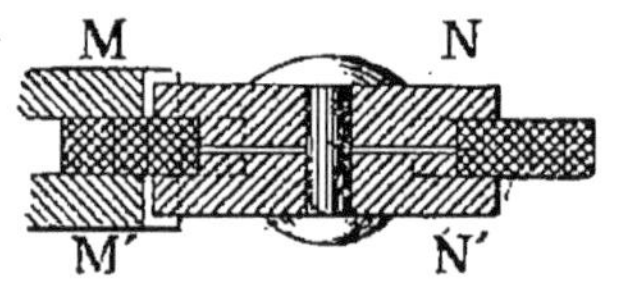

Fig. 340.

Si donc, sous l'action des engrenages de commande M et M′, les pignons N et N′ viennent à tourner, ils entraîneront la torsion des fils de fer, en dessus et en dessous de leur position, de manière à réserver une sorte de boucle, sectionnée par le jeu plus rapide d'un pignon par rapport à l'autre, cette boucle étant représentée, en vraie grandeur, fig. 337.

Ces trois machines, dont nous venons de rappeler les principales dispositions, ont parfaitement fonctionné dans les essais de Mormant, et les craintes que l'on pouvait concevoir, en ce qui concerne l'efficacité de la pince de serrage, employée dans les moissonneuses-lieuses d'Osborne et de Walter-Wood, ne se sont pas réalisées. On avait seulement remarqué que la machine de Walter-Wood rejetait un peu trop brusquement les gerbes, sur le sol, après le liage terminé.

Il était intéressant de déterminer, avec quelque exactitude, le travail exigé pour la mise en fonction de ces machines, et il a été décidé, qu'à la suite des expériences de Mormant, des essais dynamométriques seraient entrepris. Déjà au concours de Liverpool, en 1877, ces mêmes machines avaient été soumises à des essais de même nature; mais les essais, dont les principaux résultats sont indiqués dans le tableau, pages 466 et 467, sont les premiers qui aient été exécutés, en France, sur les moissonneuses-lieuses.

Le travail mécanique dépensé par hectare a varié de 1114500 à 1263400 kilogrammètres, pour effectuer le travail complet, coupe des céréales, séparation en javelles et liages compris, tandis que la moissonneuse javeleuse de Johnston, prise comme point de comparaison, n'a dépensé, pour couper la même récolte, que 687 700 kilogrammètres par hectare.

On peut donc dire que les moissonneuses-lieuses, à fil de fer, au moment de leur apparition, en France, exigeaient, pour leur mise en mouvement, un travail mécanique à peu près double de celui dépensé par des moissonneuses javeleuses.

Dans ces essais, un attelage composé de trois chevaux était employé; mais, en service courant, il fallait en ajouter un quatrième, pour ne pas trop fatiguer l'attelage.

Si, en effet, l'on cherche quel est le travail par seconde exigé des animaux, dans chaque expérience en charge, on trouve les trois nombres suivants :

183 klgm., 247 klgm., et 257 klgm.,

Le nombre le plus faible provenant d'une vitesse de $0^m,958$, se rapprochant plus de l'allure ordinaire du cheval marchant au pas, tandis que les autres correspondent à une vitesse de $1^m,400$, qui est celle du pas allongé.

Même, en adoptant le premier chiffre, correspondant

DÉSIGNATION DES MACHINES.	Surface du diagramme mesurée au planimètre.	Longueur du tracé.	Ordonnée moyenne.	Effort moyen correspondant.	Largeur de la coupe.	Effort rapporté à un mètre de largeur.	Durée du parcours.	Longueur entre les repères.	Vitesse de la lieuse par seconde.	Poids de la machine.	Poids du conducteur.	Poids total.	Coefficient de roulement sur le sol chaumé.	OBSERVATIONS.
	mill.	mill.	mill.	kilogr.	mètre.	kilogr.	secondes.	mètres	mètre.	kilogr.	kilog.	kilogr.		
Moissonneuse-lieuse de Mac-Cormick.														
La moissonneuse en travail....	22 580	1 284	17.58	184.48		124.66	78.6		1.400					
Les différents organes fonctionnant à vide..................	54 550	1 298	(1) 42.03	128.49	1.48	86.82	77.4	110	1.290	544	92	636		(1) Ces deux essais ont été faits à l'aide du dynamomètre monté avec des lames plus faibles.
La machine roulant sur le sol, tout le mécanisme étant au repos..........................	43 130	1 386	(1) 31.14	95.19		64.32	83.4		1.320				0.150	
Moissonneuse-lieuse d'Osborne.														
La moissonneuse en travail....	20 500	1 225	16.78	176.09		111.45	78.6		1.400					
Les différents organes fonctionnant à vide................	17 945	1 300	13.80	144.82	1.58	91.66	92.2	110	1.193	533	92	625		
La machine roulant sur le sol, tout le mécanisme étant au repos..........................	11 100	1 204	9.22	96.75		61.63	75.6		1.455				0.158	
Moissonneuse-lieuse de Walter Wood.														
La moissonneuse en travail....	29 840	1 642	18.18	190.78		126.34	114.8		0.958					
Les différents organes fonctionnant à vide.................	38 270	3 059	12.51	131.28	1.51	86.94	119.0	110	0.934	544	92	636		
La machine roulant sur le sol, tout le mécanisme étant au repos..........................	12 890	1 223	10.54	110.61		73.35	86.0		1.280				0.174	

à une vitesse réduite, et en supposant trois chevaux composant l'attelage, le travail dépensé par chacun d'eux serait de 61 kilogrammètres, nombre déjà élevé, pour un travail exigeant de la continuité.

Le poids de la récolte en tiges de blé, par hectare, a été trouvé de 7947ᵏ, 8228, et 8446, pour les trois moissonneuses-lieuses, et pour la machine témoin 8000, nombres aussi concordants que possible.

Si l'on déduit, de ces chiffres et des précédents, le travail dépensé pour couper 1000 kilogrammes de récolte, on trouve :

	Klgm.
Moisonneuse-lieuse de Mac-Cormick..	147 600
— — — Osborne.......	135 550
— — — Walter Wood..	159 000
Soit en moyenne.	147 380

tandis que, pour la même récolte, la moissonneuse-javeleuse de Johnston n'a demandé que 85 990 kilogrammètres par 1000 kilogrammes de récolte coupée et mise en javelles.

Déjà, en 1878, tout en reconnaissant le bon fonctionnement des moissonneuses-lieuses, on était préoccupé des accidents qui pourraient survenir si, après le battage des gerbes, la paille pouvait renfermer des débris des liens métalliques, qui, absorbés par les animaux, les trouvant dans leur litière, pouvaient leur occasionner des désordres graves.

Walter-Wood avait pensé à cette objection, en disposant une pince-cisaille spéciale qui, tout en coupant le fil, lorsque l'on voulait délier une gerbe, en retenait l'une les extrémités, en évitant ainsi que le lien métallique puisse être noyé dans la paille.

On reprochait encore aux liens en fil de fer de pouvoir

s'oxyder, diminuer, par conséquent, de résistance, et se rompre, dans les manipulations successives que l'on est obligé de faire subir aux gerbes.

Toutes ces raisons ont été de nature à exciter les nouvelles recherches des inventeurs de ces machines, et à la dernière exposition universelle de Paris, de 1889, il n'y avait plus de moissonneuses liant au fil de fer. Toutes celles qui ont été exposées et expérimentées, avec grand soin, employaient la corde, ordinairement en manille, pour lier automatiquement les gerbes de céréales.

L'une d'elles, même, se servait de liens en paille, au lieu de corde.

Dans l'intervalle de onze années qui a séparé nos deux dernières expositions universelles de Paris, l'ensemble de ces moisonneuses-lieuses avait peu varié, si ce n'est dans le remplacement, par le métal, du bois, constituant le bâti mobile des premiers types de ces machines; mais les constructeurs français s'étaient mis à les construire, et, sur les onze moissonneuses-lieuses expérimentées à Noisiel, en 1889, trois étaient de construction française, deux provenaient du Canada, les autres nous arrivaient des États-Unis de l'Amérique du Nord.

Les figures 341 et 342 représentent, en élévation et en plan, la moissonneuse-lieuse de la maison Albaret.

La figure 341, page 470, est une vue prise en avant de la scie, dont le guide est terminé par le séparateur S, qui limite l'espace moissonné à chaque parcours de la moissonneuse-lieuse.

L'appareil est supporté par la roue motrice R et par un galet porteur R', disposé, avec moyen de réglage, pour pouvoir modifier, à volonté, la hauteur de coupe.

Un engrenage E agit sur un pignon pour mettre en mouvement un axe horizontal sur lequel se trouve monté un premier engrenage conique F. Un manchon à griffes, disposé sur cet axe, permet d'arrêter ou de mettre en mouvement cet engrenage et, par suite, les diverses

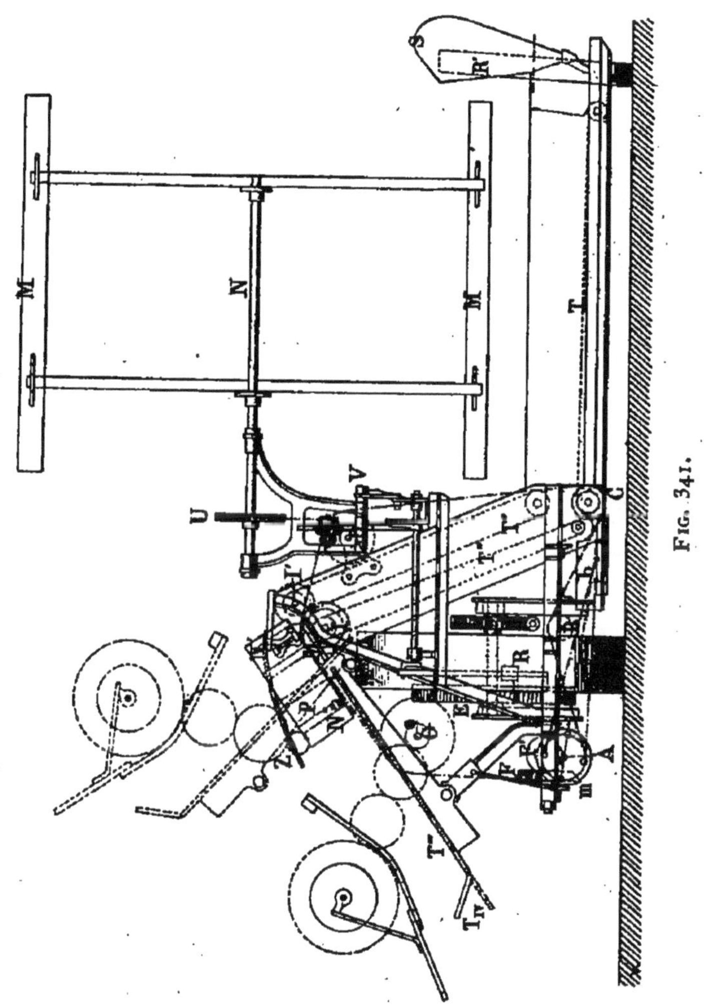

Fig. 341.

transmissions aux organes de la lieuse.

En F' et F" se trouvent deux pignons coniques de même diamètre, dont l'un F actionne un arbre légèrement incliné, portant, à l'autre extrémité, le plateau manivelle commandant, à l'aide d'une bielle *b*, la scie disposée en avant de l'appareil.

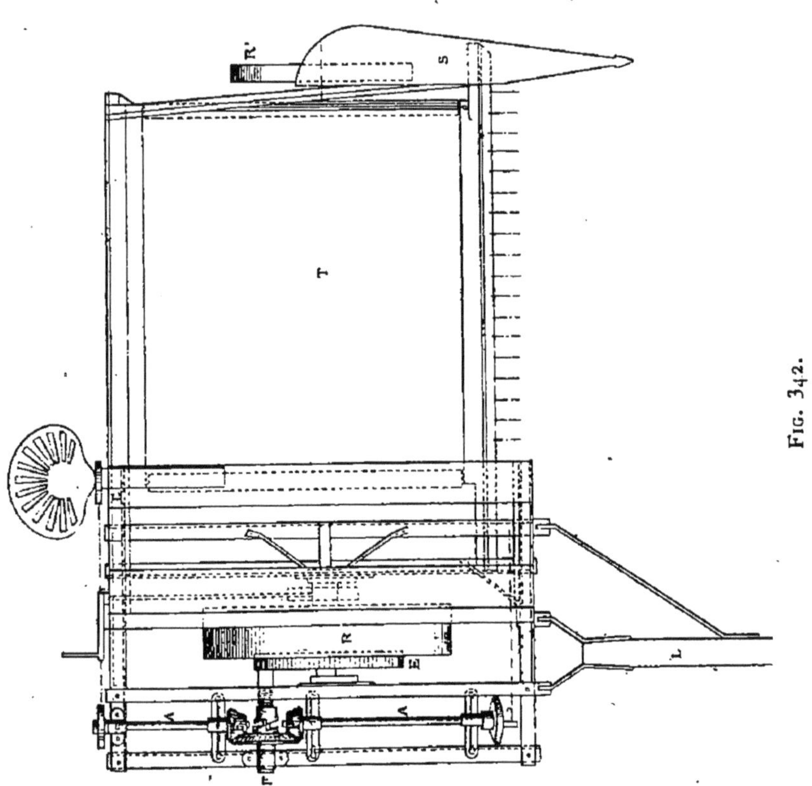

Fig. 342.

L'arbre A, portant le pignon F'', se termine par un engrenage, placé en arrière de la machine, et qui agit sur une chaîne sans fin pour communiquer le mouvement aux différents tabliers, servant au déplacement des tiges, au volant rabatteur N, M, et aussi aux organes composant le lieur.

Un tablier horizontal T amène les tiges à la base des deux élévateurs T', T'', composés chacun d'une toile sans fin, et entre lesquels les tiges sont obligées de se loger. Si, au moyen des engrenages I et I', de même diamètre, les deux faces, situées en regard, de ces tabliers se meuvent dans le même sens, et avec la même vitesse, l'ensemble des tiges s'élèvera et se déversera sur un tablier incliné T''' sur lequel s'effectuera le liage de la gerbe.

Un plateau P, animé d'un mouvement de translation, au moyen d'une transmission par bielle et manivelle, a pour but, en agissant sur le pied des tiges, de placer tous les pieds de ces tiges dans un même plan vertical.

Les tiges sont saisies par des bras qui les réunissent, sous forme de gerbe, qui se trouve liée sur la machine et qui vient glisser sur le tablier T''' jusqu'à atteindre la partie T_{IV}, relevée comme l'indique la figure 341.

Il peut donc s'accumuler, sur ce tablier, un certain nombre de gerbes que l'on abandonne en même temps, et qui constituent, en arrivant en un point du sol, les éléments de la moyette, que l'on établit sur place, sans aucun nouveau déplacement des gerbes.

La chaîne sans fin, entourant partiellement un engrenage monté sur A, passe sur une poulie tendeur B, contourne un engrenage monté sur l'un des axes portant le tablier T, remonte, dans une direction voisine de la verticale, entoure un nouvel engrenage devant commander le mouvement de rotation du volant rabatteur, passe encore sur deux engrenages montés sur les axes I' et G, pour venir s'attacher à elle-même, et former ainsi chaîne sans fin.

Le volant rabatteur étant monté à l'extrémité d'un cadre pouvant osciller autour d'un axe horizontal V, sa transmission se compose de pignon droit, d'engrenages d'angle et d'une chaîne sans fin venant actionner l'axe N du volant rabatteur M.

Il suffit donc de composer un attelage de trois chevaux,

de l'atteler à la flèche L, pour mettre en mouvement la moissonneuse-lieuse, qui, par suite du roulement de la roue porteuse R, sur le sol chaumé, permettra le déplacement des différents points de la lame de scie, la rotation du volant rabatteur, les déplacements des différents tabliers sans fin, et les mouvements relatifs au liage de la gerbe.

La scie et le tablier, placé à l'arrière, ne pouvant pas se relever, comme dans les moissonneuses-javeleuses ordinaires, c'est l'ensemble du tablier T''', et des organes disposés au-dessus, qui peut prendre deux positions différentes, celle de travail, indiquée en lignes pleines, celle de transport, indiquée en lignes ponctuées.

Dans d'autres dispositions, celle d'Osborne, par exemple, il suffit de disposer, en dessous de la moissonneuse-lieuse, un truck à deux roues, dont l'essieu commun est dirigé perpendiculairement à la direction de la scie.

Le timon de la moissonneuse peut tourner, autour d'une cheville ouvrière, sans exiger le dételage des chevaux, de manière à venir se placer du côté de l'appareil lieur, et le conducteur, assis sur son siège, qui n'a pas changé de place, peut diriger l'attelage, qui conduira la moissonneuse dans une direction parallèle à la scie, en rendant la machine plus facilement déplaçable, par des chemins relativement étroits, la largeur de la moissonneuse étant ainsi très réduite, par rapport à son autre dimension.

Les moissonneuses-lieuses, adoptées maintenant, emploient, d'une manière exclusive, la ficelle pour obtenir le liage des gerbes, et les organes nécessaires pour effectuer ce liage peuvent être rangées dans deux catégories distinctes.

Walter-Wood emploie le système que nous allons décrire en nous servant des figures 343 à 358. Les autres constructeurs ont adopté le système Appleby, dont nous donnerons un aperçu, fig. 359 et 360.

La figure 343 donne, en plan, la disposition d'ensemble de la moissonneuse-lieuse de Walter-Wood, dont une vue perspective, prise à l'arrière de la machine, est donnée fig. 346, page 477.

Un cadre métallique, composé de fers cornières, en-

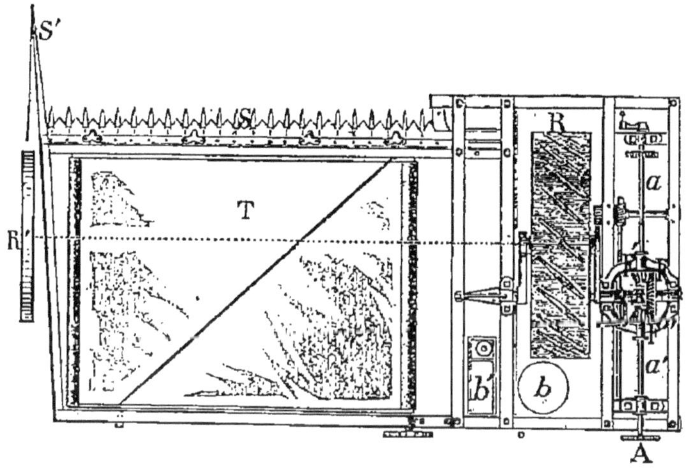

Fig. 343.

toure la roue porteuse R et est relié à un autre cadre, également métallique, de direction perpendiculaire, portant en avant la scie S, à son extrémité, le séparateur S' et le galet porteur R', et entourant de plus le premier tablier T, sur lequel les tiges viennent tomber, sous l'action des bras du rabatteur.

Une transmission, partant de la roue porteuse, et composée d'un engrenage droit et d'un pignon, met en action une série d'engrenages coniques F, F', F'', lesquels font tourner, sur eux-mêmes, deux arbres horizontaux *a* et *a'*, dont l'un, *a*, est terminé par la manivelle *m* actionnant la scie, et dont l'autre, *a'*, agit, par l'intermédiaire d'un engrenage A, sur la chaîne sans fin actionnant les différents organes, soit du tablier horizontal, soit des tabliers élévateurs, soit enfin du lieur.

Dans ce même cadre horizontal se trouve, en *b*, la boîte contenant la pelotte de ficelle, et à côté, en *b'*, la boîte aux outils.

Une transmission, composée de deux manivelles, réunies par l'essieu de la roue porteuse, d'un arc denté,

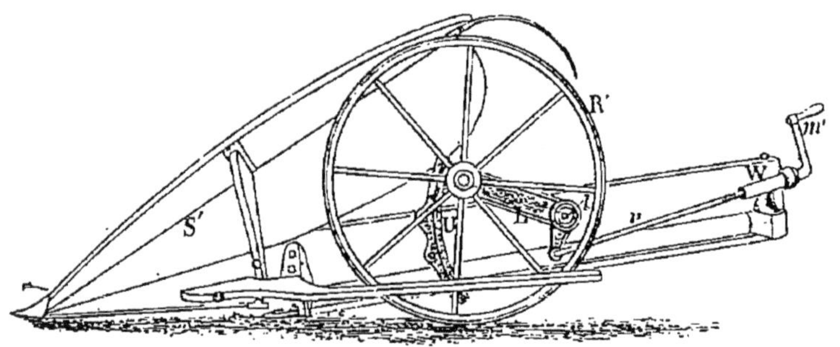

FIG. 344.

d'un pignon, d'une roue à denture hélicoïdale et d'une vis sans fin, montée sur un axe terminé par une manivelle mue à bras d'hommes, permet de déplacer le cadre métallique, par rapport à l'essieu de la roue porteuse, et d'élever ou abaisser la partie de la barre coupeuse qui se trouve du côté de cette roue.

Une transmission, également actionnée à la main, et représentée figures 344 et 345, permet de relever ou d'abaisser également l'autre extrémité de la barre coupeuse.

La figure 344 représente la position la plus basse que l'on peut donner au tablier.

La figure 345, page 476, donne la position la plus haute de cette même partie de la moissonneuse.

En agissant, à la main, sur une manivelle *m'*, calée à l'extrémité de l'écrou W d'une vis *v*, on pourra déplacer les différents éléments de la tige cylindrique qui la termine, et le levier coudé à angle droit L, pouvant tourner librement autour du centre *l*, changera la position du tablier de la moissonneuse, qui pourra occuper toutes les positions intermédiaires entre celles extrêmes, correspondant à ces deux figures.

L'essieu du galet porteur R' est entouré par la fusée

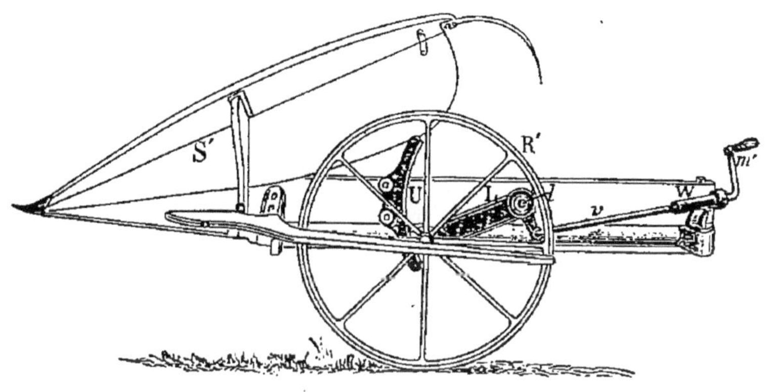

Fig. 345.

de la roue qui vient glisser sur un arc métallique U, fixé également au tablier, et ayant pour centre le point d'oscillation *l* du levier coudé.

Si nous nous reportons maintenant à la figure 346, nous retrouvons, sur cette vue d'ensemble, la roue porteuse motrice R, ainsi que le galet R', permettant de maintenir, à une distance variable du sol, la barre coupeuse, le tablier T placé à l'arrière, ainsi que les autres parties de la moissonneuse.

Par une transmission, indiquée sur le plan, fig. 343, et ayant pour point de départ la roue R, l'arbre *a'*, portant à son extrémité la roue d'engrenage A, tourne sur lui-

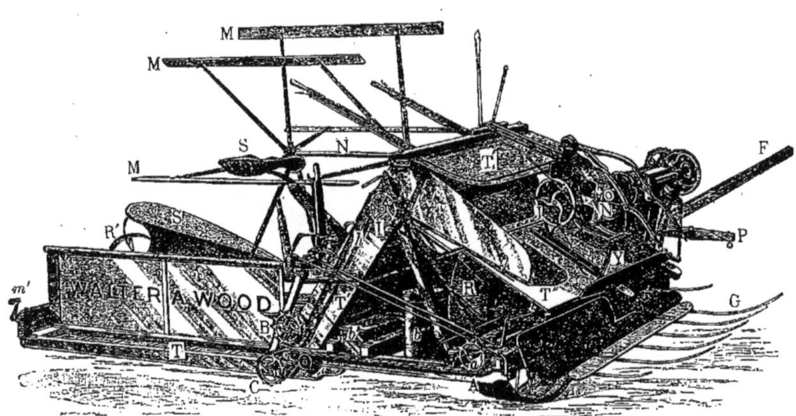

Fig. 346.

même, et entraîne le mouvement continu d'une chaîne sans fin *h*, entourant divers engrenages A, C, B, I, ainsi que le galet *g*. L'engrenage C est monté à l'extrémité d'un axe horizontal actionnant le tablier T. L'engrenage I, est situé à l'origine de la transmission de mouvement de l'élévateur, constitué, dans cet exemple, comme dans le précédent, par deux tabliers sans fin, disposés en T', et entre lesquels les tiges coupées se trouvent enserrées.

Arrivées au sommet de cet élévateur les tiges rencontrent une tôle T', formant couvercle de l'appareil, et qui les oblige à se déverser sur un tablier T'', sur lequel doit s'opérer le liage.

Dès que les tiges sont déversées sur ce tablier, un organe particulier, que l'on désigne sous le nom d'*égaliseur*, agit sur le pied des tiges, de manière à en rectifier la position. Cet égaliseur est représenté fig. 347 et 348, de la page 480.

Un javeleur rotatif J, représenté également à part, fig. 349, page 481, prend des tiges, réparties, sous une épaisseur uniforme, sur le tablier T'', la quantité nécessaire pour former une gerbe.

Une aiguille Y, portant la ficelle, provenant du magasin *b*, entoure la gerbe, passe en contact de l'appareil noueur N, représenté fig. 352, page 482, qui forme ainsi la ligature, puis, immédiatement après, la ficelle est coupée par une sorte de cisaille-pince indiquée, fig. 353 à 355, page 483, est retenue par cette pince, tandis que la gerbe, complètement liée, peut rouler sur la partie inférieure du tablier T'', pour se rendre sur le porte-gerbe G, représenté fig. 356 à 358, pages 485 et 486.

La moissonneuse étant traînée sur le sol, au moyen d'un attelage fixé aux palonniers P de la flèche F, les ailettes M du volant rabatteur, tournant autour d'un axe horizontal n, la récolte sera repoussée vers la scie, coupée, puis entraînée vers l'élévateur T', par le tablier sans fin T, puis relevée, de manière à venir passer au-dessus de la roue porteuse R, pour s'étaler sur le tablier incliné T'', sur lequel les gerbes sont formées, liées et rejetées sur les fourches composant le porte-gerbes G, qui, une fois garni d'un nombre variable de gerbes, basculera, à la volonté du conducteur, pour déposer, en un point du sol, et sans secousses, l'ensemble des gerbes devant composer une moyette.

Le conducteur, porté par un siège S', monté à ressort, doit avoir à sa disposition, les leviers, pédales et tiges d'embrayages, permettant de suspendre le mouvement de la scie ou de l'appareil javeleur et lieur, et d'amener les porte-gerbes en contact avec le sol, pour y déposer les gerbes, et dégager la machine.

Égaliseur. — Lorsque les tiges sont élevées jusqu'au sommet de l'élévateur, pour se déverser sur le tablier T'', leurs pieds ne se trouvent pas tous situés dans le même plan vertical. Il faut donc agir, à l'aide d'un outil particulier, l'égaliseur, afin de repousser le pied de chaque tige, comme cela est représenté fig. 347 et 348, page 480.

Un axe E, mis en mouvement par la transmission générale de la moissonneuse, porte, en e, le point d'articulation d'une planchette p, de faible longueur, sur laquelle on a fixé trois fers cornières c. A l'autre extrémité de cette même planchette, ainsi garnie, se trouve assemblée une tige t, de faible section, dont l'autre extrémité est articulée au bout d'un support métallique r.

Si l'on examine l'appareil, dans deux de ses positions, on voit que les cornières c viendront pénétrer dans la masse des tiges, en produisant, en même temps, un léger mouvement de translation de ces tiges sur le tablier, la planchette p devenant perpendiculaire à chacune des tiges, fig. 348, et égalisant ainsi la position de leurs pieds, qui occuperont, en fin de compte, différents points d'un même plan vertical.

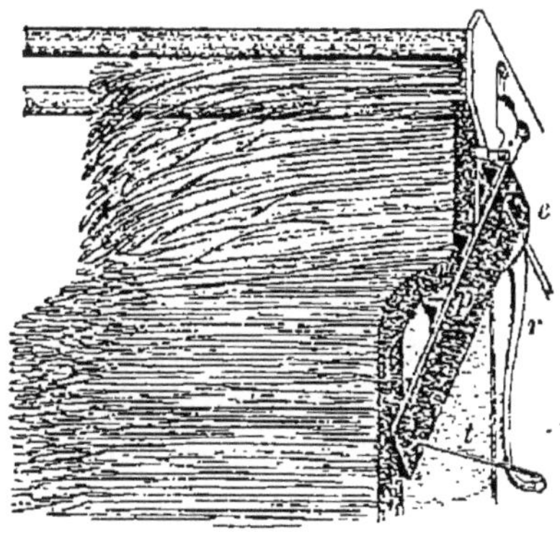

Fig. 347.

Javeleur. — Dans la moissonneuse-lieuse de Walter-Wood, le javeleur est tout entier situé au-dessus du tablier T''. Il est chargé de diviser les tiges tombant sur ce tablier en masses égales pouvant constituer des gerbes d'égal poids, fig. 349.

Cet organe se compose d'une roue évidée J, en trois points de laquelle peuvent tourner librement des pièces métalliques K, K', K'', en forme de triangle, dont la pointe peut occuper, tantôt une position très voisine de la jante de cette roue J, tantôt une position plus éloignée du centre *j* de cette roue.

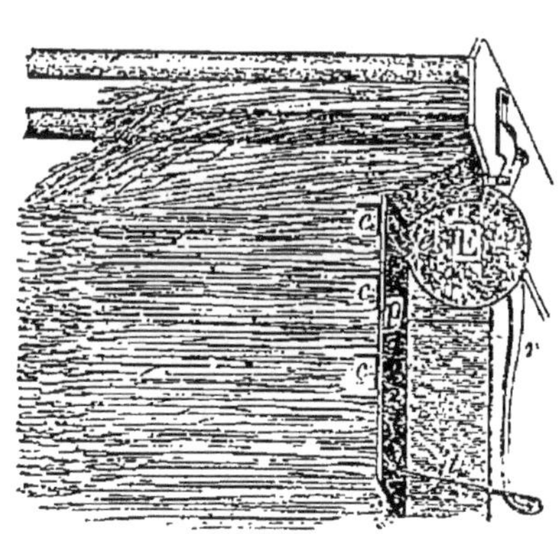

Fig. 348.

Une came O et un cylindre O' guident les déplacements de ces pièces triangulaires, dont l'une d'elles, K, est représentée, fig. 349, au moment où elle a déjà pénétré dans la masse des tiges, pour en séparer le volume d'une gerbe. Au contraire, le triangle K' est repoussé vers l'axe, et le troisième, K'', est en train de sortir de son logement pour venir séparer, de la masse des tiges, la matière devant composer la gerbe suivante.

Appareil lieur. — La ficelle est disposée sur la moissonneuse, sous forme d'une grosse pelotte P', maintenue dans une boîte cylindrique verticale *b*, de la vue d'ensemble, fig. 346, et dont la partie supérieure seulement se trouve représentée fig. 350. Un premier tendeur *t'*, à pression constante, est fixé au couvercle de la boîte, et offre ainsi une première résistance à la distribution de la ficelle, puis un autre tendeur, à

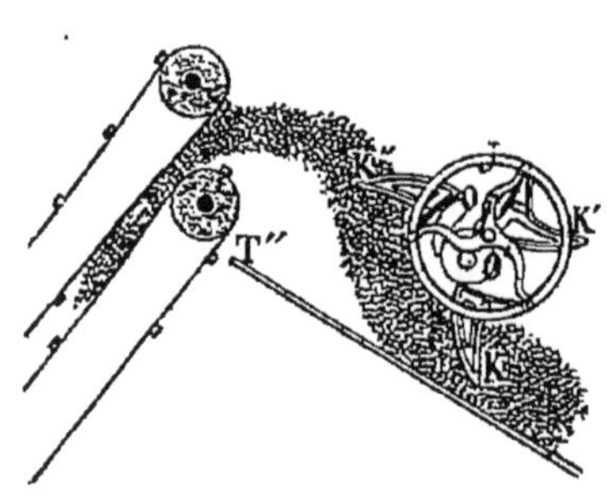

Fig. 349.

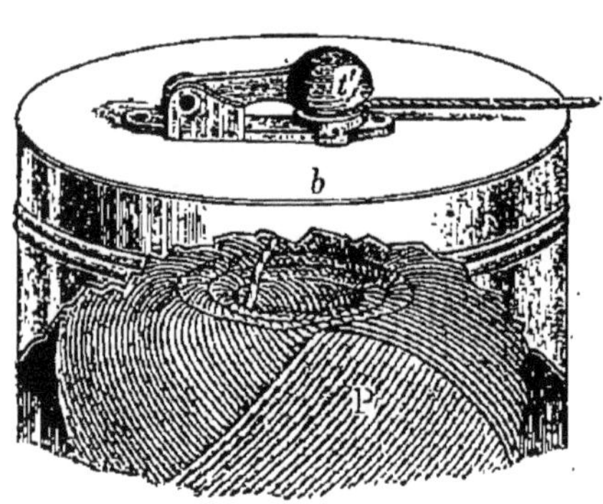

Fig. 350.

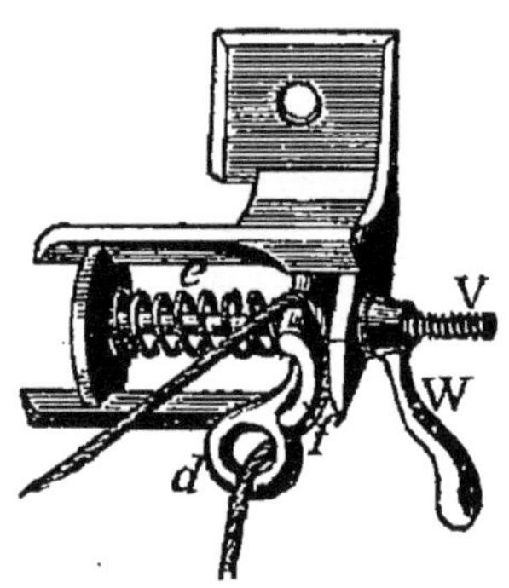

Fig. 351.

pression variable, et placé sur le parcours de la ficelle, doit produire une tension suffisante du lien venant entourer la gerbe. Ce tendeur, représenté fig. 351, se compose d'un anneau *d*, dans lequel passe la ficelle, d'une plaque de forme arrondie *f* et d'un ressort *e*, à tension rendue variable, par l'action d'une vis V et d'un écrou à manette W.

L'aiguille Y, fig. 352, entraînant la ficelle de manière à en entourer la gerbe, l'amène en contact avec un crochet rotatif N, présentant une grande analogie, sauf les dimensions, avec l'organe noueur de certaines machines

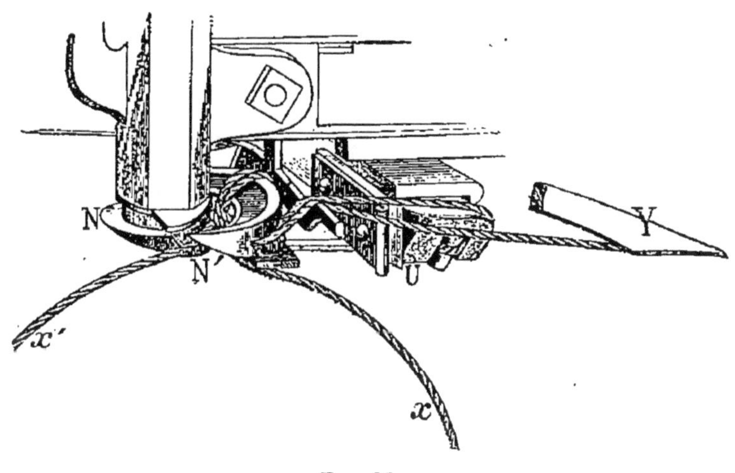

Fig. 352.

à coudre, la pointe N' de ce crochet, tournant dans un plan horizontal, saisit un point de la ficelle et forme le nœud, en combinant ce brin *x'* avec celui, *x*, maintenu, en un point fixe du noueur, par la pince cisaille U, représentée, à part, fig. 353 à 355.

C'est au moment où le nœud est terminé et serré que la pince cisaille vient agir, pour dégager la ficelle, saisir le brin passant dans l'aiguille Y, pour en effectuer la section, en même temps qu'une petite longueur de ce brin se trouve prise, à son tour, dans la pince cisaille U, et doit y rester maintenue, dans une position fixe, pendant tout le temps que l'aiguille mettra à entourer de ficelle une nouvelle gerbe, et ainsi de suite.

La pince cisaille, représentée dans trois positions différentes, vue en dessous, permet de se rendre compte facilement des fonctions multiples de cet organe important de la moissonneuse-lieuse de Walter-Wood.

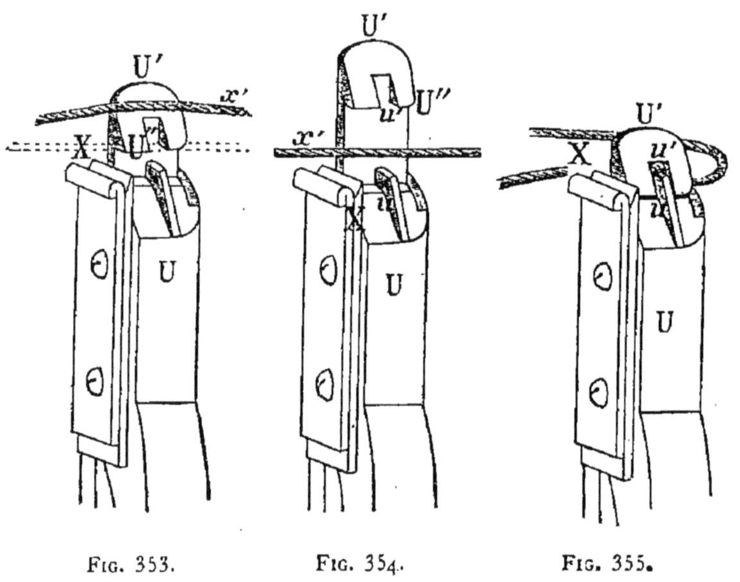

Fig. 353. Fig. 354. Fig. 355.

La figure 353 montre cette pince au moment où sa partie mobile U' s'écarte de la partie fixe U, pour dégager le brin de ficelle qui y était fixé, et où le crochet U'', terminant cette partie mobile, va rencontrer le brin de la ficelle passant dans l'aiguille.

La figure 354 montre cette position dépassée, le brin x' de la ficelle passant librement au-dessus de la lame fixe X de la cisaille.

Enfin la fig. 355 montre le crochet U'' ayant été ramené vers la lame fixe, X, de la cisaille, la section de la ficelle ayant été effectuée, par suite de ce rapprochement, et la pince, formée par une dentelure *u'*, ménagée dans le crochet, et un tenon *u*, disposé sur la partie fixe de cette pince cisaille, retenant une nouvelle portion de la ficelle. Il est utile de remarquer ici que la ficelle n'est en contact avec la lame coupante qu'au moment où la section doit être obtenue, et que le premier mouvement du crochet, indiqué, fig. 353, permet de le considérer comme une sorte d'affiloir de la lame coupante, dont le tranchant reste toujours ainsi dans le même état de conservation.

Porte-gerbes. — Toutes les machines lieuses, exposées en 1889, étaient munies d'un porte-gerbes permettant de laisser, sur la moissonneuse, un certain nombre de gerbes liées, pour ne les abandonner que lorsqu'elles sont en nombre suffisant pour constituer une moyette, et en même temps, choisir, dans une certaine mesure, le point du sol où cet ensemble doit être déposé.

Dans la moissonneuse-lieuse de Walter-Wood, ce porte-gerbes se compose de planches articulées, formant un tablier, de contour polygonal, faisant suite au tablier T'', et de tiges en fer, légèrement recourbées, formant, dans leur ensemble, une grande fourche G, sur laquelle plusieurs gerbes peuvent être déposées.

Il suffit, par un mécanisme, à la disposition du conducteur, et au moyen d'une pédale, d'abaisser cette fourche G, en en faisant tourner les différents éléments dans les trous cylindriques préparés dans la planche de support, pour que les gerbes puissent glisser et tomber sur le sol, sans aucune secousse.

La figure 356 montre, d'une manière schématique, la disposition des organes composant ce porte-gerbes.

La figure 357 représente, en vue perspective, le porte-gerbes garni, et la partie de gauche, de cette même figure, montre la position relative des différents organes de l'appareil lieur, parmi lesquels nous trouvons, en Y, l'aiguille, en N le noueur de ficelle, et enfin, en arrière, le javeleur rotatif J.

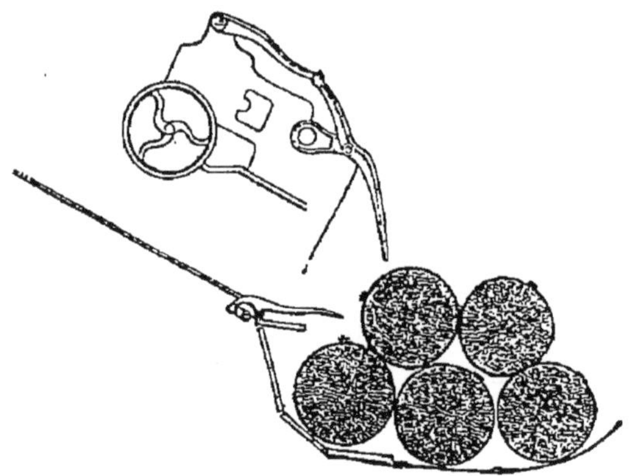

Fig. 356.

Le porte-gerbes est représenté encore fig. 358, page 486, dans sa position rabattue sur le sol, de manière que

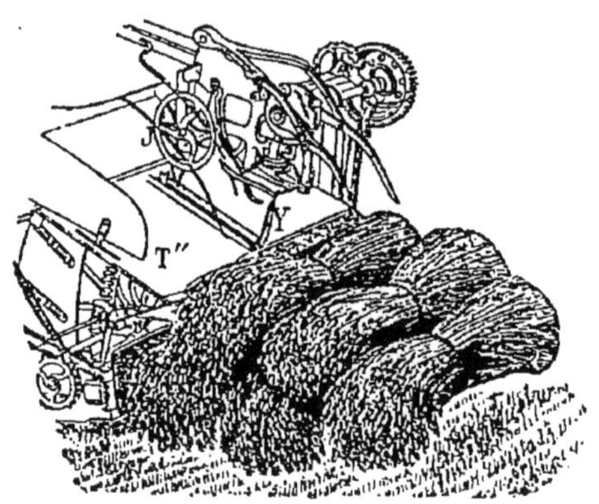

Fig. 357.

les branches de la fourche G puissent abandonner les gerbes et les déposer sur le sol.

Quelquefois, ce porte-gerbes est composé d'un véritable berceau que le conducteur peut ouvrir, à un moment donné, pour permettre l'abandon des gerbes qui y étaient logées.

Si nous passons maintenant à l'étude du système

Fig. 358.

Appleby, dont on retrouve l'application dans toutes les moissonneuses-lieuses, autres que celle de Walter-Wood, il suffit d'examiner la figure 359 pour se rendre compte du jeu des organes disposés pour la séparation de la masse des tiges en javelles de même poids.

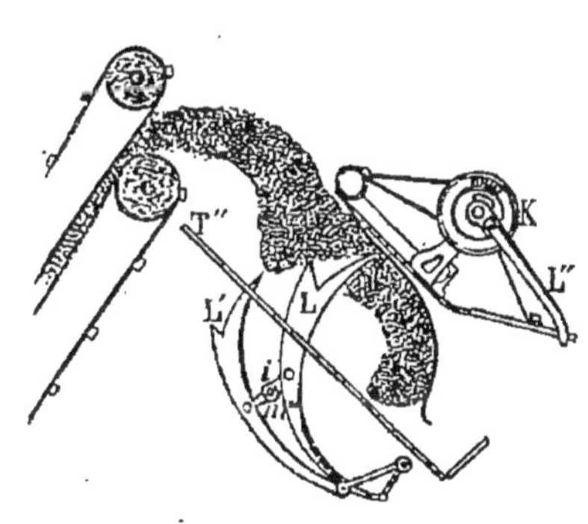

Fig. 359.

L'élévateur, composé toujours de deux tabliers sans fin, déverse, sur le tablier incliné à l'inverse T'', les tiges au fur et à mesure de leur section par la scie.

Deux ou trois tasseurs L, L', sont disposés en dessous du tablier T'', et en émergent, à un moment donné, en passant par des rainures rectangulaires ménagées dans le tablier.

Une transmission, composée d'un axe horizontal *i* et d'une double manivelle *m''*, permet d'élever et d'abaisser la pointe de ces tasseurs, qui viennent saisir une certaine quantité de tiges. En même temps, un bras L'', mis en mouvement par une transmission K, située au-dessus du tablier, vient à la rencontre des tiges ainsi réunies, et par ces deux pressions, obtenues à la fois, et en sens inverse, la botte se trouve serrée fortement, jusqu'au moment où la ficelle vient l'entourer pour former le lien.

Dans ce système, l'aiguille porte-ficelle passe, en s'élevant, à travers le tablier T'', dans une rainure ménagée à cet effet, et vient rencontrer le noueur, situé au-dessus, et dont les organes sont actionnés par la même transmission.

Il nous suffira de donner encore, fig. 356, page 489, l'ensemble d'une de ces machines, en prenant celle de la Plano Manufacturing company, de Chicago, pour permettre de se rendre compte des principaux organes qui les constituent, présentant une grande analogie de dispositions avec la moissonneuse-lieuse de la maison Albaret, représentée fig. 341 et 342 des pages 470 et 471.

La figure 360 représente la moissonneuse, vue du côté de la barre coupeuse, de manière à pouvoir indiquer, dans cette vue d'ensemble, la disposition de l'égaliseur qui se trouvait caché dans la vue d'ensemble de la fig. 346, représentant la moissonneuse-lieuse de Walter-Wood.

L'appareil est toujours supporté par la roue motrice R et par un galet porteur R', disposé en dessous du séparateur S'.

Sur un axe horizontal *n*, pouvant se déplacer, à la volonté du conducteur, se trouvent disposés les différents bras M du volant rabatteur, qui, en agissant sur la récolte, oblige celle-ci à rencontrer les différents points de la barre coupeuse.

Un tablier T reçoit les tiges, immédiatement après leur coupe, et l'élévateur T' les conduit jusqu'au tablier incliné T'', sur lequel les tiges sont rangées parallèlement les unes aux autres, égalisées par leur pied, divisées en javelles, et liées sur la machine même.

Une tôle recourbée Z oblige les tiges à abandonner l'élévateur et à venir tomber sur le tablier T''.

En E, se trouve l'égaliseur qui, par deux mouvements simultanés donnés à une planchette, maintenue toujours dans un même plan vertical, permet le rangement méthodique des tiges sur le tablier.

Une transmission, composée de différentes roues d'engrenage *a*, *b*, *c*, et *d*, donne le mouvement au bras disposé en dessus de la table, et en même temps, au moyen d'une bielle *g*, aux organes de liage, disposés en dessous de cette même table T''. Pour éviter l'encombrement que peut présenter le développement de tous ces organes, il est possible de faire tourner tout l'ensemble des pièces situées au-dessus du tablier T'', autour d'un axe horizontal, pour diminuer ainsi la largeur de la machine, lorsqu'elle doit être transportée d'un point à l'autre de l'exploitation.

Comme nous le verrons plus loin, cette machine, comme toutes les autres moissonneuses-lieuses, exige l'action d'un attelage de 3 chevaux et, en P, se trouvent trois palonniers réunis, par une barre transversale, qui n'est autre chose qu'une des pièces du cadre mobile de la moissonneuse, à la flèche F, destinée à donner la direction, en ligne droite, à tout l'appareil.

L'emploi de ces différents tabliers horizontaux et inclinés complique évidemment beaucoup l'appareil, que l'on a cherché à simplifier, d'abord en employant un

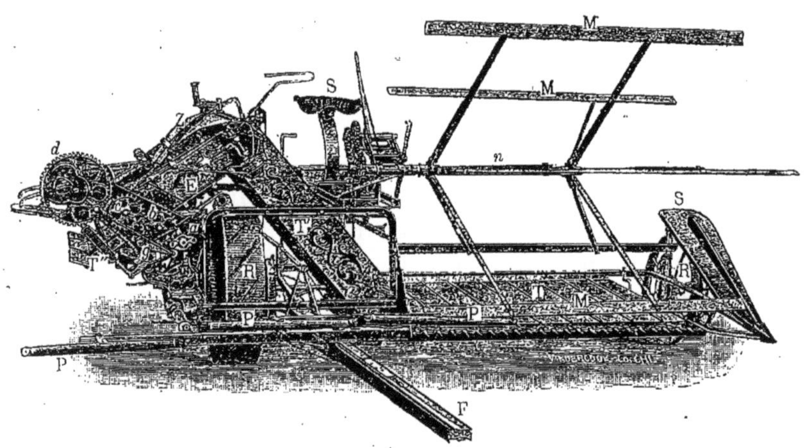

Fig. 360.

même tablier sans fin, dont une partie, disposée horizontalement, a comme longueur, la longueur même de la scie et se trouve suivie d'un prolongement incliné, remplaçant les élévateurs des appareils précédents, mais ayant toujours pour objet d'allonger le parcours suivi sur la machine par les tiges coupées, et de franchir l'espace occupé par la roue motrice.

Walter-Wood, qui a créé ce type en 1890, a eu pour but d'utiliser cette machine pour effectuer la récolte de céréales de grande hauteur, les tiges pouvant, sans inconvénient, dépasser la largeur du tablier, ce qu'il était impossible d'obtenir avec des élévateurs renfermés dans des couloirs de section rectangulaire fermés de toutes parts.

Depuis l'année dernière, dans le courant de l'année 1892, et surtout au commencement de cette année, les constructeurs paraissent adopter un autre type, dans lequel le liage s'effectue sur le tablier horizontal qui est directement suivi des appareils javeleurs et lieurs.

L'appareil javeleur présente, dans ce type, une grande analogie avec le releveur de récolte, employé dans les lieuses indépendantes, dont nous dirons un mot plus loin, l'appareil lieur ne présente rien de bien particulier; mais ce que l'on a cherché à éviter, dans ces machines, c'est l'obstacle infranchissable que présente la roue motrice à la continuation du cheminement de la gerbe, dans une direction parallèle à la scie ou, ce qui revient au même, dans une direction perpendiculaire au chemin suivi par l'attelage.

On est donc conduit à jeter la gerbe liée dans une sorte de main métallique, formée de deux doigts de fourche, fixés sur un bras, à faire tourner ce bras autour de son axe, d'abord horizontal, pour relever un peu la gerbe, mais horizontalement, puis à faire basculer ce bras, muni de la gerbe, en le déplaçant, dans un plan vertical parallèle au chemin parcouru par l'attelage, et en faisant décrire à la gerbe une demi-circonférence complète pour la rabattre sur le sol, à l'arrière de la machine. Il est juste de dire que, dans cette demi-rotation, c'est le pied de la gerbe qui est ainsi soulevé, tandis que sa tête, portant les épis, décrit une circonférence de très faible rayon.

Cette disposition de moissonneuse paraît présenter cependant plusieurs graves inconvénients.

En premier lieu, il faut éloigner la barre coupeuse de la roue motrice, pour pouvoir loger les appareils javeleur et lieur, à moins de placer cette roue en avant de l'appareil coupeur, ce qui présente l'inconvénient d'augmenter la longueur de la machine.

Puis, le faible cheminement donné aux tiges ne permet pas d'assurer le rangement bien parallèle de ces éléments, sur le tablier, dont le défaut de longueur empêche l'emploi de l'appareil employé ordinairement pour égaliser les pieds des tiges. L'égaliseur employé ne peut plus être formé que par un disque faisant partie de l'appareil javeleur.

La projection, toujours assez brusque, des gerbes sur le sol doit en favoriser l'égrenage.

Enfin le porte-gerbes ne peut plus être adapté aux moissonneuses-lieuses de ce type, et il faut encore employer une main-d'œuvre supplémentaire pour réunir le nombre de gerbes nécessaire pour former la moyette, main-d'œuvre qui devenait inutile, depuis l'adaptation du porte-gerbes aux moissonneuses-lieuses, addition ne présentant pas une bien grande complication.

Toutes ces raisons nous paraissent suffisantes pour émettre des doutes sur l'efficacité de ces nouvelles dispositions, et malgré leur poids un peu plus considérable, c'est encore aux moissonneuses-lieuses à élévateur qu'il convient d'avoir recours, en attendant que la pratique ait sanctionné ces nouvelles dispositions.

Parmi les perfectionnements proposés, il convient encore de citer la moissonneuse-lieuse à la paille, exposée par Walter-Wood, en 1889.

Par suite de l'augmentation très rapide du prix de la ficelle de manille, aux États-Unis, Walter-Wood a résolu le problème de disposer, sur la machine-lieuse, un faisceau de pailles de seigle, choisies avec soin et coupées en bouts de soixante centimètres environ de longueur, de former, avec ces brins, un lien continu en paille, et s'en servir pour lier la gerbe.

En prenant la précaution de maintenir les brins de paille de seigle dans un état d'humidité suffisant pour que le lien puisse être formé par la torsion et l'enchevêtrement de ces éléments, la moissonneuse-lieuse, tout en se déplaçant sur le terrain, effectuait les différentes fonctions d'une moissonneuse-lieuse ordinaire, mais offrait une complication assez grande, en raison de cette fabrication du lien lui-même, et c'est ce qui nous a permis de dire, dans notre rapport sur les opérations du jury de l'exposition universelle de 1889, en ce qui concerne les machines agricoles, qu'il serait préférable de décharger la moissonneuse du soin de fabriquer le lien, en le confectionnant à l'avance, et l'emmagasinant seulement sur la lieuse.

Pendant ce temps, Walter-Wood étudiait une machine ainsi séparée, et ses derniers essais ont porté sur une machine employant le lien en paille; mais sans le fabriquer, de toutes pièces, sur la machine même.

Resterait encore à confectionner ce lien avec de la paille ordinaire, au lieu de cette paille spéciale et choisie, c'est là un problème que l'on peut poser, mais qui n'est pas encore résolu.

Il ne nous reste plus, pour épuiser ce sujet, qu'à résumer ici les expériences faites en 1889, à Noisiel, pour déterminer la quantité de travail mécanique nécessaire pour mettre en action ces moissonneuses-lieuses employant la ficelle, et pouvoir comparer ce travail dépensé à celui employé par la mise en mouvement des moissonneuses-javeleuses fonctionnant dans la même récolte.

Le tableau des pages 494 et 495 renferme les principaux éléments de ces déterminations, prises sur six machines, de types différents, dans les essais dynamométriques du 22 juillet 1889.

Les nombres, indiqués dans ce tableau, montrent que, pour des récoltes ayant varié de 4 462 à 5 373 kilogrammes à l'hectare, le travail mécanique dépensé a été compris entre 964 000 et 1 338 700 kilogrammètres à l'hectare, tandis que, dans le même champ d'expériences, les moissonneuses-javeleuses ont demandé, pour leur mise en mouvement, de 792 300 à 1 006 700 kilogrammètres à l'hectare, pour une récolte un peu plus forte, variable entre 5 362 et 5 748 kilogrammes à l'hectare.

Malgré leur complication toujours assez grande, les moissonneuses-lieuses exigent un travail mécanique qui ne dépasse que de un tiers à un cinquième, celui employé par les moissonneuses-javeleuses coupant la même récolte.

Cependant l'effort total exigé de l'attelage ayant varié entre 158^{k}.19 et 207^{k}.85, il est de toute nécessité d'adopter un attelage composé de trois chevaux, si l'on veut pouvoir faire fonctionner l'instrument pendant un temps assez prolongé.

Si maintenant nous comparons les résultats trouvés à Noisiel, en 1889, à ceux trouvés à Mormant, onze ans plus tôt, en 1878, mais dans un autre terrain, on trouve

MOISSONNEUSES-LIEUSES. ESSAIS DYNAMOMÉTRIQUES [illegible] 22 JUILLET 1889. NOISIEL. FERME DU BUISSON.

DÉSIGNATION des MACHINES.	Conditions de fonctionnement.	Surface du diagramme mesurée au planimètre.	Longueur du tracé dynamométrique.	Ordonnée moyenne.	Effort correspondant.	Longueur de la scie.	Distance entre les séparateurs.	Effort correspondant à 1m de distance entre les séparateurs.	Longueur de la partie coupée pendant l'essai.	[illegible] par seconde.	Poids: Machine.	Poids: Conducteur.	Poids: Total.	Travail employé par hectare.	Nombre de gerbes liées sur un parcours de 100m.	Poids total des gerbes.	Poids moyen.	Travail employé par 1 000 kilogrammes de blé coupé et lié.	Coefficient de roulement.	Récolte par hectare.	Hauteur des coupes.	OBSERVATIONS.
		millim.²	millim.	millim.	k.	m.	m.	k.	m.	m.	k.	k.	k.	Klgm.		k.	k.	Klgm.		k.	m.	
(1) Albaret..	Machine en travail normal.........	18 600	1 064.0	17.49	183.14	1.30	1.368	133.87	100	[illegible]	»	»	»	1 338 700	22.5	73.50	3.267	249 170		5 373	0.09	(1) Construction française.
	Machine à vide, le mécanisme fonctionnant.........	13 280	948.0	14.01	146.70			107.24	100	[illegible]	750	66	816									(2) États-Unis.
	Machine à vide, sur le sol chaumé...	8 160	1 014.0	8.05	84.29			61.57	100	[illegible]	»	»	»						0.1032			(3) Canada.
(2) Johnston Harvester and Co	Machine en travail normal..........	21 640	1 090.0	19.85	207.85	1.50	1.666	124.76	100	[illegible]	»	»	»	1 247 600	21.5	75.74	3.525	274 275		4 546	0.11	
	Machine à vide, le mécanisme fonctionnant.........	10 000	758.0	13.19	138.12			82.90	100	[illegible]	660	74	734									
	Machine à vide, sur le sol chaumé....	5 500	670.0	8.21	85.97			51.60	100	[illegible]	»	»	»						0.1171			
(1) Hurtu...	Machine en travail normal..........	18 840	1 025.0	18.38	192.46	1.50	1.550	124.17	100	[illegible]	»	»	»	1 241 700	21.0	75.00	3.571	256 613		4 852	0.11	
	Machine à vide, le mécanisme fonctionnant.........	8 730	776.0	11.25	117.80			76.00	100	[illegible]	700	62	762									
	Machine à vide, sur le sol chaumé...	6 280	776.5	8.09	84.69			54.64	100	[illegible]	»	»	»						0.1110			
(2) Mac-Cormick.	Machine en travail normal..........	10 770	603.5	17.85	187.43	1.51	1.610	116.42	100	[illegible]	»	»	»	1 164 200	25.0	75.00	3.000	249 907		4 658	0.10	
	Machine à vide, le mécanisme fonctionnant.........	10 970	879.0	12.48	130.68			81.17	100	[illegible]	760	85	845									
	Machine à vide, sur le sol chaumé...	5 990	693.5	8.64	90.47			56.19	100	[illegible]	»	»	»						0.1071			
(3) Massey..	Machine en travail normal..........	13 950	924.0	15.10	158.19	1.50	1.640	96.40	100	[illegible]	»	»	»	964 000	25.5	73.17	2.870	216 099		4 462	0.12	
	Machine à vide, le mécanisme fonctionnant..	8 910	765.0	11.65	121.99			74.32	100	[illegible]	710	84	794									
	Machine à vide, sur le sol chaumé...	5 090	631.0	8.05	84.29			51.40	100	[illegible]	»	»	»						0.1062			
(2) Wood avec tabliers élévateurs.	Machine en travail normal..........	12 240	734.0	16.68	174.66	1.50	1.720	101.55	100	[illegible]	»	»	»	1 015 500	23.0	85.50	3.630	204 281		4 980	0.10	
	Machine à vide, le mécanisme fonctionnant.........	7 350	660.0	11.14	119.40			69.42	100	[illegible]	670	85	855									
	Machine à vide, sur le sol chaumé...	6 190	753.0	8.28	86.70			50.41	100	[illegible]	»	»	»						0.1014			

que, pour les essais de Mormant, le travail à l'hectare a varié de 1 114 500 à 1 263 400 kilogrammètres; tandis, qu'à Noisiel, il a pu descendre jusqu'à 964 000 kilogrammètres; le remplacement du fil de fer, employé en 1878, par la ficelle, en usage en 1889, n'a pas occasionné un surcroît de travail, bien que la complication des organes soit nécessairement plus grande. Il y a donc été réalisé un certain progrès, à ce point de vue, durant cette période, d'autant plus que la seule expérience dynamométrique faite, en 1878, sur une moissonneuse-javeleuse, a donné, pour travail mécanique dépensé à l'hectare 687 700 kilogrammètres, ne représentant que les 57 centièmes du travail moyen exigé, à la même époque, des moissonneuses-lieuses au fil de fer.

Lieuses indépendantes. — Dans cette dernière division des appareils de récolte de céréales se trouvent rangés des appareils, encore peu nombreux, permettant d'employer les moissonneuses-javeleuses ordinaires, pour la coupe et la mise en javelles des céréales, en reprenant, à l'aide d'un instrument spécial, les javelles déposées sur le sol, dans l'opération précédente, pour les lier et les rejeter sur le sol, cette opération complémentaire étant faite.

Seulement la grosse difficulté qui se présente consiste dans la reprise des tiges déposées sur la surface, plus ou moins irrégulière, du sol, sans en laisser en place, qui ne serviraient pas à la constitution des gerbes, de sorte que ces machines, fort ingénieuses, que l'on a pu voir fonctionner, dans divers concours agricoles, depuis 1880, ne se sont pas cependant répandues, et ont laissé la place aux moissonneuses-lieuses complètes, dont l'emploi tend à se généraliser.

Appareils accessoires des faucheuses et moissonneuses. — Tout appareil servant à couper les récoltes ne peut être employé utilement qu'à la condition que la lame coupeuse ait toujours son tranchant suffisamment affilé, et des appareils spéciaux ont dû être imaginés pour effectuer facilement cette opération de l'affûtage des lames, et même, dans certains cas, l'ajustage des doigts séparateurs de la récolte, formant, avec la lame mobile, les organes utilisés pour la coupe de la récolte en vert, s'il s'agit de faucheuses, ou en sec ou à peu près, s'il s'agit de moissonneuses.

On emploie, le plus communément, pour cet affûtage, une meule en grès, dont la section droite est celle d'un V, et qui, montée sur un axe horizontal, mû à la main, permet l'affûtage des différentes dents de la scie.

Si l'on dispose, sur la bâche de la meule, des supports spéciaux pour la lame en affûtage, l'action de la meule sur les différentes dents de la scie est plus régulière, et, parmi les dispositions réalisant ainsi un bon affûtage des lames, nous pouvons citer celle imaginée par M. Rigault, représentée fig. 361, page 498.

Le support de la lame peut changer de côté, par rapport à la meule, de manière à utiliser, de la même manière, les deux parties coniques formant la partie utile de la meule en grès.

D'autres appareils ont été imaginés, dans le même but, et la disposition de MM. Harrisson, Mac Grégor et Cie, représentée figure 362, page 499, constitue une véritable machine à meuler, dans laquelle la scie, ou la barre coupeuse, se trouve fixée sur la table de la machine. Une meule, en émeri aggloméré, est montée à l'extrémité d'un arbre animé d'une grande vitesse de rotation, au moyen d'une transmission par pédale, corde et engrenages accélérateurs.

Le support de cet arbre peut être déplacé, en tous sens, au moyen d'une manette tenue par la main droite de l'ouvrier qui, de sa main gauche, peut déplacer la scie sur son support.

La lame de scie, ou les doigts de la barre, peuvent être ainsi ajustés ou affûtés, par voie de meulage, avec toute la précision désirable; mais on reproche à cet appareil d'exiger un bâti spécial, et d'employer un tra-

FIG. 361.

vail un peu considérable pour être produit par un seul ouvrier, agissant sur une pédale, et qui a, en plus, à effectuer les différents déplacements que nous venons d'indiquer.

Le même principe du meulage, au moyen d'une meule artificielle, de petites dimensions, a été réalisé dans un appareil plus portatif, représenté fig. 363, page 500.

L'aiguiseuse américaine « Dutton » n'exige pas de

bâti spécial. Elle se fixe à un support quelconque, une roue de faucheuse, par exemple.

La lame à affûter est pincée entre une barre F, fixée au bâti de la meule, et des griffes G, que l'on peut rapprocher ou éloigner de la barre, en agissant sur des écrous à oreilles.

Le bâti, C, de la meule est fortement attaché à une roue de faucheuse, par exemple, par des boulons E et des écrous à oreilles, d'un maniement facile.

Fig. 362.

Une meule artificielle K est mise en mouvement, par la main de l'ouvrier, au moyen d'une manivelle, d'engrenages coniques N, et d'engrenage et pignon droits M, pour imprimer à la meule une rotation assez rapide.

Une pièce A sert de support à l'axe de la meule K, elle entoure cette meule sur une partie de sa circonférence, de manière à éviter la projection des détritus mélangés à l'eau employée.

Cette eau est renfermée dans le corps de la meule, et ne peut s'en écouler, à sa périphérie, que lentement, et pendant seulement la rotation de la meule, à sa vitesse normale.

Le bâti fixe C porte, en B, une glissière, dans laquelle peut coulisser une pièce *b*, formant le prolongement du support mobile A de la meule, et portant, en *a*, une crémaillère.

L'ouvrier, en agissant, de l'autre main, sur l'extrémité d'un levier D, peut faire tourner l'axe *s* d'un arc denté D, lequel, agissant en un point de la crémaillère *a*, permet le déplacement du support mobile, A, et par conséquent de l'axe de la meule K, qui, en se déplaçant ainsi, à la volonté de l'ouvrier, peut attaquer les diffé-

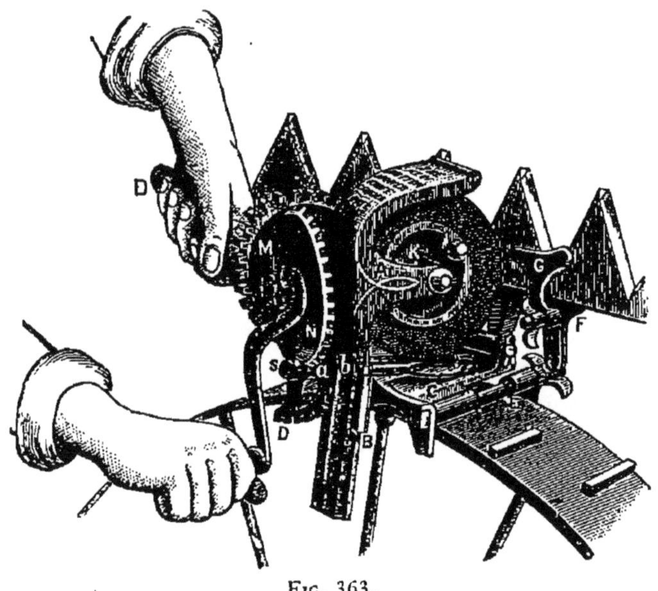

Fig. 363.

rentes parties d'une des faces coupantes de la scie qu'il s'agit d'affûter.

TROISIÈME DIVISION

RÉCOLTE DES TUBERCULES ET DES RACINES.

Les tubercules et les racines faisant l'objet d'une culture étendue, il est, par conséquent, nécessaire d'employer des procédés mécaniques pour les extraire du sol. Ces produits peuvent être rangés, à ce point de vue, dans deux catégories distinctes : les tubercules à racines chevelues, dont la pomme de terre représente le type le plus répandu, et les racines pivotantes, telles que la betterave, la chicorée, etc.

Les instruments employés pour l'extraction de ces produits du sol sont différents, suivant la nature de ces racines, et, dans tout ce qui va suivre, nous ne parlerons plus que des arracheurs de pommes de terre, d'une part, et des arracheurs de betteraves, de l'autre, étant entendu que ces appareils peuvent également servir pour l'arrachage d'autres tubercules, à racines chevelues, si l'on prend, comme type, l'arracheur de pommes de terre, ou pour l'extraction d'autres racines pivotantes, si l'on emploie l'arracheur de betteraves.

Dans le travail à bras d'hommes, les outils employés présentent une grande analogie avec les houes à bras, et les figures 364 à 366, page 502, donnent trois types des instruments adoptés.

En se servant de ces outils, comme d'une pioche, on ameublit d'abord le sol, et l'ouvrier, en attirant l'outil, vers lui, en le manœuvrant dans une direction inclinée, ou en le faisant basculer, l'obligeant à tourner autour de la douille entourant le manche, lorsqu'il repose sur le sol, relève une partie de la terre et les racines qui y sont contenues.

Ce mélange se déverse ensuite, à droite et à gauche de l'outil, pendant qu'il se relève, et la séparation se produit, par suite de la différence de densité qui existe entre les racines et la terre qui les enveloppait ; les racines restent au dessus de la terre, ainsi relevée et déversée par l'outil sur le sol environnant.

Ces mêmes outils servent encore à effeuiller et couper le collet à la betterave, de manière à laisser en place, sur le sol, toute la partie inutile du végétal, lui restituant ainsi une portion assez importante des principes qui lui avaient été soustraits pendant la pousse du végétal.

Ces travaux longs et pénibles sont bien simplifiés, en adoptant des instruments spéciaux, que nous allons étudier maintenant avec quelques détails.

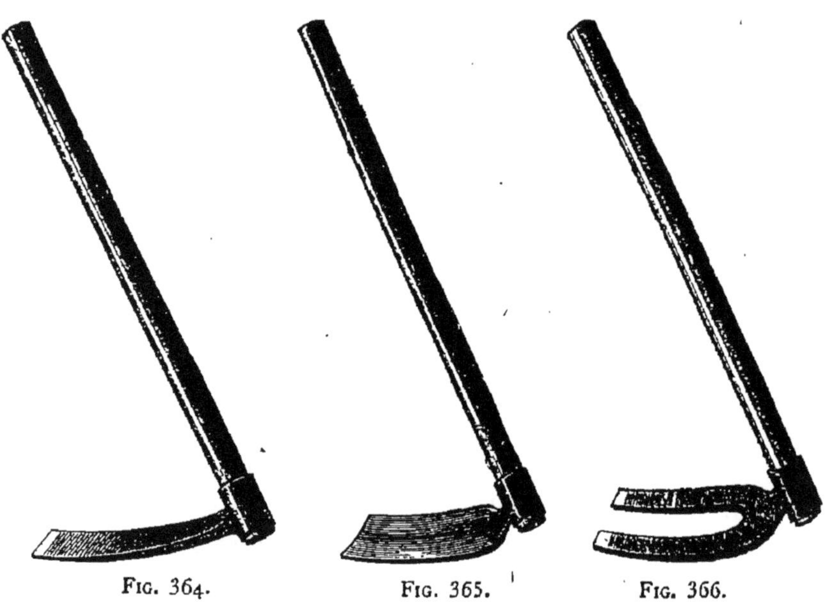

Fig. 364. Fig. 365. Fig. 366.

Arracheurs de pommes de terre. — Les instruments employés pour la récolte des pommes de terre peuvent être divisés en deux classes bien distinctes.

Dans la première catégorie, l'on peut ranger les appareils dont la constitution est analogue à celle d'un buttoir, avec cette différence que le double versoir, employé dans ces instruments, est ici remplacé par un certain nombre de barres, formant, par leur ensemble, un double versoir squelette. La terre et les tubercules sont amenés au niveau du sol, par l'action de ce versoir double à claire-voie, et la terre, émiettée par cette action, retombe à travers les interstices du versoir, pour laisser, à la surface, les tubercules d'un volume suffisant pour ne pas pouvoir tomber dans les vides réservés sur toute la surface du versoir.

Un instrument de ce genre, construit par M. Bajac, est représenté fig. 367, page 504, et se compose d'un age horizontal, terminé, à l'avant, par un régulateur, et en arrière, par deux mancherons servant à diriger l'appareil. Un avant-train peut être dirigé, de l'arrière de l'appareil, par une barre horizontale, terminée par une manette.

Enfin, en un point du régulateur, se trouve disposé le point d'attache de la chaîne de traction, dont l'extrémité vient se fixer en un point de l'âge.

Une coutrière permet de fixer, sur une des parois verticales de l'age, une barre verticale qui, recourbée à angle droit, se relie au sep du buttoir. En avant de ce sep, se trouve le soc, en forme de fer de lance, et, en arrière de ce soc, le double versoir squelette.

Dans des appareils du même genre, le versoir squelette est suivi d'une autre pièce de même forme, mais d'élévation moins grande, qui sert ainsi de claie supplémentaire, séparant plus complètement les tubercules de la terre.

Les instruments de cette catégorie sont ceux qui sont les plus employés, cependant, dans des terres très meubles, on peut procéder à l'arrachage des pommes de terre, en employant un instrument tout différent.

Sur un châssis horizontal, on dispose d'abord une barre verticale, terminée, à sa partie inférieure, par un large soc, pouvant s'enfoncer profondément dans le sol, et destiné à l'ameublir et à soulever les tubercules, puis, dans la direction du mouvement, un axe horizontal, terminé, à l'arrière, par des bras dirigés perpendiculairement à l'axe et portant chacun une fourche à deux

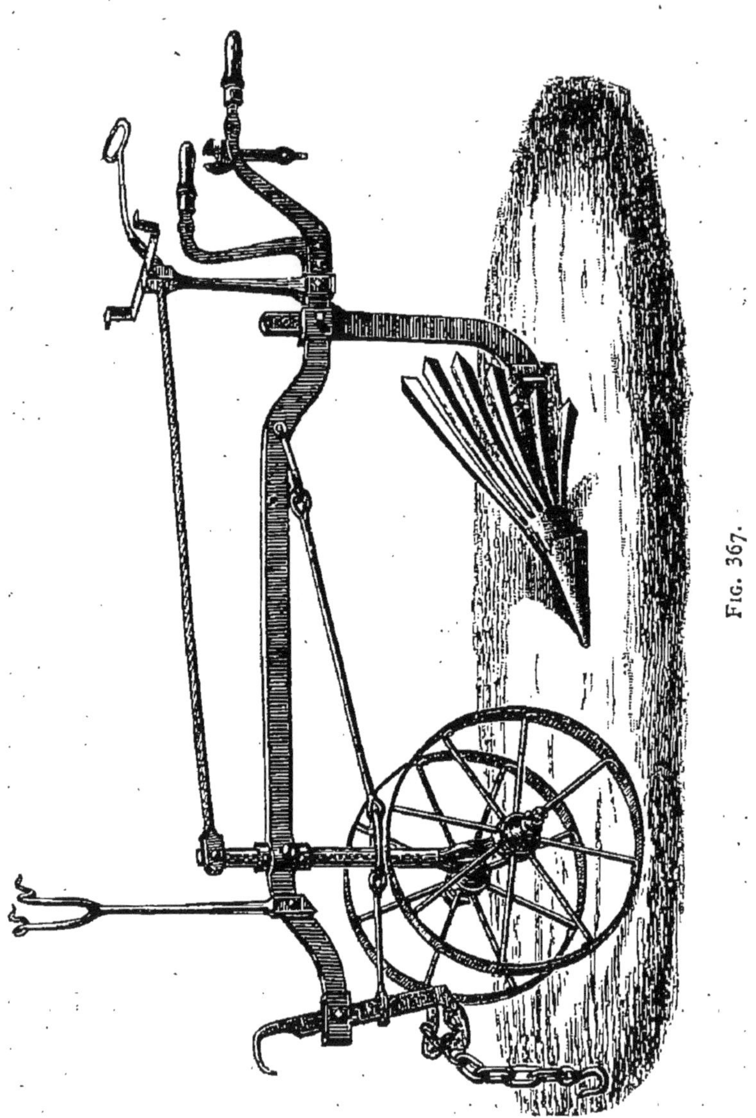

Fig. 367.

ou plusieurs dents.

A côté de ce premier groupe d'outils se trouve une

sorte de peigne conique, formé de tiges de bois implantées dans un tourteau pouvant tourner librement sur un axe, incliné par rapport au premier, et que l'on peut faire varier de position, au moyen d'une barre entourée par un étrier portant l'axe autour duquel tourne le tourteau.

Les fourches, en se déplaçant, par suite de la rotation de l'axe horizontal, viennent rencontrer le sol, s'y enfoncent successivement, en relevant ensuite un ensemble de terre et de tubercules. Ce mélange quitte la fourche, en tombant librement, et vient rencontrer le tablier conique à claire-voie, qui produit la séparation des tubercules et de la terre qui les entouraient.

Quelquefois, le peigne conique est remplacé par une toile ou un filet, tombant verticalement, quelquefois aussi cette paroi mobile est totalement supprimée, et le mélange se désagrège suffisamment par sa chute libre et sa rencontre avec le sol.

Arracheurs de betteraves. — Le problème de l'arrachage des betteraves est devenu de plus en plus difficile, à mesure que la pratique agricole a reconnu que les variétés les plus recommandables, en vue de la fabrication du sucre, étaient de petit volume, coniques, s'enfonçant profondément dans le sol, le collet de la racine l'affleurant presque. La betterave de Silésie en est le type le plus parfait.

Il fallait donc trouver des outils permettant, sans exiger de trop grandes quantités de travail, de dégager la racine du terrain environnant, sans la blesser, ce qui, au point de vue de la longue conservation de la betterave, constitue un point très important de la question.

Les premiers outils en usage consistaient en des fourches à bras horizontaux promenés dans le sol, à une certaine profondeur, et devant entourer la racine, en l'entraînant dans la direction du mouvement jusqu'à ce qu'elle émerge du sol.

Ces outils, employés pendant plusieurs années, présentaient de nombreux inconvénients : les pointes de la fourche n'étant pas très écartées, pouvaient attaquer le corps de la racine, si elle était de trop gros diamètre, et la blessure qui était ainsi faite empêchait souvent le dégagement de la racine, et son transport vers la surface du sol.

Le traînage horizontal était aussi assez long, ce qui, en dehors de l'inconvénient précédent, présentait celui d'exiger de l'attelage un effort supplémentaire assez considérable.

Des expériences faites, à la ferme de la Ménagerie, près Versailles, à l'occasion du concours régional agricole de Versailles, en 1881, ont permis de comparer le travail à la machine au travail à bras d'hommes, en ce qui concerne le nombre de racines avariées, par l'arrachage lui-même, la durée de l'opération, et aussi le travail dépensé, lorsque l'on opérait à l'aide d'arracheurs mécaniques.

Au point de vue de la détérioration des racines, ces essais ont démontré que les outils, employés à cette époque, faisaient subir aux betteraves de graves détériorations ; dans les appareils n'arrachant qu'un rang à la fois, la proportion des racines avariées, du fait de l'emploi de l'instrument, a été comprise entre 12 et 36,5 pour cent, et cette proportion a été trouvée encore plus forte, 40,5 et 44,5 pour cent, pour les appareils à deux rangs, exigeant, pour leur conduite, une habileté plus grande de l'ouvrier.

Dans une partie du champ où les betteraves avaient acquis un plus grand développement, le nombre des betteraves avariées s'est trouvé plus grand encore, la proportion des racines blessées a varié entre 32,6 et 57,2 %.

Quelques-uns des instruments présentés ont dû même être retirés, de la suite des essais, à cause de la trop grande détérioration des racines, occasionnée par l'action des outils de ces arracheurs.

Un essai comparatif a pu être fait, le même jour, et dans le même terrain, en employant des ouvriers pour exécuter cet arrachage, et l'on a trouvé que, sur 239 betteraves arrachées, sur une longueur de 100 mètres, 17 se trouvaient détériorées, soit 7 % seulement.

Quant à la rapidité de l'opération, l'attelage, composé successivement de bœufs ou de chevaux, ne pouvait déplacer ces appareils qu'avec une vitesse assez réduite, $0^m,358$ à $0^m,626$ par seconde, pour l'attelage des bœufs, $0^m,319$ à $0^m,808$ en employant des chevaux, en raison de ce que le travail mécanique demandé à l'attelage était trop considérable, pour qu'il puisse être développé, par les animaux, pour de longs parcours.

L'effort moyen observé a varié de $262^k,02$ à $371^k,40$, pour les arracheurs à un rang, ce qui correspond à un travail par seconde, exprimé en kilogrammètres, variable entre $128^{klgm},14$ et $206^{klgm},50$, en adoptant, comme vitesse, une vitesse par seconde égale à $0^m,556$, moyenne des vitesses observées dans les différents essais dynamométriques.

Ces essais dynamométriques ont été effectués sur une partie de champ dans laquelle les betteraves étaient disposées très régulièrement et avaient acquis un bon développement. 150 mètres étaient parcourus, à l'aller et au retour, par l'instrument, conduit par des bœufs, et par l'intermédiaire d'un dynamomètre de traction à deux lames du Gal Morin, et les 50 premiers mètres du premier parcours étaient employés au réglage de l'appareil.

Les résultats, peu satisfaisants, obtenus à l'aide des

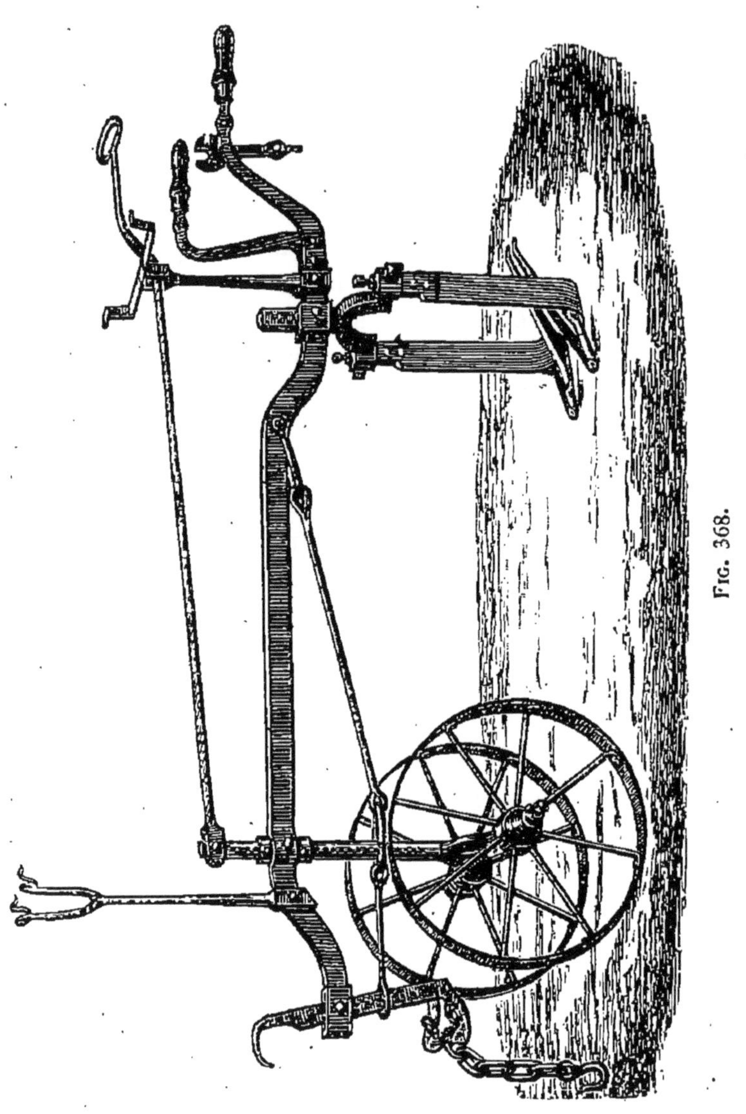

Fig. 368.

appareils arracheurs de betteraves, présentés en 1881,

ont stimulé les différents constructeurs de ces instruments, et l'on peut dire que les appareils construits actuellement sont bien différents de ceux expérimentés précédemment. Nous indiquerons successivement plusieurs dispositions de ces appareils.

L'arracheur de betteraves de M. Bajac, de Liancourt, dont la figure 368, indique la disposition d'un appareil à un seul rang, est encore basé sur le principe de la fourche d'arrachage, mais en modifiant profondément sa forme, en ce sens que les deux bras sont complètement séparés, l'un de l'autre, par un intervalle pouvant varier de dimension, suivant la grosseur des racines.

Chacun de ces bras est monté à l'extrémité inférieure d'une barre verticale, pouvant coulisser sur une barre horizontale fixée à l'âge, et des vis de pression peuvent en assurer le réglage.

Les bras de la fourche sont composés de deux pièces inclinées, bien ajustées et polies, se rapprochant l'une vers l'autre, à leurs parties supérieures, et se terminant chacune par une portion horizontale de faible longueur.

Si donc une racine, fortement conique, se trouve enserrée entre ces deux plans inclinés, se déplaçant dans le sens horizontal, la racine est soulevée de terre, déchaussée, puis retombe dans son logement, après le passage de l'outil; mais sans pouvoir y contracter une nouvelle adhérence.

Il suffit de la cueillir, à la main, pour ainsi dire, sans avoir à exercer un grand effort; le traînage, observé dans l'emploi des premiers appareils, se trouve ainsi supprimé, et les chances de bonne conservation de la betterave sont évidemment plus assurées.

L'instrument comprend encore un avant-train, rendu mobile au moyen d'un long levier horizontal portant, à l'arrière de l'appareil, une poignée de manœuvre, le régulateur et la barre de traction, le porte-guides, et enfin, à l'arrière, les mancherons servant, avec la manœuvre de l'avant-train, à diriger l'arracheur suivant la ligne des betteraves qu'il s'agit de récolter.

Ces instruments se construisent à un, deux ou trois outils, permettant d'arracher un, deux ou trois rangs à la fois, mais la conduite de l'instrument devient de plus en plus difficile, lorsque le nombre des rangs augmente,

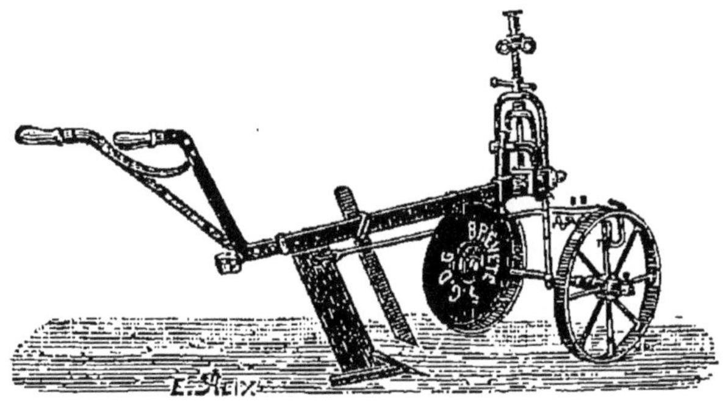

Fig. 369.

et les chances de blessures des racines augmentent également.

Messieurs E. Candelier et fils, de Bucquoy (Pas-de-Calais), disposent leurs arracheurs de betteraves d'une manière différente.

Comme on le voit, figure 369, l'appareil se compose d'un age porté par l'avant-train employé ordinairement dans la construction des Brabants doubles, et terminé, à l'arrière, par les mancherons servant à diriger les outils dans le sol.

Un coutre est disposé sur l'age, à la manière ordinaire, et l'épée, située à l'arrière du coutre, porte, à sa partie inférieure, un soc qui vient remuer profondément le sol et déchausser la racine.

Un disque coupe-feuilles est disposé en avant du coutre.

En le disposant de telle manière qu'il pénètre de quelques centimètres dans le sol, il sera obligé de tourner sur son axe, et viendra trancher la partie des feuilles qui pourraient, par leur contact avec le coutre, ou l'épée, faire dévier tout l'instrument, et exiger par conséquent du conducteur une attention plus soutenue.

M. Amiot Lemaire, de Bresles (Oise), construit des arracheurs dans lesquels des dispositions analogues à celles que l'on rencontre dans les deux premiers instruments y sont réunies : la fourche, à deux bras entièrement séparés, de manière à relever la racine, sans la traîner horizontalement, et les disques coupe-feuilles. On trouve, dans certains de ces instruments, le coupe-collet composé, le plus ordinairement, d'une lame horizontale qui enlève, de la racine, toute la partie supérieure, dans l'opération même de l'arrachage, de manière à éviter cette main-d'œuvre supplémentaire qui consiste à laisser, sur le champ même, la tête de la racine et les feuilles, afin de restituer immédiatement au sol une partie des éléments que la végétation lui avait empruntés.

CHAPITRE VI.

APPAREILS DIVERS.

Nous mentionnerons, dans ce dernier chapitre, quelques instruments ne pouvant rentrer dans aucune des catégories précédentes, et qu'il convient cependant de citer, parmi les appareils d'extérieur de ferme.

Régénérateurs de prairies. — Pour aérer les racines des végétaux constituant une prairie naturelle, il convient de fendre le sol, à sa surface, et de détruire, dans cette même opération, la mousse qui étouffe les végétaux utiles et qui nuit à leur développement. Le régénérateur de prairies, tel que le construit M. Bajac, n'est autre qu'un scarificateur dans lequel les outils ordinaires sont remplacés par une série de lames ou couteaux très tranchants, s'enfonçant dans le sol, jusqu'à la profondeur de six à huit centimètres, et pouvant découper le sol en bandes très étroites.

Dans l'exemple, représenté fig. 370, onze lames tranchantes, de forme courbe, sont disposées sur un ensemble de quatre traverses, disposées dans un cadre métallique, de forme rectangulaire. Ce cadre est supporté par deux petites roues porteuses composant

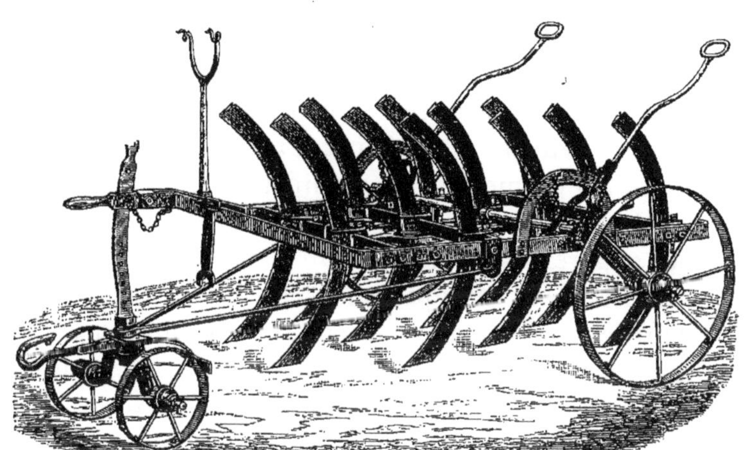

Fig. 370.

l'avant-train, et, à l'arrière, par deux grandes roues, montées aux extrémités d'un essieu coudé.

A l'aide d'une barre verticale, percée de trous cylindriques, montée sur l'avant-train, et d'une broche horizontale traversant la partie d'avant du cadre, on peut relever ou abaisser l'une des extrémités du cadre porte-lames, et modifier l'entrure.

Au moyen de grands leviers, disposés à l'arrière de l'appareil, et montés sur la partie horizontale de l'essieu coudé, on peut relever ou abaisser l'arrière du cadre, et procéder ainsi au déterrage ou à l'enterrage des différents outils. Deux demi-cercles percés de trous, disposés sur le cadre, et des broches passant à travers les leviers, peuvent maintenir ceux-ci dans différentes positions, en permettant de modifier ainsi l'entrure.

D'autres constructeurs adoptent, pour le même objet, des appareils de construction un peu différente, parmi lesquels nous indiquerons celui de la maison Pilter, dans lequel les lames coupantes sont toutes montées sur une même traverse, de forme courbe, fixée en un point d'un age soutenu par un avant-train à deux roues, et par un arrière-train, composé également de deux roues porteuses.

Avec ces appareils, quelle qu'en soit la forme, on remplace l'action de la herse à chaînons, que l'on employait précédemment pour débarrasser de la mousse les vieilles prairies.

Appareils insecticides divers. — Il ne peut pas entrer dans notre programme de nous étendre longuement sur les appareils maintenant très nombreux, employés pour répandre sur les plantes, arbustes ou arbres, les différentes matières, à l'état pulvérulent, pâteux ou liquide, employées, sur une grande échelle, pour débarrasser les végétaux des parasites, végétaux ou animaux, qui nuisent à leur développement, et qui peuvent être de nature à empêcher toute végétation, comme le phylloxéra, par exemple.

Nous avons eu déjà l'occasion de citer, pages 137 et 140, l'une des dispositions de charrue sulfureuse, permettant d'introduire dans le sol du sulfure de carbone, reconnu propre à combattre l'invasion du phylloxéra, dans des vignobles d'une grande valeur.

Les feuilles de la vigne, de la pomme de terre, certains arbres fruitiers, comme les pommiers par exemple, doivent être traités par des appareils, connus sous le nom de pulvérisateurs, destinés à projeter, sur les tiges et feuilles, différents produits, tels que du jus de tabac ou de la bouillie bordelaise, par exemple, et ces appareils, tantôt de petites dimensions, et manœuvrés à bras d'hommes, tantôt de plus grandes dimensions, et portés sur de véritables châssis de voiture, ou sur le dos d'animaux, sont employés, avec succès, dans ces différents genres d'opérations.

S'ils sont manœuvrés à bras d'hommes, l'ouvrier dirige, vers les parties du végétal qu'il s'agit de protéger, un jet de liquide pulvérisé, réduit ainsi en gouttelettes de très faibles dimensions.

S'il s'agit d'un pulvérisateur porté par un cheval, ou disposé sur un châssis de voiture, de la pompe de compression partent des tubes horizontaux ou verticaux percés d'orifices multiples et répandant le liquide insecticide sur une plus grande surface.

Quelquefois encore, il ne s'agit plus de traiter directement le végétal, mais d'empêcher que ses supports, comme les échalas de vignes, par exemple, ne recèlent des insectes qui se transformant, et venant se placer sur le produit de la récolte, n'en altèrent la qualité.

L'ébouillantage des échalas, pratiqué sur place, et

sur une certaine échelle, dans le département de la Marne, consiste à les placer dans de véritables chaudières portatives, dans lesquelles ces supports sont soumis à l'action de la vapeur à haute pression, et par suite à haute température.

Ces appareils sont ordinairement doubles, de manière que l'un d'eux se trouve dans la période de chargement ou de déchargement, pendant que, dans l'autre, les échalas sont soumis à l'action de la vapeur à haute pression, et l'on constate que ce procédé permet la destruction complète des chrysalides de cochylis, dont les larves, ou vers de vendange, pourraient être portées à la cuve, en même temps que le raisin, et communiqueraient au produit du pressurage du raisin un goût fort désagréable.

FIN DU PREMIER VOLUME.

TABLE DES FIGURES

Pages.

TABLE DES MATIÈRES

PREMIÈRE PARTIE.

MATÉRIEL D'EXTÉRIEUR DE FERME.

CHAPITRE PREMIER.

PRÉPARATION DU SOL.

CHAPITRE DEUXIÈME.

INSTRUMENTS DIVERS SERVANT A COMPLÉTER LA PRÉPARATION DU SOL.

CHAPITRE TROISIÈME.

ENSEMENCEMENT DES TERRES, SEMOIRS, DISTRIBUTEURS D'ENGRAIS.

CHAPITRE QUATRIÈME.

OUTILLAGE EMPLOYÉ POUR DONNER LES SOINS A LA RÉCOLTE, DEPUIS LA LEVÉE DES GRAINS JUSQU'A LA MATURITÉ DES PLANTES.

CHAPITRE CINQUIÈME.

INSTRUMENTS DE RÉCOLTE.

PREMIÈRE DIVISION.

RÉCOLTE DES FOURRAGES.

DEUXIÈME DIVISION.

RÉCOLTE DES CÉRÉALES.

TROISIÈME DIVISION.

RÉCOLTE DES TUBERCULES ET DES RACINES.

CHAPITRE SIXIÈME.

APPAREILS DIVERS.

BIBLIOTHÈQUE DE L'ENSEIGNEMENT AGRICOLE

OUVRAGES PUBLIÉS

Herbages et Prairies. — Volume de 759 pages avec 120 figures dans le texte, par M. Boitel.

Les Plantes vénéneuses considérées au point de vue de l'empoisonnement des animaux de la ferme. — Volume de 524 pages, avec 60 figures dans le texte, par M. Cornevin.

Les Engrais : Tome I. Alimentation des plantes, fumiers, engrais de villes et engrais végétaux. — Volume de 580 pages, avec figures dans le texte, par MM. Muntz et A.-Ch. Girard.

Les Engrais : Tome II. Engrais azotés et engrais phosphatés. — Volume de 603 pages, par MM. Muntz et A.-Ch. Girard.

Les Engrais : Tome III. Engrais potassiques, engrais calcaires, etc. Achat, transport, contrôle, essais des engrais. — Volume de 627 pages, par MM. Muntz et A.-Ch. Girard.

Méthodes de Reproduction en Zootechnie : croisement, sélection, métissage. — Volume de 500 pages, avec 67 figures dans le texte, par M. Baron.

Le Cheval considéré dans ses rapports avec l'économie rurale et les industries de transport : Tome I. Alimentation, écuries, maréchalerie. — Volume de 483 pages, avec 89 figures dans le texte, par M. Lavalard.

Les Irrigations : Tome I. Les eaux d'irrigation et les machines. — Volume de 720 pages, avec 192 figures dans le texte, par M. Ronna.

Les Irrigations : Tome II. Canaux et systèmes d'irrigation. — Volume de 618 pages, avec 360 figures dans le texte, par M. Ronna.

Les Irrigations : Tome III. Les cultures arrosées. L'économie des irrigations. Histoire, législation et administration. — Volume de 810 pages, avec 22 figures dans le texte, par M. Ronna.

Législation rurale. — Volume de 831 pages, par M. Gauwain.

Agriculture générale. — Volume de 607 pages, par M. Boitel.

Les Industries du lait. — Volume de 647 pages avec 112 figures dans le texte, par M. Lezé.

Des Résidus industriels dans l'alimentation des animaux de la ferme, volume de 552 pages avec 40 figures dans le texte, par M. Cornevin.

L'Alimentation de l'homme et des animaux domestiques : Tome I. La Nutrition animale. — Volume de 404 pages, par M. L. Grandeau.

Le Matériel agricole moderne, par M. Tresca.

Pour paraître incessamment :

Le Cheval : Tome II, par M. Lavalard.

Les Maladies des Plantes, par M. Prillieux.

Les Céréales, par M. Garola.

Cultures méridionales et coloniales, par M. Viala.

Viticulture, par M. Viala.

Typographie Firmin-Didot et Cie. — Mesnil (Eure).

www.ingramcontent.com/pod-product-compliance
Ingram Content Group UK Ltd.
Pitfield, Milton Keynes, MK11 3LW, UK
UKHW020255230726
13925UKWH00001B/65